高等职业教育系列教材

UG NX 10.0 模具设计实例教程

高玉新　荣真基　王均波　等编著

机械工业出版社

全书共6章，重点介绍了利用UG NX 10.0建模模块和燕秀3D模具设计软件进行模具设计的一般过程。其中，第1章简要介绍了常用的UG模具设计工具和燕秀工具。第2～5章以实例详细介绍了UG模具3D设计的详细步骤及方法，包括分模、模仁尺寸优化及镶件设计、侧抽芯机构设计、模架系统设计、顶出系统设计、流道系统和冷却系统设计。第6章介绍了两个模具设计综合实例：其一为细水口三板模结构模具；其二为简化型细水口两板模结构模具，且采用UG自带的MoldWizard模块进行设计，以满足部分学校的教学需要。本书实例从模具结构上涵盖了后模滑块机构模具、前模滑块机构模具、斜顶抽芯机构模具、点浇口三板模结构模具，切合企业应用实际，具有典型性。

本书配套资源包含书中实例的源文件及结果文件，书中实例配有教学视频，方便读者学习，需要的教师可登录机工教育网 www.cmpedu.com 免费注册后下载，或联系编辑索取（微信：15910938545，电话：010-88379739）。本书可作为大中专院校机械制造及自动化、模具设计与制造和数控技术等专业的教材，也可作为广大UG模具设计爱好者及企业培训用书。

图书在版编目（CIP）数据

UG NX 10.0模具设计实例教程 / 高玉新等编著．—北京：机械工业出版社，2021.3（2024.6重印）

高等职业教育系列教材

ISBN 978-7-111-67311-8

Ⅰ．①U…　Ⅱ．①高…　Ⅲ．①模具-计算机辅助设计-应用软件-高等职业教育-教材　Ⅳ．TG76-39

中国版本图书馆CIP数据核字（2021）第015144号

机械工业出版社（北京市百万庄大街22号　邮政编码100037）

策划编辑：曹帅鹏　　责任编辑：曹帅鹏

责任校对：张艳霞　　责任印制：张　博

北京雁林吉兆印刷有限公司印刷

2024年6月・第1版・第4次印刷

184mm×260mm・15.75印张・387千字

标准书号：ISBN 978-7-111-67311-8

定价：59.00元

电话服务

客服电话：010-88361066

010-88379833

010-68326294

网络服务

机　工　官　网：www.cmpbook.com

机　工　官　博：weibo.com/cmp1952

金　　书　　网：www.golden-book.com

机工教育服务网：www.cmpedu.com

前　言

本书内容紧密贴合企业生产实际，符合现代企业模具设计基本流程及思路。在模具分型设计及滑块抽芯机构部分均采用 UG 建模模块的工具命令进行设计，标准件设计部分采用燕秀 UG 模具软件进行设计，区别于目前大部分教材采用的 UG 软件自带的 MoldWizard 模块进行设计。本书每一部分设计都突出了 UG 模具设计的思路及技巧，符合企业标准设计流程，实用性强。本书读者对象为应用型本科和高职高专院校学生，也适于企业员工培训。

全书共分 6 章，主要内容安排如下：

第 1 章简要介绍了 UG 模具设计中常用的工具命令及操作技巧、燕秀 UG 模具软件常用标准件的加载方法及技巧。

第 2 章介绍了 UG 手动分模的思路及方法、模仁尺寸优化及型腔布局和镶件设计方法。UG 手动分模部分重点介绍了片体分模、“实体+片体”分模和实体分模三种思路。

第 3 章介绍了典型的斜导柱在前模、滑块在后模的后模滑块机构设计和斜顶外侧抽芯机构设计方法。这两种模具结构是企业经常采用的抽芯机构，通过学习，读者可快速理解并掌握模具抽芯机构的 3D 设计思路及方法。

第 4 章介绍了模架系统和顶出系统设计方法，包括模仁开框、模仁固定螺钉、模仁虎口、模仁斜度锁紧块、顶针及司筒、回针弹簧、撑头、限位柱和垃圾钉等标准件的设计。

第 5 章介绍了流道系统与冷却系统设计方法。包括潜伏式浇口设计、定位环、唧嘴、冷却水路及水路零件设计方法等。

第 6 章介绍了两个模具设计综合实例。实例一是细水口三板模结构模具，设计重点内容是细水口三板模模架的选择、三板模分型控制零件（大拉杆、小拉杆和胶塞）、点浇口、分流道、分流道钩针和大唧嘴等零件的设计方法。实例二是采用 UG 自带的 MoldWizard 模块进行模具设计，模具结构为简化型细水口模具，包含前模滑块机构。

本书编写采用的 UG 版本是 10.0，UG 界面采用了经典模式。燕秀 UG 模具软件（外挂）采用的版本是 7.05。读者学习时采用 UG8.0、UG10.0、UG12.0 均可，燕秀模块可在燕秀模具技术论坛（bbs.yxcax.com）免费下载，可采用 7.05 及以上版本。

本书是机械工业出版社组织出版的“高等职业教育系列教材”之一，由日照职业技术学院高玉新负责全书的总体内容规划，并编写第 2、3、6 章的主要内容；歌尔股份有限公司荣真基编写第 1、5 章的主要内容；日照职业技术学院王均波编写第 4 章的主要内容；参与编写工作的还有管殿柱、赵大刚、管玥和李文秋等，在本书编写过程中，部分图表及模具部件的设计参数参考了参考文献所列的相关资料，在此一并向作者表示感谢！

由于编者水平所限，在编写过程中难免有疏忽甚至错误之处，欢迎广大读者批评指正。

编　者

目　　录

第1章　UG模具设计基础

本章主要介绍应用UG软件进行注塑模具设计所必备的基础知识，包括UG模具设计常用的工具命令，模具标准件库相关功能介绍及模具设计的一般流程。

本章重点

- UG NX 10.0 模具设计常用工具命令
- 燕秀UG模具库常用工具命令

1.1　UG 模具设计常用工具命令

1.1.1　UG NX 10.0 工作界面

UG NX 10.0版本默认工作界面如图1-1所示，其工具命令按钮集成在各个功能区中。应用UG软件进行注塑模具设计时，经常采用UG的经典用户界面，把常用工具命令放到工具栏中，再结合快捷键对常用工具进行快速调用。用户也可单击菜单“文件”→“实用工具”→“用户默认设置”，打开“用户默认设置”对话框，然后选择“基本环境”→“用户界面”→“布局”，单击“仅经典工具条”即可，如图1-2所示。设置完成的经典工作界面如图1-3所示。

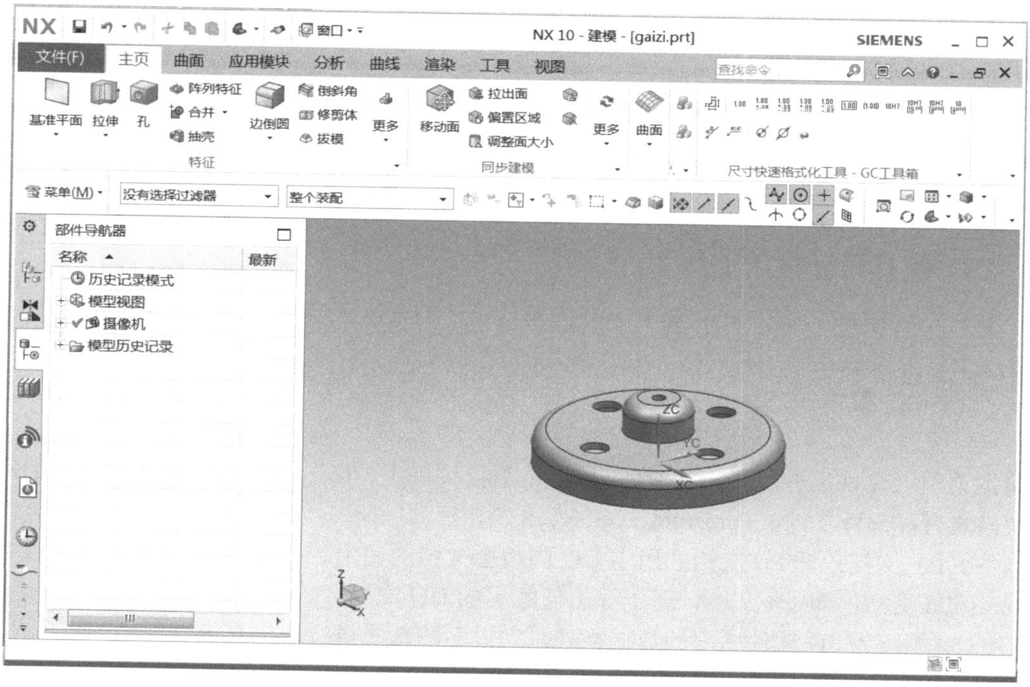

图1-1　UG NX 10.0默认工作界面

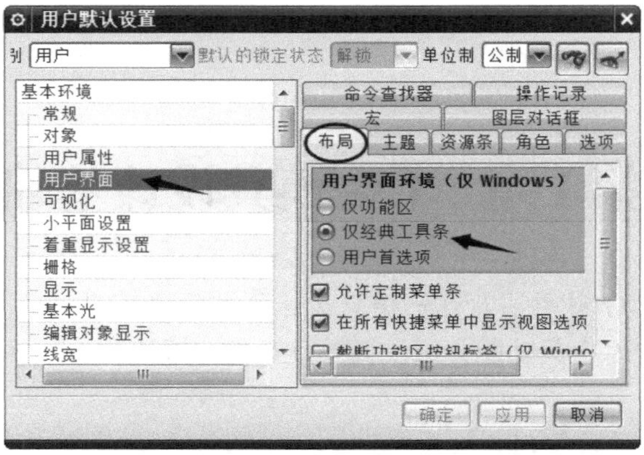

图 1-2 “用户默认设置”对话框

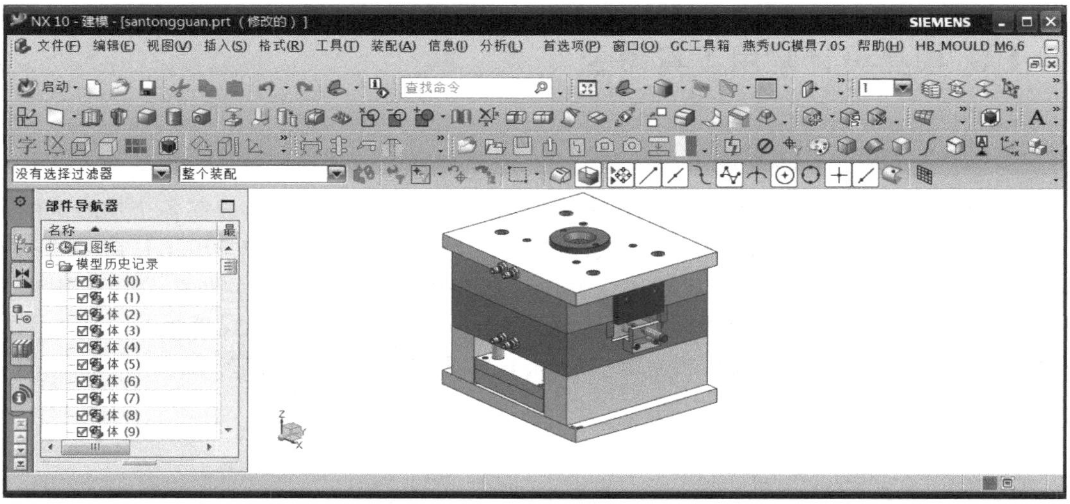

图 1-3 UG NX 10.0 经典工作界面

提示：UG NX 10.0 的默认工作界面相比 8.0 及以前的版本发生了较大变化。本书内容的编写采用软件的经典工作界面，操作系统采用 Windows 7 系统。

1.1.2 UG 模具设计常用工具

本小节分别对 UG NX 10.0 菜单中有关模具设计的常用工具进行介绍。用户可将 UG 模具设计常用工具分类放置于工具栏中，便于使用时快速选择。

一、“文件”菜单

1. 导出

单击菜单“文件”→“导出”，在“导出”下拉菜单中，UG 与其本身及其他软件的常用数据交换格式有：部件（P）、Parasolid、IGES、STEP 等。

部件（P）文档：即 Prt 文档，用于 UG 同版本文档的调用。

Parasolid 文档：即 x_t 文档，用于导出低版本的 UG 文档。

IGES 文档：为 3D 软件通用的数据格式，它以面的形式进行数据交换。

STEP 文档：为 UG 与 Pro/E、Solidworks 等软件之间的数据交换，以体的形式进行。

2．导入

UG 对文档的“导入”是“导出”的逆操作，其操作方法与导出一样。

二、“编辑”菜单

“编辑”菜单中的常用命令有：复制显示、对象显示、显示和隐藏、移动对象、变换、移除参数、扩大曲面。

1．复制显示

“复制显示”工具即抓图功能，用于抓取图形窗口的图像，主要用于制作 PPT 文档，与客户进行交流。

2．对象显示（Ctrl+J）

“对象显示”工具用于区分部件的颜色、设置部件的透明度及面的透明度等。

面的透明度设置

【例 1-1】　面的透明度设置

操作步骤

1）打开配套资源中的 ch01/ ch01_1/ex1.prt 文件。

2）选择菜单“编辑”→“对象显示”命令，或单击工具栏中的“编辑对象显示”工具按钮，系统弹出如图 1-4a 所示的“类选择”对话框，在“过滤器”分组中单击“类型过滤器”按钮，系统弹出如图 1-4b 所示的“按类型选择”对话框，选择“面”选项，单击该对话框中的“确定”按钮，系统返回到“类选择”对话框。选择图 1-4c 中箭头指示的面，然后单击“类选择”对话框中的“确定”按钮，系统弹出如图 1-4d 所示的“编辑对象显示”对话框，拖动“透明度”滑块至合适位置，显示效果如图 1-4e 所示。

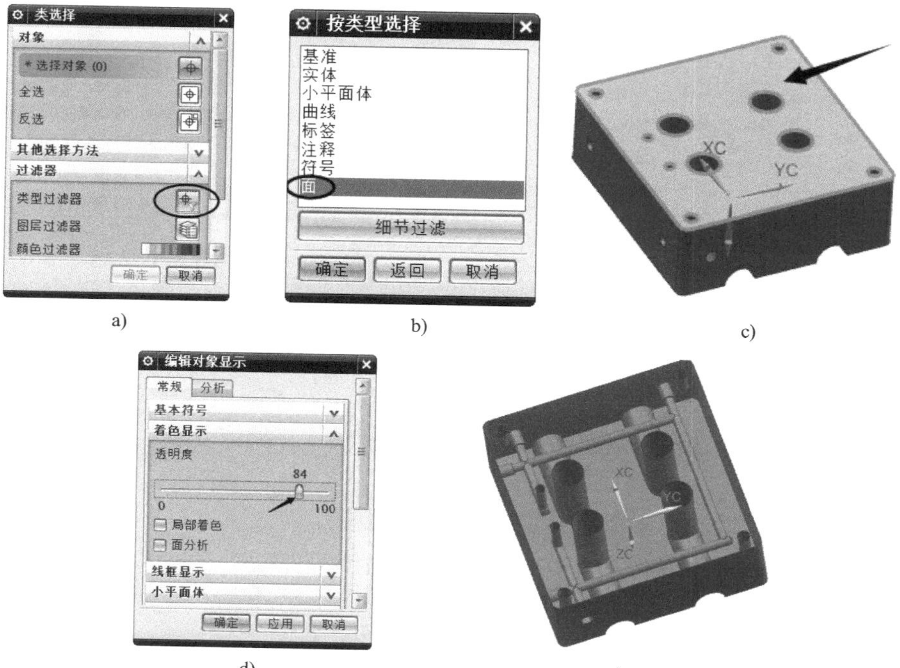

a)　b)　c)　d)　e)

图 1-4　部件面的透明度设置

a)“类选择”对话框　b)“按类型选择”对话框　c) 选择面

d)“编辑对象显示”对话框　e) 面的透明度显示

对部件的面做透明度设置，主要用于观察较复杂模具部件内部的结构，如模芯内部的水道（水路）、螺纹孔、镶件、顶针孔等。

3．显示和隐藏

选择菜单“编辑”→“显示和隐藏”命令，其下拉菜单中显示如图 1-5 所示的关于“显示和隐藏”的多个命令。日常工作中常需要结合快捷键进行部件的快速隐藏、反隐藏及全部显示等操作。

“隐藏”〈Ctrl+B〉和“反转显示和隐藏”〈Ctrl+Shift+B〉两个工具结合使用，可快速显示模具装配体中的某个部件，例如，要快速单独显示模芯，可在选择模芯后，按〈Ctrl+B〉快捷键进行隐藏，再按〈Ctrl+Shift+B〉进行反隐藏。

“全部显示”〈Ctrl+ Shift+U〉工具用于将所有部件全部显示于图形窗口中，但此时用图层工具关闭的部件将不会显示。

4．移动对象（Ctrl+T）

“移动对象”工具用于对所选对象的移动或复制，“移动对象”对话框“变换”分组中的常用选项如图 1-6 箭头所示，包括距离、角度、点到点、CSYS 到 CSYS 等。

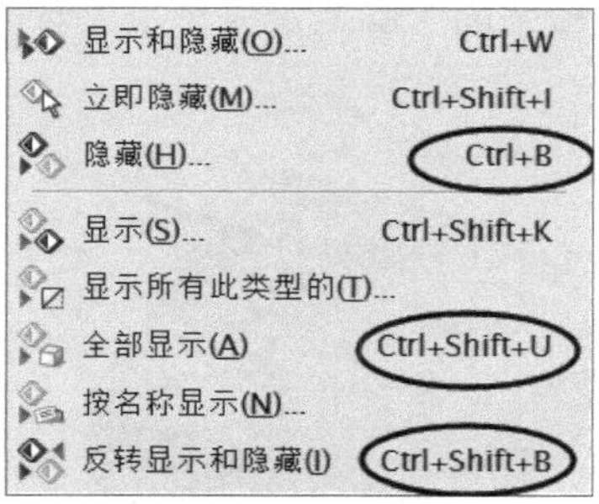

图 1-5 显示和隐藏工具

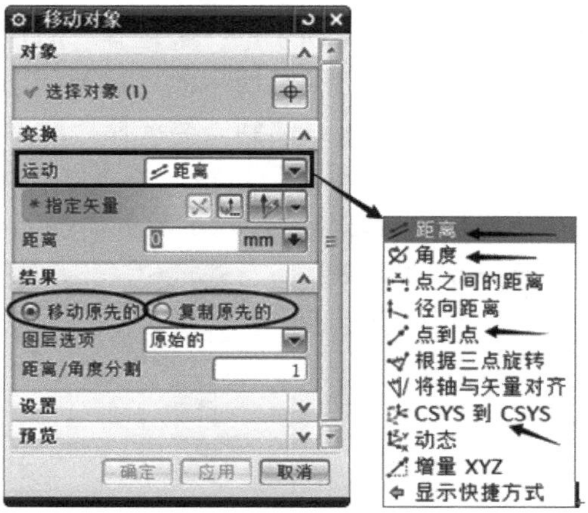

图 1-6 “移动对象”对话框

距离：对所选对象沿规定的矢量方向进行移动或复制。

角度：对所选对象绕规定的旋转轴进行移动或复制。

点到点：对所选对象由起点向终点进行移动或复制。

CSYS 到 CSYS：对所选对象由起始坐标向终点坐标进行移动或复制。

螺钉的变换镜像

5．变换

“变换”工具在模具设计中常用于对部件进行镜像复制。

【例 1-2】 螺钉的变换镜像

操作步骤

1）打开配套资源中的 ch01/ch01_1/ex2.prt 文件。

2）选择菜单“编辑”→“变换”命令，或单击工具栏中的“编辑对象显示”工具按钮，系统弹出如图 1-7 所示的“变换”对话框，选择箭头指示的螺钉部件，单击“确定”按钮。

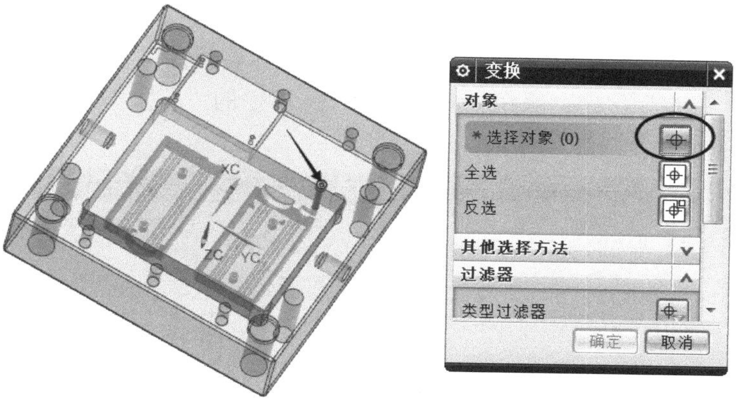

图 1-7　“变换”对话框

3）系统弹出如图 1-8a 所示的“变换”对话框，选择“通过一平面镜像”选项，单击“确定”按钮，系统弹出如图 1-8b 所示的“刨”对话框。在“刨”对话框的“类型”下拉列表中选择“YC-ZC 平面”，单击该对话框中的“确定”按钮。

4）系统弹出如图 1-8c 所示的“变换”对话框，选择“复制”选项，最后单击该对话框中的“取消”按钮即可。通过“变换”复制的螺钉如图 1-8d 箭头所示。

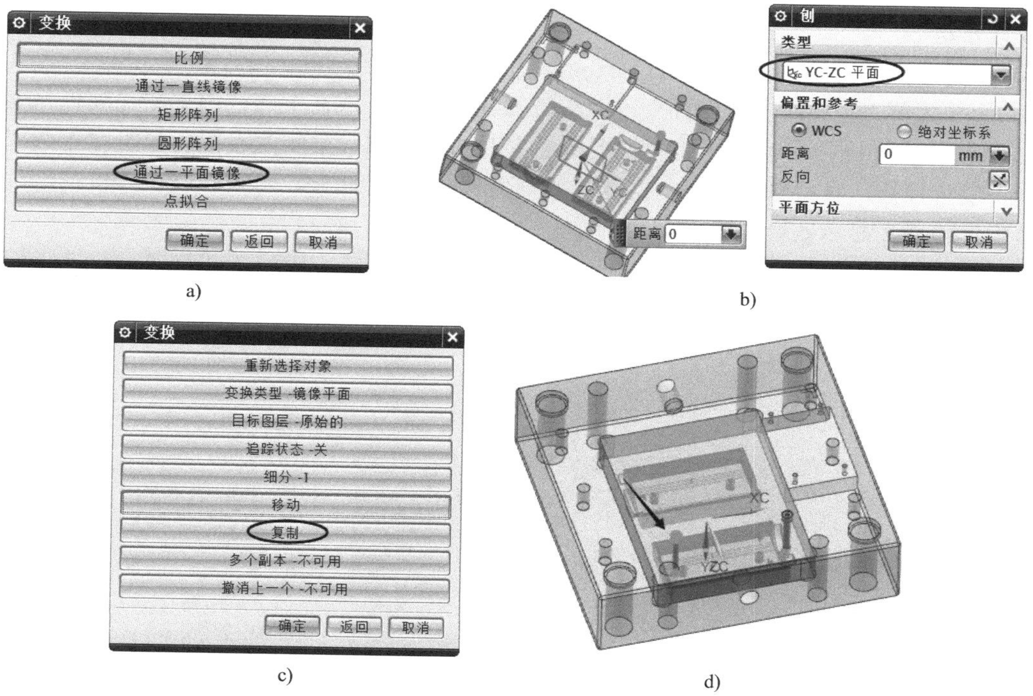

图 1-8　螺钉的变换镜像

a)“变换”对话框 1　b)“刨”对话框　c)“变换”对话框 2　d) 复制螺钉零件

6. 移除参数

“移除参数”工具在模具设计中主要用于使用“修剪体”“拆分体”和“修剪的片体”等修剪类工具后的移除关联参数操作。

选择菜单“编辑”→“特征”→“移除参数”命令，或在工具栏中单击“移除参数”按钮，弹出如图 1-9a 所示的“移除参数”对话框。选择要移除参数的对象后，单击“移除参数”对话框中的“确定”按钮，系统弹出如图 1-9b 所示的“移除参数”信息提示框，再单击“是”按钮，即可移除所选对象的参数。

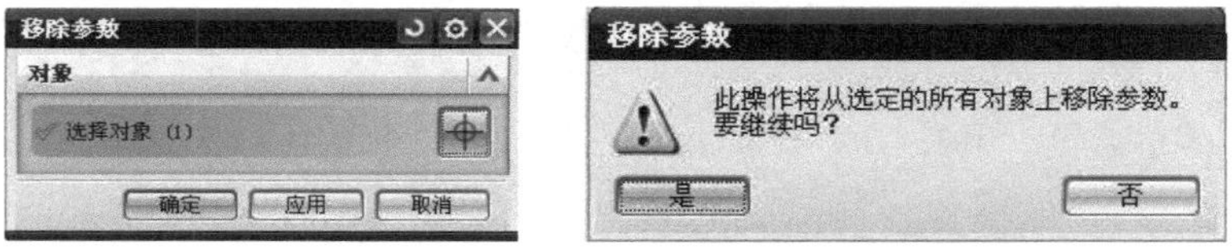

a)　　　　　　b)

图 1-9 “移除参数”对话框

7. 扩大曲面

选择菜单“编辑”→“曲面”→“扩大”命令，或在工具栏中单击“扩大”按钮，即可调用该工具。“扩大曲面”工具主要用于创建分型片体。

三、“视图”菜单

“视图”菜单中的“编辑截面”工具主要用于检查胶位厚度是否均匀，前后模芯与产品是否有干涉，也可用于观察模具装配体各个零部件的装配情况。

【例 1-3】 利用“编辑截面”工具查看胶位厚度的均匀性

操作步骤

1）打开配套资源中的 ch01/ch01_1/ex3.prt 文件。

2）选择菜单“视图”→“截面”→“编辑截面”命令，或在工具栏中单击“编辑截面”按钮，系统弹出如图 1-10 所示的“视图截面”对话框，在“截断面设置”分组中勾选“显示截断面”复选按钮，在“颜色选项”中选择“几何体颜色”。此时，可查看胶位厚度的均匀性。模具装配体的截面显示效果如图 1-11 所示。

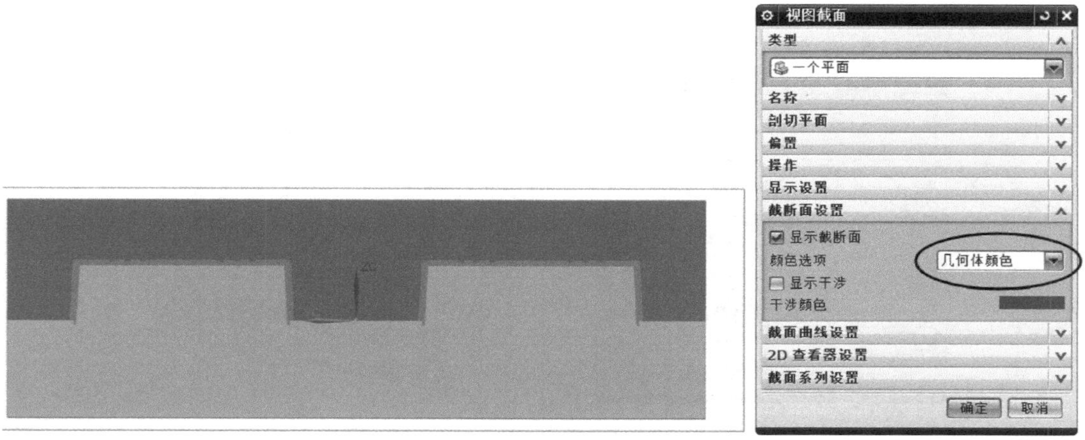

图 1-10 “视图截面”对话框

四、“插入”菜单

1. 拉伸

“拉伸”工具在模具设计中应用频率较高，主要用于选择产品分型线后沿矢量方向拉伸创建分型面。

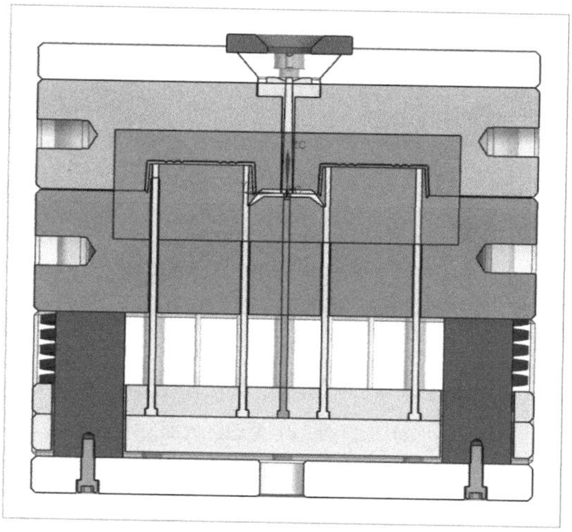

图 1-11　显示截面

2．抽取几何特征

“抽取几何特征”工具主要用于抽取产品体的面，然后创建分型面。常结合颜色过滤器快速抽取产品体的多个面。

面的快速抽取

【例 1-4】 利用“抽取几何特征”工具快速抽取面

操作步骤

1）打开配套资源中的 ch01/ch01_1/ex4.prt 文件。

2）选择菜单“分析”→“模塑部件验证”→“检查区域”命令，系统弹出如图 1-12a 所示的“检查区域”对话框，单击“计算”选项卡，保持脱模方向为“ZC”方向。

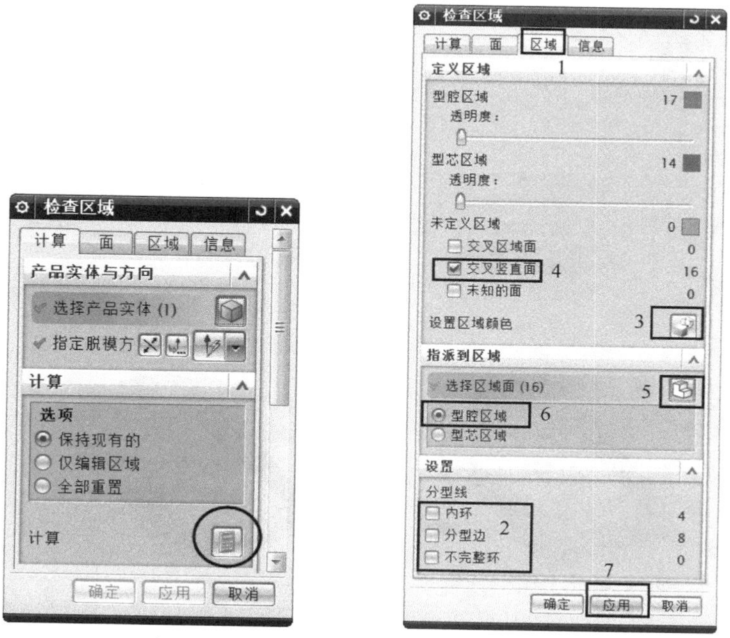

a)　　b)

图 1-12　以不同颜色区分型腔和型芯面

a) “计算”选项卡　b) “区域”选项卡

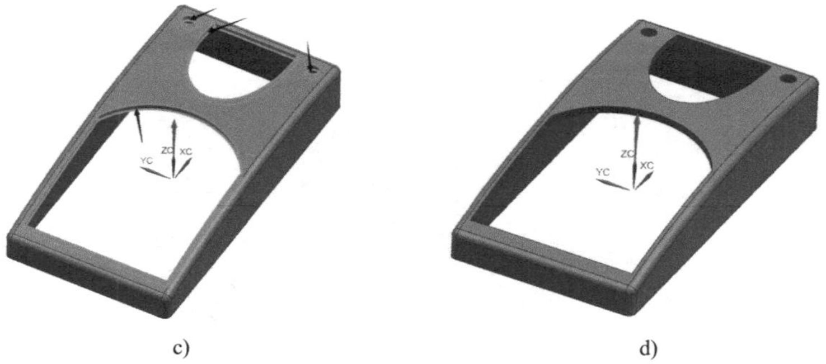

图 1-12　以不同颜色区分型腔和型芯面（续）

c) 选择面　d) 型腔区域面

3）以不同颜色区分型芯面（前模面）和型腔面（后模面），操作步骤如图 1-12b 所示。

4）在“检查区域”对话框“区域”选项卡“指派到区域”分组中选择“型芯区域”单选按钮，选择如图 1-12c 箭头所示产品破孔的侧面（共 8 个面），单击对话框中的“应用”按钮，将产品破孔的侧面指派给型芯区域。完成区域颜色指定后，型芯区域全部以蓝色显示，型腔区域全部以黄色显示，如图 1-12d 所示。

5）选择菜单“插入”→“关联复制”→“抽取几何特征”命令，或单击工具栏中的“抽取几何特征”按钮，系统弹出如图 1-13a 所示的“抽取几何特征”对话框，在“类型”下拉列表中选择“面”选项，在“面选项”下拉列表中选择“单个面”。

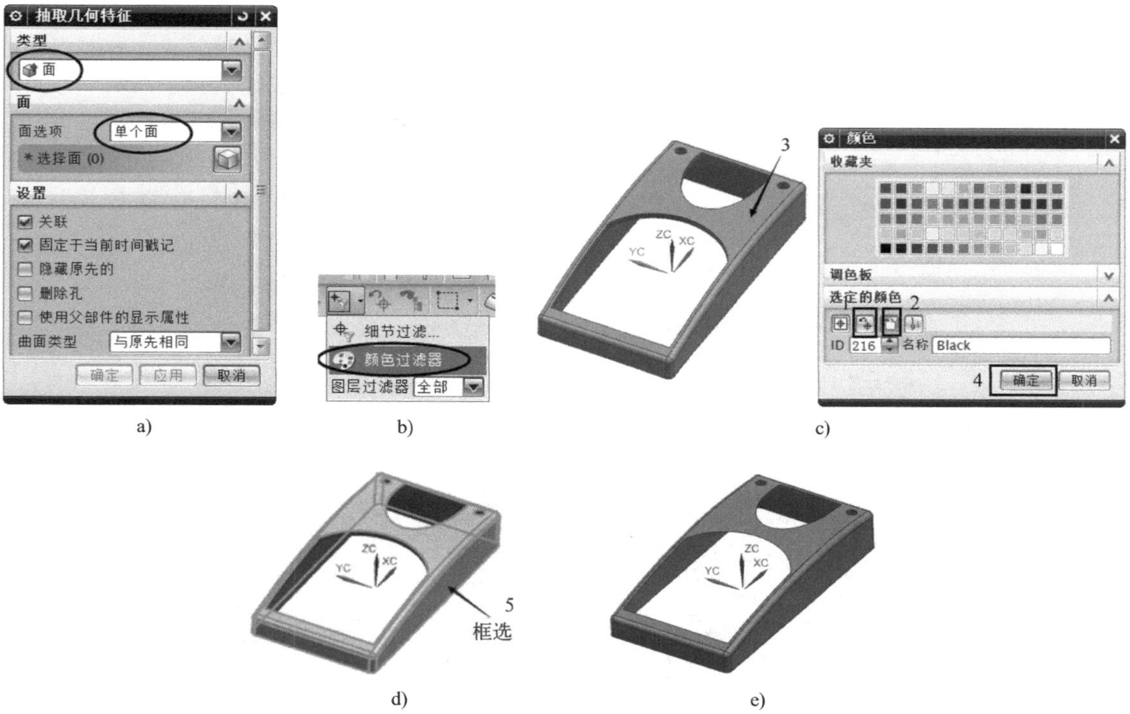

图 1-13　抽取产品体外观面

a) 抽取面　b) 颜色过滤器　c)“颜色”对话框　d) 框选产品体　e) 产品外观面

6）选择如图 1-13b 所示的“颜色过滤器”，系统弹出如图 1-13c 所示的“颜色”对话框，面的选取按照图示操作步骤进行。首先单击“取消选择所有颜色”按钮，再单击“从对象继承”按钮，选择箭头所示的产品外观面的其中一个面，单击“颜色”对话框中的“确定”按钮，然后框选整个产品体（图 1-13d）。最后单击“抽取几何特征”对话框中的“确定”按钮，隐藏产品体后，抽取的产品体外观面（型腔面）如图 1-13e 所示。

3. 缝合

“缝合”工具主要用于将多个片体缝合成一张曲面，用来创建分型面。选择菜单“插入”→“组合”→“缝合”命令，或单击工具栏中的“缝合”按钮，即可调用该工具。

4. 合并、减去、相交

合并、减去、相交三个工具分别对应求和、求差、求交三个布尔运算命令。在模具设计中，“减去”工具应用广泛，可用于实体求差实体、实体求差片体。选择菜单“插入”→“组合”，在弹出的下拉菜单中即可选择这三个工具，如图 1-14a 所示。

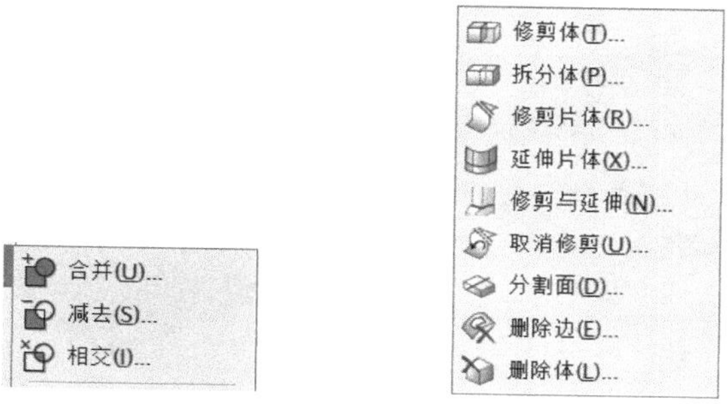

a)　　b)

图 1-14　布尔运算和修剪类工具

a) 布尔运算　b) 修剪类工具

5. 修剪类工具

选择菜单“插入”→“修剪”，即可弹出修剪类工具的下拉菜单，如图 1-14b 所示。其中，“修剪体”“拆分体”“修剪片体”“修剪与延伸”和“延伸片体”5 个工具应用较多。“修剪体”工具常用于对模具的模仁进行尺寸修剪优化，“拆分体”工具常用于利用分型曲面拆分工件得到型芯和型腔，“修剪片体”工具常用于利用曲线或片体区修剪片体，“延伸片体”工具常用于创建分型面。

提示：UG NX 10.0 版本将 UG NX 8.0 版本的“修剪与延伸”工具拆分为“修剪与延伸”和“延伸片体”两个工具。

【例 1-5】 利用“拆分体”工具创建型芯和型腔

利用拆分体创建型芯和型腔

操作步骤

1）打开配套资源中的 ch01/ch01_1/ex5.prt 文件。

2）选择菜单“插入”→“修剪”→“拆分体”命令，或单击工具栏中的“拆分体”按钮，系统弹出如图 1-15a 所示的“拆分体”对话框，选择工件为目标体，选择分型面为工具体，单击对话框中的“确定”按钮。

3）选择菜单“编辑”→“特征”→“移除参数”命令，单击选择工件，移除参数。拆分完成后的型腔如图 1-15b 所示。

4）将产品体显示出来，选择菜单“插入”→“组合”→“减去”，系统弹出“求差”对话框。

选择图 1-15c 箭头指示的部件为目标体，选择产品体为工具体，单击对话框中的“确定”按钮。

5）对上述步骤 4 的操作移除参数，隐藏产品体后得到的型芯如图 1-15d 所示。

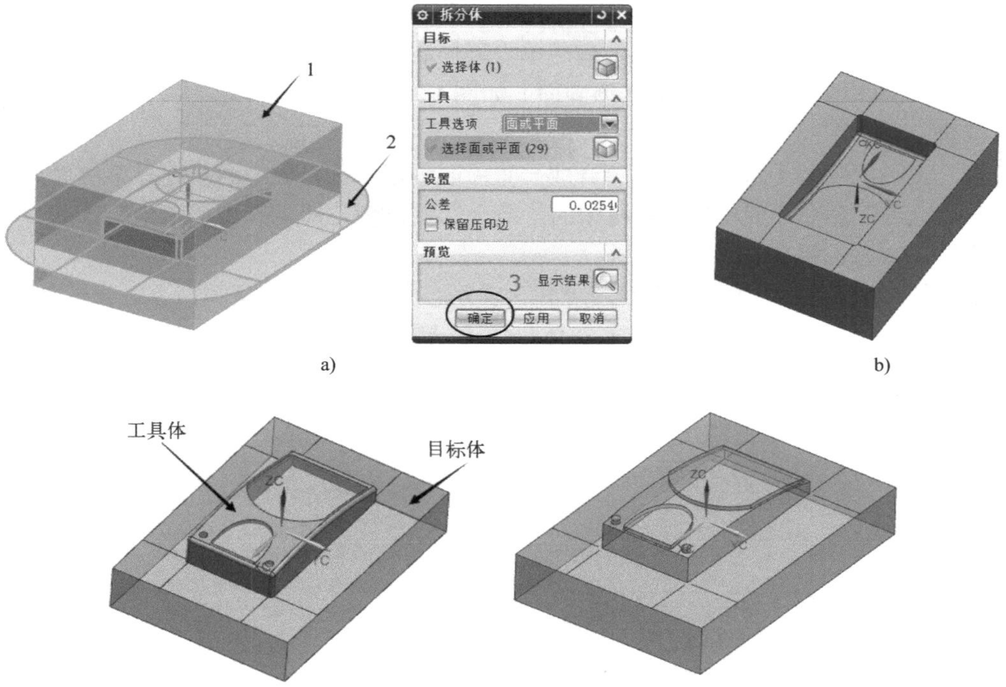

a) b) c) d)

图 1-15 工件的拆分

a)“拆分体”对话框 b) 型腔 c) 求差 d) 型芯

利用延伸片体创建分型面

【例 1-6】 利用“延伸片体”工具创建分型面

操作步骤

1）打开配套资源中的 ch01/ch01_1/ex6.prt 文件。

2）选择菜单“插入”→“关联复制”→“抽取几何特征”命令，系统弹出“抽取几何特征”对话框。选择图 1-16a 所示产品体底面的边缘面，单击对话框中的“确定”按钮，抽取的面如图 1-16c 所示。

3）选择菜单“插入”→“组合”→“缝合”命令，框选如图 1-16b 所示的面，将其缝合。

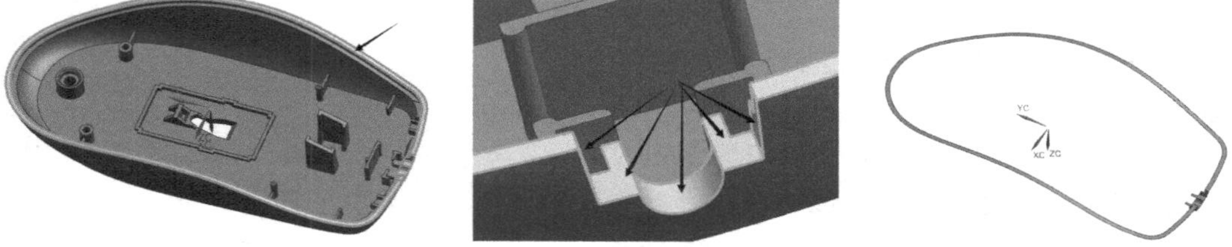

a) b) c)

图 1-16 抽取面

a) 选择面 b) 局部放大图 c) 抽取面

4）选择菜单“插入”→“修剪”→“延伸片体”命令，或单击工具栏中的“延伸片体”按

钮 ，系统弹出如图 1-17a 所示的“延伸片体”对话框，在“限制”分组的“偏置”文本框中输入 30，选择箭头指示的第一条边线，片体将沿边线的曲率方向延伸。依次选择其余边线，延伸的片体如图 1-17b 所示。

5）将产品体显示，并修改其颜色为黄色。选择菜单“插入”→“组合”→“减去”，系统弹出“求差”对话框。选择如图 1-17c 箭头指示的延伸片体为目标体，选择产品体为工具体，单击对话框中的“确定”按钮，得到的外围分型片体如图 1-17d 所示。

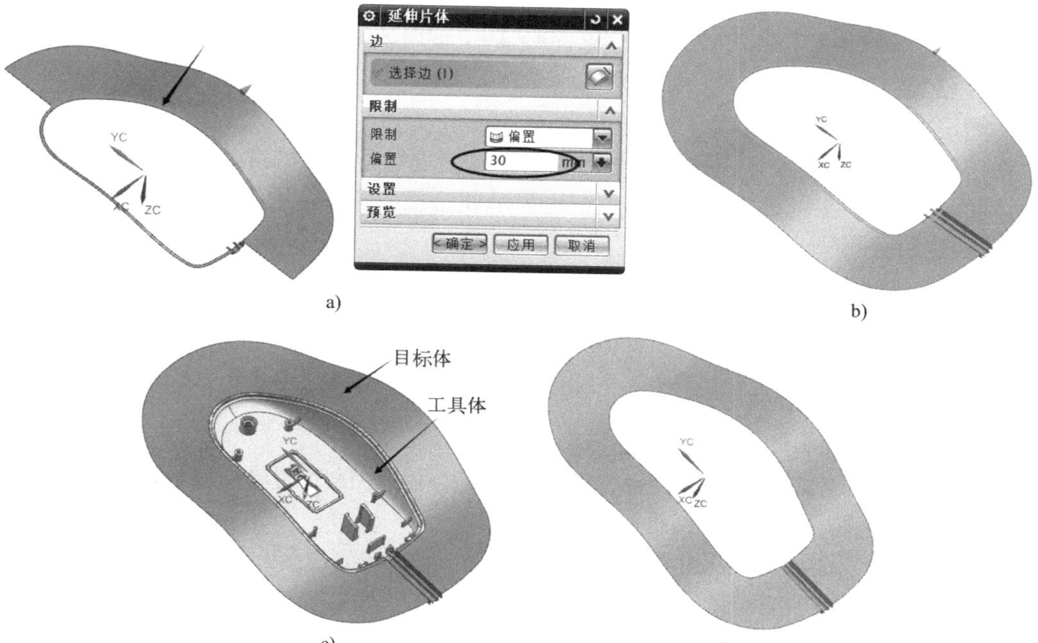

图 1-17　创建分型面

a)“延伸片体”对话框　b) 延伸片体　c) 求差　d) 创建的分型面

6. 缩放体

“缩放体”工具用于对产品设置收缩率。选择菜单“插入”→“偏置/缩放”→“缩放体”命令，或单击工具栏中的“缩放体”按钮 ，即可调用该工具。

7. 偏置面

“偏置面”工具用于对实体部件局部细节尺寸进行快速修改。选择菜单“插入”→“偏置/缩放”→“偏置面”命令，或单击工具栏中的“偏置面”按钮 ，即可调用该工具。

8. 修补开口

“修补开口”工具用于对产品体较复杂的破孔进行片体修补。选择菜单“插入”→“曲面”→“修补开口”命令，或单击工具栏中的“修补开口”按钮 ，即可调用该工具。

9. 网格曲面

“通过曲线网格”和“N 边曲面”工具可以用来创建网格曲面，在模具设计中主要用于创建分型片体或修补产品体的破孔。选择菜单“插入”→“网格曲面”→“通过曲线网格”或“N 边曲面”，即可调用该工具。

10. 管道

“管道”工具可用于创建模具的冷却水路或流道。选择菜单“插入”→“扫掠”→“管道”

命令，或单击工具栏中的“管道”按钮，系统弹出如图 1-18 所示的“管道”对话框。在创建水路或流道时，常先创建水路或流道的实体，再与模仁求差，故在对话框的“横截面”分组的“内径”文本框中输入 0。

11．同步建模工具

在同步建模工具中常用的是“替换面”和“删除面”工具。“替换面”工具在模具设计中可用于对部件实体进行局部修改，应用非常灵活；“删除面”工具可删除部件实体的孔或倒圆角的面。选择菜单“插入”→“同步建模”→“替换面”或“删除面”，即可调用该工具。

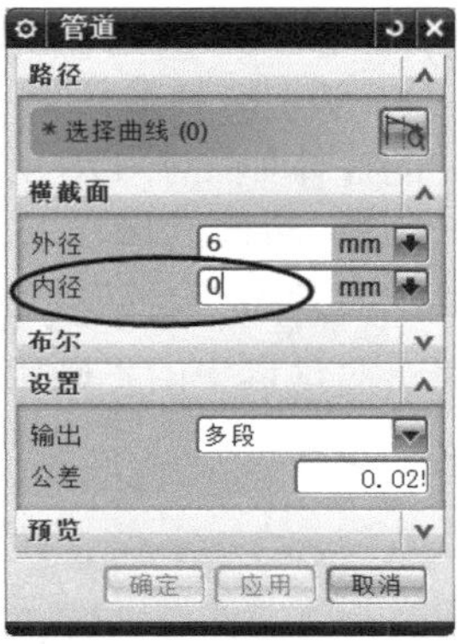

图 1-18 “管道”对话框

五、“格式”菜单

1．图层

“图层”工具在模具设计中主要用于对模具零部件进行管理，可将不同类别的部件放于不同的图层中，方便快速显示和隐藏。图层常用的三个工具是图层设置、复制至图层和移动至图层。

（1）图层设置

“图层设置”工具的主要功能是打开或关闭图层、重命名图层，用于对模具部件的管理。

【例 1-7】 图层设置

操作步骤

1）打开配套资源中的 ch01/ch01_1/ex7.prt 文件。

2）选择菜单“格式”→“图层设置”，或单击工具栏中的“图层设置”按钮，系统弹出图 1-19a 所示的“图层设置”对话框。

3）在对话框“图层”分组的“名称”列表中可勾选或取消勾选某个图层，对该层中的部件进行显示或隐藏。选中某个图层，如 100 层，单击鼠标右键，在弹出的快捷菜单中选择“重命名类别”，可对该图层进行重命名，如图 1-19b 所示。右击 81 层，选择“添加类别”→“新建类别”，可对 81 层新建一个图层类别并重命名。

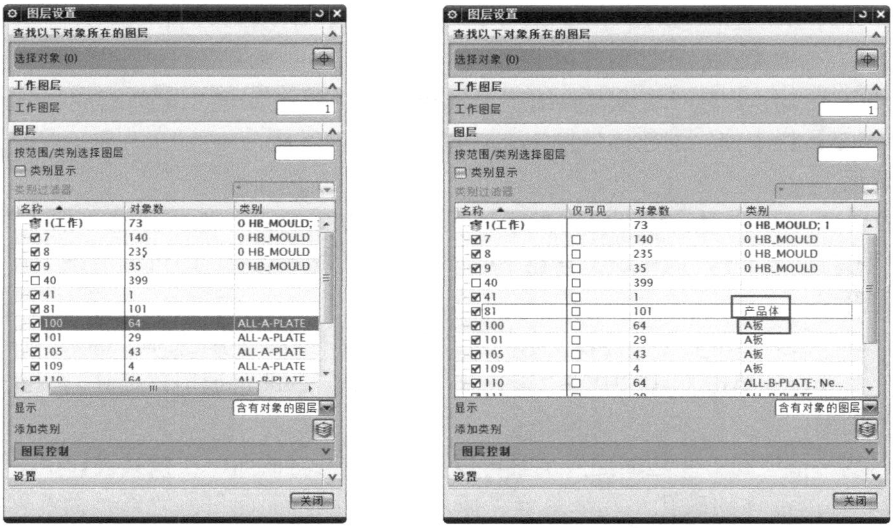

a) b)

图 1-19 图层设置

a) 图层设置 1 b) 图层设置 2

（2）复制至图层

“复制至图层”工具用于将对象从一个图层复制到另一个图层，常用于对部件或产品体的备份。

（3）移动至图层

“移动至图层”工具用于将对象从一个图层移动到另一个图层，常用于对模具零部件的归类管理。

2．坐标系

UG 系统中坐标系有三类：工作坐标系（WCS）、基准坐标系和绝对坐标系。工作坐标系只有一个，三条坐标轴以 XC、YC、ZC 表示，可对工作坐标系进行移动、旋转操作。基准坐标系的三条坐标轴以 X、Y、Z 表示，建模过程中可建立多个基准坐标系。系统的绝对坐标系并没有显示，其位于软件第一次打开时工作坐标系所在的位置。

选择菜单“格式”→“WCS”，在其下拉菜单中有如图 1-20 所示的命令。其中，“动态”坐标使用灵活，在图形窗口中双击 WCS 坐标系，其将成为动态模式，可对其进行移动、旋转等操作；“WCS 设置为绝对”命令可使当前的 WCS 工作坐标系回到系统的绝对坐标原点位置。

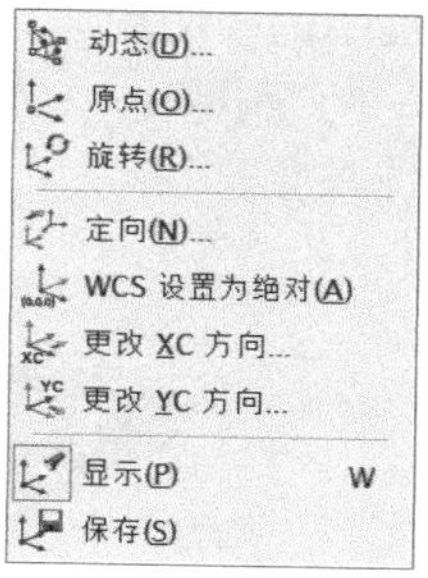

图 1-20　坐标系的设置

模具坐标系一般设置在系统的绝对坐标原点位置，可使用“WCS 设置为绝对”命令使当前的 WCS 坐标系回到系统绝对坐标原点位置。

型芯枕位的优化

【例 1-8】　型芯枕位的优化

操作步骤

1）打开配套资源中的 ch01/ch01_1/ex8.prt 文件。

2）选择菜单“格式”→“WCS”→“动态”，或单击工具栏中的“WCS 动态”按钮，此时 WCS 坐标系变为动态模式，抓取如图 1-21a 箭头指示的边线端点放置 WCS 坐标系，结果如图 1-21b 所示。

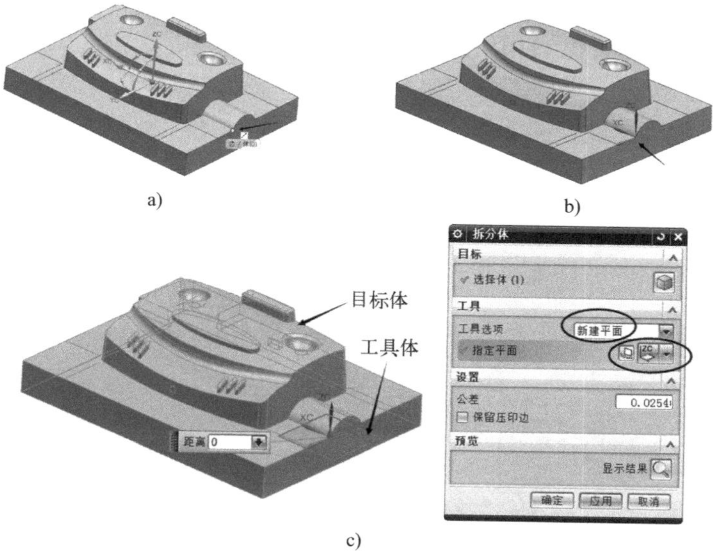

图 1-21　枕位的拆分

a) 动态坐标系　b) 放置坐标系　c)“拆分体”对话框

3）选择菜单“插入”→“修剪”→“拆分体”命令，系统弹出“拆分体”对话框。目标体选择型芯实体，在对话框“工具”分组的“工具选项”中选择“新建平面”选项，在“指定平面”选项中选择“XC-YC”平面。单击对话框中的“应用”按钮，完成型芯的拆分。

4）对拆分后的型芯移除参数。选择“拆分体”命令，按照上述步骤 3 的操作，选择“YC-ZC”平面作为“工具体”并在“距离”文本框中输入 10，如图 1-22a 所示。单击“拆分体”对话框中的“应用”按钮。

5）删除图 1-22b 箭头指示的实体，然后应用“合并”工具对图 1-22c 箭头指示的两个实体进行合并。

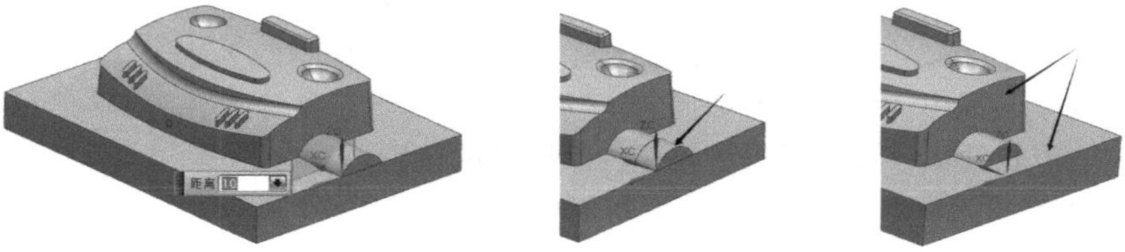

a) b) c)

图 1-22　枕位优化

a) 输入距离参数　b) 拆分　c) 求和

6）选择菜单“格式”→“WCS”→“WCS 设置为绝对”命令，将 WCS 坐标系移动到绝对坐标原点处。

六、“分析”菜单

1. 斜率分析

对产品进行斜率分析的目的是区分前模面（型腔面）和后模面（型芯面），获取分型线，进而创建分型面。

产品斜率分析

【例 1-9】　产品斜率分析

操作步骤

1）打开配套资源中的 ch01/ch01_1/ex9.prt 文件。

2）选择菜单“分析”→“形状”→“斜率”，系统弹出如图 1-23 所示的“面分析-斜率”对话框。按照图 1-23a 所示步骤进行参数设置，注意“矢量方向”选择“+ZC”方向，即产品顶出方向。

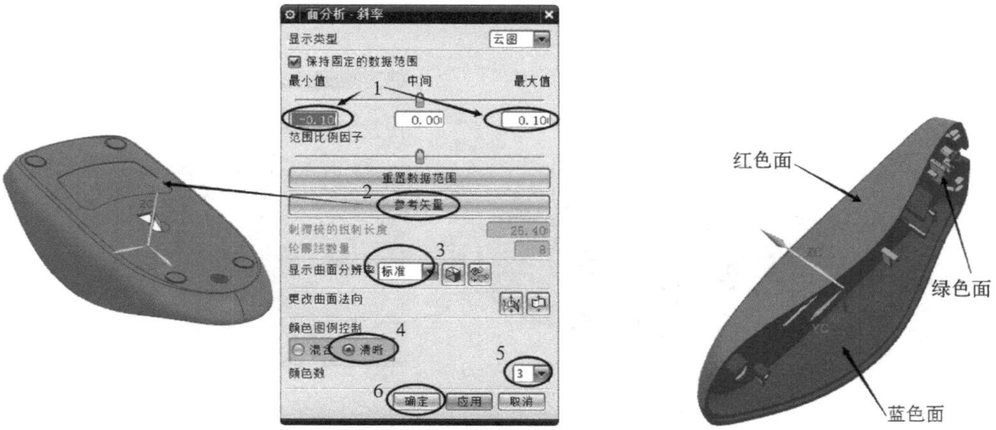

a) b)

图 1-23　产品斜率分析

a)“面分析-斜率”对话框　b) 分析结果云图显示

3）产品斜率分析完成后，以不同颜色显示（图 1-23b），默认红色面表示前模面，蓝色面表示后模面，绿色面表示与“ZC”方向平行的面，可根据设计要求对绿色面进行拔模处理。

2．检查几何体

“检查几何体”工具主要用于观察分型片体缝合后的边界是否通过检查，也可用于检查缝合片体是否存在破面。

检查几何体

【例 1-10】　检查几何体

操作步骤

1）打开配套资源中的 ch01/ch01_1/ex10.prt 文件。

2）选择菜单“分析”→“检查几何体”，系统弹出如图 1-24 所示的“检查几何体”对话框，按照图 1-24a 所示步骤进行操作。

3）单击对话框“操作”分组中的“信息”按钮，可查看分析结果，如图 1-24b 所示，当前信息显示片体缝合成功，片体与片体之间未出现红色边界指示或红点。同时，图 1-24a 所示对话框中显示的检查后状态表明，“面相交”和“自相交”为通过。

如果在图 1-24c 箭头指示的两个片体边界处出现红点，则表明片体缝合不成功，可能片体与片体之间间隙较大，需要修补。

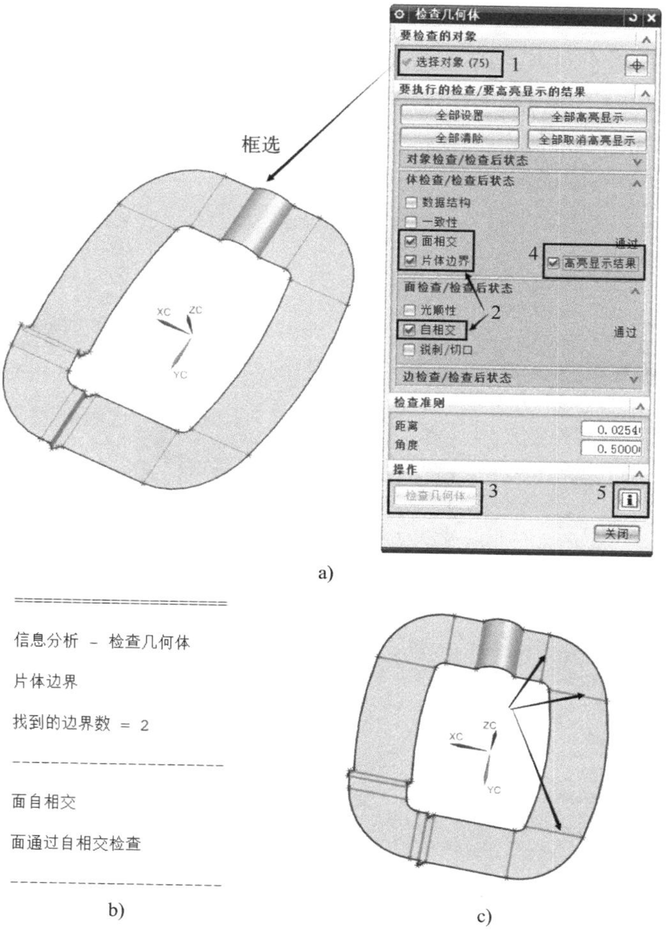

图 1-24　检查几何体

a)“检查几何体”对话框　b) 分析结果信息　c) 片体边界信息

3．模具部件验证

“模具部件验证”工具主要用于分析产品体，以不同颜色区分前模面和后模面，便于抽取分型片体。该工具的操作可参考例 1-4。

七、注塑模工具

选择“启动”→“所有应用模块”→“注塑模向导”，系统弹出如图 1-25 所示的“注塑模向导”工具栏，单击“注塑模工具”按钮，弹出“Mold Tools”（注塑模工具）对话框。其中“创建方块”和“坯料尺寸”两个工具最为常用。

图 1-25 “注塑模向导”工具栏

单击“创建方块”按钮，系统弹出如图 1-26 所示的“创建方块”对话框，在“类型”下拉列表中有“中心和长度”“有界长方体”和“有界圆柱体”三个选项，其中“有界长方体”选项最为常用，该工具用于对产品破孔进行实体修补。

“坯料尺寸”工具可快速测量一个实体的长、宽、高尺寸。单击“坯料尺寸”按钮，系统弹出如图 1-27 所示的“坯料尺寸”对话框，选择要测量的实体后，在对话框中可快速读取所选实体的 X、Y、Z 三个方向的尺寸。

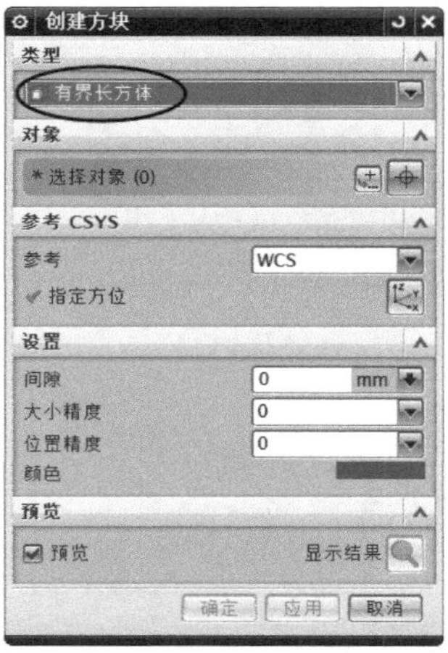

图 1-26 “创建方块”对话框

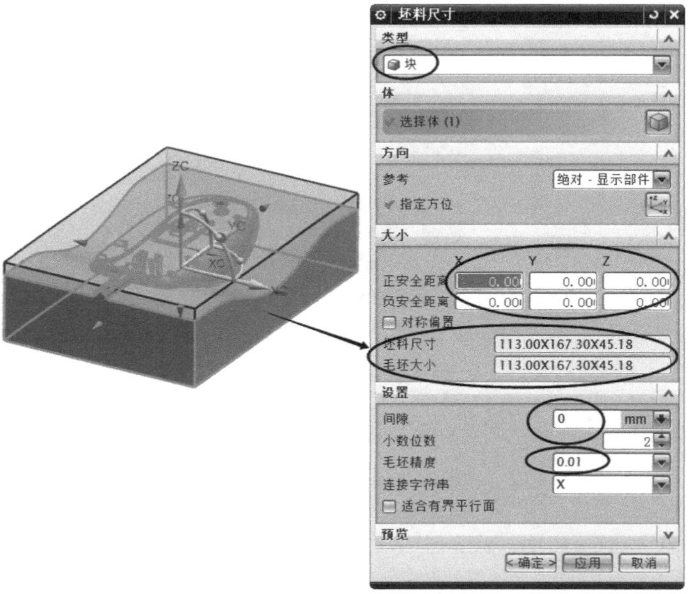

图 1-27 “坯料尺寸”对话框

1.2 模具标准件库简介

目前，全 3D 注塑模具设计标准件库主要有燕秀 UG 模具外挂、胡波外挂（HB_MOULD），两者均可免费下载安装。另外，UG 软件本身提供了用于注塑模设计的“注塑模向导-MoldWizard”模块。应用模具外挂主要是快速加载一些模具标准件，如模架、定位圈、浇口套、顶针、冷却水路、弹簧、螺钉、支撑柱和垃圾钉等。

1.2.1 燕秀 UG 模具外挂

燕秀 UG 模具外挂可在燕秀模具技术论坛网站下载，本书后续内容所用版本是 7.05，安装完成后，在 UG 软件菜单栏会出现“燕秀 UG 模具 7.05”菜单。单击“燕秀 UG 模具 7.05”菜单，系统弹出如图 1-28 所示的下拉菜单。单击选择 标准件-菜单 和 工具-菜单，分别弹出如图 1-29 和图 1-30 所示的模具设计常用命令工具栏和模具标准件工具栏，方便用户快速选择。

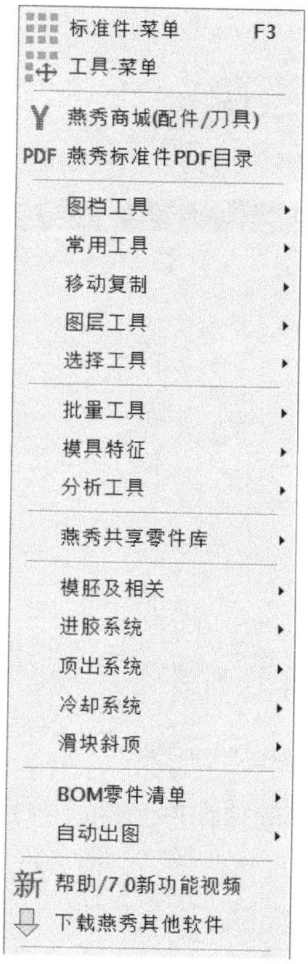

图 1-28 “燕秀”下拉菜单

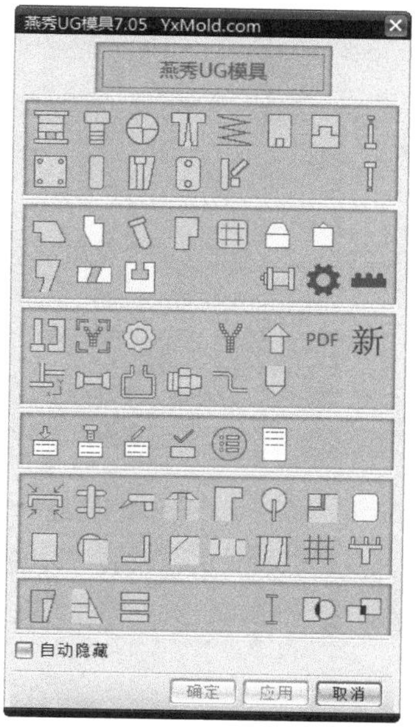

图 1-29 常用命令工具栏

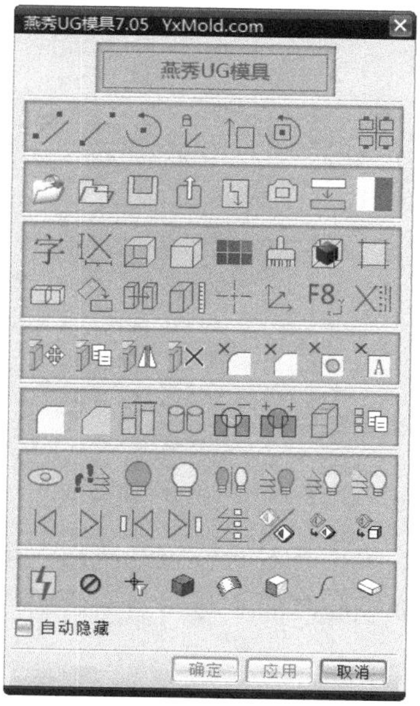

图 1-30 标准件工具栏

下面对燕秀 UG 模具外挂的常用标准件及模具工具做简单介绍。

1. 模架

打开配套资源中的 ch01/ch01_2/ex1.prt 文件，选择菜单“燕秀 UG 模具 7.05”→“模胚及相关”→“模胚”选项，系统弹出如图 1-31 所示的对话框，同时动态显示如图 1-32 所示的模架预览。对话框左边为模架类型、规格及尺寸；对话框中间部分可设置模板的厚度，而且提供了中托司、撬模槽、导柱排气、开模框、KO 孔及销钉 6 个特征供用户选择；用户单击对话框右上角的“参数设置”按钮，系统弹出如图 1-33 所示的“参数设置”对话框，用户可设置在生成模胚时是否创建“回针螺丝孔”（软件界面中的螺丝应为螺钉）及是否对模板进行面透明。

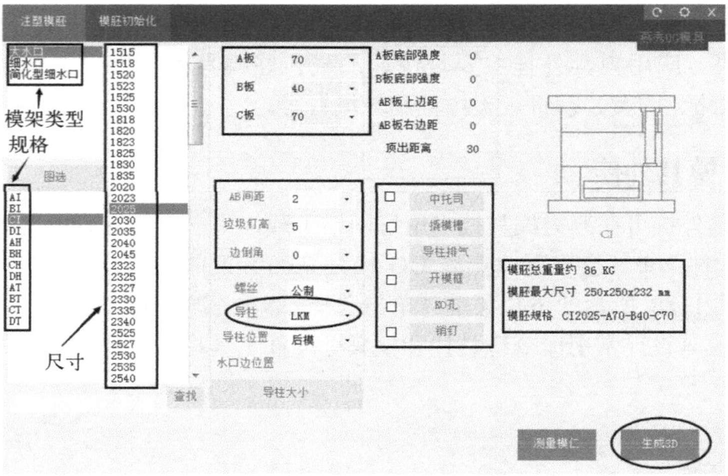

图 1-31 “模胚”对话框

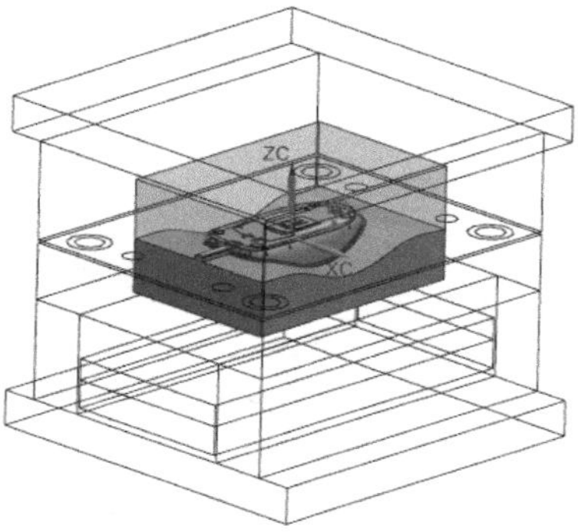

图 1-32 模架预览

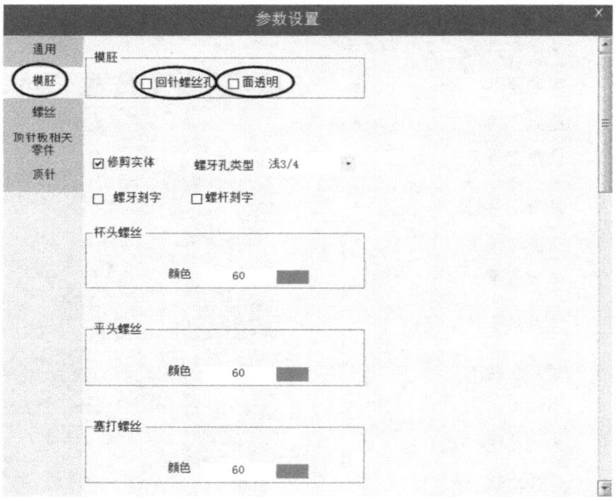

图 1-33 “参数设置”对话框

当模架各参数设置完成后，单击对话框中的“生成 3D”按钮，则创建模胚。图 1-34 所示为生成模胚时面不透明与面透明的显示效果。

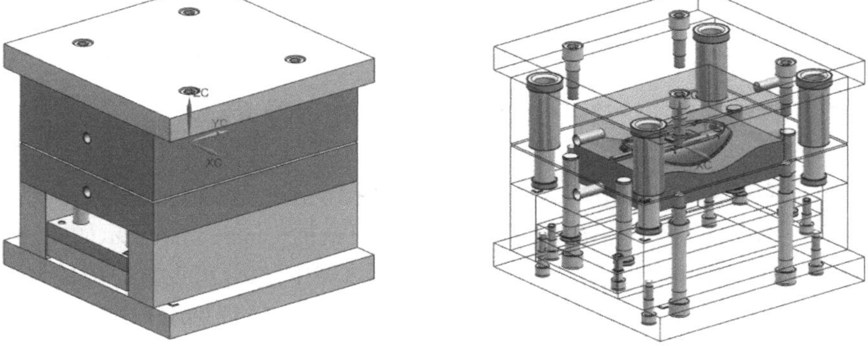

a)　　b)

图 1-34 模胚

a) 面不透明 b) 面透明

2. 开框

模具开框是指在定模板和动模板上创建用于镶嵌型腔和型芯的方槽或圆槽。

打开配套资源中的 ch01/ch01_2/ex2.prt 文件，选择菜单“燕秀 UG 模具 7.05”→“模具特征”→“开框”，系统弹出如图 1-35 所示的“开框”对话框，按图示操作步骤操作，创建的开框特征如图 1-36a 所示。模具开框类型提供了如图 1-36b 所示的“清角型”“圆角型”和“斜角型”三种，用户可根据需要进行选择。

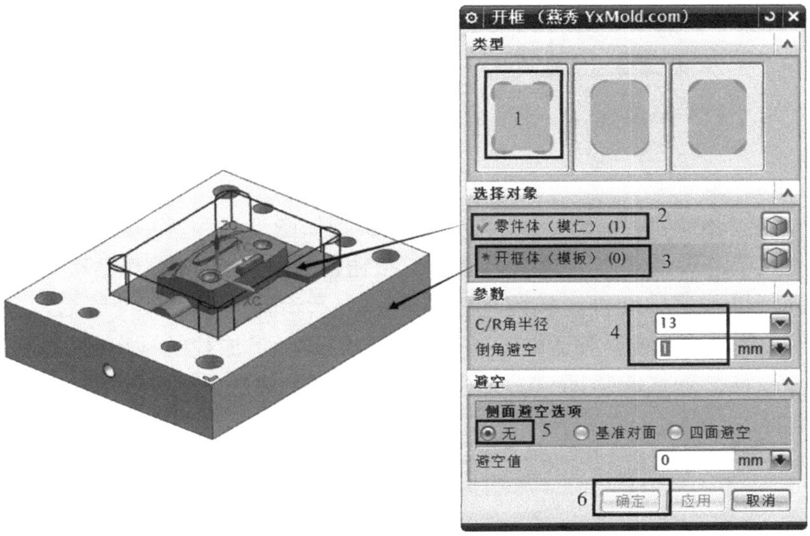

图 1-35　“开框”对话框

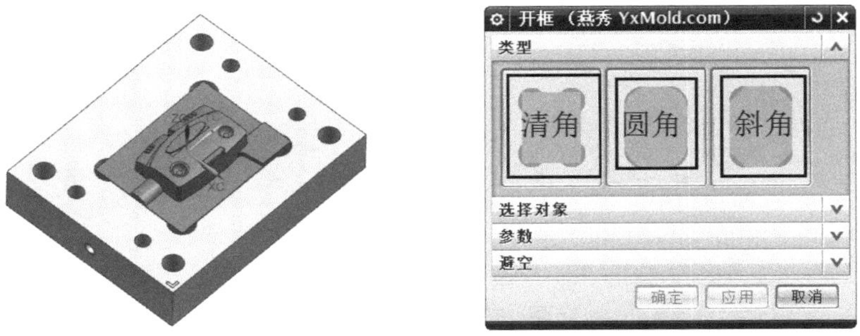

a)　　b)

图 1-36　模具开框

a) 模仁开框　b)“开框”类型

3. 唧嘴/定位环

定位环的作用是保证注塑机料筒喷嘴与模具唧嘴同轴。唧嘴即浇口套，它是模具浇注系统的主流道。

打开配套资源中的 ch01/ch01_2/ex3.prt 文件。选择菜单“燕秀 UG 模具 7.05”→“进胶系统”→“唧嘴定位环”，系统弹出如图 1-37 所示的对话框。该对话框提供了“定位环”“唧嘴”“定位环+唧嘴”和“大唧嘴”四个选项供用户选用，其中“定位环+唧嘴”选项可以同时加载定位环和唧嘴两个标准件。在每个选项下面都有厂家、型号及规格可供选择。

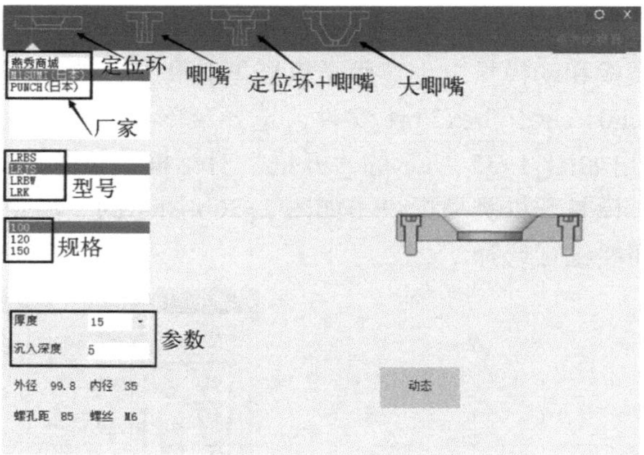

图 1-37 “唧嘴/定位环”对话框

单击选择“定位环+唧嘴”选项卡，对话框切换到如图 1-38 所示的界面，按图示箭头指示进行参数选择，并单击对话框右下角的“动态”按钮，系统弹出如图 1-39 所示的“定位圈+唧嘴”对话框，且可以预览标准件。按照如图 1-39 所示步骤进行参数设置后，单击“确定”按钮，系统返回到如图 1-40 所示对话框，在对话框右侧显示了加载的标准件列表，用户如果要删除标准件，右键选择，然后删除即可。单击对话框的“生成 3D”按钮，系统可加载定位圈和唧嘴两种标准件，如图 1-41 所示。

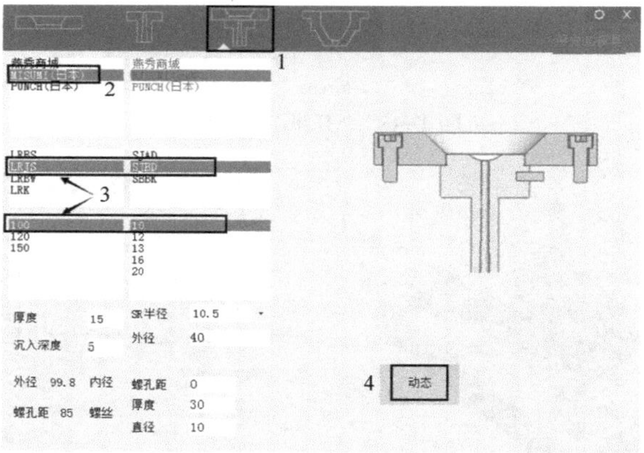

图 1-38 “定位环+唧嘴”选项卡

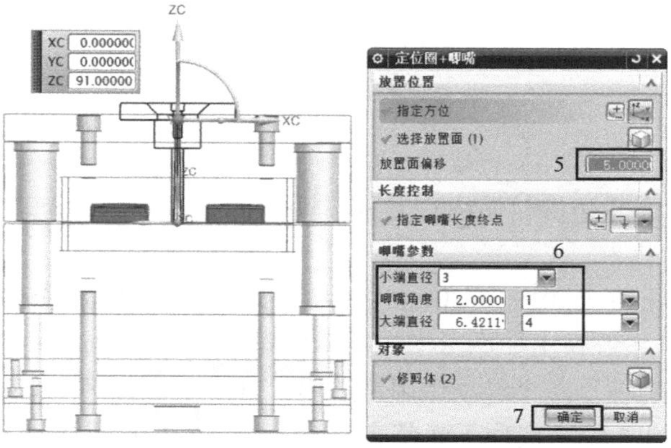

图 1-39 “定位圈+唧嘴”对话框

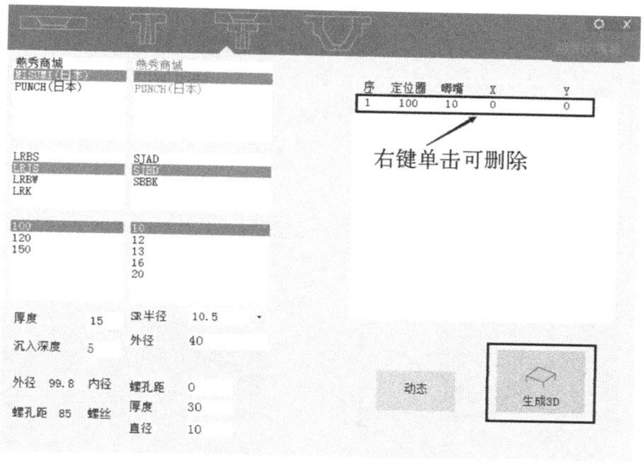

图 1-40 “定位环+唧嘴”选项卡

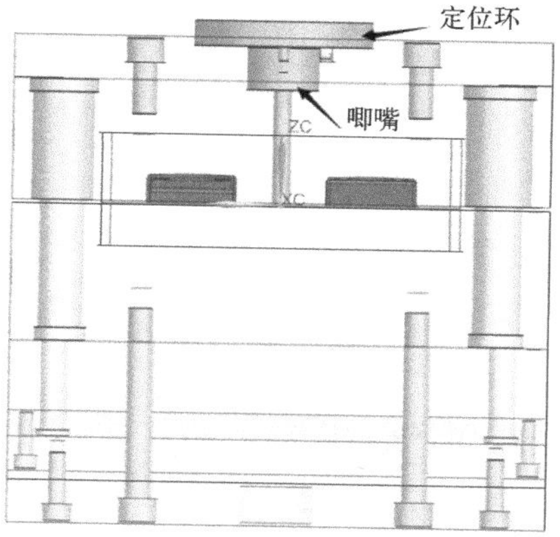

图 1-41 创建定位环和唧嘴

4．滑块座

1）打开配套资源中的 ch01/ch01_2/ex4.prt 文件，选择菜单“燕秀 UG 模具 7.05”→“滑块斜顶”→“滑块座”选项，系统弹出如图 1-42 所示的“滑块座”对话框。燕秀外挂提供了三种不同结构的滑块座，并可设置滑块座的部分参数。单击对话框右下角的“快速定位”按钮【快速定位】，系统弹出如图 1-43 所示的“快速定位”对话框，用户可选择定位方式并结合动态坐标系对滑块座进行定位，保持坐标系 XC 方向为脱模时滑块的移动方向。

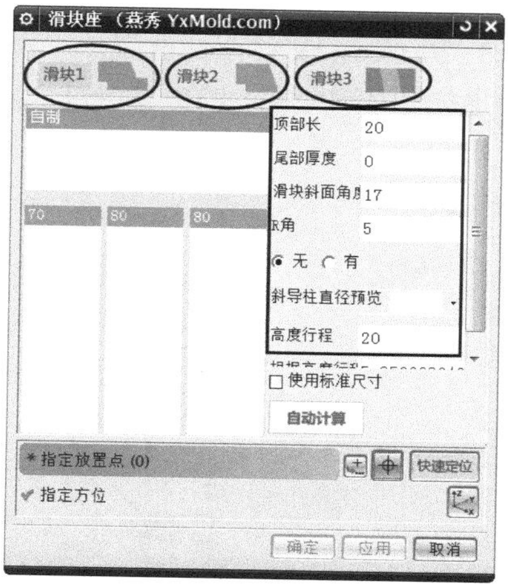

图 1-42 “滑块座”对话框

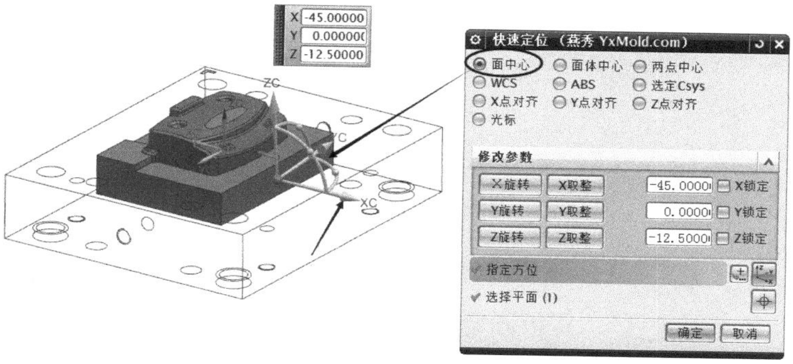

图 1-43 对滑块座进行定位

2）单击“快速定位”对话框中的“确定”按钮，系统弹出如图 1-44a 所示的滑块座预览，用户可单击选择滑块座的长、厚、宽、顶部长度和尾部厚度 5 个箭头，对其尺寸进行调整。单击对话框中的“确定”按钮，创建如图 1-44b 所示的滑块座。删除图中箭头指示的假体后，生成如图 1-44c 所示的滑块座。

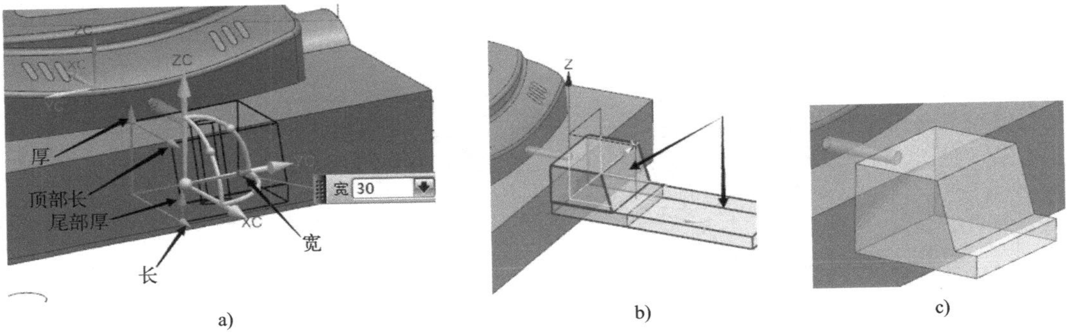

图 1-44　创建滑块座

a) 调整滑块座尺寸参数　b) 删除　c) 创建的滑块座

对创建的滑块座，可自行设计挂台导向，并对局部细节进行调整。对于较复杂的滑块，模具设计时可用 UG 软件自行设计。

5. 斜导柱

打开配套资源中的 ch01/ch01_2/ex5.prt 文件，选择菜单“燕秀 UG 模具 7.05”→“滑块斜顶”→“斜导柱”选项，系统弹出如图 1-45 所示的“斜导柱”对话框，按照图示操作步骤即可加载斜导柱。其中，图示步骤 5 可单击 X 或 Y 向箭头，在弹出的文本框中输入斜导柱的定位尺寸，对斜导柱的安放位置进行调整。

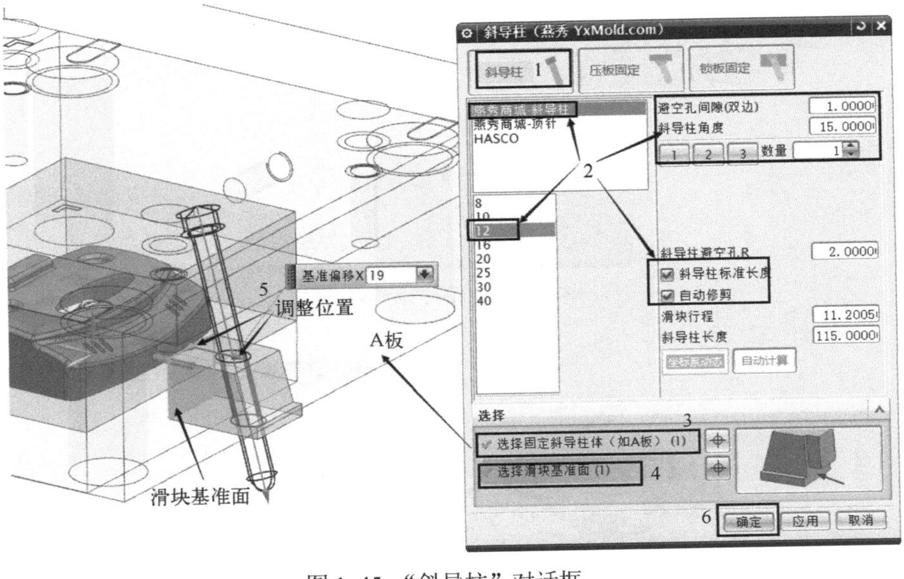

图 1-45　“斜导柱”对话框

燕秀外挂提供了“斜导柱”“压板固定”“锁板固定”三种斜导柱的固定方式。

斜导柱：此种方式适用于模板较薄且模板和面板不分开的情况。

压板固定：此种方式适用于模板较薄且模板和面板分开的情况，如三板模。

锁板固定：此种方式适用于固定斜导柱的模板较厚的情况。

6．压条

打开配套资源中的 ch01/ch01_2/ex6.prt 文件，选择菜单“燕秀 UG 模具 7.05”→“滑块斜顶”→“滑块压条”选项，系统弹出如图 1-46 所示的“滑块压条”对话框，按照图示操作步骤进行参数设置。单击对话框中的“确定”按钮即可创建压条，创建的压条如图 1-47 所示。

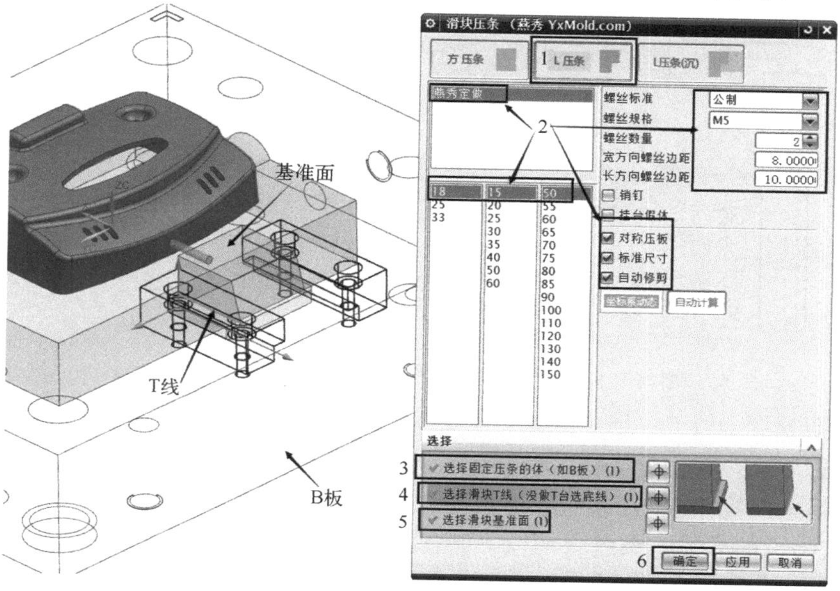

图 1-46　“滑块压条”对话框

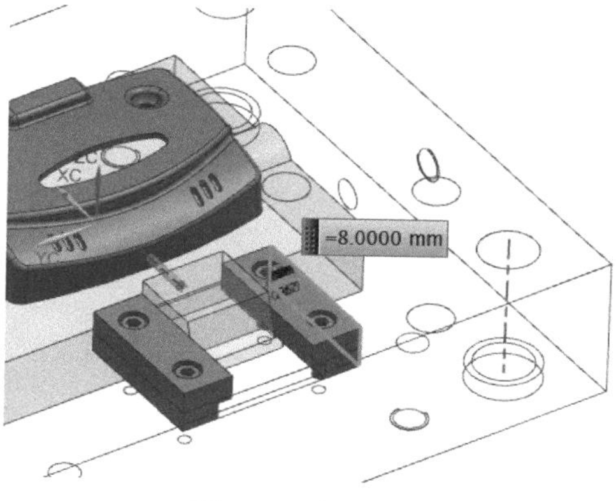

图 1-47　创建压条

燕秀外挂提供了三种类型的压条：方压条、L 压条和 L 压条（沉），每种类型压条提供了标准规格尺寸供选用。上述操作中创建的压条规格为：宽 18、厚 15、长 50。

7．顶针

1）打开配套资源中的 ch01/ch01_2/ex7.prt 文件。

2）选择菜单“燕秀 UG 模具 7.05”→“顶出系统”→“顶针”选项，系统弹出如图 1-48 所示的对话框。燕秀外挂提供了四种顶针：圆顶针、有托顶针、扁顶针和司筒，并能够创建顶针的修剪及避空特征。顶针的放置点可选择“动态”“点选”和“读 CAD”三种方式进行定位。

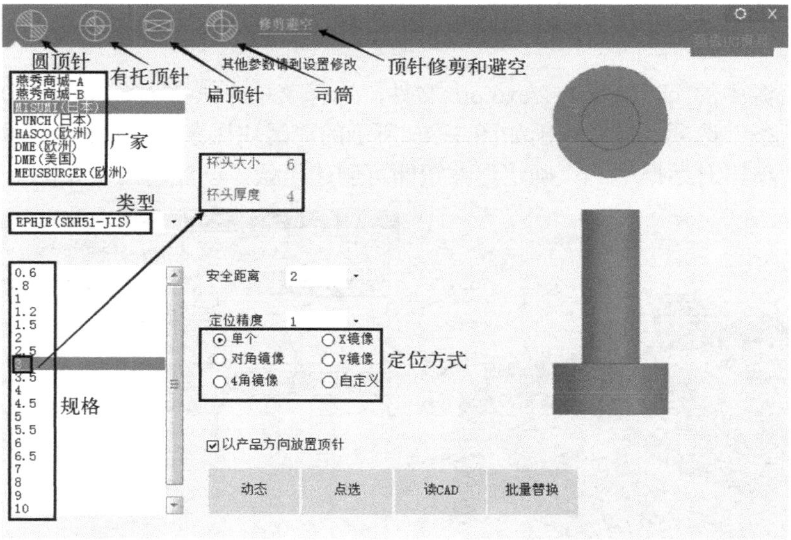

图 1-48 “顶针”对话框

（1）圆顶针

1）选择图 1-48 所示对话框中的圆顶针选项卡，厂家选择“MISUMI”，顶针规格选择“3”，单击“动态”按钮，系统弹出如图 1-49a 所示的“请选择后模，或后模镶件”对话框，选择箭头指示的后模，系统自动以“俯视图”显示，在如图 1-49b 箭头指示的位置单击鼠标放置顶针，然后单击对话框中的“取消”按钮，系统返回到如图 1-48 所示的初始对话框，且在对话框右下角增添了“生成 3D”按钮。单击“生成 3D”按钮，则创建顶针。

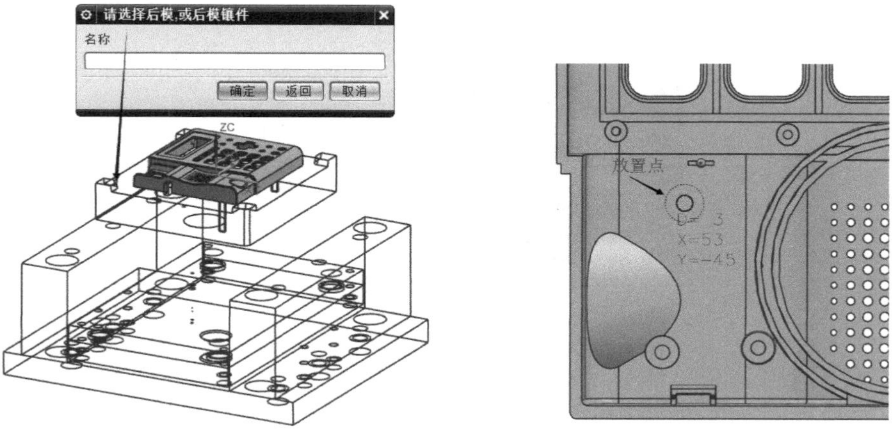

a) b)

图 1-49 放置顶针

a) 选择后模 b) 放置点

2）选择对话框中的“修剪避空”选项卡，并在对话框中的右下角单击“修剪”按钮，系统弹出“请选择后模，或后模镶件”对话框，单击选择后模部件；此时系统弹出如图 1-50a

所示的“选择限位块（无限位柱请选顶针面板）”对话框，选择顶针面板，此时系统自动完成顶针的修剪及避空。修剪完成后的顶针如图 1-50b 所示。

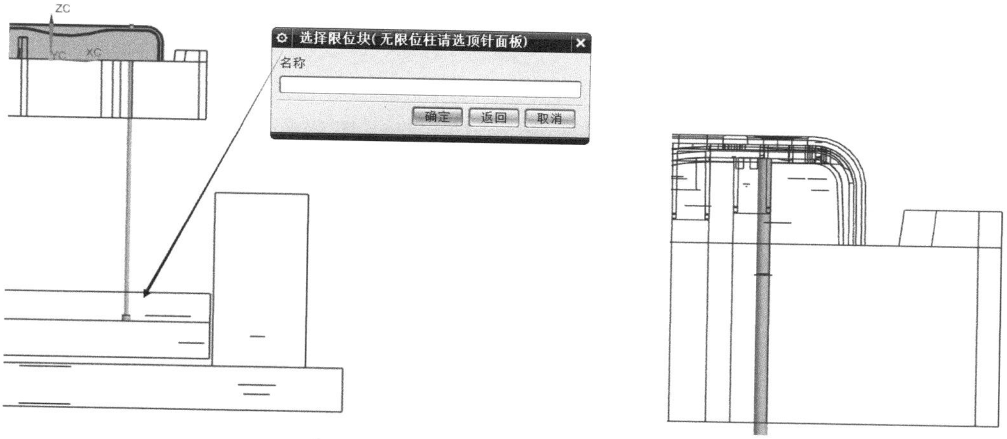

a)　　　　b)

图 1-50　顶针的修剪

a) 选择顶针面板　b) 修剪后的顶针

（2）司筒

1）选择如图 1-48 所示对话框中的“司筒”选项卡，对话框的界面切换成如图 1-51 所示。按照图 1-51 所示的操作步骤进行操作，其中步骤 4 和 5 分别测量出产品上柱位的内外圆尺寸以确定司筒及司筒针的直径，实际设计时尽量取整。

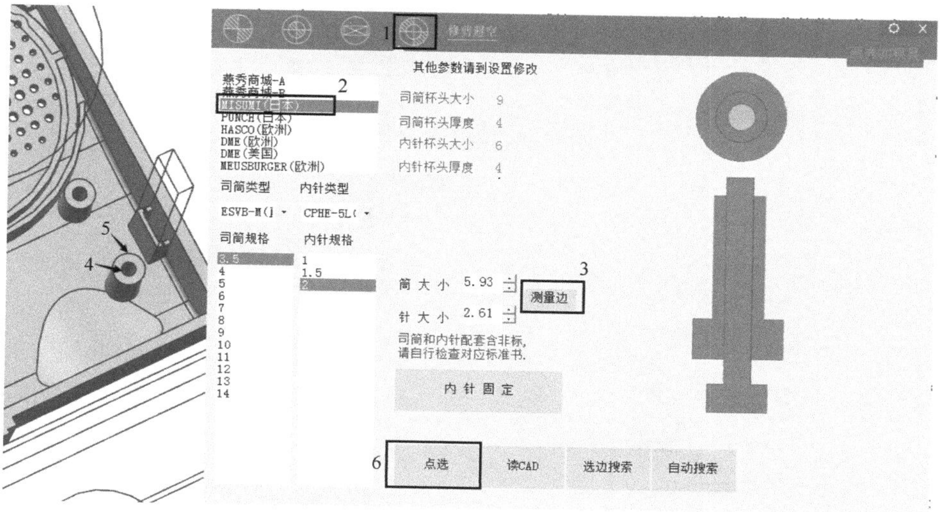

图 1-51　“司筒”选项卡

2）单击选择图 1-51 所示对话框中的“点选”按钮点选，系统弹出“请选择后模，或后模镶件”对话框，根据提示选择后模；系统弹出如图 1-52 所示的“点”对话框，用鼠标捕捉图示箭头所示的柱位圆的圆心。单击“点”对话框中的“取消”按钮，系统返回到如图 1-51 所示对话框，同时在对话框中的右下角出现“生成 3D”按钮生成3D，单击“生成 3D”按钮生成3D，则创建如图 1-53 所示的司筒。

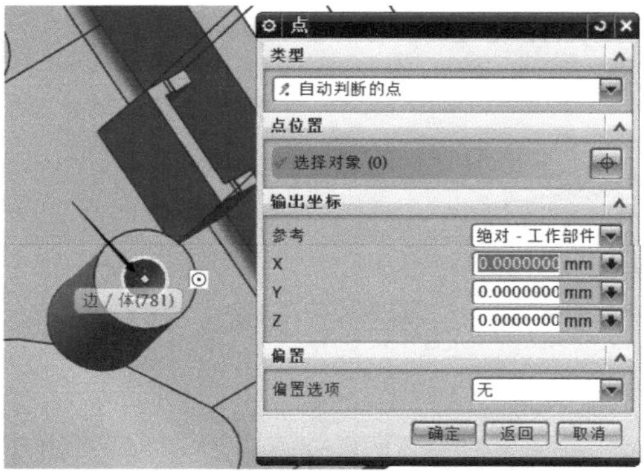

图 1-52 “点”对话框

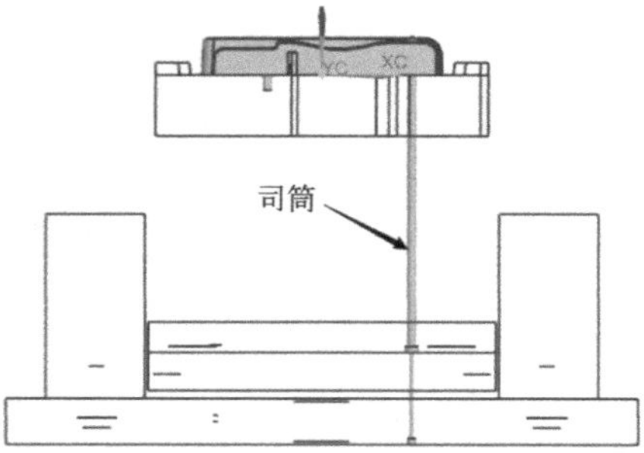

图 1-53 创建司筒（针）

3）司筒的修剪。在图 1-51 所示对话框中单击“内针固定”按钮 内针固定 ，系统弹出如图 1-54 所示的对话框，选择“无头螺丝”选项，并按图示步骤进行操作，则创建如图 1-55a 所示的无头螺钉，用于固定司筒内针。

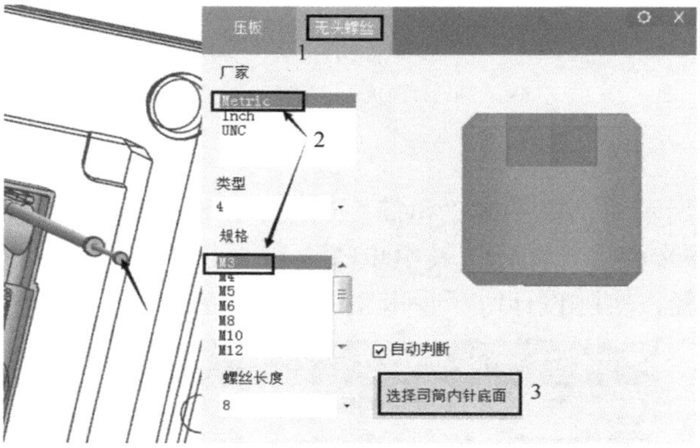

图 1-54 创建无头螺钉

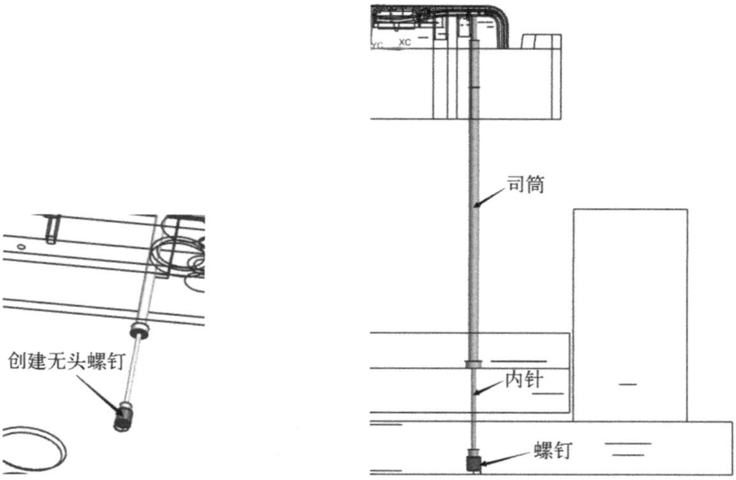

a) b)

图 1-55 司筒（针）

a) 无头螺钉 b) 司筒及其固定螺钉

在图 1-51 所示对话框中选择“修剪避空”选项卡，并在对话框的右下角单击“修剪”按钮。后续操作步骤参照圆顶针的“修剪避空”操作。完成修剪避空的司筒如图 1-55b 所示，其中，司筒针用于成型产品柱位上的深孔，由无头螺钉固定于底板上，司筒用于推出产品。

司筒一般用于深度大于 10mm 的柱位，深度较浅的柱位直接用镶件成型。

（3）扁顶针

1）打开图层第 6 层，显示镶件；将动态坐标系放置于如图 1-56 图中箭头指示边线的中点。选择如图 1-57 所示对话框中的“扁顶针”选项卡，按照图示操作步骤进行操作。单击对话框中的“点选”按钮，系统提示选择后模，单击选择后模之后，系统以俯视图显示，并弹出如图 1-58 所示的“点”对话框。在“坐标”分组中将“参考”选为“WCS”，输入“YC”值为“-1”，单击“确定”按钮，并再次单击“取消”按钮。此时系统返回如图 1-57 所示的对话框，并在对话框右下角出现“生成 3D”按钮，单击“生成 3D”按钮，则创建如图 1-59 所示的扁顶针。

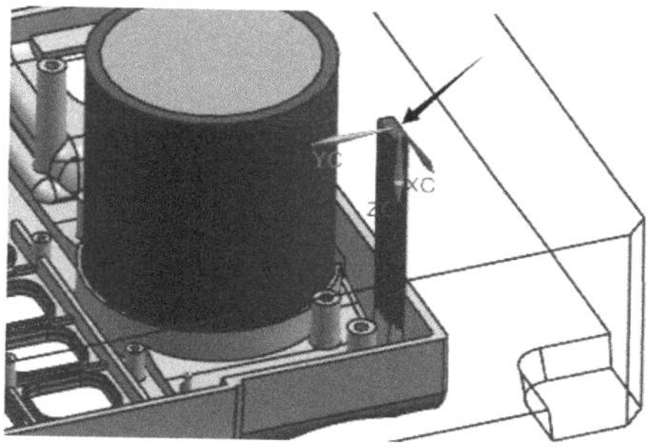

图 1-56　放置坐标系

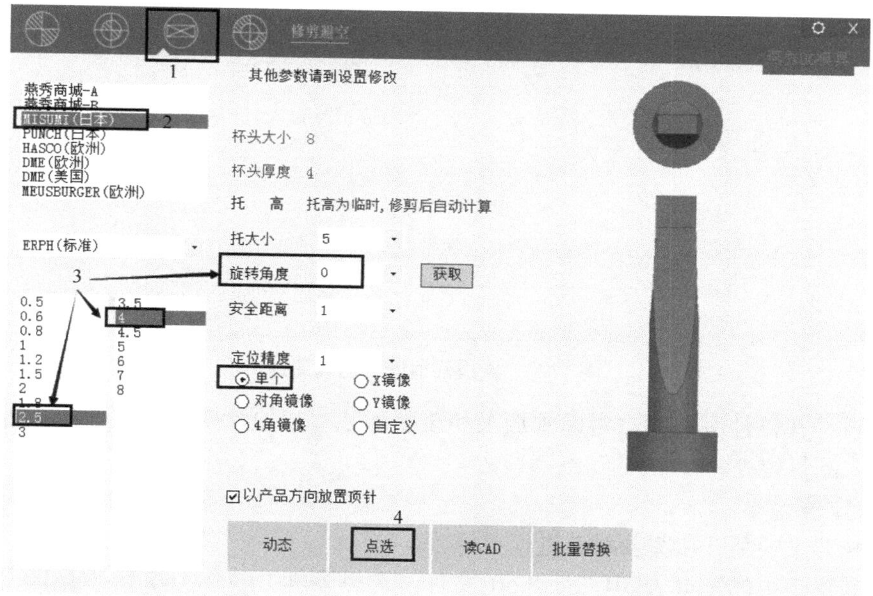

图 1-57　“扁顶针”选项卡

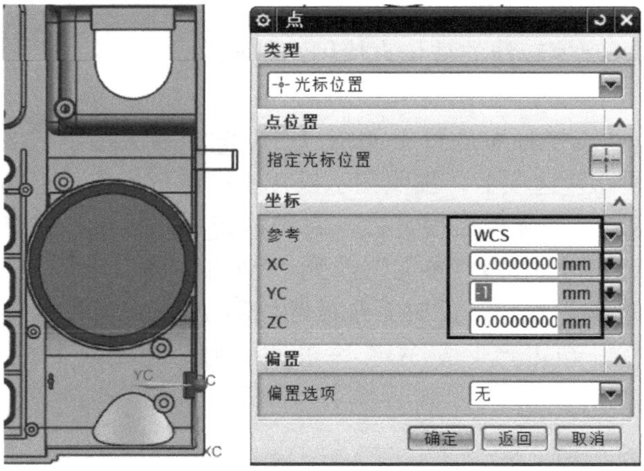

图 1-58 “点”对话框

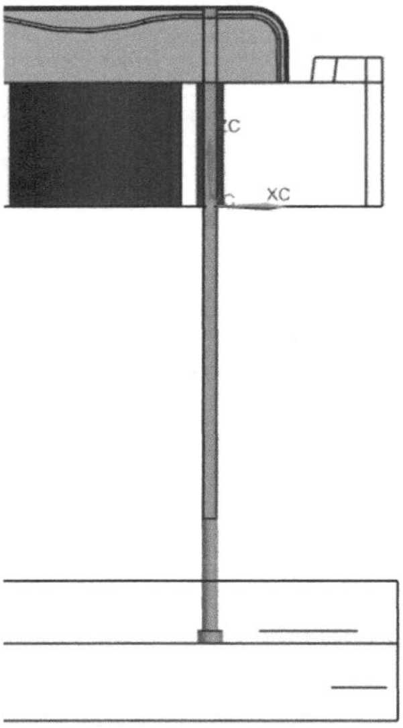

图 1-59 扁顶针

2）在如图 1-57 所示对话框中选择“修剪避空”选项卡，并在对话框的右下角单击“修剪”按钮 修剪 。后续操作步骤参照圆顶针的“修剪避空”操作。完成修剪避空的扁顶针如图 1-60 所示。

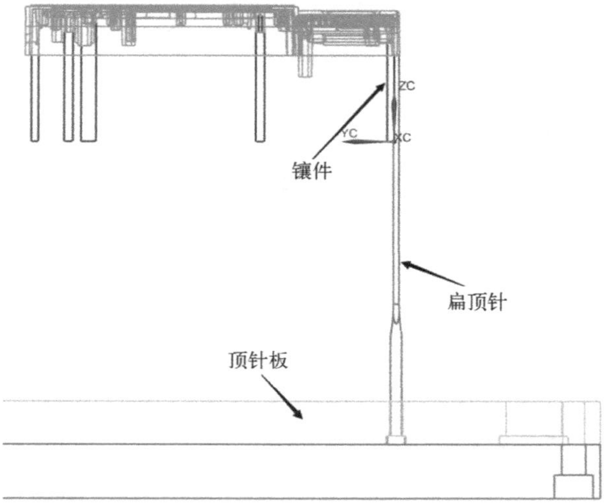

图 1-60 完成修剪避空的扁顶针

扁顶针设计在镶件旁边时，考虑到加工和装配工艺，扁顶针要做通镶件边。另外，扁顶针一般放置在产品骨位处。

8. 顶针定位

对有防转要求的顶针，需要对其进行定位。

打开配套资源中的 ch01/ch01_2/ex8.prt 文件，选择菜单“燕秀 UG 模具 7.05”→“模具特征”→“顶针定位”选项，系统弹出如图 1-61 所示的“顶针镶针定位”对话框。按照图示操作步骤进行操作，完成定位操作的顶针如图 1-62 所示。

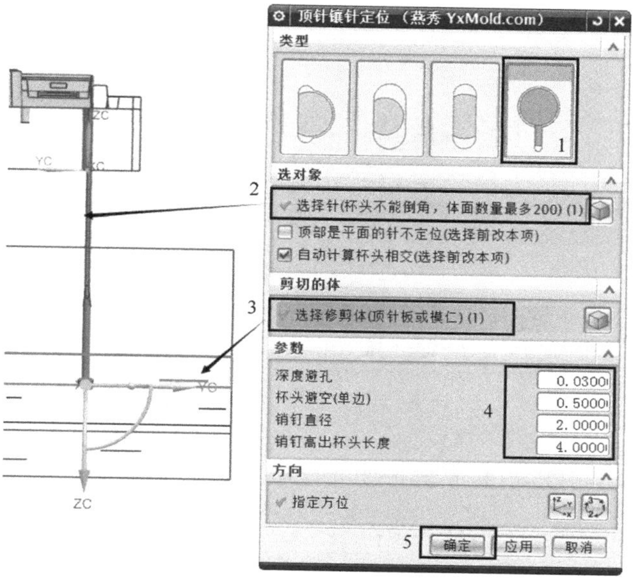

图 1-61　“顶针镶针定位”对话框

图 1-62　顶针的“销”定位

燕秀外挂提供了四种顶针定位的方式：D 字形、椭圆形、两边和销钉。用户可根据需要进行选择。

9．撑头/限位柱/垃圾钉

打开配套资源中的 ch01/ch01_2/ex9.prt 文件，选择菜单“燕秀 UG 模具 7.05”→“模胚及相关”→“顶针板零件”选项，系统弹出如图 1-63 所示的对话框。该对话框提供了“撑头”“限位柱”和“垃圾钉”三个标准件。

（1）撑头　按照图 1-63 所示操作步骤进行操作，单击“动态”按钮，在如图 1-64a 所示的“KO”孔两侧左键单击放置撑头，可通过动态坐标观察并调整撑头的放置位置。当系统返回如图 1-63 所示的对话框，在对话框右下角出现“生成 3D”按钮，单击“生成 3D”按钮，则创建如图 1-64b 所示的撑头。

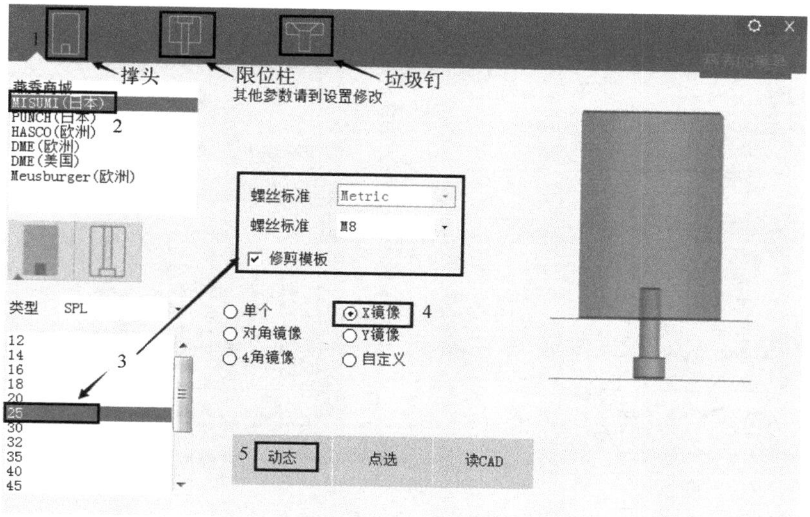

图 1-63　“顶针板零件”对话框

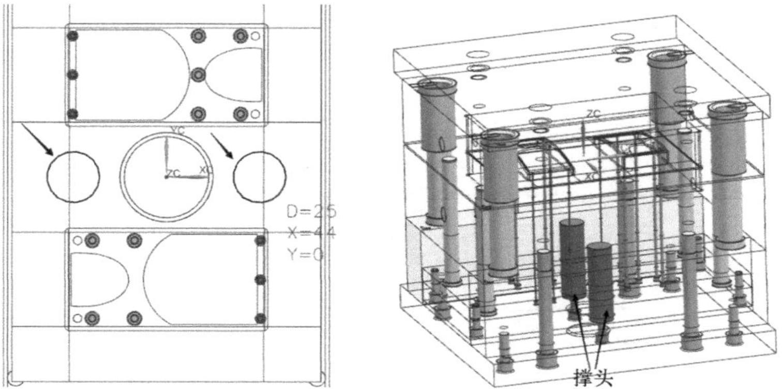

a)　　b)

图 1-64　创建“撑头”

a) 撑头定位点　b) 撑头

（2）限位柱　按照图 1-65 所示操作步骤进行操作，单击“动态”按钮，在如图 1-66a 所示位置左键单击放置限位柱。当系统返回如图 1-65 所示的对话框，在对话框右下角出现“生成 3D”按钮，单击该按钮，则创建如图 1-66b 所示的限位柱。

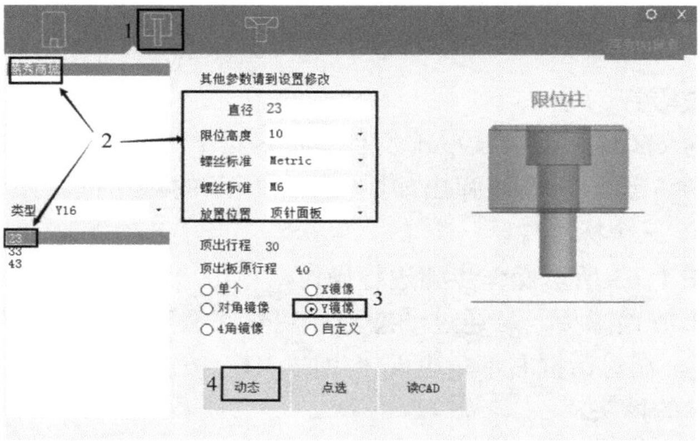

图 1-65　“限位柱”选项卡

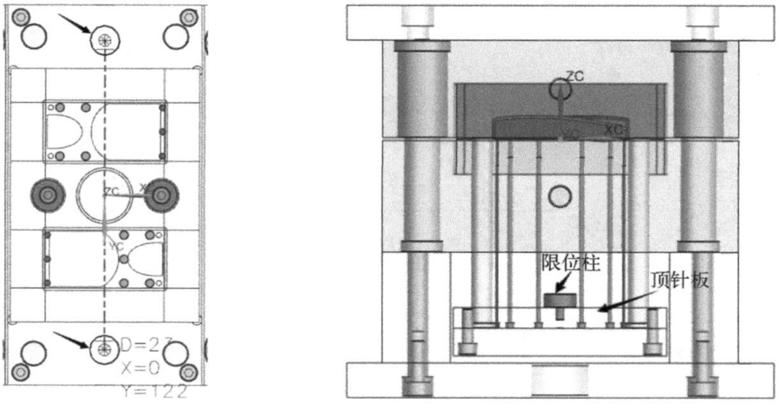

a)　　b)

图 1-66　创建限位柱

a) 限位柱的定位　b) 限位柱

（3）垃圾钉　按照图 1-67 所示操作步骤进行操作，单击“点选”按钮，系统弹出“点”对话框，抓取如图 1-68a 箭头指示的回针底部圆弧中心，左键单击放置垃圾钉。当系统返回如图 1-67 所示的对话框，在对话框右下角出现“生成 3D”按钮，单击该按钮，则创建如图 1-68b 所示的垃圾钉。

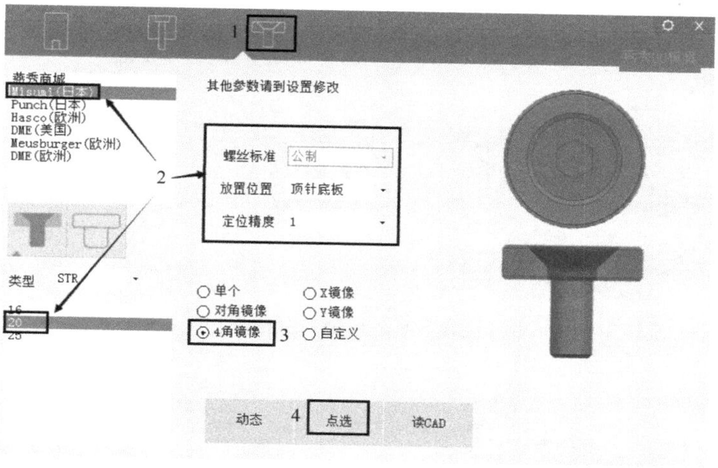

图 1-67 “垃圾钉”选项卡

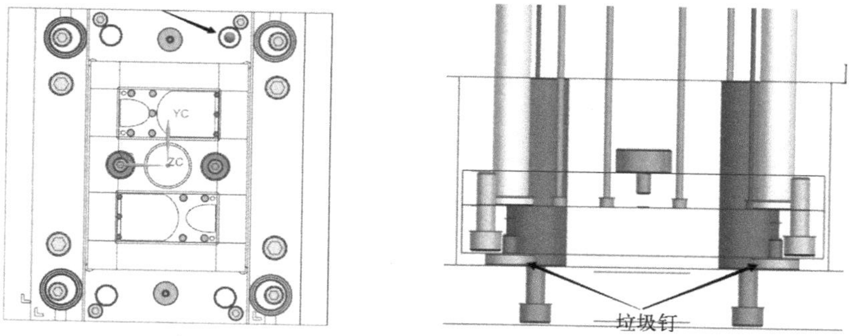

a)　　b)

图 1-68　创建垃圾钉

a) 垃圾钉的定位　b) 垃圾钉

10．弹簧

打开配套资源中的 ch01/ch01_2/ex9.prt 文件，选择菜单“燕秀 UG 模具 7.05”→“模胚及相关”→“弹簧”选项，系统弹出如图 1-69 所示的对话框。该对话框提供了“回针”“顶针板”和“普通”三种弹簧供用户选择。按照图示操作步骤，单击“预览”按钮，系统弹出如图 1-70a 所示的回针弹簧预览，同时在对话框右下角出现“生成 3D”按钮，单击该按钮，则创建如图 1-70b 所示的四个回针弹簧。

11．边锁

边锁的作用是提高动模板和定模板的配合精度，其安装于模具的四个侧面，嵌入模板内，常用于大型或精密模具。

打开配套资源中的 ch01/ch01_2/ex9.prt 文件，选择菜单“燕秀 UG 模具 7.05”→“模胚及相关”→“精定位”选项，系统弹出如图 1-71 所示的对话框。按照图示操作步骤，单击“确定”按钮，则创建如图 1-72 所示的 4 个边锁。

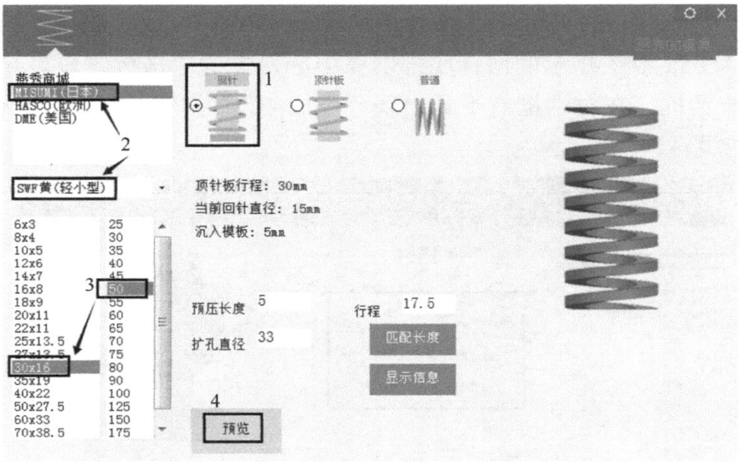

图 1-69 “弹簧”对话框

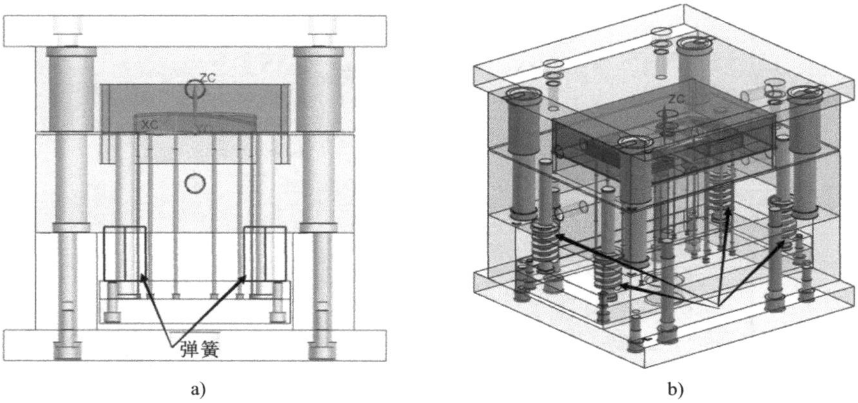

图 1-70 创建回针弹簧

a) 弹簧预览 b) 回针弹簧

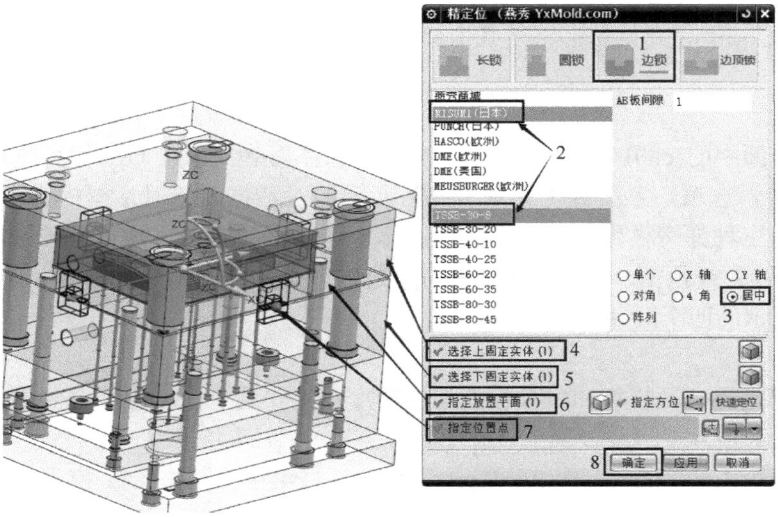

图 1-71 “精定位”对话框

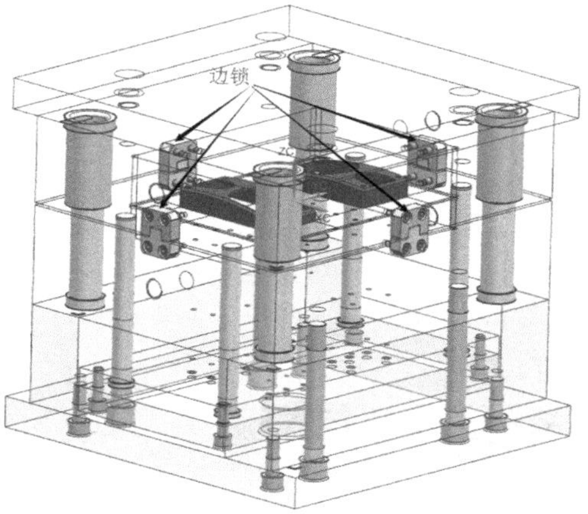

图 1-72　创建“边锁”

12．虎口

虎口的作用是对前、后模芯进行精确定位，如果模具插穿位较多，还可起到保护小镶件的作用。常用于精密模具、分型面为复杂曲面或塑件严重不对称的模具。

打开配套资源中的 ch01/ch01_2/ex10.prt 文件，选择菜单“燕秀 UG 模具 7.05”→“模具特征”→“虎口”选项，系统弹出如图 1-73 所示的“虎口”对话框。按照图示操作步骤进行操作，创建的虎口特征如图 1-74 所示。

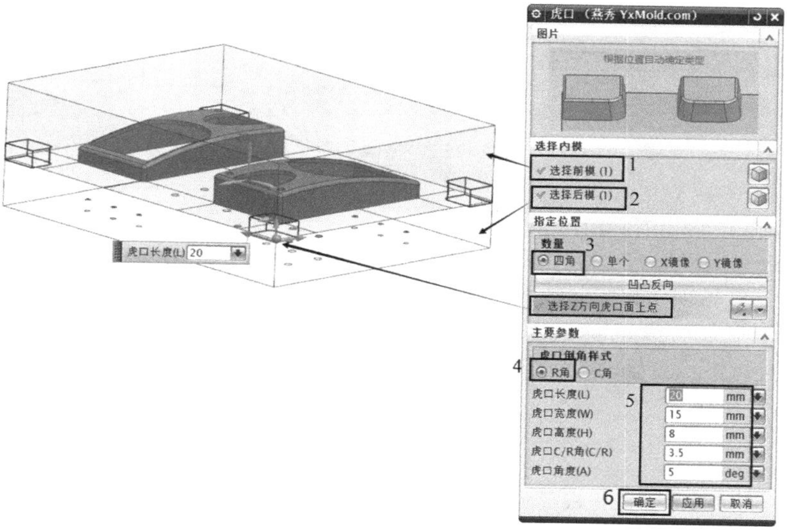

图 1-73　“虎口”对话框

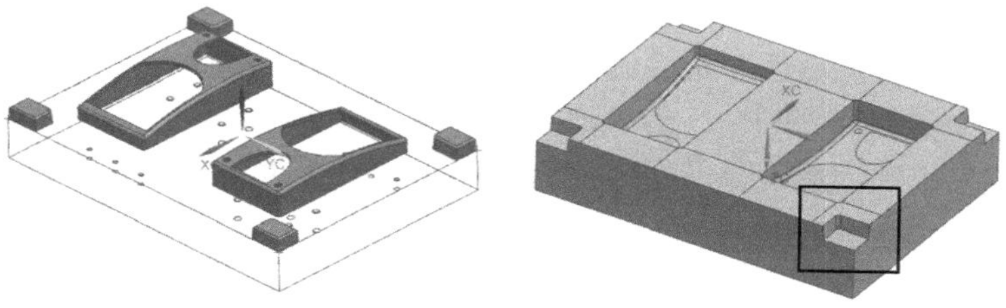

图 1-74　创建的虎口

13．螺钉

燕秀外挂可加载模仁螺钉、压条螺钉、耐磨块螺钉和镶件螺钉等，一般采用边距偏移方法，选择个数和放置面后可自动加载螺钉。

打开配套资源中的 ch01/ch01_2/ex11.prt 文件，选择菜单“燕秀 UG 模具 7.05”→“模胚及相关”→“螺丝”选项，系统弹出如图 1-75 所示的对话框，按照图示操作步骤进行操作，单击“动态”按钮，系统弹出“选择螺杆放置面”对话框，选择如图 1-76 所示的 A 板上表面，并按照图 1-77 所示位置单击鼠标左键放置螺钉。系统返回如图 1-75 所示对话框后，单击“生成 3D”按钮，则创建 4 个螺钉。

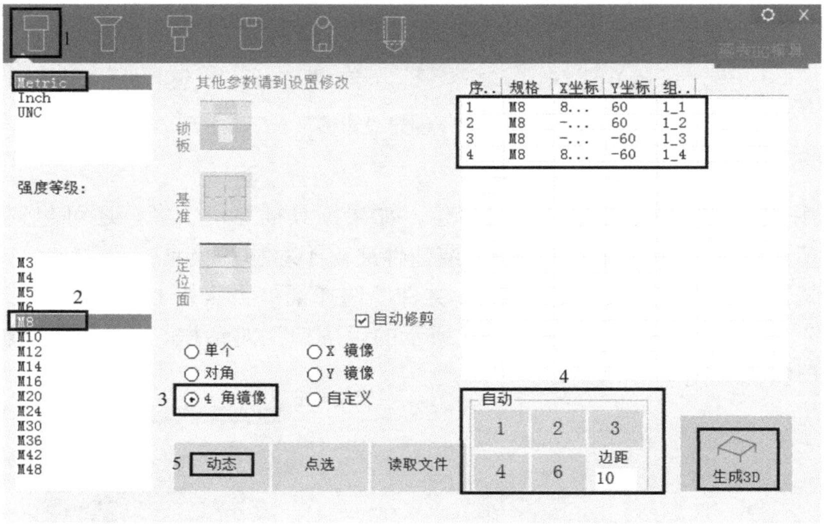

图 1-75 “螺丝”对话框

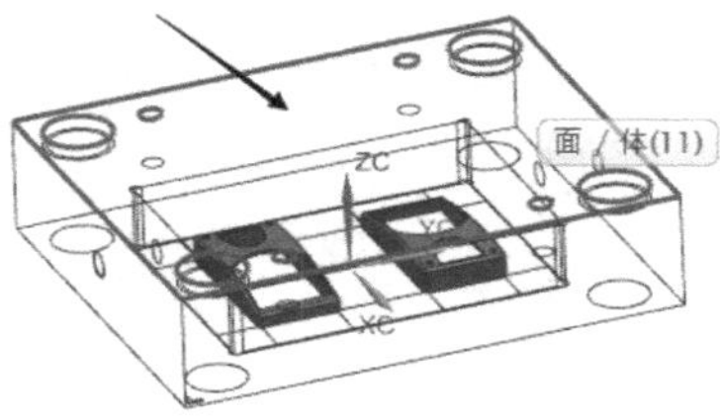

图 1-76 选择 A 板顶面

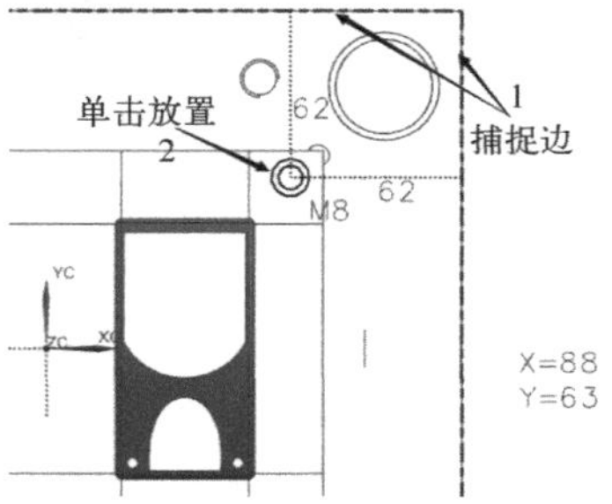

图 1-77 放置螺钉

14．水路

燕秀外挂提供了“复杂水路”“模板水路”和“动态水路”等选项，方便用户快速创建冷却水路；同时提供了水路的标准件，如接头、堵头、喉塞及密封圈。

打开配套资源中的 ch01/ch01_2/ex12.prt 文件，选择菜单“燕秀 UG 模具 7.05”→“冷却系统”→“模板水路”选项，系统弹出如图 1-78 所示的“模板水路”对话框，按照图示操作步骤进行操作。通过调整动态坐标系可对水路进行定位；通过对水路各个尺寸箭头进行动态拖动或单击尺寸箭头输入尺寸进行定位，以此确定各个水路的尺寸及距产品的距离。创建的水路如图 1-79 所示。

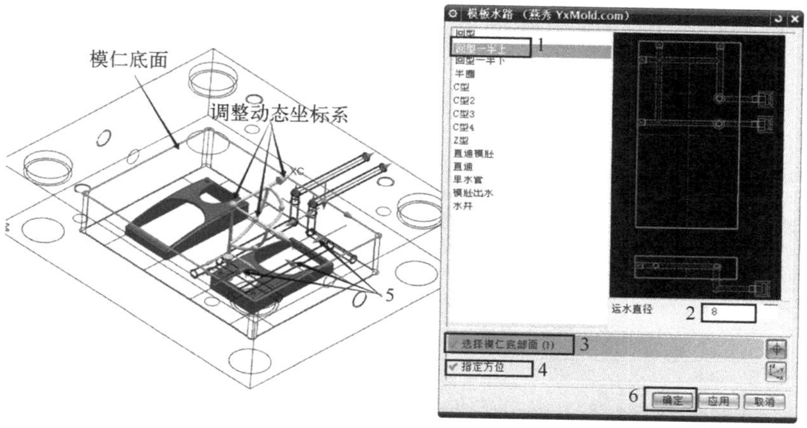

图 1-78　“模板水路”对话框

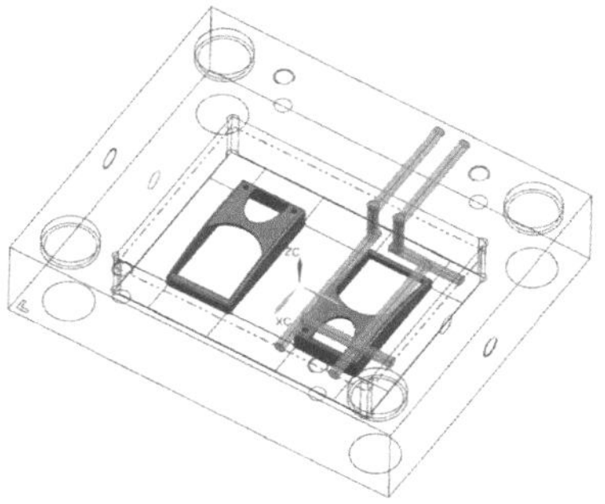

图 1-79　创建水路

燕秀外挂在“模板水路”对话框中提供了多个水路模板，用户可根据产品及模芯形状进行选用。

1.2.2　注塑模向导 MoldWizard

MoldWizard 模块是一种参数化模具设计方法，对于简单产品模型，可提高设计效率，但对于复杂且结构较多的产品，该模块在创建分型面及侧抽芯机构设计方面都不方便，目前大多企业应用“UG 建模+燕秀（胡波或企业自己的模具库）”进行注塑模设计。但可以应用 MoldWizard 模块中的一些好用的工具，如创建方块、型材尺寸、检查区域和曲面补片等工具来辅助模具设计。

启动 UG NX 10.0 软件进入建模模块后，用户可单击 “启动”按钮 启动 →“所有应用模块”→“注塑模向导”，系统弹出如图 1-80 所示的“注塑模向导”工具栏。

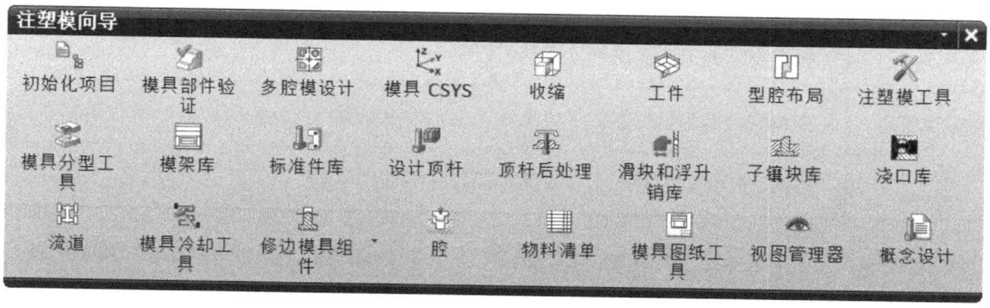

图 1-80　“注塑模向导”工具栏

表 1-1 对“注塑模向导”工具栏中的各工具按钮的功能做了简要介绍。

表 1-1 “注射模向导”工具栏中各工具按钮的功能

按 钮	名 称	功 能
	初始化项目	装载产品零件并生成用于存放布局、型腔、型芯等数据的一系列文件，是模具设计的第一步
	模具设计验证	用于验证喷射产品模型和模具设计详细信息
	多型腔设计	用于一模多腔（不同零件）模具的设计，可在一副模具中生成多个不同的塑件
	模具 CSYS	用于指定（锁定）模具的开模方向
	收缩率	设定收缩率用于补偿液态塑料凝固为固态塑料而产生的收缩
	工件	用于定义生成模具型腔和型芯的工件（毛坯），并确定其形状及尺寸
	型腔布局	用于完成产品模型在毛坯中的布局，使用该按钮可定义一副模具中放置多个零件产品的位置
	注塑模工具	提供各种修补工具，用以修补制件中的各种孔、槽，以及修剪修补块。该命令可以启动“注塑模工具”工具条
	模具分型工具	用于模具的分型，包括区域分析、创建分型线和分型面以及生成型腔、型芯，是模具设计的关键步骤之一
	模架	用于加载标准模架
	标准件	从标准件库中调用标准件，包括螺钉、定为圈、浇口套、推杆等
	顶杆后处理	用于处理推杆的长度及修剪推杆头部
	滑块和浮升销	用于创建侧向抽芯机构
	子镶块库	创建镶块。模具具有较长的形状或难以加工的位置，从而为模具的制造增加难度及成本时，一般采用镶块的方法来解决
	浇口库	创建模具浇口。浇口是用于液态塑料进入零件成型区域的入口，它直接影响到液态塑料的流动速度、方向等
	流道	创建模具流道。分流道是主流道末端到浇口的流动通道，它影响塑料进入模腔后的热学和力学性能，从而对成品的质量产生客观的影响
	模具冷却工具	创建模具冷却系统。构建冷却系统用来消除模具因受热而产生的精度损失和变形，以及缩短制品的生产周期
	电极	生成电极组件。具有复杂特征的型芯型腔，采用一般的方法很难加工，需要使用电火花等特殊加工方法。电极就是用于加工合理的型芯型腔外形轮廓的构件
	修边模具组件	用于修剪型芯或型腔上多余的部分，包括对浮升销、标准件和电极的修剪
	腔体	在型芯或型腔上需要安装标准件的区域建立空腔并留出间隙
	物料清单	基于模具的装配状态产生的与装配信息相关的模具零件列表
	装配图纸	根据实际的工艺要求创建模具工程图
	视图管理器	视图管理器为组件提供了可见性控制、颜色编辑、更新控制、打开或关闭文件功能
	概念设计	按照已定义的信息配置并安装模架和标准件

单击“注塑模向导”工具栏中的“注塑模工具”按钮，系统弹出如图 1-81 所示的“注塑模工具”工具条，利用该工具条中的工具可以对产品模型的破孔进行片体修补和实体修补。

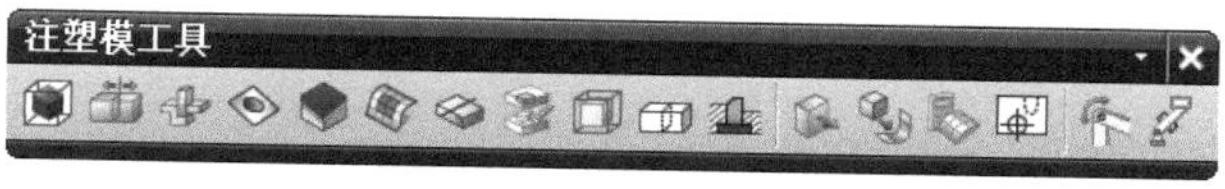

图 1-81 “注塑模工具”工具条

单击“注塑模向导”工具栏中的“模具分型工具”按钮，系统弹出如图 1-82 所示的“模具分型工具”工具条，利用该工具条中的工具可以完成塑件区域分析、创建分型线和分型面、创建型芯和型腔等工作。

图 1-82 “模具分型工具”工具条

1.3 本章小结

1. 企业行业采用 UG 软件进行注塑模具设计，大多采用“UG 建模+UG 外挂模具库”进行，部分企业建立了自己的模具库和标准件库以提高设计效率。UG 建模环境中进行模具设计属于无参数设计，设计过程中经常采用“移除参数”工具去参；而 UG 自带的“注塑模向导”模块是一种参数化设计方法，模具设计完成后生成的文档为装配文档。

2. 燕秀 UG 模具外挂为全 3D 注塑模标准件库，除了能加载模具标准件外，该外挂还提供了一些非常实用的工具，如杀参、面或体的一键透明、包容体和坐标系等。另外该外挂还提供了图档管理、图层管理和快速选择等实用的工具命令。

1.4 思考与练习

1. 怎样定制 UG 工具栏、快捷键和创建自己的角色？
2. 怎样快速抽取产品的外观面？
3. 简述产品斜率分析的作用。
4. 燕秀 UG 模具外挂可以加载哪些模具标准件？
5. 注塑模具什么情况下要设计虎口？

第 2 章　模具分型设计

本章结合具体实例介绍采用 UG 的建模模块进行模具分型设计，主要内容包括：模具坐标系的设置；UG 分模的三种思路方法；模仁的参数优化及型腔布局和镶件设计。通过本章学习，读者应掌握 UG 分型面的创建及模仁的优化。

本章重点

- UG 分模的思路及方法
- 分型面的创建方法
- 模仁参数优化
- 模具镶件的拆分

2.1　分型设计准备

2.1.1　模具坐标系的设置

UG 模具坐标系的作用是让模仁、模架及模具标准件有可靠定位，模具设计的坐标系一般放置于 UG 绝对坐标原点处。产品模型的坐标系（WCS）如果没有摆正或未位于系统的绝对坐标原点，后续应用 UG 外挂加载模架和标准件就会出错，因此模具分模之前应首先检查模具坐标系是否设置正确。

模具坐标系的设置

【例 2-1】 模具坐标系的设置

操作步骤

1）打开配套资源中的 ch02/ch02_1/ex1.prt 文件。

2）按键盘〈F8〉键对模型进行对正，如图 2-1 所示。由图 2-1 观察可知，产品模型没有摆正。

3）选择菜单格式→WCS→定向，选择“对象的 CSYS”选项，然后选择如图 2-2 所示的产品底面放置坐标系，使坐标系的 ZC 轴垂直于所选择的面，并让 ZC 方向指向脱模方向。

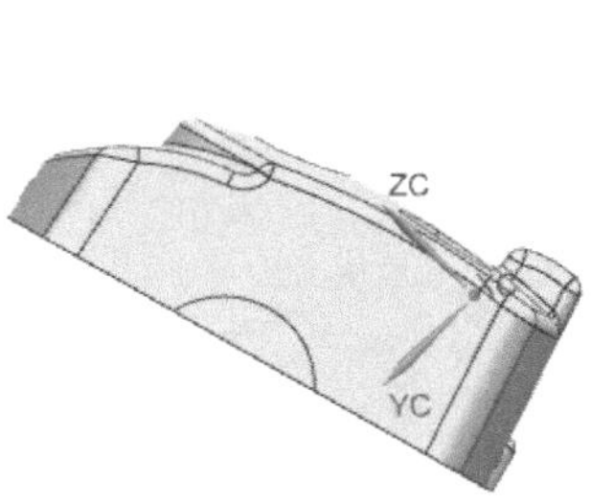

图 2-1　产品模型

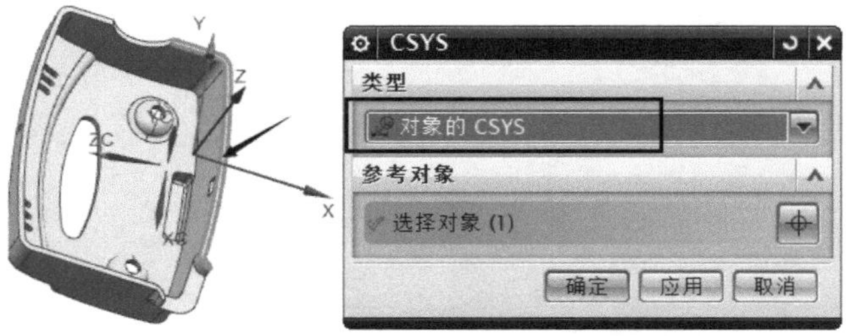

图 2-2　“CSYS”对话框

4）单击工具栏“移动对象”按钮，系统弹出“移动对象”对话框，按照图 2-3 所示步骤操作。

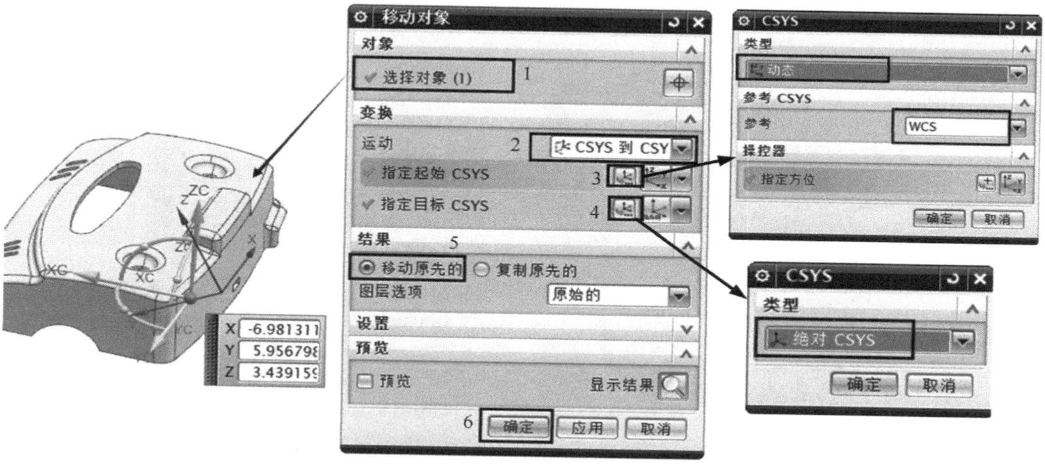

图 2-3　“移动对象”对话框 1

5）单击工具栏“WCS 设为绝对”按钮，则当前工作坐标系 WCS 设置为绝对坐标原点位置，如图 2-4 所示，模型已经摆正。

6）选择菜单“燕秀 UG 模具 7.05”→“常用工具”→“包容体”选项，系统弹出如图 2-5 所示的“包容体”对话框，框选产品模型，默认间隙设为 0，单击“确定”按钮创建矩形包容块。

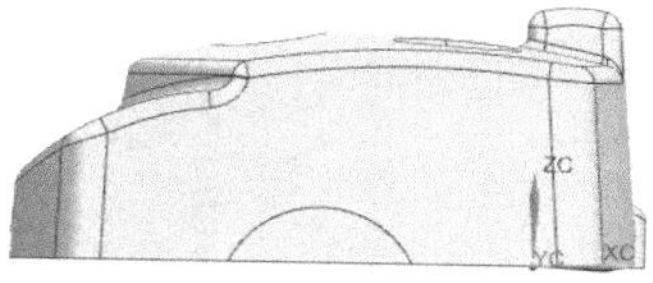

图 2-4　产品模型

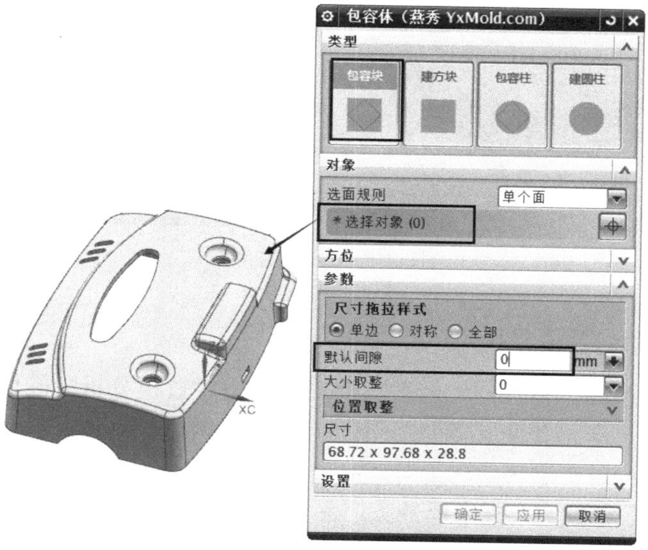

图 2-5　“包容体”对话框

7）单击工具栏“移动对象”按钮，系统弹出如图 2-6 所示的“移动对象”对话框，选择“点到点”运动方式。“出发点”的选择参照图 2-7 所示步骤，“目标点”选择系统绝对坐标原点。单击“移动对象”对话框中的“确定”按钮，则完成模具坐标系的设置，如图 2-8 所示。

上述操作将 UG 工作坐标系 WCS 放置于系统绝对坐标原点位置，并使绝对坐标原点位于产品体中心，同时坐标系“XC-YC”平面位于产品分模面上。

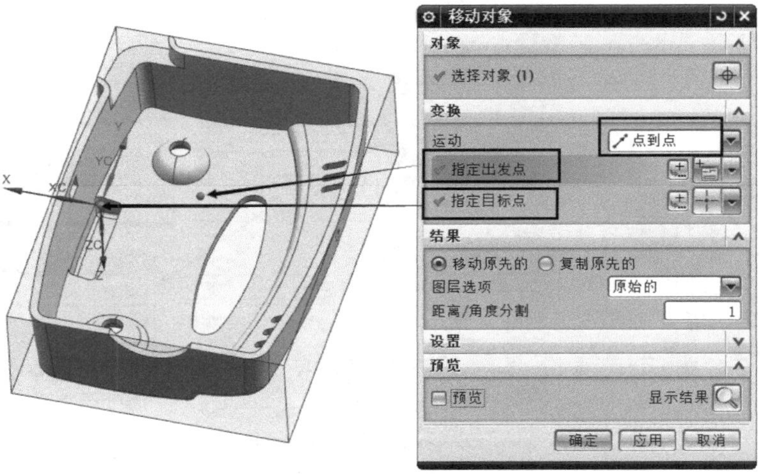

图 2-6 “移动对象”对话框 2

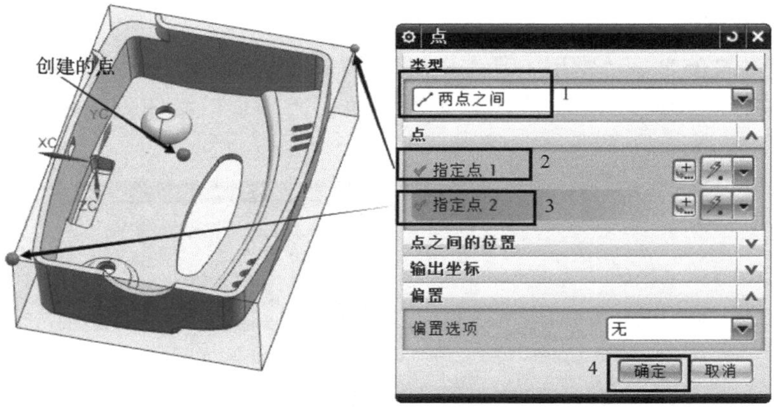

图 2-7 “点”对话框

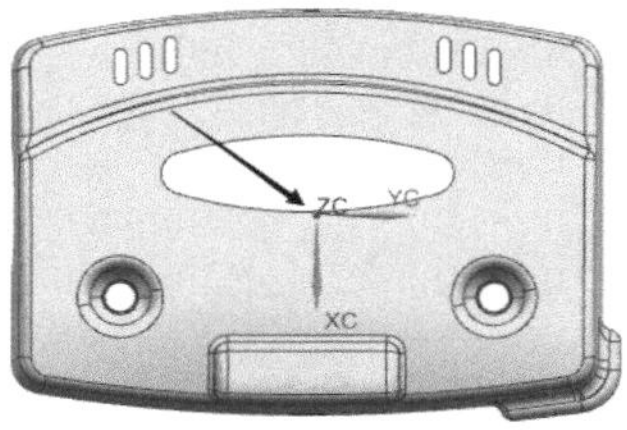

图 2-8 产品模型

2.1.2 产品分析

模具分型之前，一般需要对产品进行拔模分析、胶位厚度分析及产品上的结构，如筋条、柱位、卡扣和侧孔等进行分析，然后根据分析结果并结合模具设计及制造要求，同时征求客户意见对产品进行局部修改及调整。

充电器外壳产品分析

【例 2-2】 充电器外壳产品分析

操作步骤

1. 拔模分析

1）打开配套资源中的 ch02/ch02_1/ex2.prt 文件。

2）选择菜单“分析”→“形状”→“斜率”，系统弹出如图 2-9 所示的“面分析-斜率”对话框。按照图示步骤操作，分析结果以三种颜色的面显示，红色面表示前模面，蓝色面表示后模面，绿色面是与脱模方向平行的面，根据产品和模具设计要求需要进行拔模处理。图 2-10 为产品体上需要拔模处理的面。

3）对绿色面进行拔模。单击工具栏“拔模”按钮，系统弹出图 2-11 所示的“拔模”对话框，按照图示步骤操作，完成产品体上小定位柱的加胶拔模。

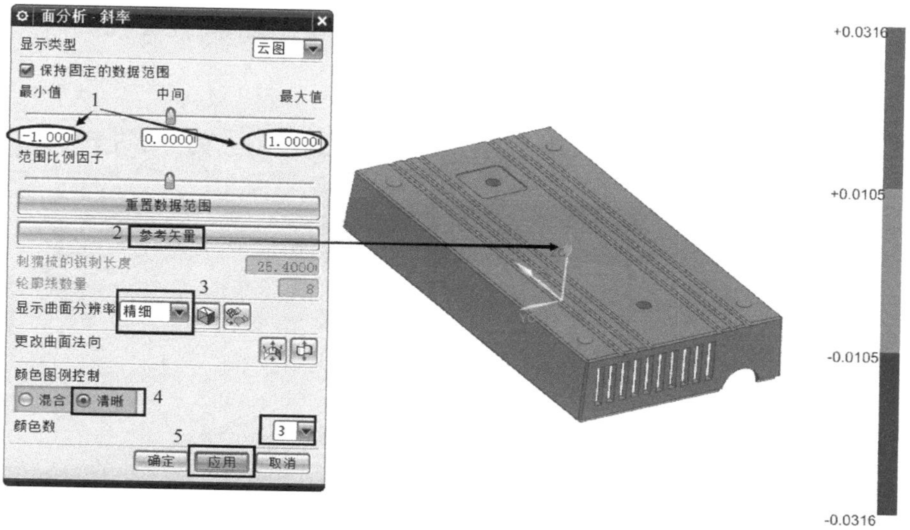

图 2-9　斜率分析

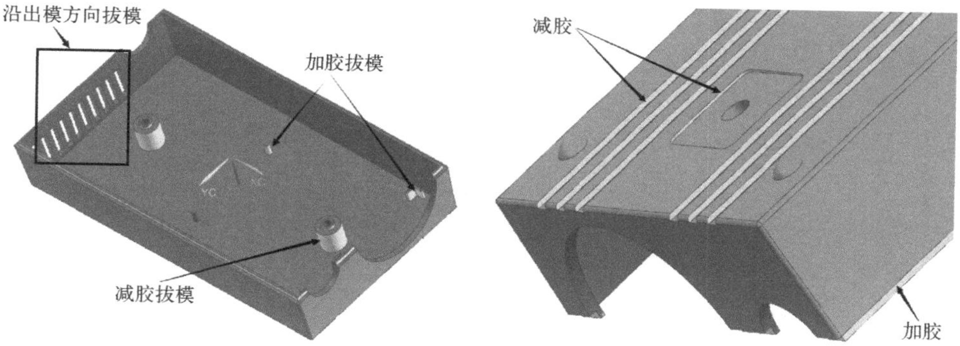

图 2-10　产品拔模角度分析

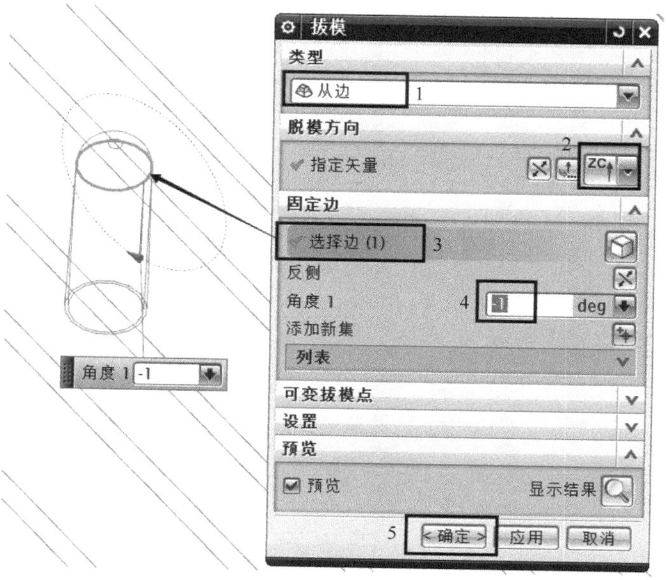

图 2-11　“拔模”对话框

4）参照步骤 3 依次完成产品上其余位置的拔模角度修改，如图 2-12a～e 所示。

5）经测量，产品体侧孔已有 0.7° 的出模角度。

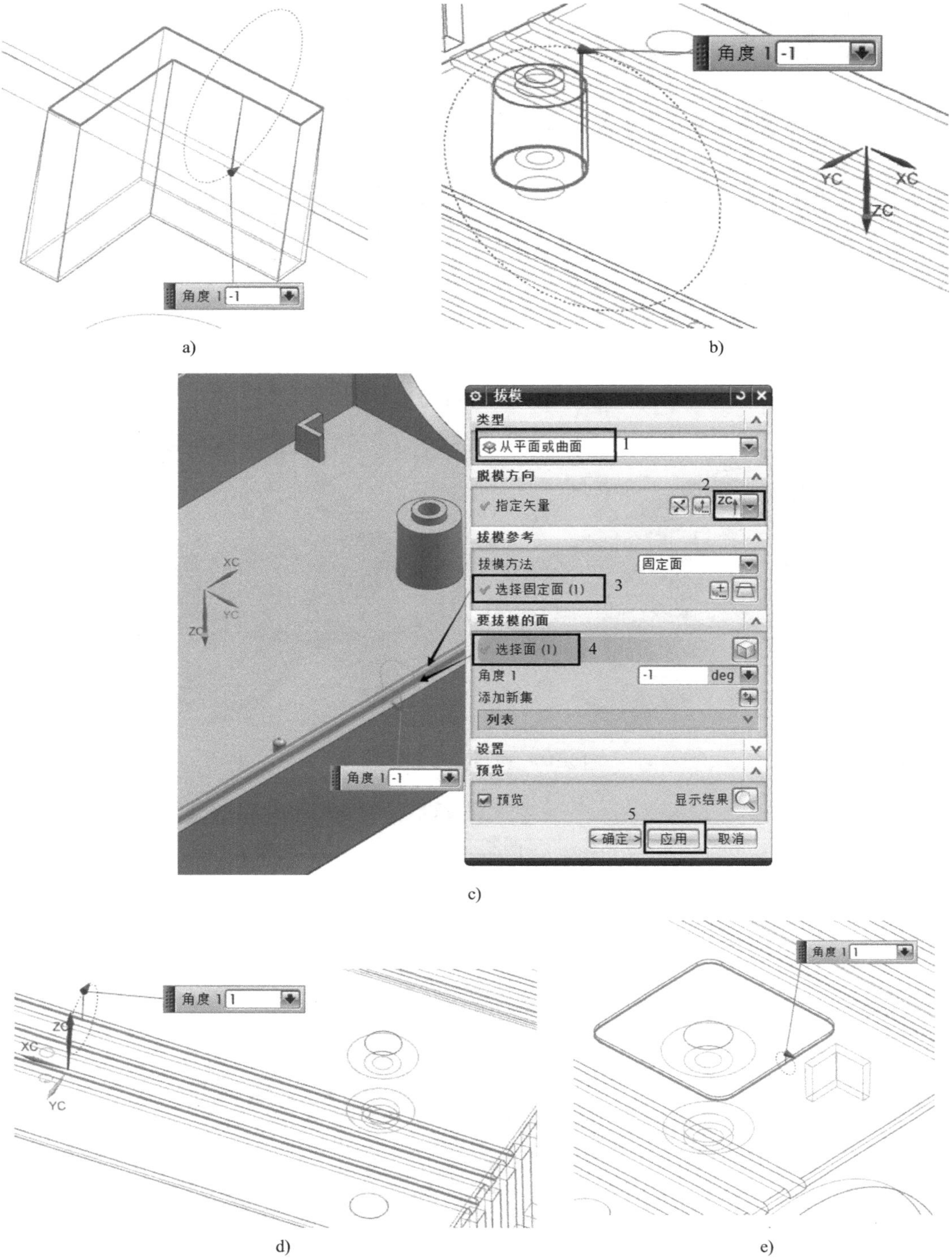

图 2-12　产品拔模角度的修改

a) 加胶拔模 1　b）减胶拔模 1　c) 加胶拔模 2　d) 减胶拔模 2　e) 减胶拔模 3

对产品拔模分析，除应用“斜率分析”工具外，还可应用“检查区域”工具。

打开配套资源中的 ch02/ch02_1/ex2.prt 文件，选择菜单“分析”→“模具部件验证”→“检查区域”，系统弹出如图 2-13 所示的“检查区域”对话框，单击“计算”按钮，然后选择对话框中的“面”选项卡，系统切换到如图 2-14 所示界面，单击图 2-14 对话框中的“设置所有面的颜色”按钮，则产品体所有面以不同颜色显示，其中“竖直”面即 0 度面，是需要拔模处理的面。

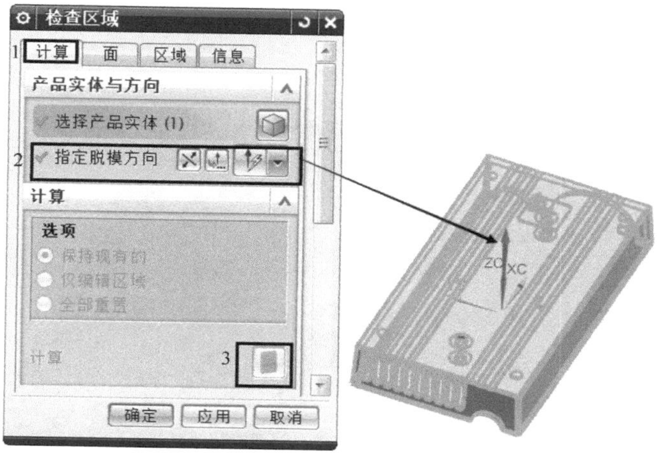

图 2-13 “检查区域”对话框 1

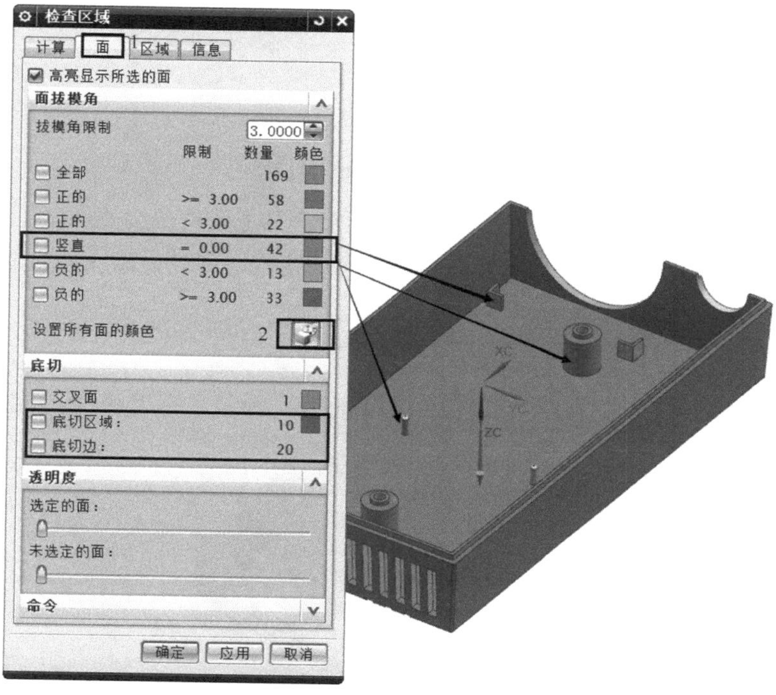

图 2-14 “检查区域”对话框 2

产品拔模分析后需注意，如果产品上的柱位孔是螺钉孔，可减胶拔模，对于有装配要求的孔位、扣位，其装配面不能轻易进行拔模处理，以免影响装配精度。

2．壁厚分析

1）打开配套资源中的 ch02/ch02_1/ex3.prt 文件。

2）选择菜单“分析”→“模具部件验证”→“检查壁厚”，系统弹出如图 2-15 所示的“检查壁厚”对话框。按照图示步骤操作得到分析结果，以云图形式给出分析结果，红色面代表了产品较厚区域，蓝色面代表较薄区域。

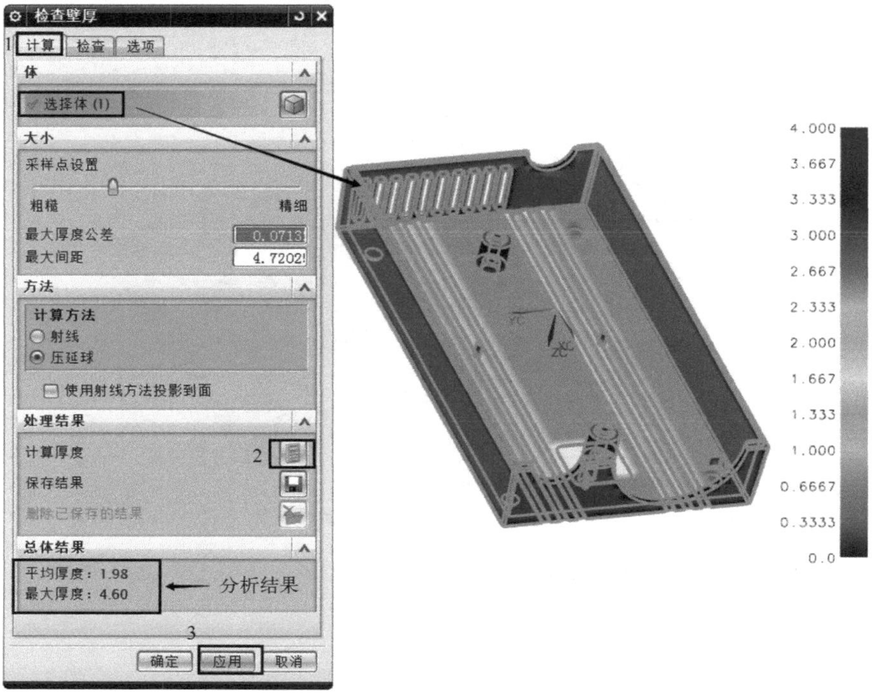

图 2-15　“检查壁厚”对话框 1

3）结合产品厚度分析，同时注意如图 2-16 所示产品上胶位偏少的部位，此处在充填时容易缺胶，因此后续模具设计时可在此处设计镶件，利用镶件间隙进行排气。

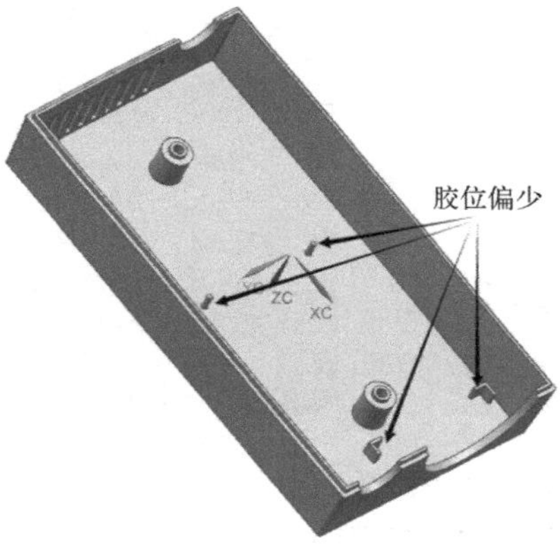

图 2-16　产品胶位偏少的区域

4）动态检查产品壁厚。在“检查壁厚”对话框中选择“检查”选项卡，系统切换到如图 2-17 所示的界面。在对话框“动态厚度显示”分组中单击 “选择面上的点”按钮，鼠标以选择球形式显示，可动态选择产品体的面，并显示厚度值。

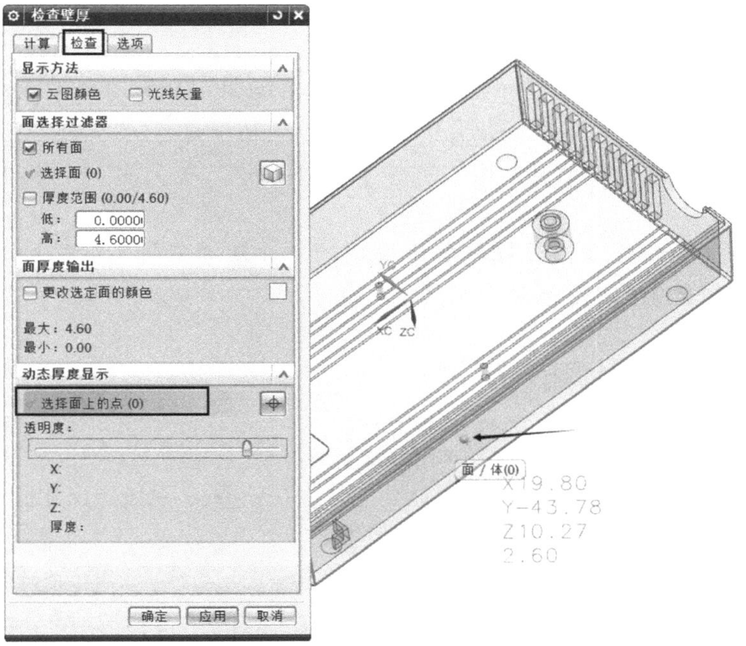

图 2-17 “检查壁厚”对话框 2

如果产品上有筋条，则筋条的厚度一般不超过产品基本壁厚的一半，对于 PP 材料，其筋条厚度则要更薄一些。

2.1.3　产品收缩率设置

产品体收缩率设置

对产品进行收缩率设置可应用 UG 的“缩放体”工具。

【例 2-3】 产品体收缩率设置

操作步骤

1）打开配套资源中的 ch02/ch02_1/ex4.prt 文件。

2）选择菜单“插入”→“偏置/缩放”→“缩放体”，系统弹出如图 2-18 所示的“缩放体”对话框。按照图示步骤进行操作，以 ABS 塑料为例，“比例因子”输入 1.005，单击“确定”按钮完成设置。

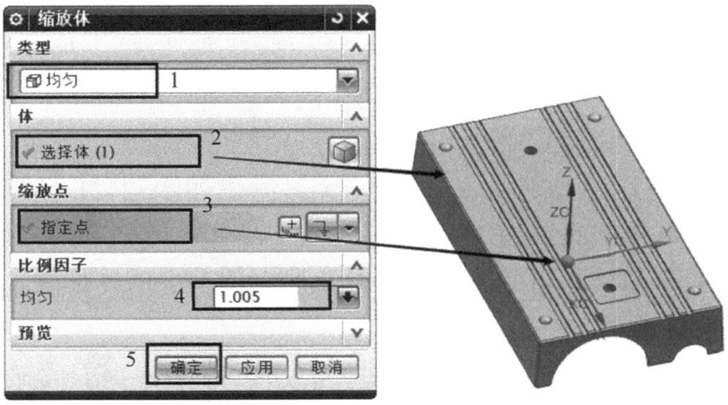

图 2-18 “缩放体”对话框

不同种类的塑料有不同的收缩率，读者可查阅模具设计手册或资料。

2.1.4 产品破孔修补

产品如果有破孔，在分模前需要对破孔进行修补。破孔的修补方法主要有实体修补和片体修补两种方法。实体修补常结合“创建方块”“替换面”和“减去”这三个工具创建一个与破孔适应的实体块进行修补；片体修补常用工具有“N 边曲面”“扩大面”“网格曲面”和“修补开口”等。

“创建方块”工具位于“注塑模向导”模块的“注塑模工具”工具栏中，也可应用燕秀外挂中的“包容体”工具。

产品体破孔实体修补

1. 实体修补

【例 2-4】 产品破孔实体修补

操作步骤

1）打开配套资源中的 ch02/ch02_1/ex5.prt 文件。

2）单击“注塑模工具”工具栏中的“创建方块”按钮，系统弹出如图 2-19 所示的“创建方块”对话框，按照图示操作步骤创建一个包容块。

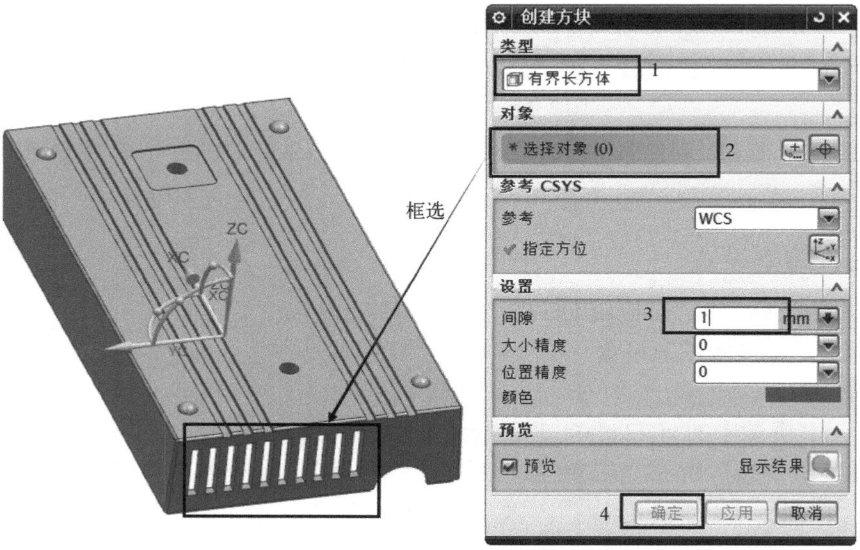

图 2-19 “创建方块”对话框

3）单击“同步建模”工具栏的“替换面”按钮，系统弹出如图 2-20a 所示的“替换面”对话框，将箭头指示的方块的面替换为产品体的外表面；参照如图 2-20b 所示操作，将方块的另一面替换为产品体的内表面。

4）单击工具栏的“减去”（求差）按钮，系统弹出如图 2-21 所示的“求差”对话框，选择方块为“目标体”，选择产品体为“工具体”，用产品体求差创建的方块。

5）移除参数后隐藏产品体，将如图 2-22a 箭头所示的多余的体删除，得到如图 2-22b 所示的修补块。

6）参照上述步骤操作，创建产品体另外两处的补孔实体块，如图 2-23 所示。

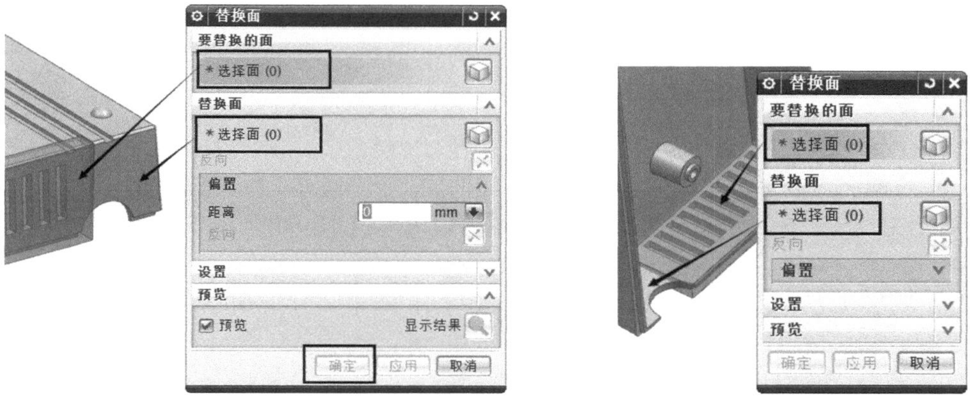

a)　　　　b)

图 2-20　“替换面”对话框

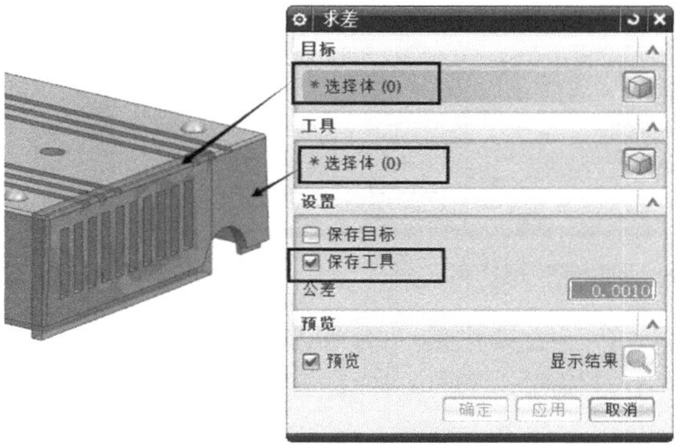

图 2-21　“求差”对话框

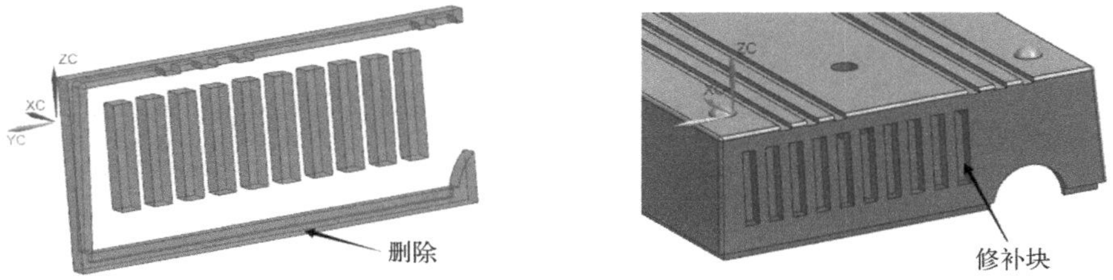

a)　　　　b)

图 2-22　创建实体修补块 1

a) 删除不需要的实体　b) 修补块

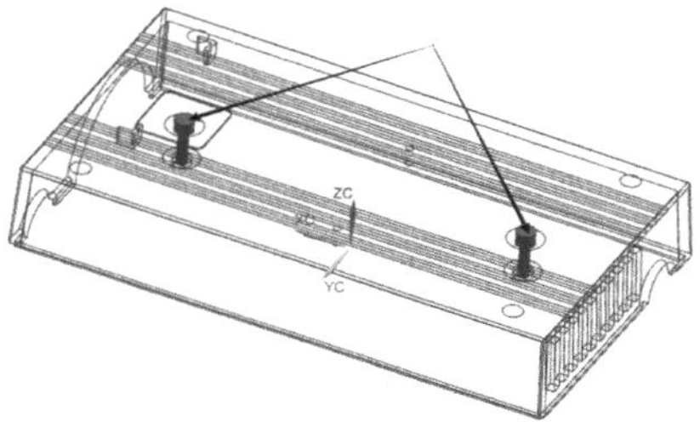

图 2-23　创建实体修补块 2

2．片体修补

【例 2-5】 产品破孔片体修补

产品体破孔片体修补

操作步骤

1）打开配套资源中的 ch02/ch02_1/ex6.prt 文件。

2）“N 边曲面”补片。单击工具栏的“N 边曲面”按钮，系统弹出如图 2-24 所示的“N 边曲面”对话框。按照图示操作步骤，创建如图 2-25 所示的修补片体。

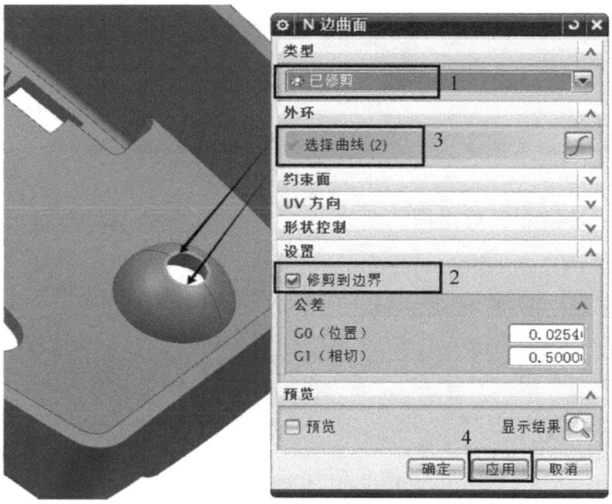

图 2-24 “N 边曲面”对话框

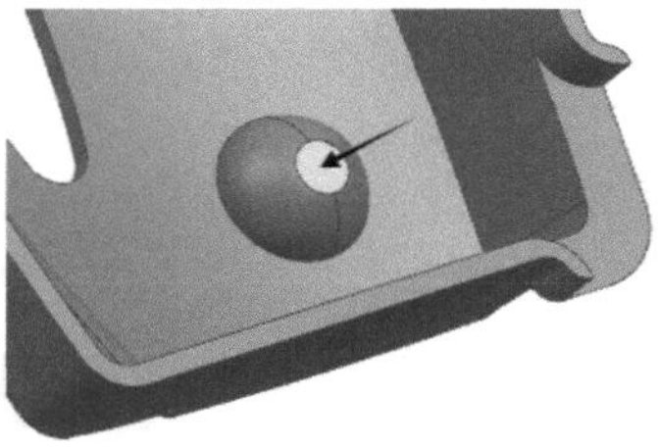

图 2-25 修补片体 1

3）“有界平面”补片。单击工具栏的“有界平面”按钮，系统弹出如图 2-26 所示的“有界平面”对话框。按照图示操作步骤，创建如图 2-27 所示的修补片体。

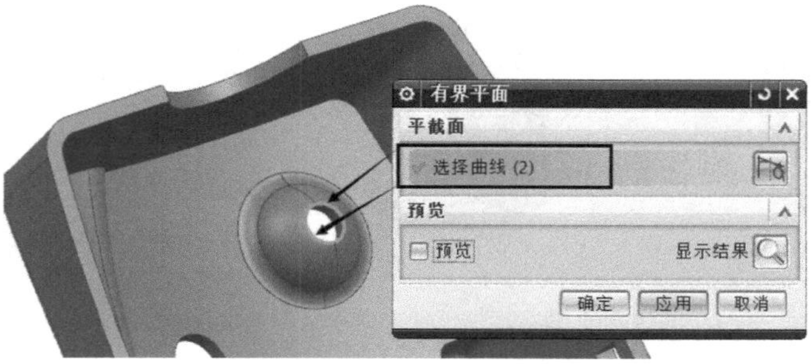

图 2-26 “有界平面”对话框

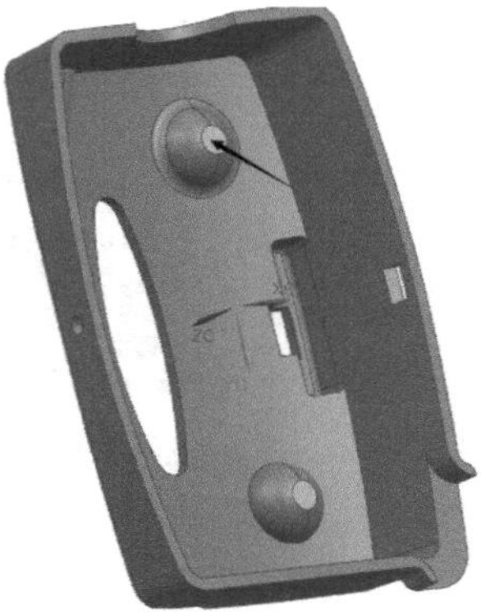

图 2-27 修补片体 2

4）“扩大曲面”补片。单击工具栏的“扩大”按钮，系统弹出如图 2-28 所示的“扩大”对话框。选择箭头指示的面，创建扩大曲面。单击工具栏的“减去”按钮，系统弹出如图 2-29a 所示的“求差”对话框，选择创建的扩大面为“目标体”，选择产品体为“工具体”，完成求差操作后隐藏产品体，删除如图 2-29b 箭头指示的多余片体。利用“扩大曲面”补片后的结果如图 2-29c 所示。

5）“修补开口”补片。选择菜单“插入”→“曲面”→“修补开口”，或单击工具栏“修补开口”按钮，系统弹出如图 2-30 所示的“修补开口”对话框。“类型”选择“已拼合的补片”方式，按照图示步骤完成操作，创建的补片如图 2-31 所示。

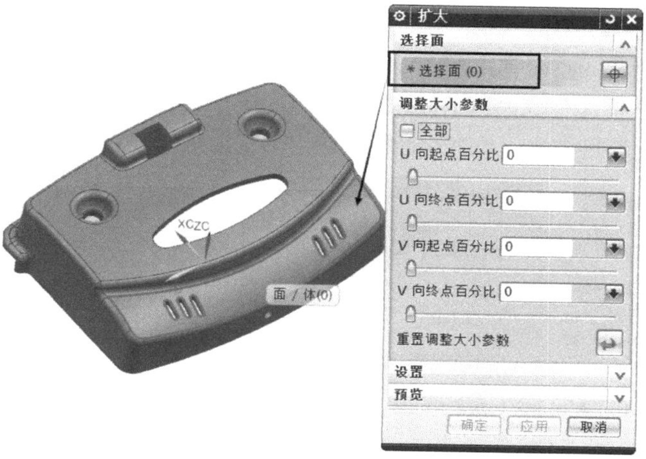

图 2-28　“扩大”对话框

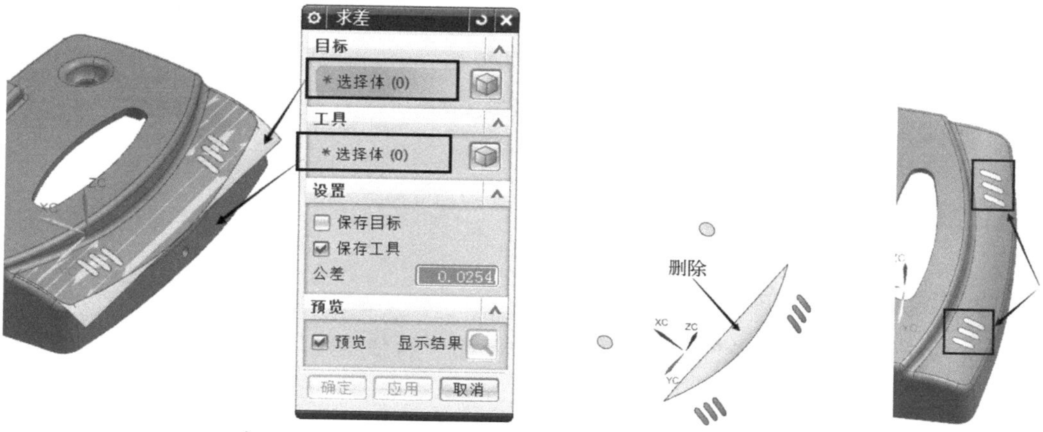

a)　　b)　　c)

图 2-29　创建修补片体

a)“求差”对话框　b) 删除片体　c) 修补片体

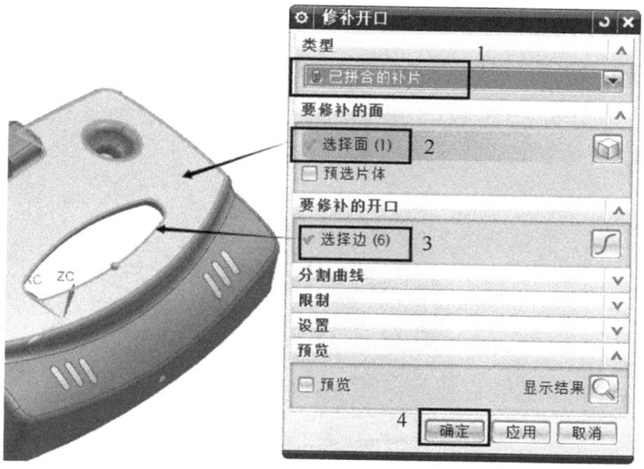

图 2-30　“修补开口”对话框

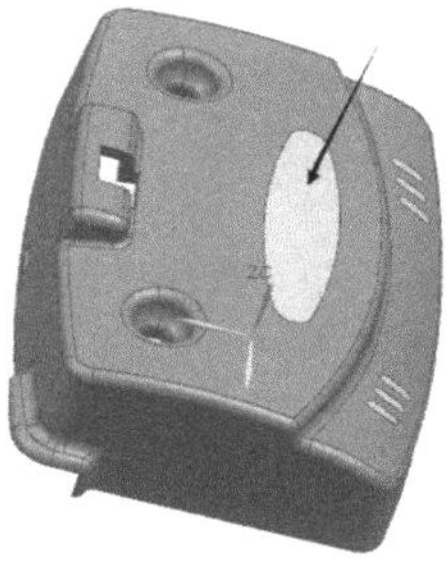

图 2-31　修补片体 3

6）“网格曲面”补片：选择菜单“插入”→“网格曲面”→“通过曲线网格”，或单击工具栏“通过曲线网格”按钮，系统弹出如图 2-32 所示的“通过曲线网格”对话框。按照图示操作选择“主曲线”和“交叉曲线”。如要创建更高质量的片体，可在对话框中的“连续性”分组中设置补片体与其周边曲面的连接方式。单击对话框中的“确定”按钮创建如图 2-33 所示的片体。

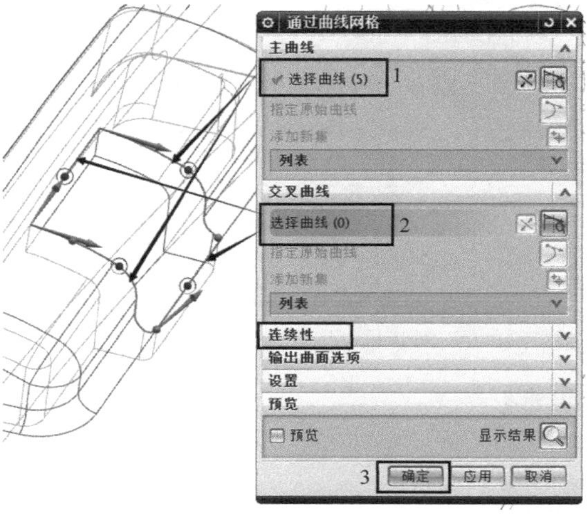

图 2-32 “通过曲线网格”对话框

图 2-33 修补片体 4

2.2 UG 模具分型思路及方法

2.2.1 分型线和分型面的创建

模具分型线是前、后模芯及侧型芯相交于产品面上的分界线，其一般位于产品的最大轮廓位置。UG 模具设计中所指的分型面是拆分工件的一张曲面，它可由分型线向外围延伸而得到。分型线可直接抽取产品的最大轮廓边线，如遇到产品最大轮廓处为 R 面时，可用“抽取曲线-等斜度曲线”命令进行抽取。

创建模具分型线

【例 2-6】 创建模具分型线

操作步骤

1）打开配套资源中的 ch02/ch02_2/ex1.prt 文件。

2）斜率分析确定分型线的位置：该产品的外围轮廓由 R 面构成，如图 2-34 所示，故先进行斜率分析（分析步骤参照例 2-2）确定分型线位置。斜率分析后，红色面与蓝色面的交界处即为分型线的位置，如图 2-35 所示。

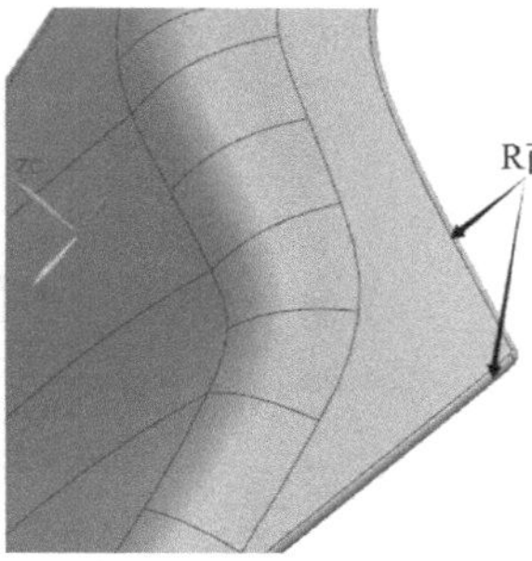

图 2-34 产品体的 R 面

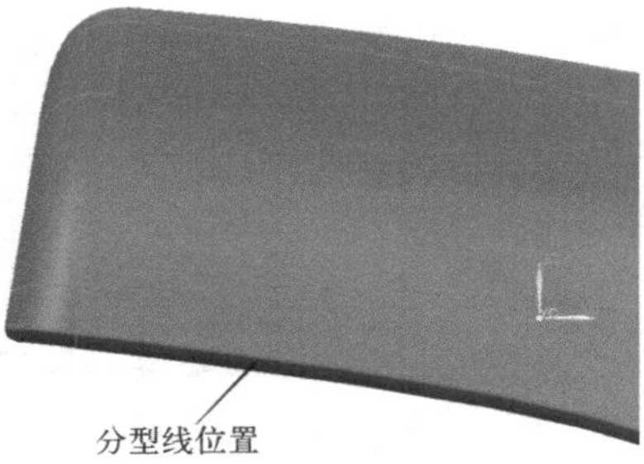

图 2-35 分型线位置

3）单击工具栏的“抽取曲线”按钮，系统弹出如图 2-36 所示的“抽取曲线”对话框，选择“等斜度曲线”选项，系统弹出“矢量”对话框提示选择矢量方向，选择“+ZC”轴；单击“矢量”对话框中的“确定”按钮，系统弹出如图 2-37 所示的“等斜度角”对话框，“角度”设为 0，单击对话框中的“确定”按钮，系统弹出如图 2-38 所示的“选择面”对话框，选择“体上所有的”选项，单击对话框中的“确定”按钮即可创建如图 2-39 所示的等斜度曲线。

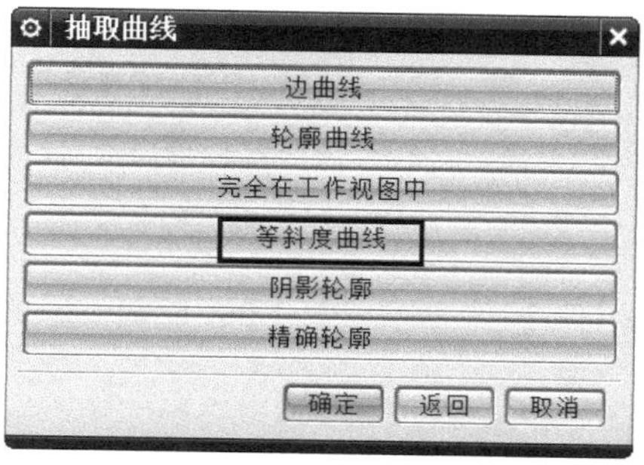

图 2-36　“抽取曲线”对话框

图 2-37　“等斜度角”对话框

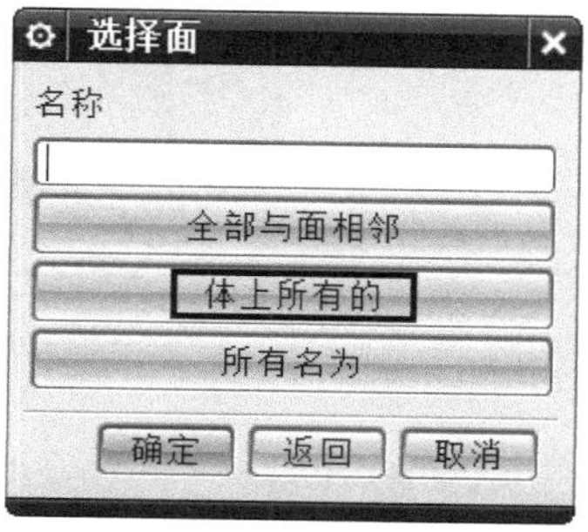

图 2-38　“选择面”对话框

4）将产品体隐藏，删除图 2-40 中箭头指示的多余的线条，得到分型线。

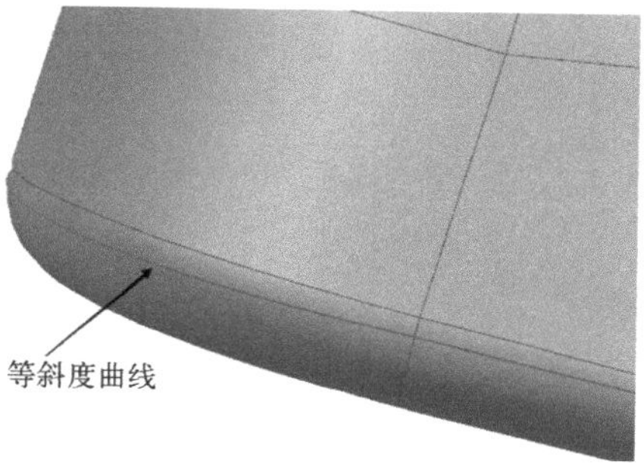

图 2-39　等斜度曲线

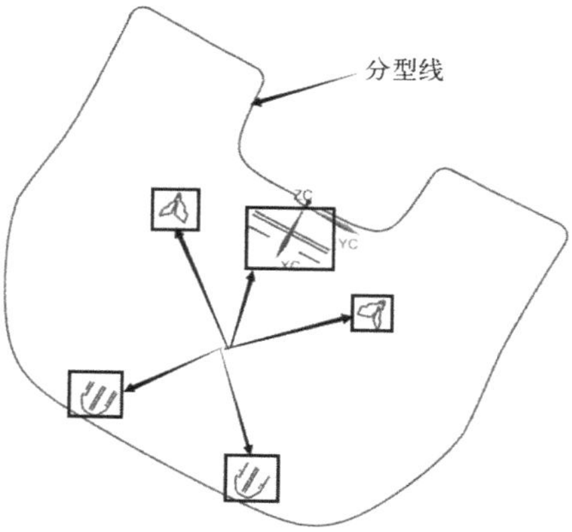

图 2-40　分型线

创建分型面的常用工具有“拉伸”“延伸片体”“扩大曲面”“通过曲线网格”和“扫掠”等。分型面是产品最大轮廓曲线的外延，在创建分型片体时，尽量少用“拉伸”命令，而多用“延伸片体”“扩大曲面”和“通过曲线网格”等命令创建高质量的分型片体。

2.2.2　UG 分模思路及方法

UG 分模基本思路是用分型面拆开工件毛坯而得到前模（型腔）和后模（型芯）。UG 分模过程中的关键是正确确定分型面的位置，创建高质量的分型面。目前 UG 常用分模方法主要有“片体分模”和“片体+实体”分模，其主要步骤分别如图 2-41 和图 2-42 所示。

“片体分模”方法中，产品体的破孔由片体进行修补，分型面由补孔片体、抽取的产品外观面和分型线外延片体缝合而成，由分型面拆分工件而得到前、后模芯。

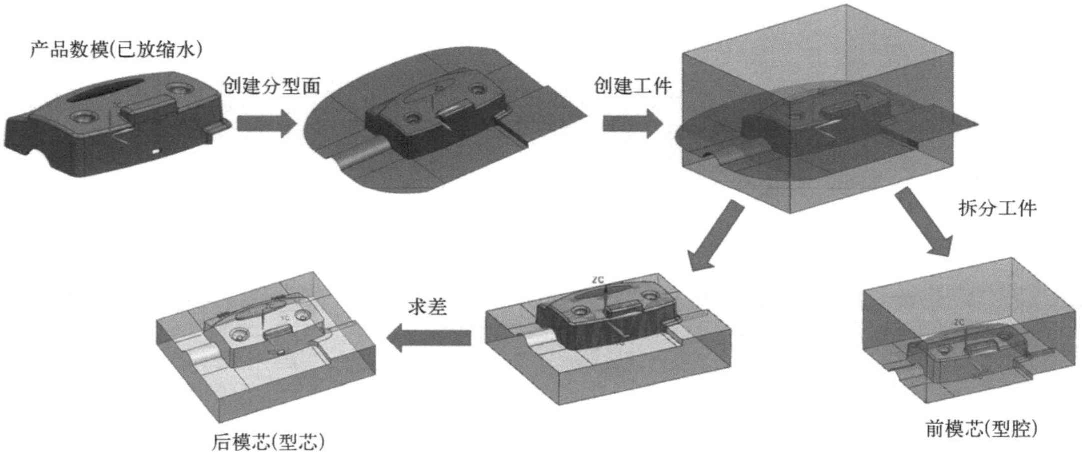

图 2-41 “片体分模”步骤

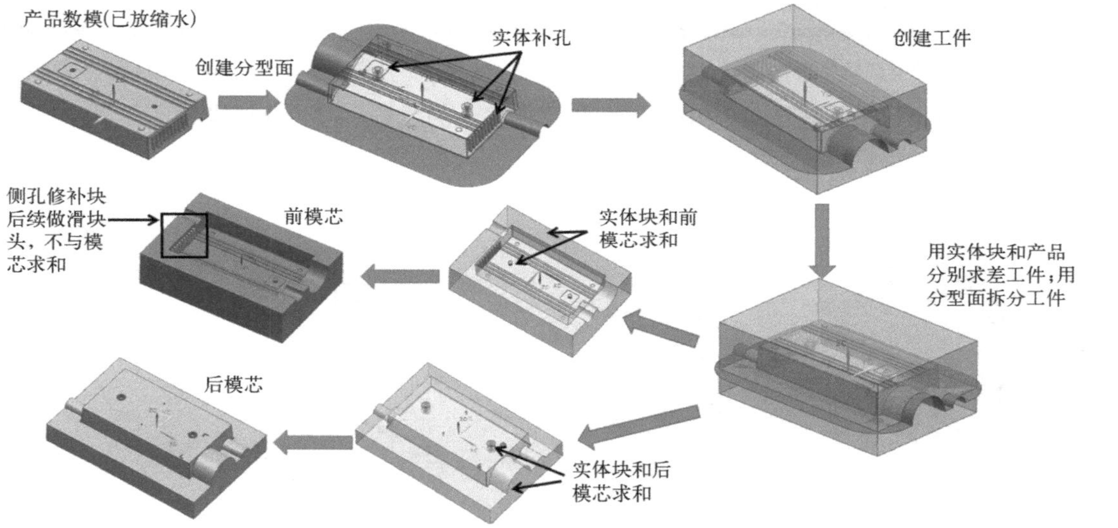

图 2-42 “片体+实体”分模步骤

“片体+实体”分模方法中，产品破孔用实体进行修补，然后用修补实体和产品求差工件而得到胶位（模腔），再用分型线外延得到的分模面拆分工件即可。

除上述两种分模方法外，根据产品的几何结构特点，也可采用“实体分模”的思路及方法。“实体分模”方法中不用创建分型面，前、后模芯由实体块拼合而成。

2.3 UG 分模实例

电动风扇上盖
片体分模

2.3.1 片体分模实例

【例 2-7】 电动风扇上盖片体分模

对图 2-43 所示电动风扇上盖产品进行分模，材料：ABS。

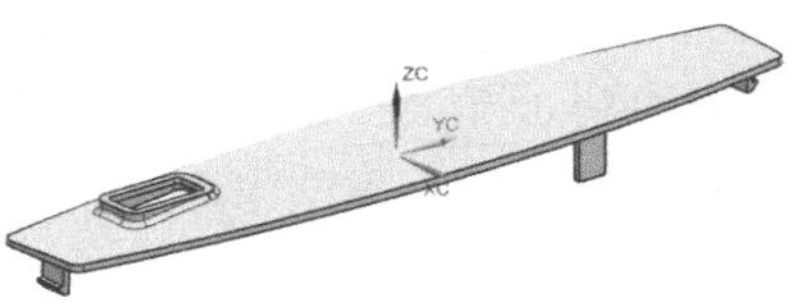

图 2-43 产品模型

操作步骤

1）打开配套资源中的 ch02/ch02_3/ex1.prt 文件。

2）单击工具栏的“缩放体”按钮，系统弹出如图 2-44 所示的“缩放体”对话框，按照图示步骤进行操作，完成产品收缩率的设置。

3）选择菜单“分析”→“模具部件验证”→“检查区域”，系统弹出如图 2-45 所示的“检查区域”对话框，单击“计算”按钮；然后选择对话框中的“区域”选项卡，系统切换到如图 2-46 所示界面，按照图 2-46 所示步骤操作，注意“未定义区域”为 0。单击对话框中的“确定”按钮，完成产品体区域面的设置。

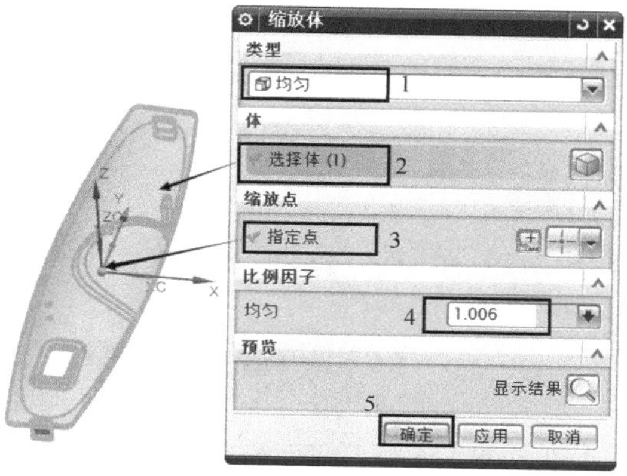

图 2-44 “缩放体”对话框

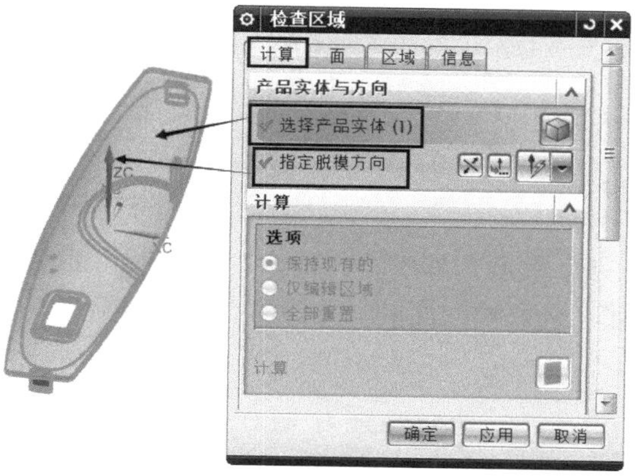

图 2-45 “检查区域”对话框 1

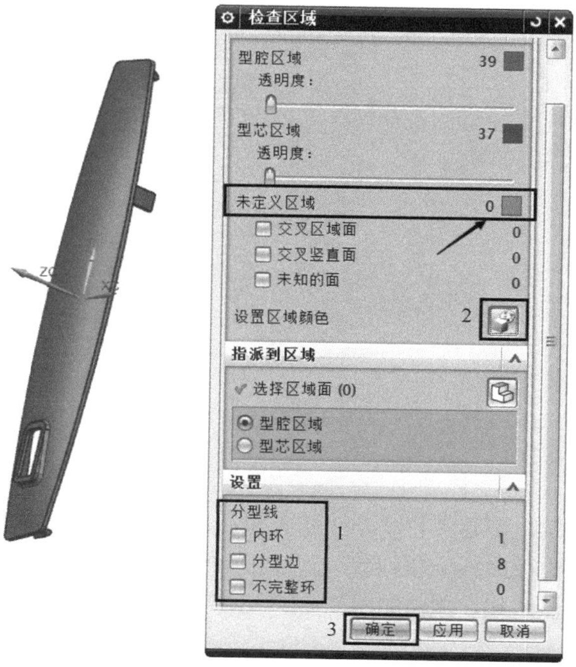

图 2-46 “检查区域”对话框 2

4）单击工具栏的“抽取几何特征”按钮，系统弹出“抽取几何特征”对话框，按照图 2-47 所示步骤抽取产品外观面，抽取的面如图 2-48 所示。

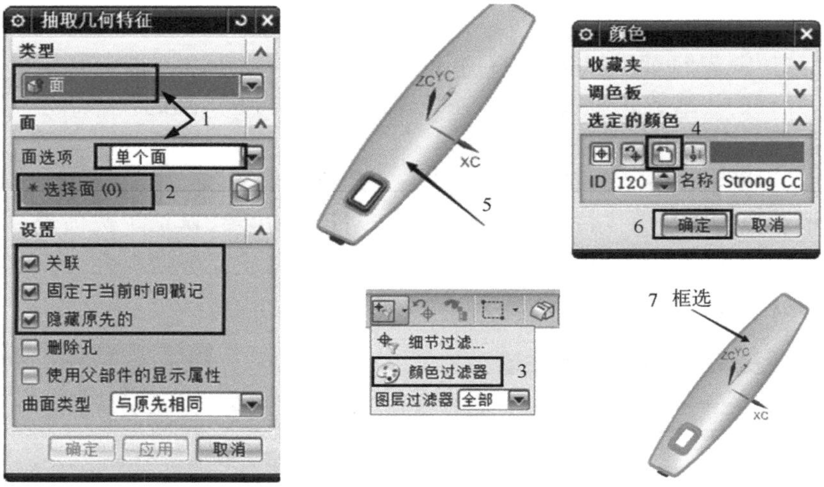

图 2-47 抽取产品外观面

5）单击工具栏的“拉伸”按钮，系统弹出如图 2-49 所示的“拉伸”对话框，按照图示步骤，选取抽取面的一条边线，创建补片 1。

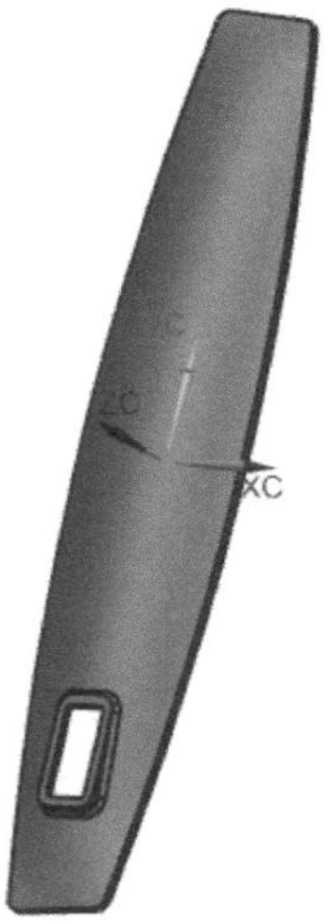

图 2-48 产品外观面

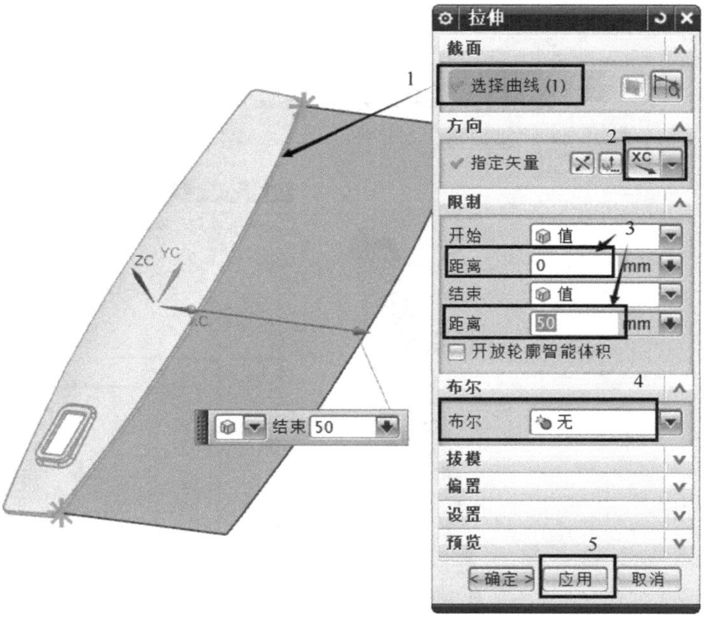

图 2-49 “拉伸”对话框

6）参照步骤 5 的操作，创建补片 2、补片 3 和补片 4，如图 2-50 所示。

7）单击工具栏的“桥接曲线”按钮，系统弹出如图 2-51 所示的“桥接曲线”对话框，选取补片 1 和补片 2 的外围边线，创建如图 2-52 所示的桥接曲线。参照此步骤，创建如图 2-53 所示的另外 3 条桥接曲线。

8）单击工具栏“通过曲线网格”按钮，系统弹出如图 2-54 所示的“通过曲线网格”对话框，按照图示操作选择“主曲线”和“交叉曲线”，创建如图 2-55 所示的补片 5。照此操作，创建如图 2-56 所示的补片 6、补片 7 和补片 8。

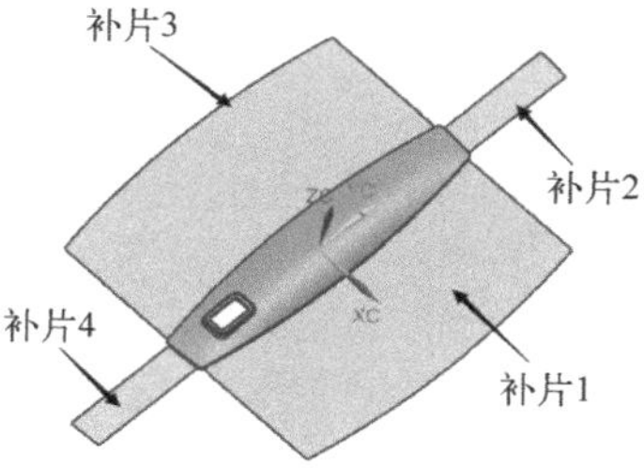

图 2-50　补片 1

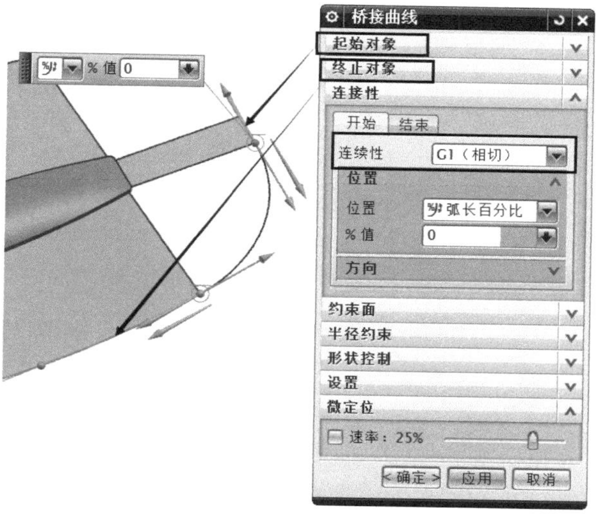

图 2-51　“桥接曲线”对话框

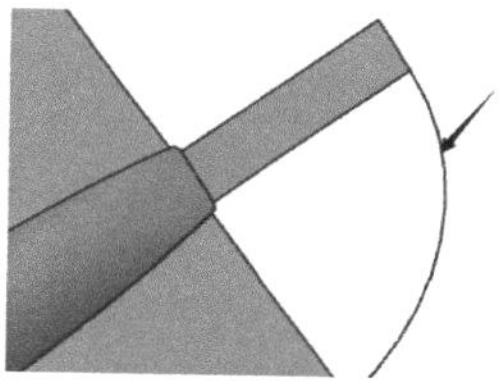

图 2-52　创建的桥接曲线 1

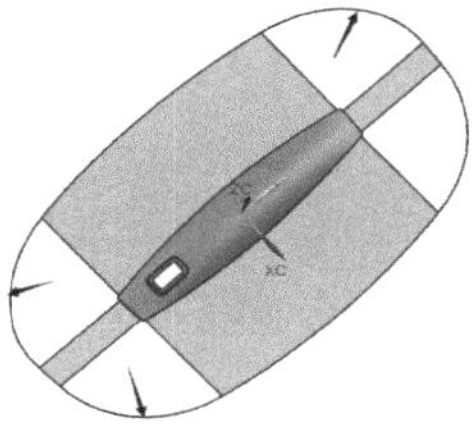

图 2-53　创建的桥接曲线 2

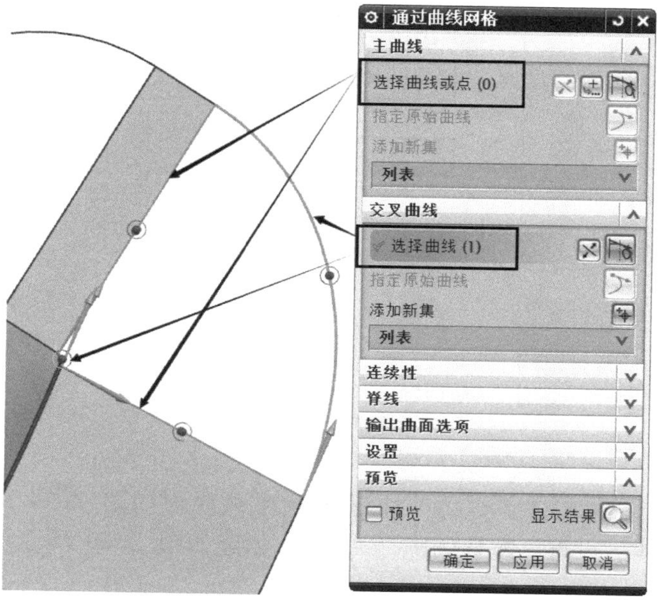

图 2-54　“通过曲线网格”对话框

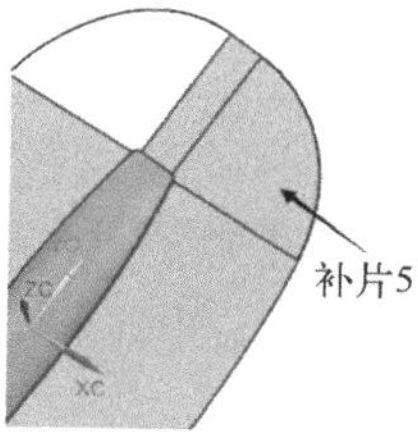

图 2-55　补片 2

9）单击菜单栏的“N 边曲面”按钮，系统弹出如图 2-57 所示的“N 边曲面”对话框，选择产品上的破孔边线，创建补孔片体。

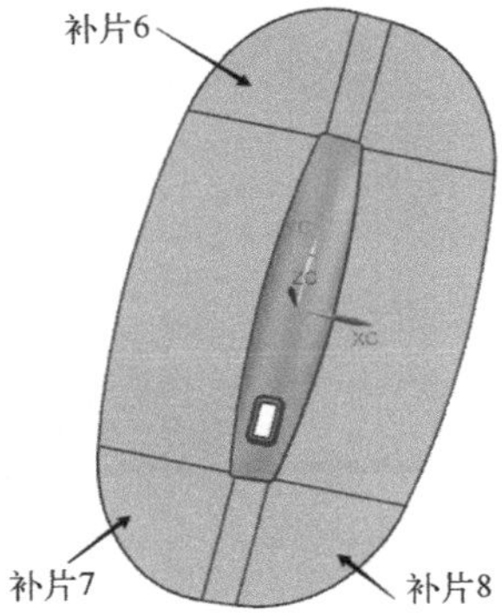

图 2-56　补片 3

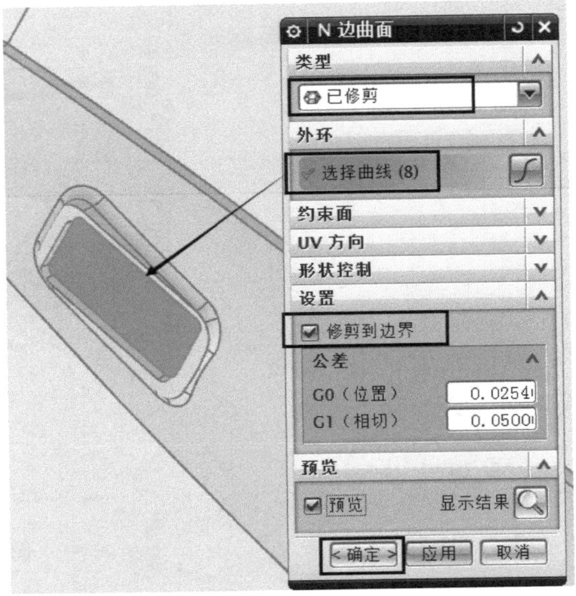

图 2-57　“N 边曲面”对话框

10）单击工具栏的“缝合”按钮，系统弹出如图 2-58 所示的“缝合”对话框，选择其中一个补片或曲面作为“目标体”，然后框选整个曲面和片体作为“工具体”，将所有片体和抽取的产品外观面缝合成一整张分型片体。

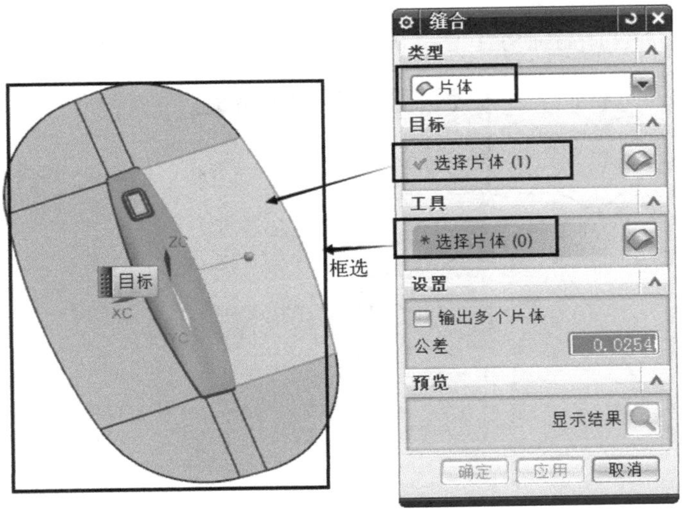

图 2-58　“缝合”对话框

11）单击燕秀 UG 模具外挂工具栏的“包容体”按钮，系统弹出如图 2-59 所示的“包容体”对话框，框选整个产品体，设置“默认间隙”为 25，创建如图 2-60 所示的工件毛坯。

12）单击工具栏的“拆分体”按钮，系统弹出如图 2-61 所示的“拆分体”对话框，选择工件为“目标体”，选择缝合的分型片体为“工具体”，将工件拆分为两个部件。单击燕秀工具栏的“杀参”按钮移除参数，如图 2-62 所示的部件为前模芯（型腔）。

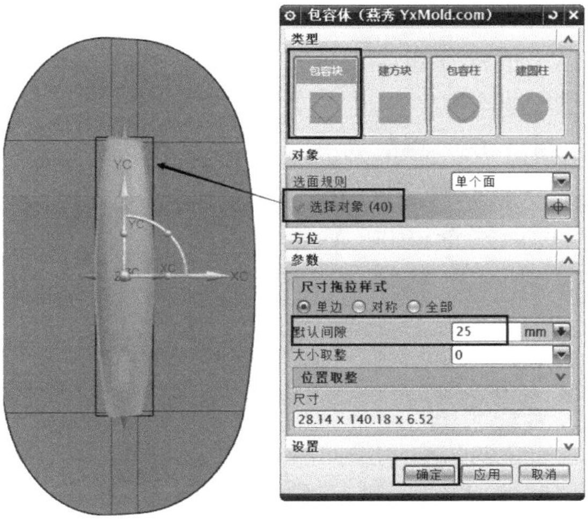

图 2-59 “包容体”对话框

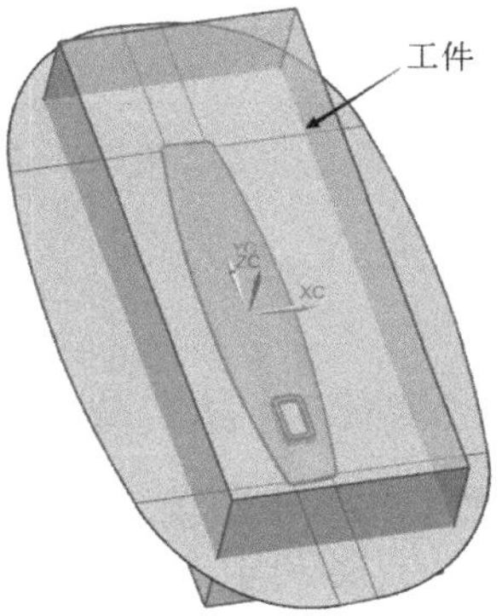

图 2-60 创建工件

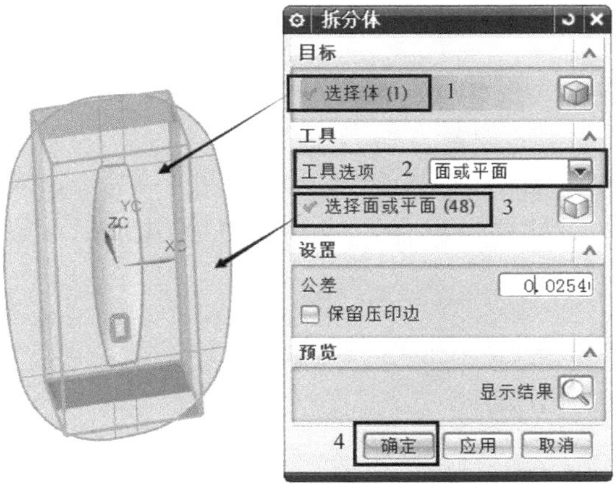

图 2-61 “拆分体”对话框

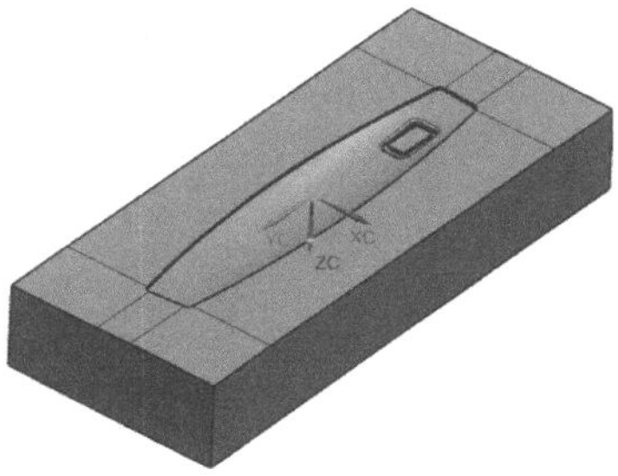

图 2-62 型腔

13）将产品体显示，单击工具栏的“减去”按钮，系统弹出如图 2-63 所示的“求差”对话框，选择图中箭头指示的部件（此部件为步骤 12 拆分后分型片体下面的部分）为“目标体”，选择产品体为“工具体”，求差后得到如图 2-64 所示的后模芯（型芯）。

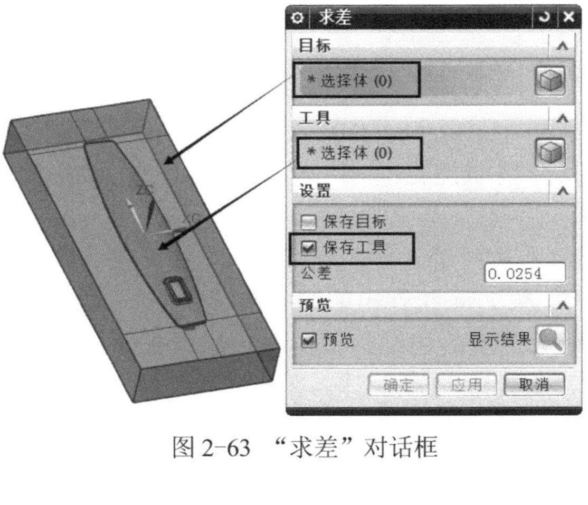

图 2-63 “求差”对话框

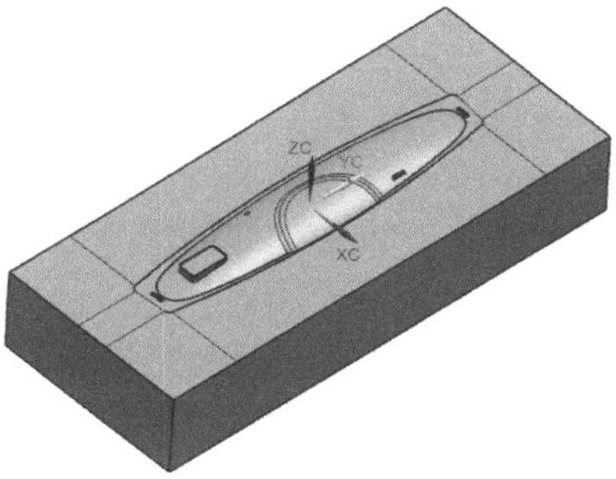

图 2-64 型芯

在片体分模中，由于分型面是抽取了产品的外观面，故用分型面拆分工件得到的分型面以上的部分（参考坐标系）为型腔，而分型面以下的部件包含了胶位和型芯，因此还需用产品求差此部件而得到型芯。

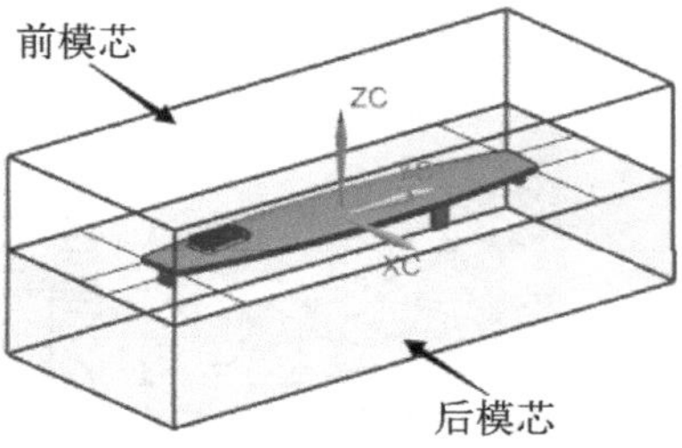

图 2-65　前、后模芯和产品体

14）用图层管理各个部件。将产品体移动到 3 层，将前模芯移至 30 层，将后模芯移至 50 层。将分型片体移至 200 层。为防止产品模型丢失，在分模前最好将产品体备份一份放于图层中。分模完成后的前、后模芯及产品如图 2-65 所示。

2.3.2 “实体+片体”分模实例

电瓶车充电器上盖实体分模

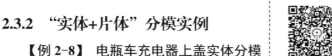

【例 2-8】 电瓶车充电器上盖实体分模

对图 2-66 所示电瓶车充电器上盖产品进行分模，材料：ABS。

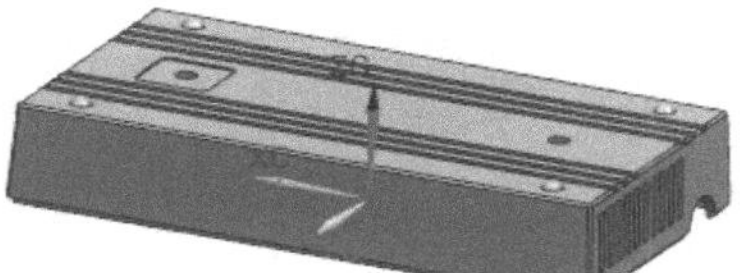

图 2-66　产品模型

操作步骤

1）打开配套资源中的 ch02/ch02_3/ex2.prt 文件。

2）单击工具栏的“缩放体”按钮，系统弹出“缩放体”对话框，设置收缩率为 1.006，完成产品收缩率的设置。

3）参考例 2-4 完成产品破孔的实体修补，如图 2-67 所示。对于图 2-67 中箭头指示的破孔，用两个实体块进行修补，修补块 2 后续要做镶件，修补块 3 的孔位后续设计司筒针。

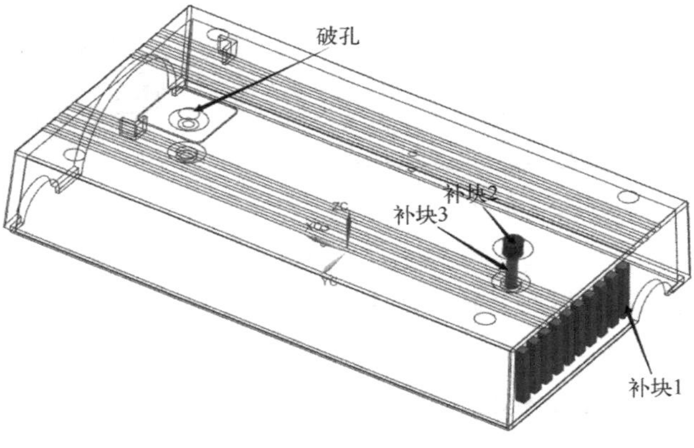

图 2-67　产品破孔实体修补

4）单击工具栏的“抽取几何特征”按钮，系统弹出如图 2-68 所示的“抽取几何特征”对话框，选取图中箭头指示的面（产品分型面位置的 6 个面），抽取的面如图 2-69 所示。

5）将上一步中抽取的面修改显示颜色，然后利用“缝合”工具将其缝合成一张片体。

6）选择菜单“插入”→“修剪”→“延伸片体”，系统弹出如图 2-70 所示的“延伸片体”对话框，设置“偏置距离”为 40，选取图中箭头指示的边线，单击“应用”按钮创建分型片体。照此步骤，依次选取其余边线创建如图 2-71 所示的分型片体。在选取边线时，可先选取直边，再选取圆弧边创建延伸片体。

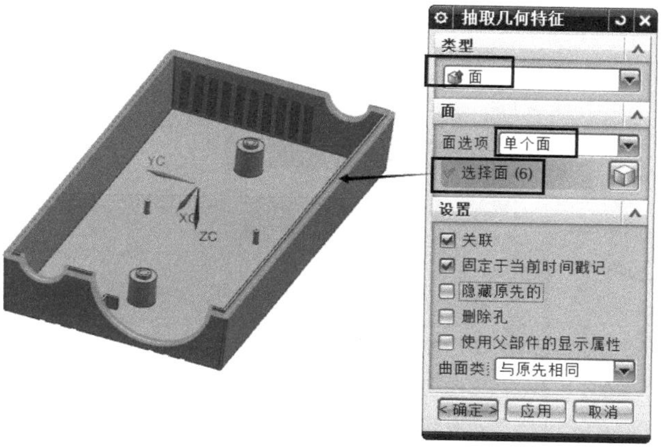

图 2-68 “抽取几何特征”对话框

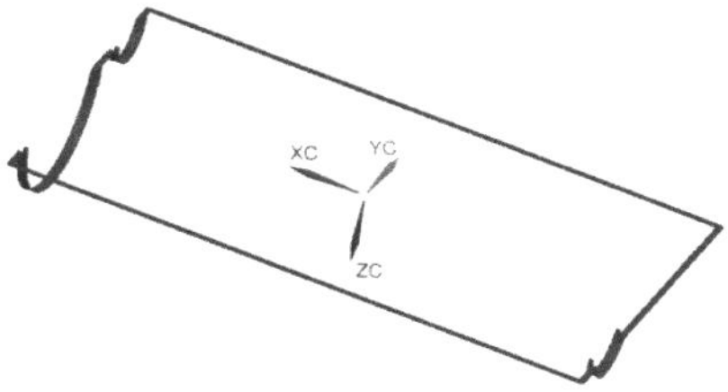

图 2-69　抽取面

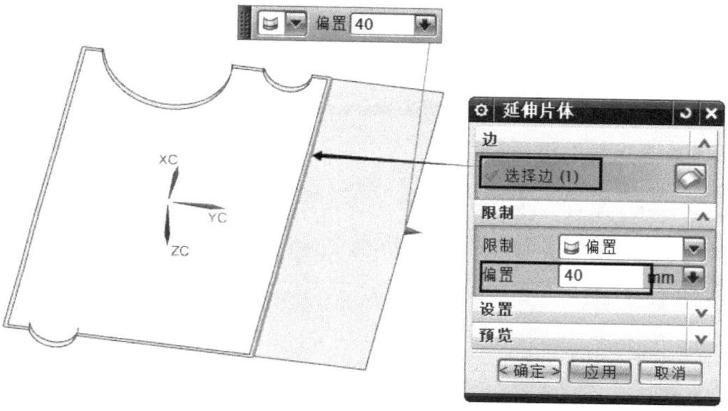

图 2-70 “延伸片体”对话框

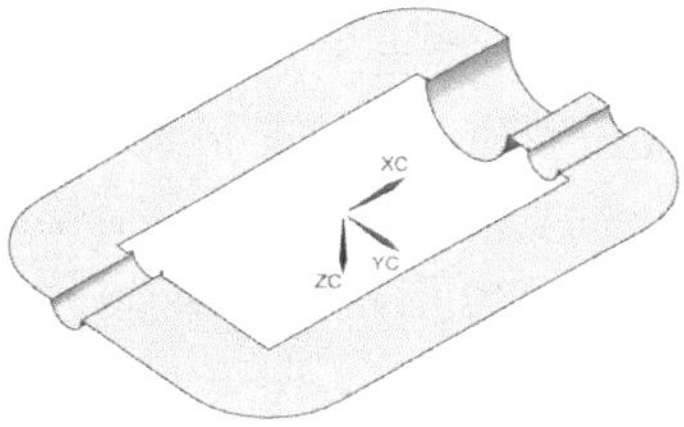

图 2-71　创建的片体

7）图层管理各对象。将产品移至 3 层，将图 2-67 所示的补块 1 移至 91 层，补块 2 移至 31 层，补块 3 移至 51 层。将以上图层打开显示各对象。

8）单击燕秀外挂工具栏的“包容体”按钮，系统弹出如图 2-72 所示的“包容体”对话框，框选整个产品体，设置“默认间隙”为 25，创建工件毛坯。

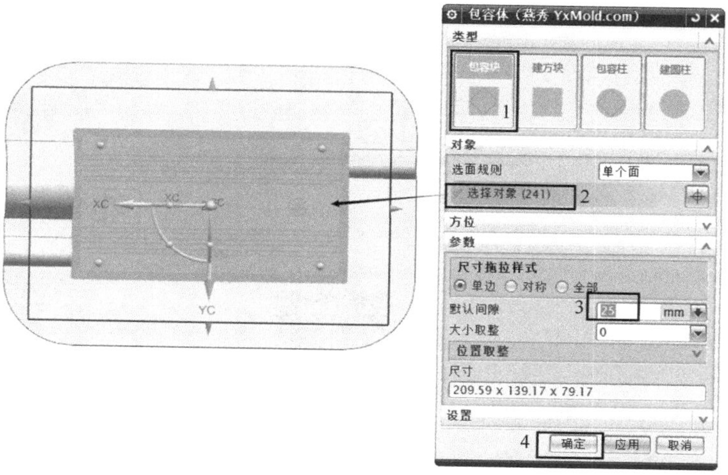

图 2-72 “包容体”对话框

9）单击工具栏的“减去”按钮，系统弹出如图 2-73 所示的“求差”对话框，选择工件为“目标体”，然后框选所有对象为“工具体”，单击对话框中的“确定”按钮。此步操作是用产品和修补块求差工件而得到胶位。

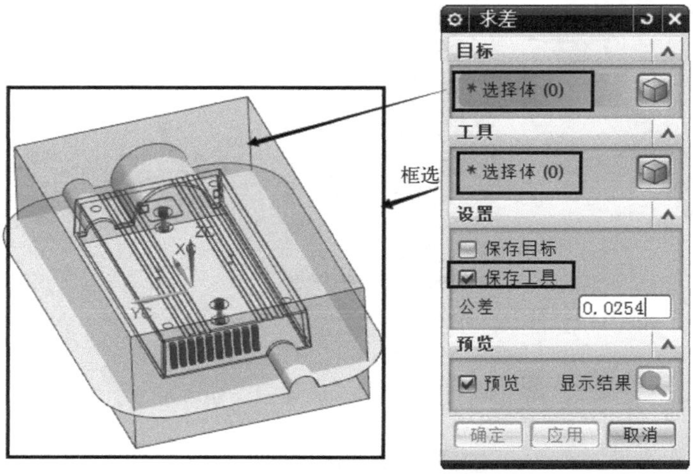

图 2-73 “求差”对话框

10）单击工具栏的“拆分体”按钮，系统弹出如图 2-74 所示的“拆分体”对话框，选择工件为“目标体”，选择创建的分型片体为“工具体”，将工件拆分为前模芯和后模芯。

11）移除参数后，前模芯、产品及后模芯如图 2-75 所示。将分型片体移至 200 层，将前模芯移至 30 层，将后模芯移至 50 层。

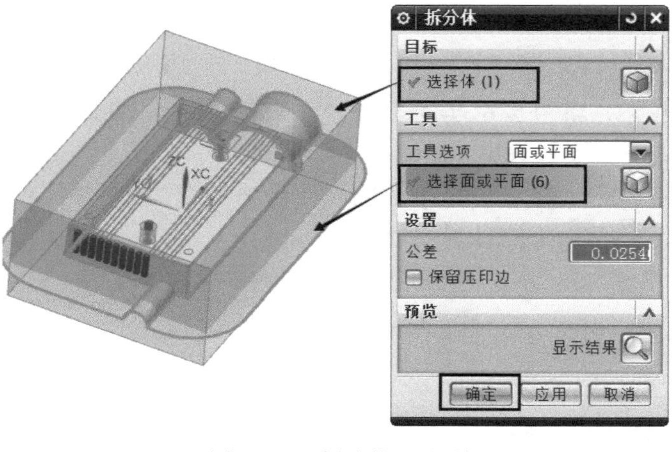

图 2-74 “拆分体”对话框

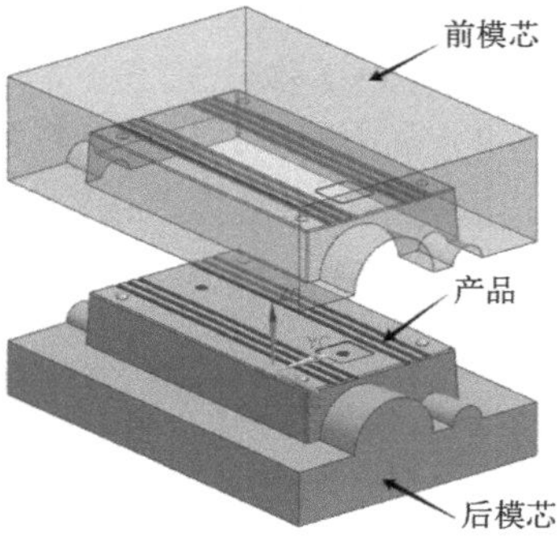

图 2-75 创建的前、后模芯

2.3.3 实体分模实例

【例 2-9】 小风扇实体分模

对图 2-76 所示小风扇产品进行分模，材料：ABS。

小风扇实体分模

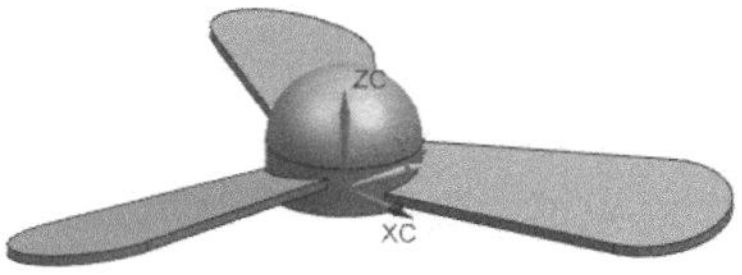

图 2-76 产品模型

操作步骤

1）打开配套资源中的 ch02/ch02_3/ex3.prt 文件。

2）单击工具栏的“缩放体”按钮，系统弹出“缩放体”对话框，设置收缩率为 1.006，完成产品收缩率的设置。

3）单击燕秀外挂工具栏的“包容体”按钮，系统弹出图 2-77 所示的“包容体”对话框，选择图中步骤 2 箭头指示的面，设置“默认间隙”为 50，单击图中步骤 4 箭头指示的尺寸箭头，在弹出的文本框中输入“-50”，单击“确定”按钮创建如图 2-78 所示的实体块 1。

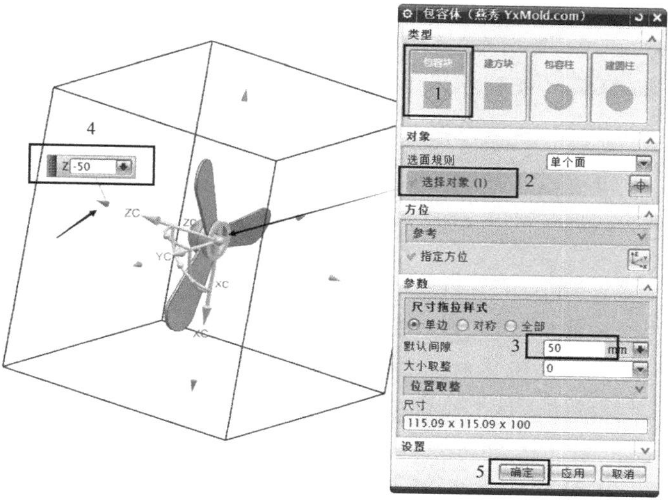

图 2-77　“包容体”对话框 1

4）单击燕秀外挂工具栏的“包容体”按钮，系统弹出图 2-79 所示的“包容体”对话框，“包容体”的类型选择“包容柱”，选择图中步骤 2 箭头指示的面，并拖动“ZC”和“-ZC”方向的尺寸箭头至合适尺寸，或单击“ZC”和“-ZC”方向的尺寸箭头并在弹出的文本框中分别输入“12”和“-12”。单击“确定”按钮创建包容柱实体。

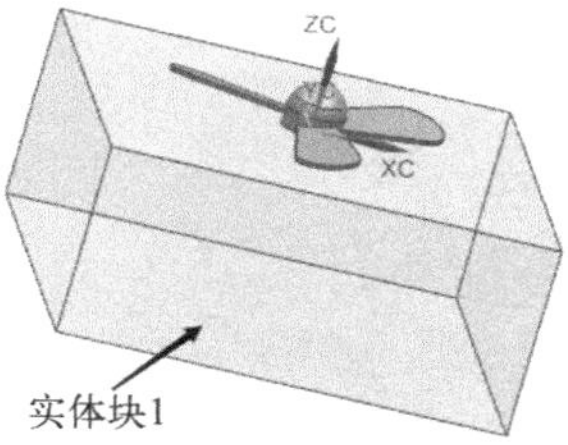

图 2-78　创建实体块 1

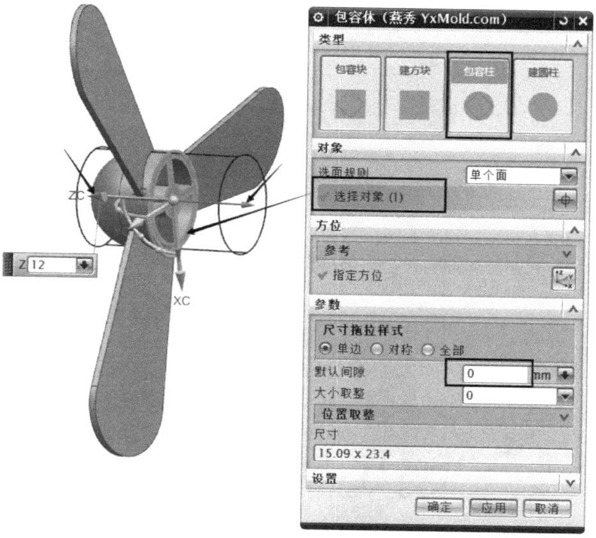

图 2-79　“包容体”对话框 2

5）单击工具栏的“减去”按钮，系统弹出如图 2-80 所示的“求差”对话框，选择上一步创建的“包容柱”为“目标体”，选择产品体为“工具体”，单击对话框的“确定”按钮。

6）移除参数后，将图 2-81 中箭头指示的多余实体删除，得到如图 2-82 所示的实体块 2。

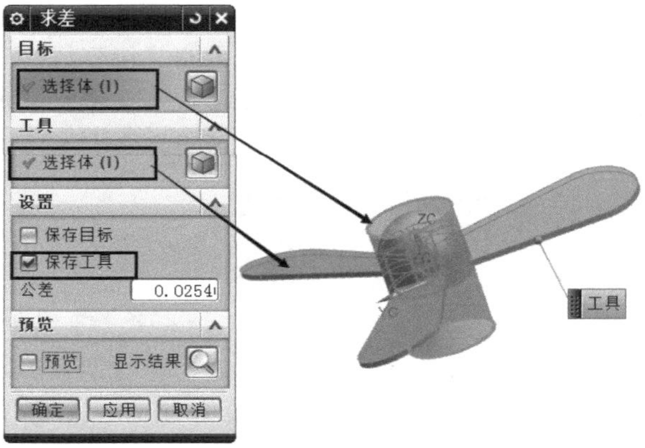

图 2-80 “求差”对话框 1

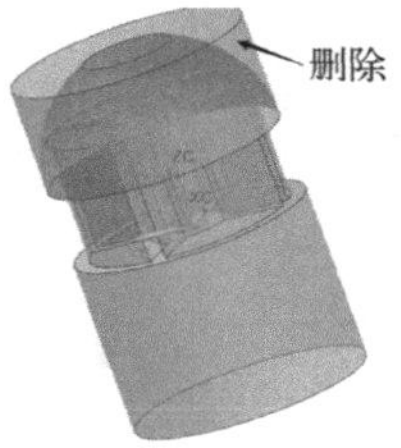

图 2-81 删除体

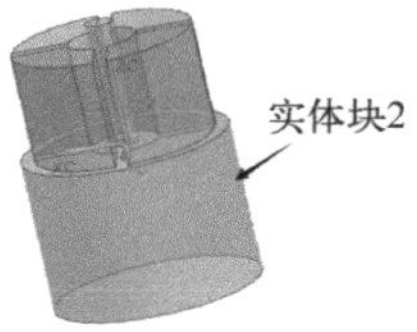

图 2-82 创建实体块 2

7）单击工具栏的“拉伸”按钮，系统弹出如图 2-83 所示的“拉伸”对话框，按照图示操作步骤操作，选择其中一个风扇叶片的底部面，单击“确定”按钮创建拉伸实体。照此操作，创建另外 2 个叶片的拉伸实体。拉伸创建的 3 个实体块如图 2-84 所示。

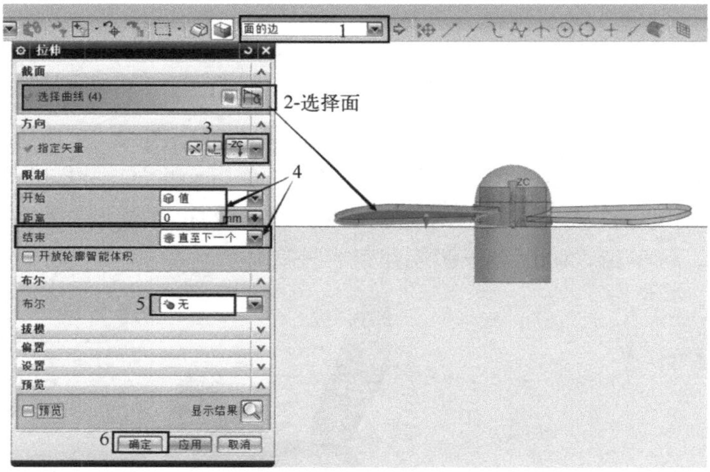

图 2-83 “拉伸”对话框

8）将上述步骤创建的实体块 1、实体块 2 和实体块 3 进行求和，得到如图 2-85 所示的后模芯。

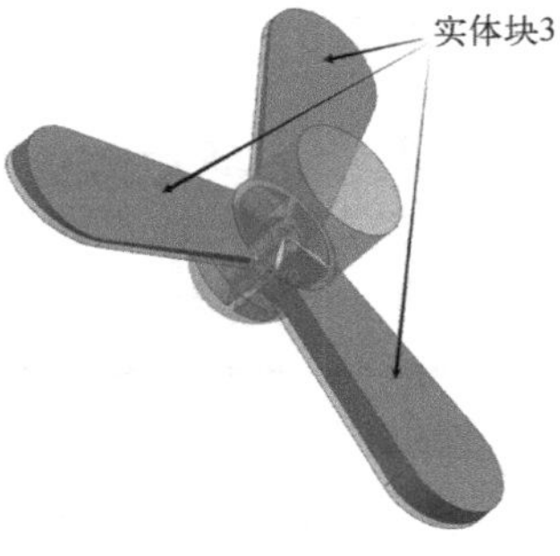

图 2-84 创建实体块 3

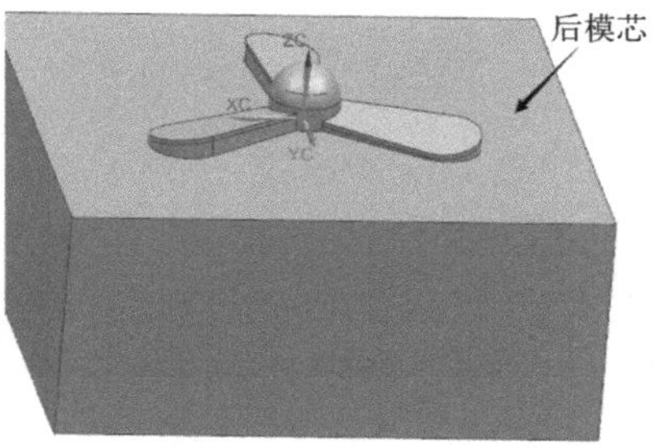

图 2-85 后模芯

9）单击燕秀外挂工具栏的“包容体”按钮，系统弹出图 2-86 所示的“包容体”对话框，按照图中所示步骤操作，选择后模芯上表面，创建厚度为 30 的方块。

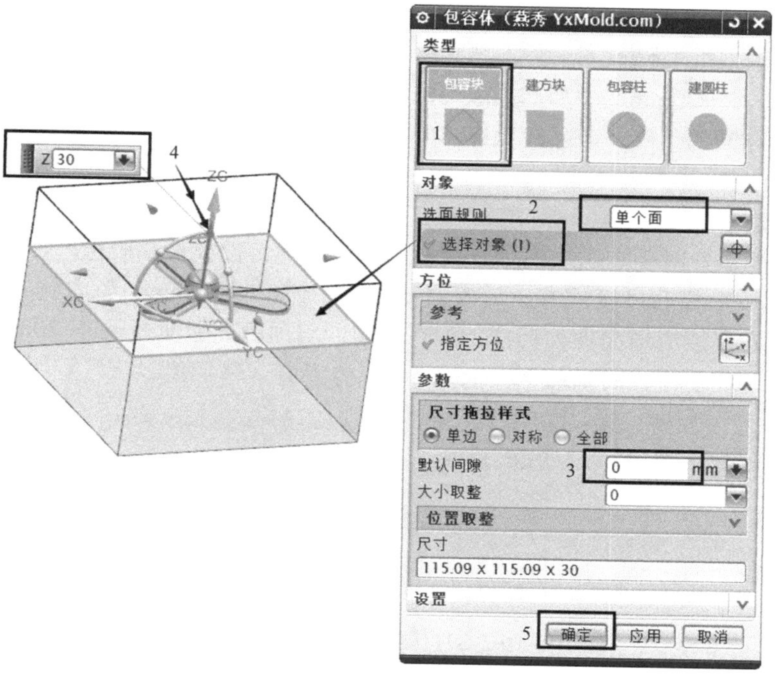

图 2-86　“包容体”对话框 3

10）单击工具栏的“减去”按钮，系统弹出如图 2-87 所示的“求差”对话框，选择上一步创建的方块为“目标体”，然后框选所有对象作为“工具体”，单击对话框中的“确定”按钮，创建前模芯。创建的前模芯如图 2-88 所示。

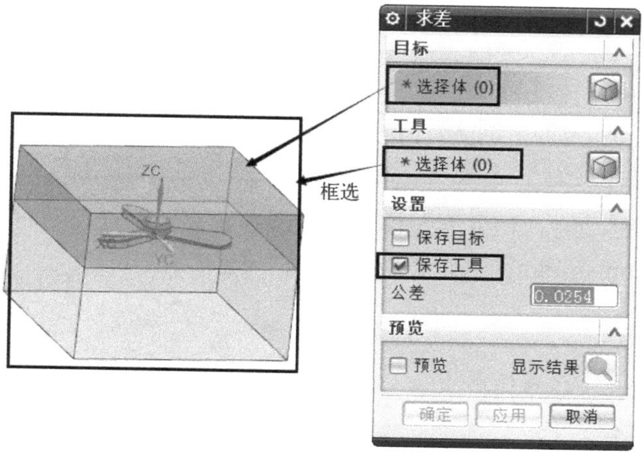

图 2-87　“求差”对话框 2

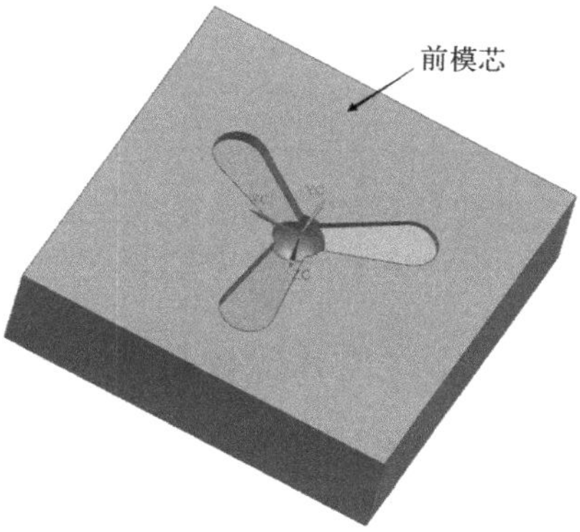

图 2-88　前模芯（型腔）

2.4　模仁尺寸优化及型腔布局

模仁尺寸优化即对模仁的长、宽及厚度尺寸进行优化；型腔布局（排位设计）即对产品作一模一腔还是一模多腔布局。

2.4.1 模仁尺寸及布局参考标准

1．产品到模仁边的距离

小件产品取 25～30mm，中型产品取 30～40mm，大件产品取 50mm 以上。一模多腔布局时，产品与产品之间的距离：产品应保证 10～15mm 的封胶位，产品之间有分流道的应保证边距 15mm 以上。

2．模仁厚度

如图 2-89 所示，对于中小型模具，前模芯厚度尺寸：前模最高胶位+（20～30）mm，产品深度大则取大值。后模芯厚度尺寸：后模最低胶位+（30～40）mm。考虑到后模芯承受较大的注射压力，后模芯厚度应适当加大尺寸。如有斜顶，斜顶的装配面要保证 20mm 左右。如有行位，则行位的底部高于模仁的底部 10～15mm，以方便有一基准位。

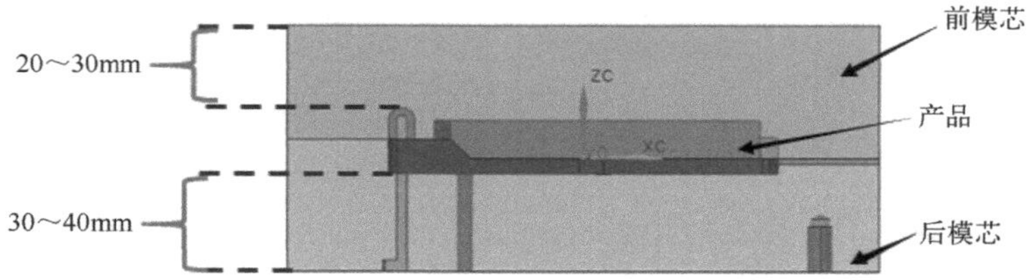

图 2-89　模仁厚度尺寸选择

对大型模具，前模部分在产品的最高点加 40～60mm，后模部分加 50～80mm。

模仁优化后长、宽、厚尺寸要取整数。

3．模仁螺钉规格

固定模仁的螺钉数量及规格参照表 2-1。

表 2-1　模仁固定螺钉数量及规格

模仁尺寸/mm	A<65×65	65×65<A <140×140	140×140<A <200×200	200×200<A <300×300	A>300×300
螺钉规格	M6	M6	M8	M10	M12
数　　量	2	4	4	4～6	6～8

螺钉位置如和其他零件发生干涉需要移动时，保证其与模仁边的最小距离，即螺钉公称直径+2mm，例如 M8 螺钉，其边距为(8+2)mm=10mm，以此类推。

2.4.2 模仁尺寸优化及排位实例

【例 2-10】 电瓶车充电器上盖模仁尺寸优化及排位

如图 2-90 所示为电瓶车上盖模具的模仁，对其作尺寸优化，并进行排位。

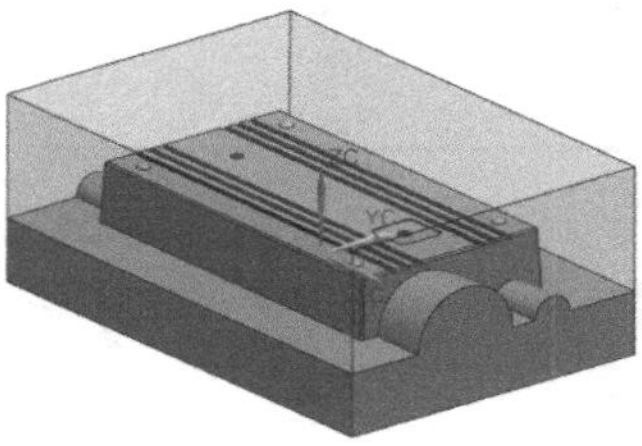

图 2-90　模仁和产品体

操作步骤

1．模仁长、宽、厚方向尺寸优化

1）打开配套资源中的 ch02/ch02_4/ex1.prt 文件。

电瓶车充电器上盖模仁尺寸优化及排位

2）单击工具栏的“偏置面”按钮，系统弹出如图 2-91 所示的“偏置面”对话框，选择图中箭头指示的前、后模芯的一个侧面，设置偏置距离 20，将侧面增大 20。照此，将前、后模芯的其余 3 个侧面均往外偏置 20。参照图 2-92 和图 2-93，将前模芯沿“ZC”方向偏置 10，将后模芯沿“-ZC”方向偏置 10。

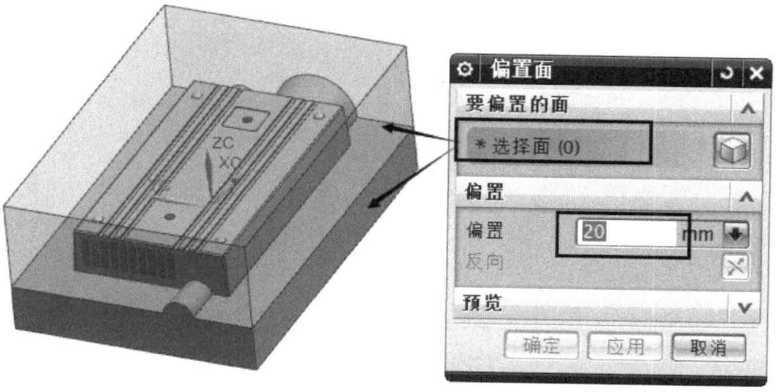

图 2-91　“偏置面”对话框 1

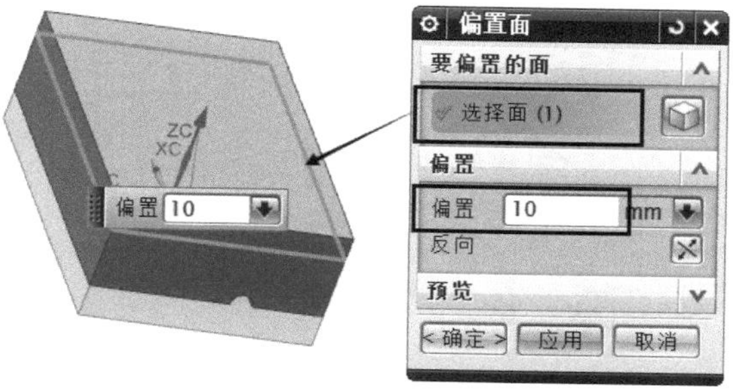

图 2-92　“偏置面”对话框 2

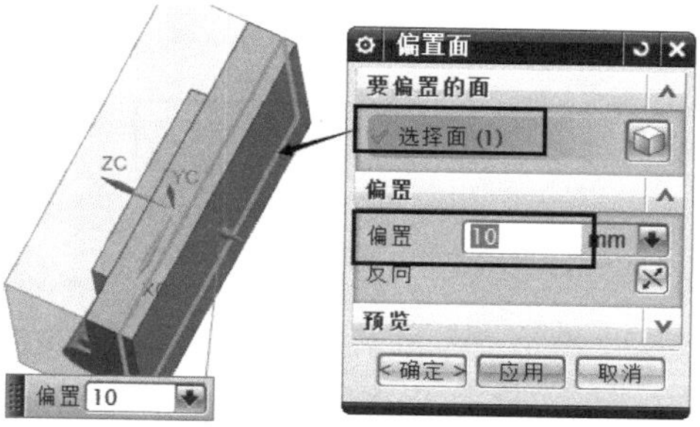

图 2-93　“偏置面”对话框 3

3）单击工具栏的“修剪体”按钮，系统弹出如图 2-94 所示的“修剪体”对话框，“目标”选择前、后模芯，“工具”选择“YZ”平面，在“距离”文本框中输入 115，注意修剪方向。单击对话框中的“确定”按钮，完成模仁“XC”方向侧的修剪。照此，完成模仁“-XC”方向、“YC”方向、“-YC”方向的修剪，如图 2-95～图 2-97 所示。

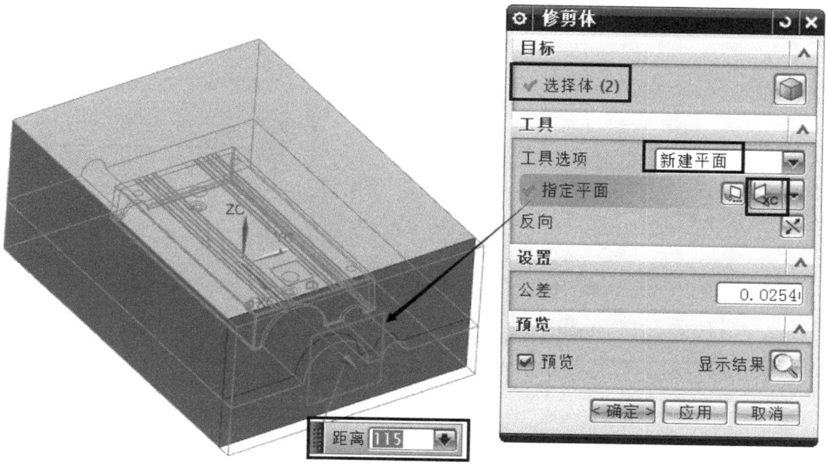

图 2-94　“修剪体”对话框

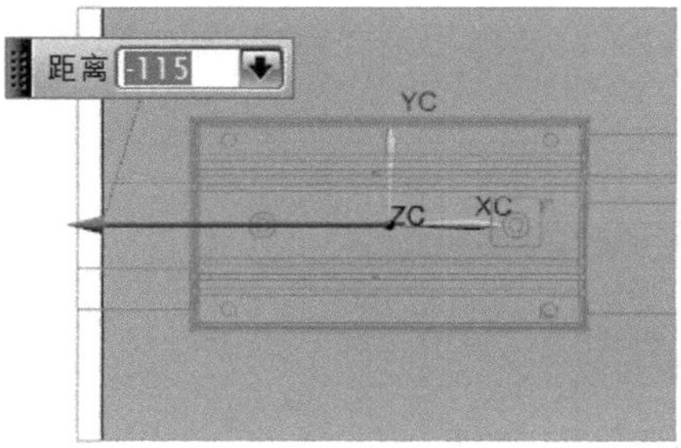

图 2-95　修剪体 1

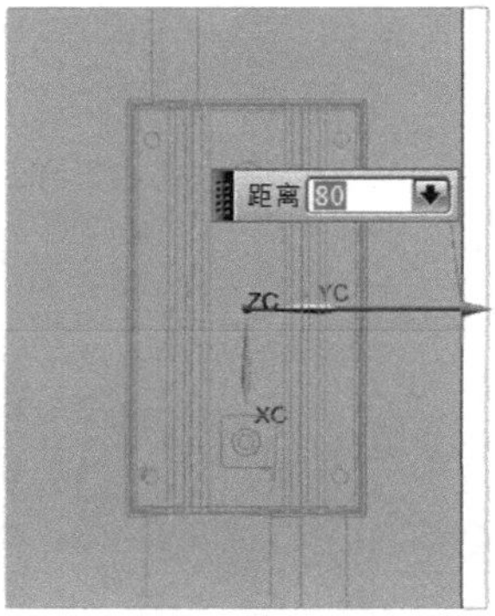

图 2-96　修剪体 2

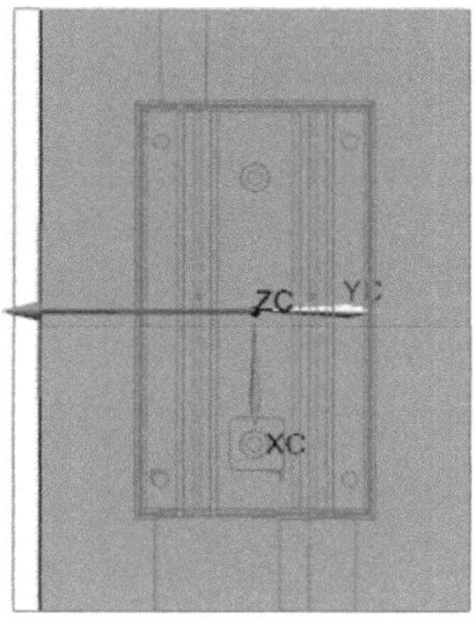

图 2-97　修剪体 3

4）单击工具栏的“修剪体”按钮，系统弹出如图 2-98 所示的“修剪体”对话框，“目标”选择前模芯，“工具”选择“XY”平面，在“距离”文本框中输入 60，注意修剪方向。单击对话框中的“确定”按钮，完成前模芯厚度方向的修剪。

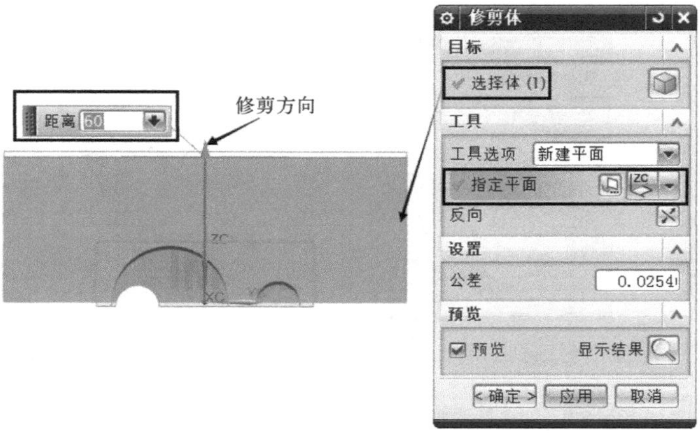

图 2-98　“修剪体”对话框 1

参照图 2-99，完成后模芯厚度方向的修剪。

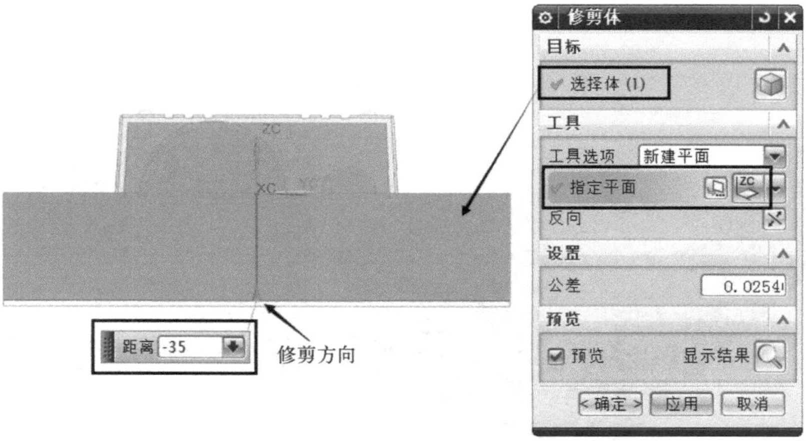

图 2-99　“修剪体”对话框 2

模仁参数优化后，其尺寸为 230mm×160mm×95mm，如图 2-100 所示。前模芯胶位以上厚度约 35mm，后模芯胶位以下厚度约 35mm。

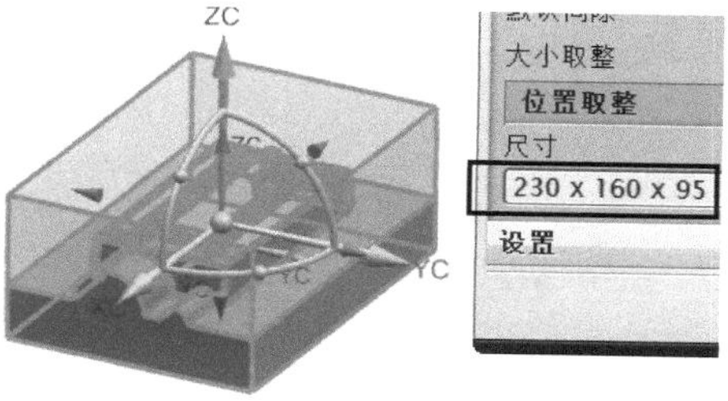

图 2-100　模仁优化后的尺寸

2．模仁枕位尺寸优化

1）将前模隐藏。单击工具栏的“WCS 动态”按钮，或直接双击坐标系使其变为动态模式，然后抓取图 2-101 中箭头指示的产品枕位圆弧边线的端点放置坐标系。

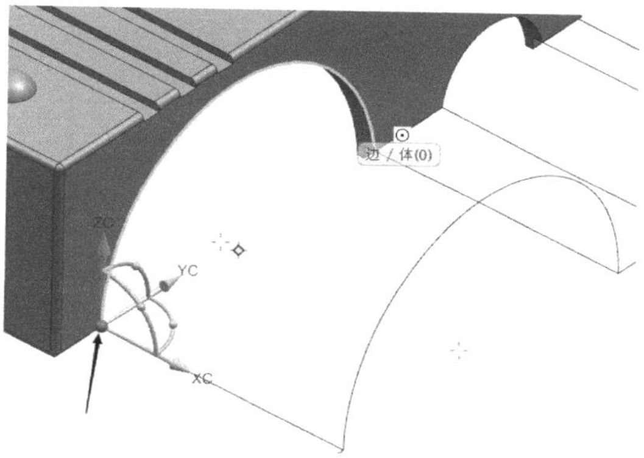

图 2-101　放置坐标系

2）单击工具栏的“拆分体”按钮，系统弹出如图 2-102 所示的“拆分体”对话框，按照图示操作步骤操作，选择后模为“目标”，选择“YZ”平面为“工具”，注意封胶位宽度为 9。

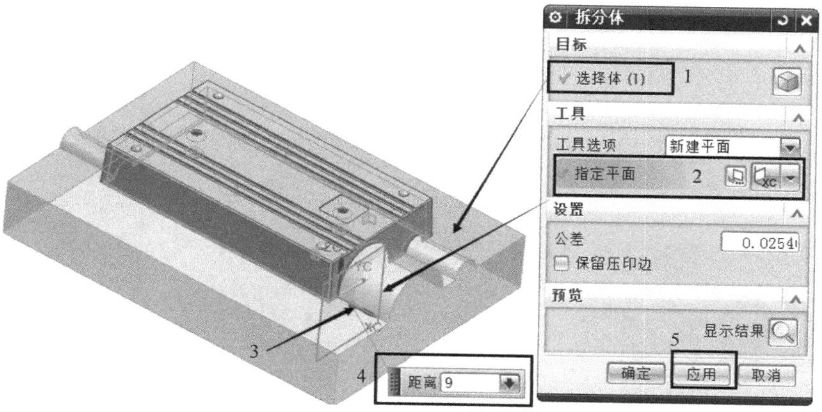

图 2-102　“拆分体”对话框 1

3）按照图 2-103 所示步骤操作，将上述步骤 2 拆分得到的体，用“XY”平面再进行拆分，注意拆分距离为 0。

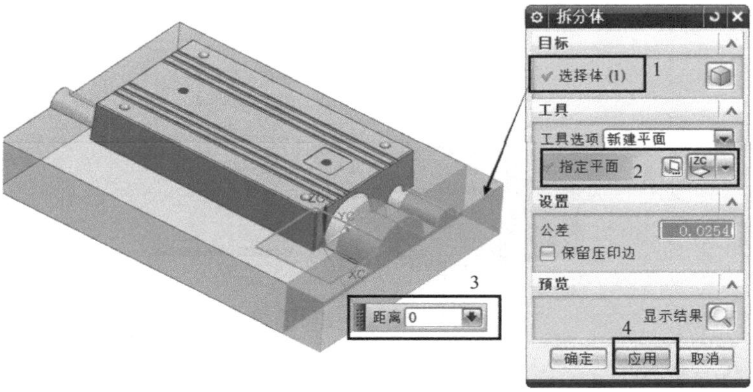

图 2-103 “拆分体”对话框 2

4）移除参数后，将图 2-104 箭头指示的两个体删除；将图 2-105 中箭头指示的两个体合并；枕位优化后如图 2-106 所示。

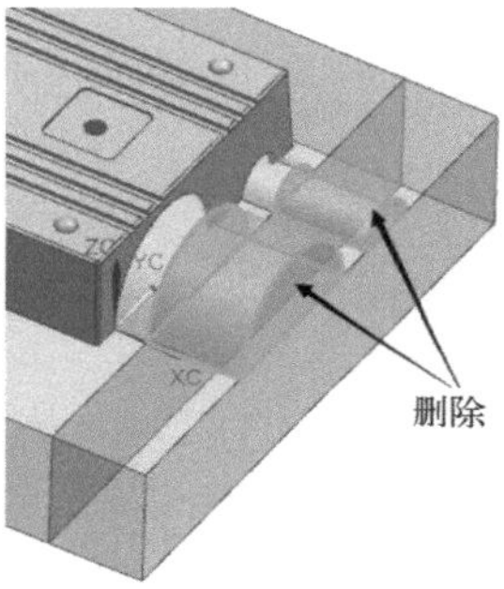

图 2-104 删除体

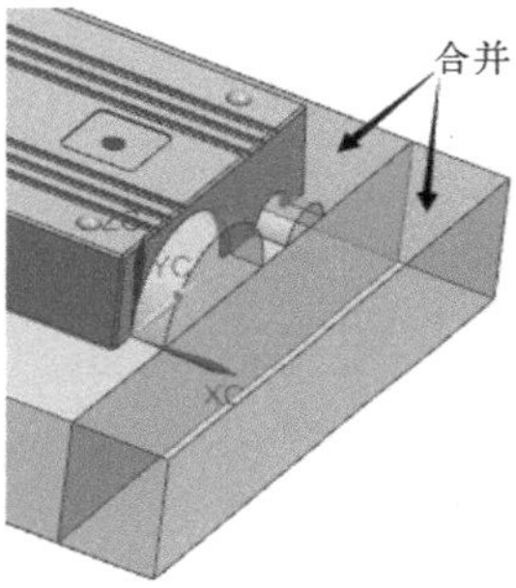

图 2-105 求和

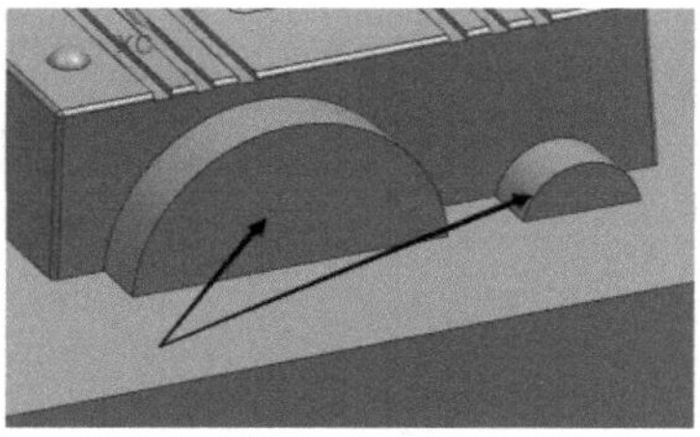

图 2-106 枕位优化结果 1

5）按照上述操作步骤，对后模另一侧的枕位进行优化，封胶位宽度为 9，如图 2-107 所示。

6）单击工具栏的“替换面”按钮，系统弹出如图 2-108 所示的“替换面”对话框，将三个枕位圆弧面替换前模下表面。

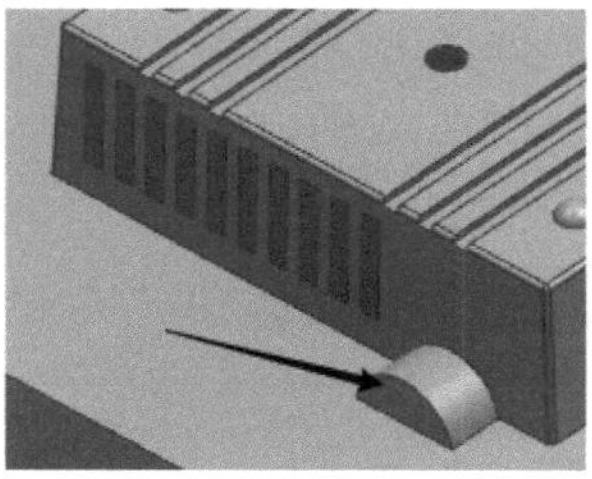

图 2-107 枕位优化结果 2

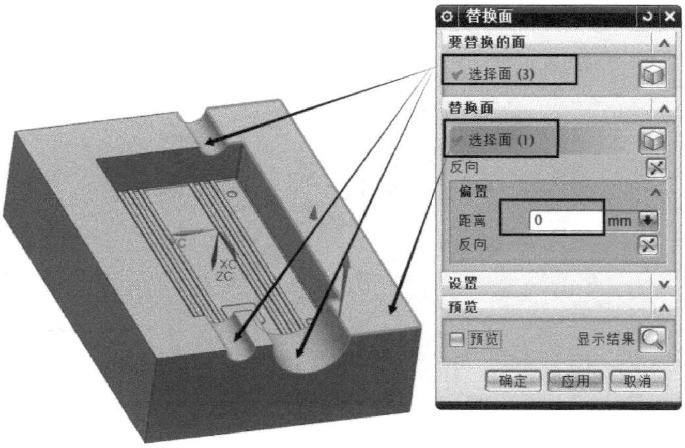

图 2-108 “替换面”对话框

7）单击工具栏的“减去”按钮，系统弹出如图 2-109 所示的“求差”对话框，选择后模为“目标”，选择前模为“工具”，在前模上创建枕位型腔。

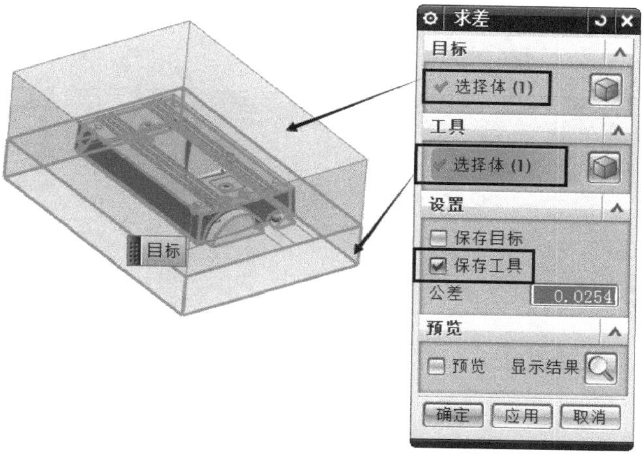

图 2-109　“求差”对话框

8）显示前模。单击工具栏的“偏置面”按钮，系统弹出如图 2-110 所示的“偏置面”对话框，选择图中箭头指示的枕位型腔侧面，向外偏置 2。

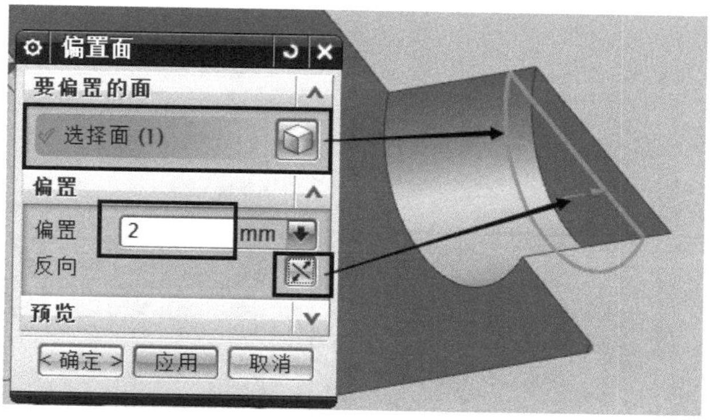

图 2-110　“偏置面”对话框 4

9）单击工具栏的“边倒圆”按钮，系统弹出如图 2-111 所示的“边倒圆”对话框，选择图中箭头指示的枕位弧面边线进行倒圆角，半径 2。

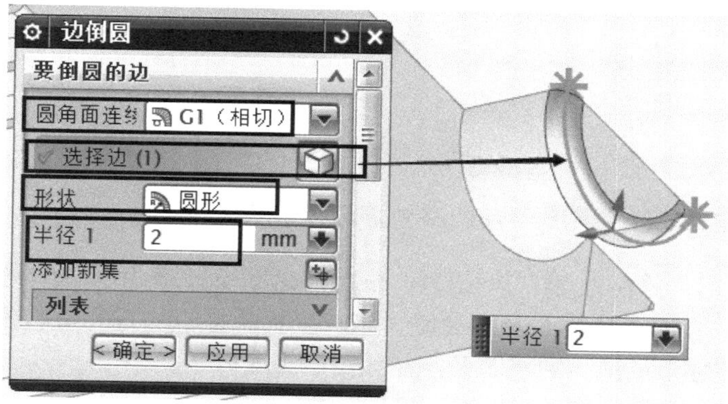

图 2-111　“边倒圆”对话框

10）参照步骤 8、9，对前模另一侧的两个枕位进行偏置 2，并倒圆角，如图 2-112 和图 2-113 所示。

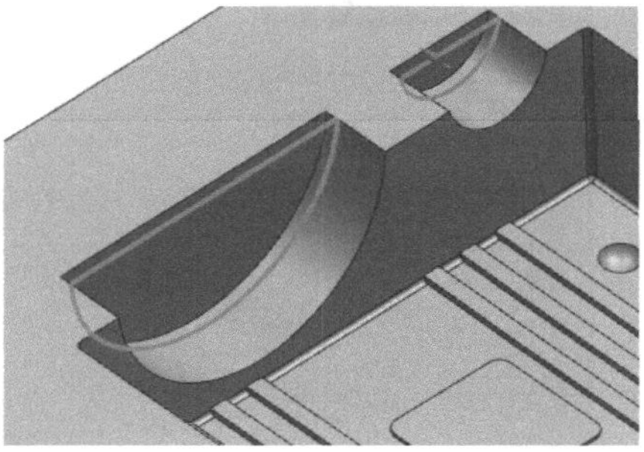

图 2-112　偏置面

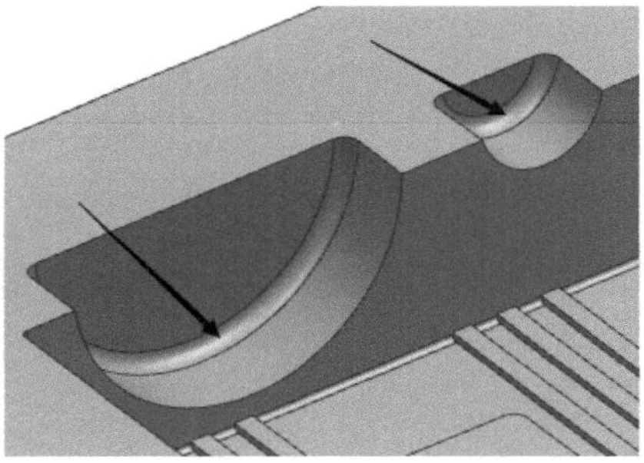

图 2-113　倒圆角

3．排位设计

考虑模具有侧抽芯机构及产品尺寸大小，拟采用一模两腔的布局方式。

1）显示前、后模芯及产品。单击工具栏的“移动对象”按钮，系统弹出图 2-114 所示的“移动对象”对话框，按照图示步骤操作，将前、后模芯及产品进行移动，使绝对坐标系原点位于前模芯底面边线中点处。

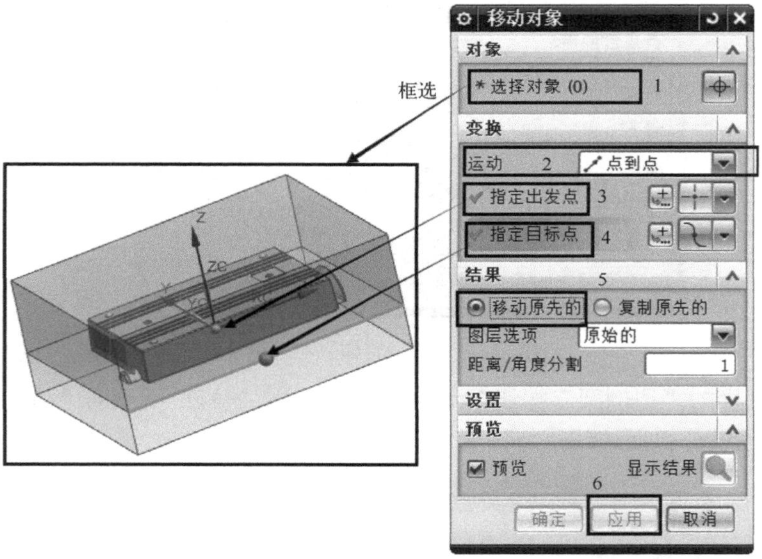

图 2-114　“移动对象”对话框 1

注意： 此步操作，绝对坐标系不动，移动前后模芯及产品。

2）单击工具栏的“移动对象”按钮，系统弹出图 2-115 所示的“移动对象”对话框，按照图示步骤操作，将前、后模芯及产品绕“绝对坐标系原点”进行旋转复制，创建一模两腔的平衡布局。布局完成后的前、后模芯及产品如图 2-116 所示。

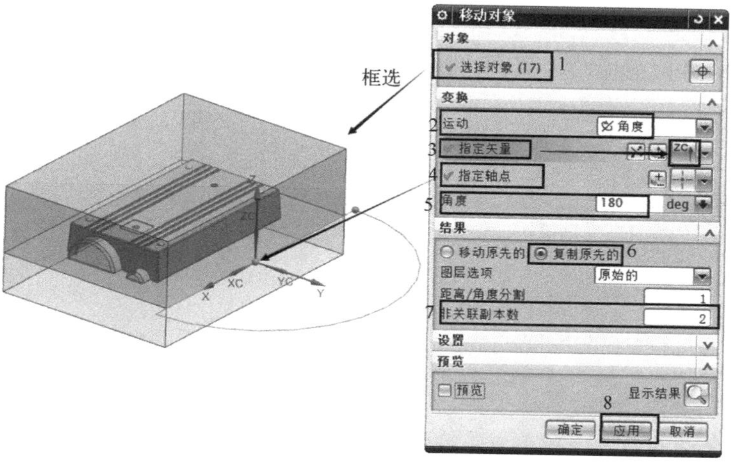

图 2-115 “移动对象”对话框 2

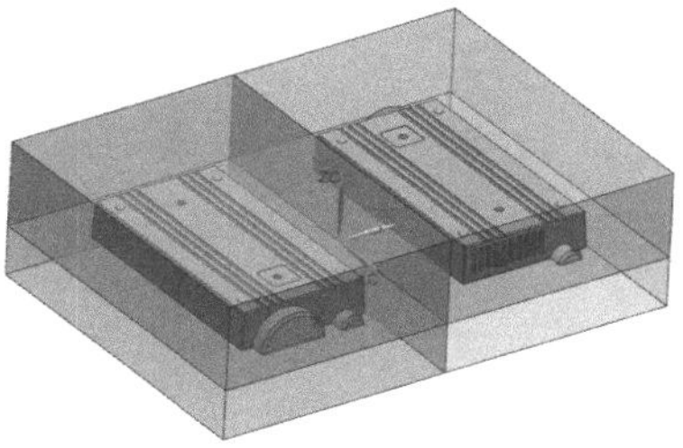

图 2-116 “一模两腔”布局

2.5 模具镶件设计

模具模仁设计镶件的目的：1）节省模仁材料，节约成本；2）方便模仁加工，提高加工效率；3）方便模具进行排气；4）方便后续配模、改模。

【例 2-11】 电瓶车充电器上盖模具镶件设计

如图 2-116 所示，电瓶车上盖模具在例 2-10 中已完成模仁尺寸优化及排位，现对其进行镶件设计。

前模镶件设计

操作步骤

1. 前模镶件设计

1）打开配套资源中的 ch02/ch02_5/ex1.prt 文件，隐藏其中一个前模芯和产品。

2）单击工具栏的“拉伸”按钮，系统弹出如图 2-117 所示的“拉伸”对话框，按照图示步骤操作，创建的拉伸实体如图 2-118 所示。

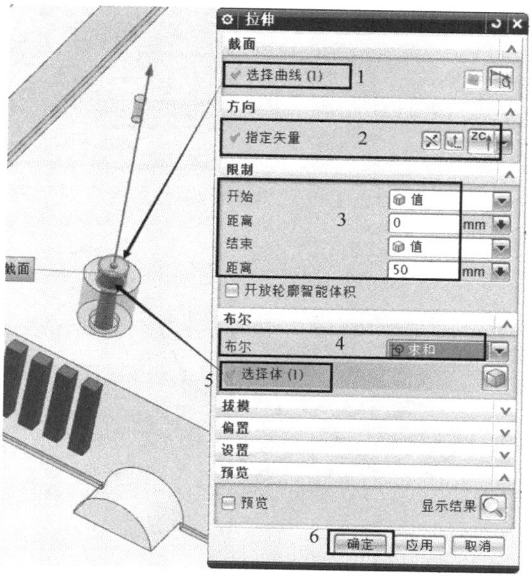

图 2-117 “拉伸”对话框

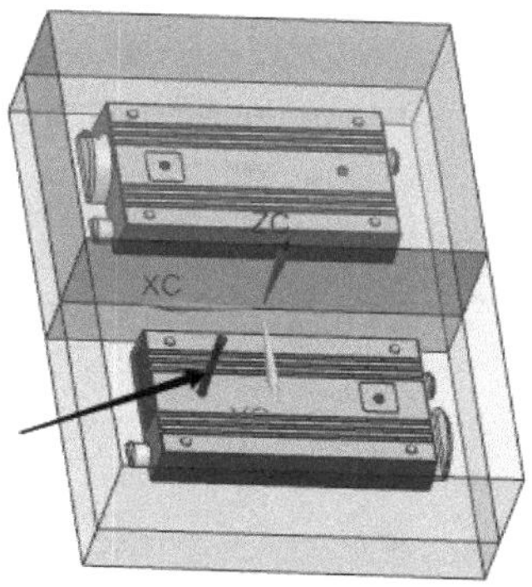

图 2-118 创建拉伸实体

3）将对象全部显示，单击工具栏的“替换面”按钮，系统弹出如图 2-119 所示的“替换面”对话框，将拉伸实体的上表面替换前模芯上表面，如图 2-120 所示。

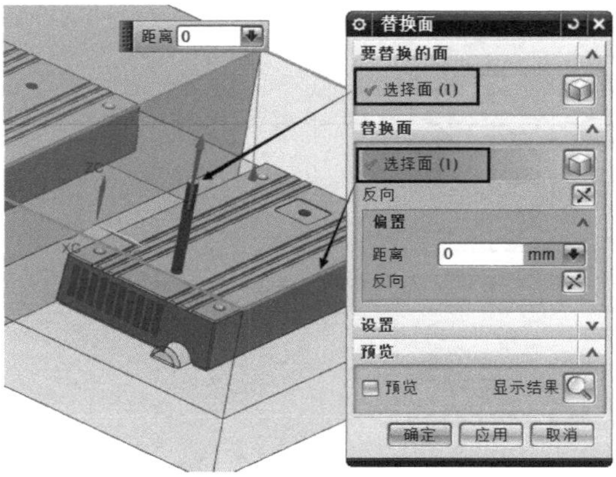

图 2-119 “替换面”对话框 1

图 2-120 替换面结果

4）单击工具栏的“减去”按钮，系统弹出如图 2-121 所示的“求差”对话框，用创建的镶件（镶针）求差前模芯。

5）选择菜单“燕秀 UG 模具 7.05”→“模具特征”→“拆镶针/镶件挂台”选项，系统弹出如图 2-122 所示的“拆镶针/镶件挂台”对话框，按照图示步骤操作，创建镶针的挂台并与前模芯避空。创建的镶针如图 2-123 所示。

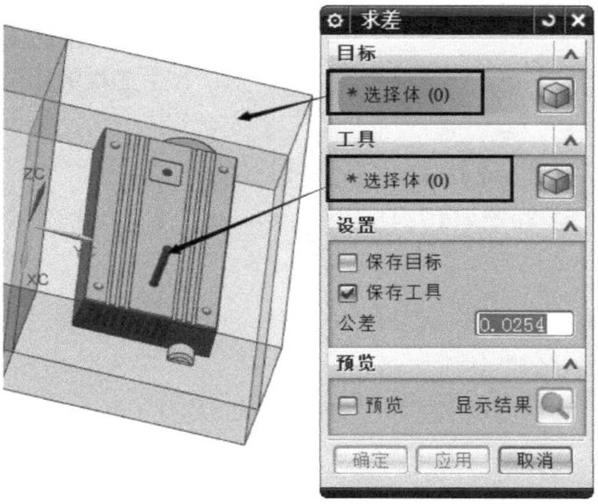

图 2-121 “求差”对话框 1

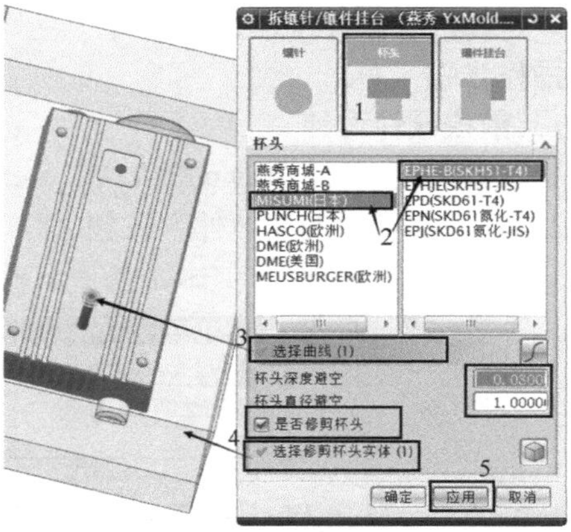

图 2-122 “拆镶针/镶件挂台”对话框 1

6）参照上述步骤，创建其余三个镶针，如图 2-124 所示。

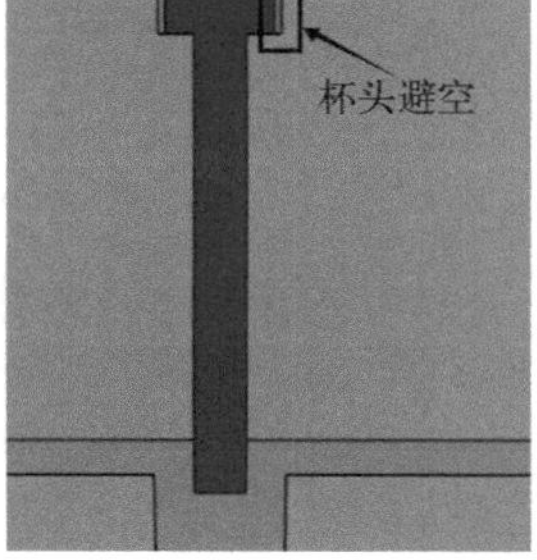

图 2-123 杯头避空

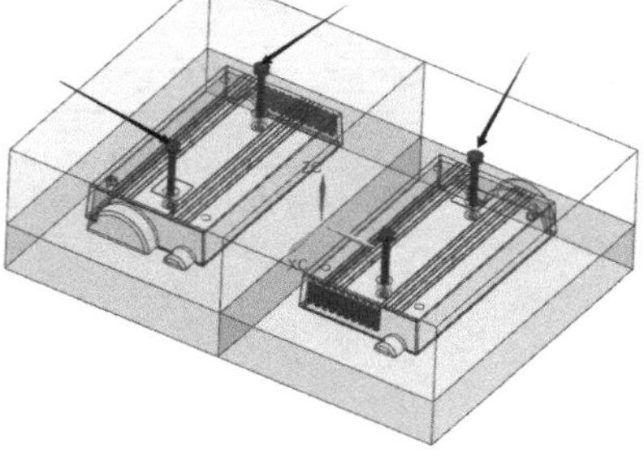

图 2-124 创建镶针

2．后模镶件设计

后模镶件设计

1）显示其中一个产品，其余对象隐藏。

2）单击燕秀外挂工具栏的“包容体”按钮，系统弹出如图 2-125 所示的“包容体”对话框，选择图中箭头指示的两个面。然后切换到如图 2-126 所示的俯视图方位对正，单击“XC”和“-YC”方向的尺寸箭头，在弹出的文本框中输入 0.5，并按〈Enter〉键确认；单击“-XC”和“YC”方向的尺寸箭头，在弹出的文本框中输入 2，并按〈Enter〉键确认。单击图 2-125“包容体”对话框中的“确定”按钮，创建包容块。

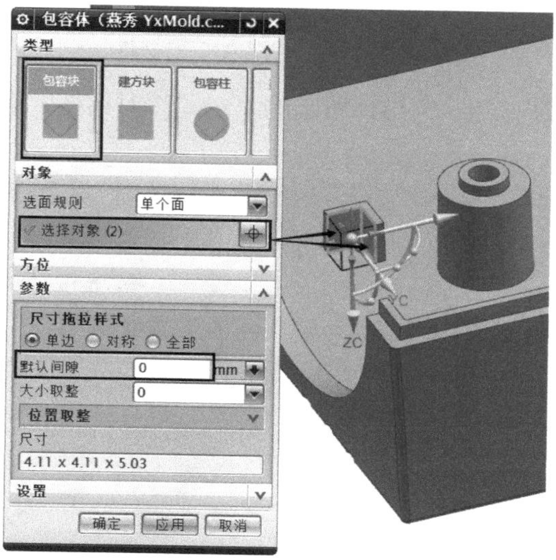

图 2-125　“包容体”对话框 1

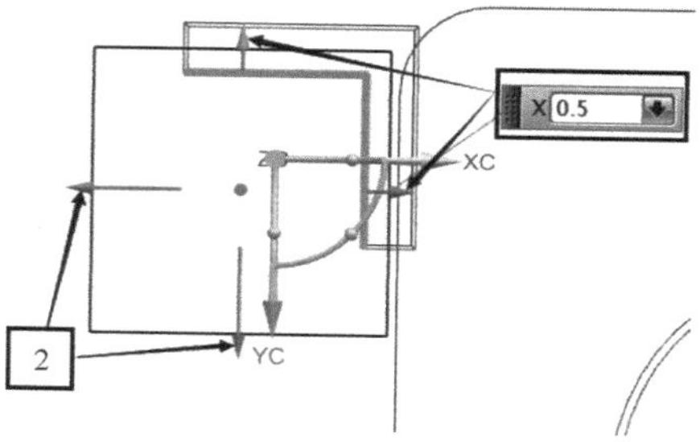

图 2-126　修改尺寸

3）单击工具栏的“偏置面”按钮，系统弹出如图 2-127 所示的“偏置面”对话框，选择图中箭头指示的包容体上表面，设置偏置距离 40，注意偏置方向，创建如图 2-128 所示的实体。

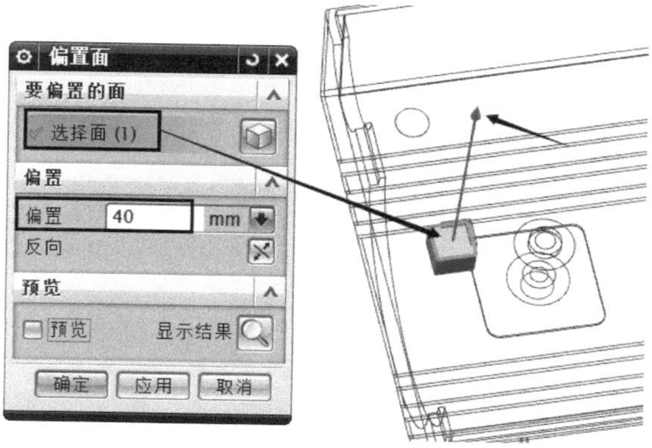

图 2-127　“偏置面”对话框 1

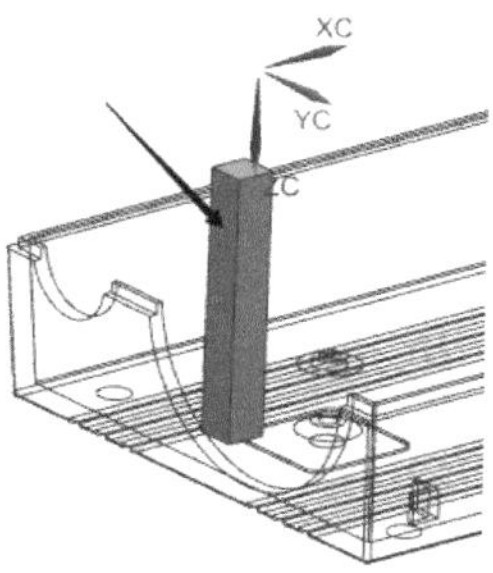

图 2-128　偏置面结果

4）通过“测量距离”工具测得创建的包容体的长、宽尺寸为 6.6118，因此需要将其修剪为整数尺寸。单击工具栏的“偏置面”按钮，参照图 2-129 和图 2-130，分别选择图中箭头指示的包容体的侧面，设置偏置距离为 0.6118。经过偏置后，包容体的长、宽尺寸为 6。

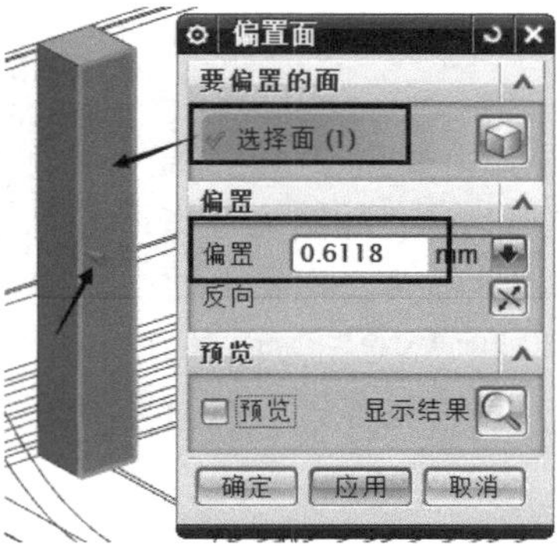

图 2-129 “偏置面”对话框 2

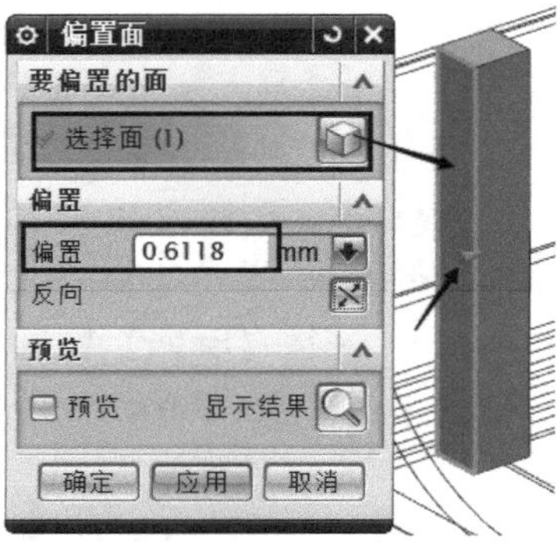

图 2-130 “偏置面”对话框 3

5）单击工具栏的“减去”按钮，系统弹出如图 2-131 所示的“求差”对话框，用产品求差包容块。

6）单击工具栏的“替换面”按钮，系统弹出如图 2-132 所示的“替换面”对话框，将图中箭头指示的包容体的底面替换后模芯底面。

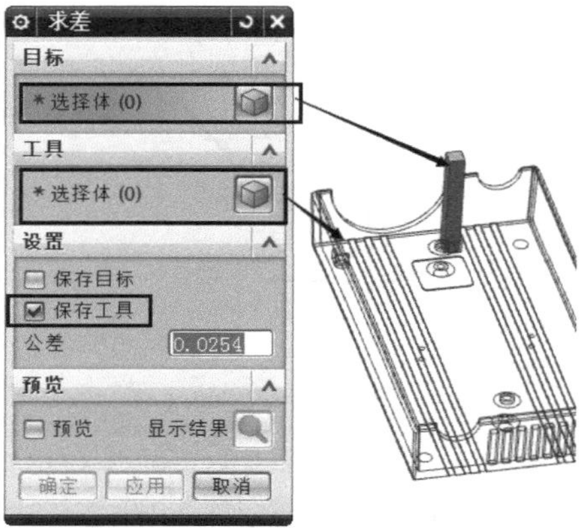

图 2-131 “求差”对话框 2

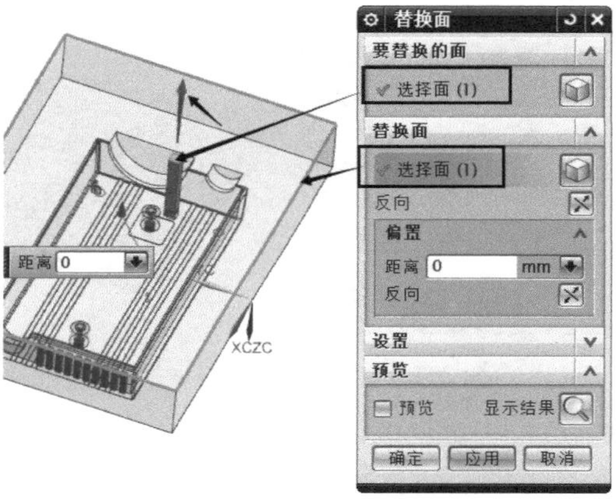

图 2-132 “替换面”对话框 2

7）单击工具栏的“减去”按钮，系统弹出如图 2-133 所示的“求差”对话框，用包容块求差后模芯。

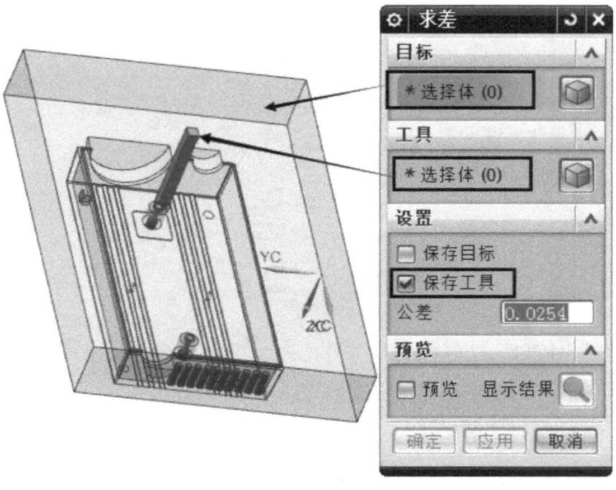

图 2-133 “求差”对话框 3

8）选择菜单“燕秀 UG 模具 7.05”→“模具特征”→“拆镶针/镶件挂台”选项，系统弹出如图 2-134 所示的“拆镶针/镶件挂台”对话框，按照图示步骤操作，创建如图 2-135 所示的镶件挂台并与模芯避空。

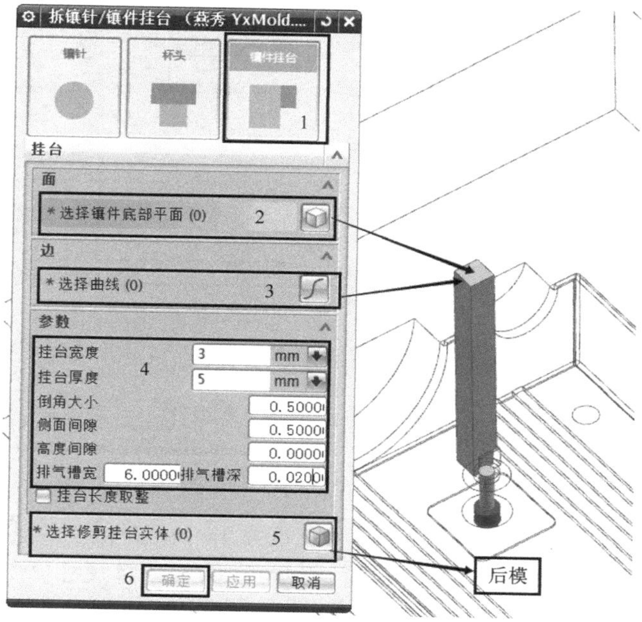

图 2-134　“拆镶针/镶件挂台”对话框 2

参照上述步骤 1～8，创建如图 2-136 所示的其余三个镶件。

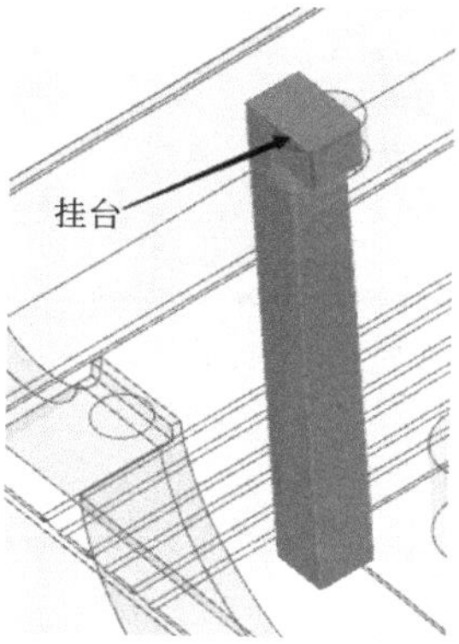

图 2-135　镶件挂台

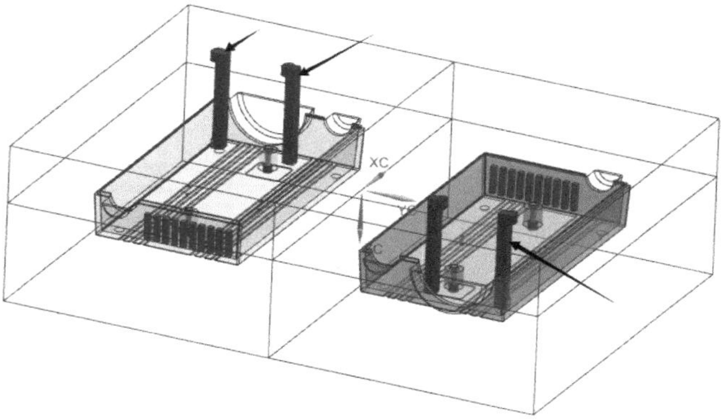

图 2-136　创建镶件

9）显示产品，其余对象隐藏。单击燕秀外挂工具栏的“包容体”按钮，系统弹出图 2-137 所示的“包容体”对话框，选择图中箭头指示的柱位圆柱面。单击“XC”方向的尺寸箭头，在弹出的文本框中输入-1.0973，并按〈Enter〉键确认；单击另外几个尺寸箭头并输入：“YC”2，“-YC”2，“-XC”3，“-ZC”3。单击“包容体”对话框中的“确定”按钮，创建包容块。

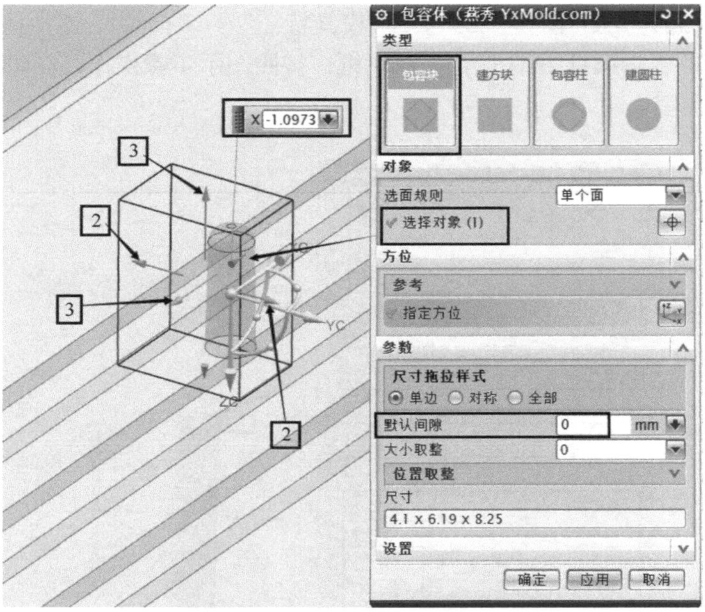

图 2-137 “包容体”对话框 2

10）单击工具栏的“偏置面”按钮，系统弹出“偏置面”对话框，参照图 2-138～图 2-140 将包容块三个侧面进行偏置。偏置后包容块的长、宽尺寸修剪为整数，如图 2-141 所示。

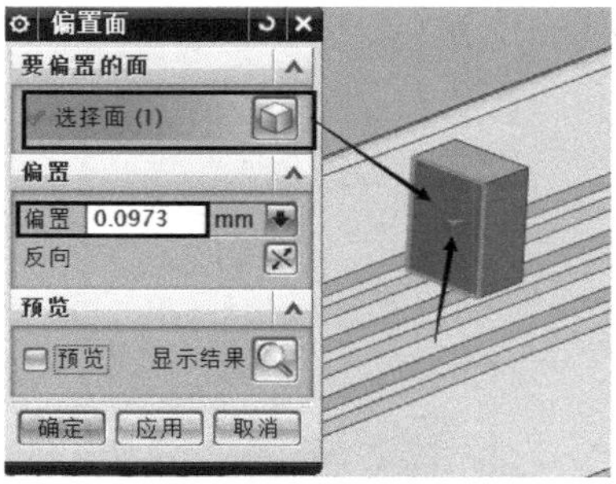

图 2-138 “偏置面”对话框 4

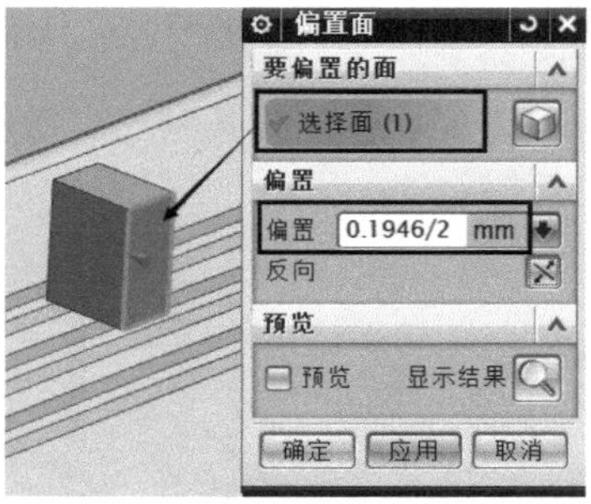

图 2-139 “偏置面”对话框 5

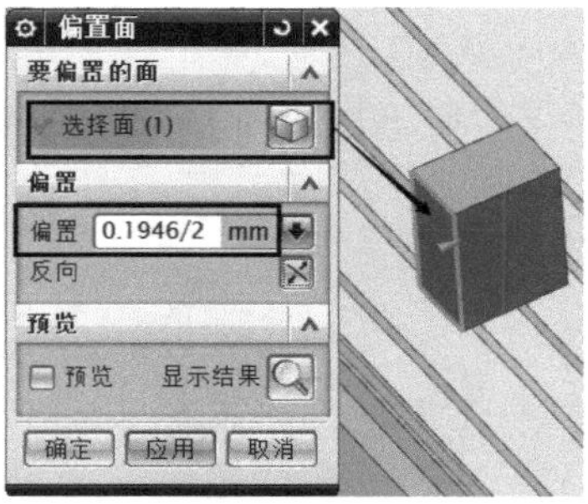

图 2-140 “偏置面”对话框 6

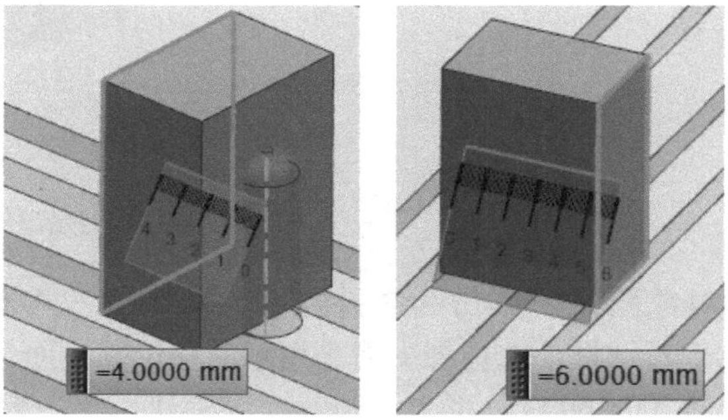

图 2-141 测量尺寸

11）单击工具栏的“减去”按钮，系统弹出如图 2-142 所示的“求差”对话框，用产品求差包容块。

12）显示后模芯，单击工具栏的“替换面”按钮，系统弹出如图 2-143 所示的“替换面”对话框，将图中箭头指示的包容体的底面替换后模芯底面。

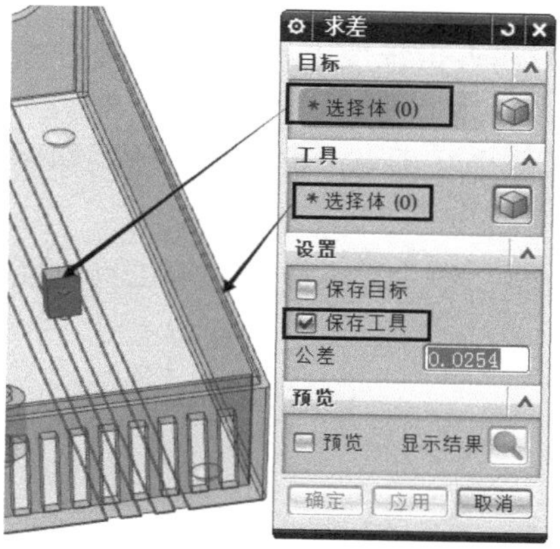

图 2-142　“求差”对话框 4

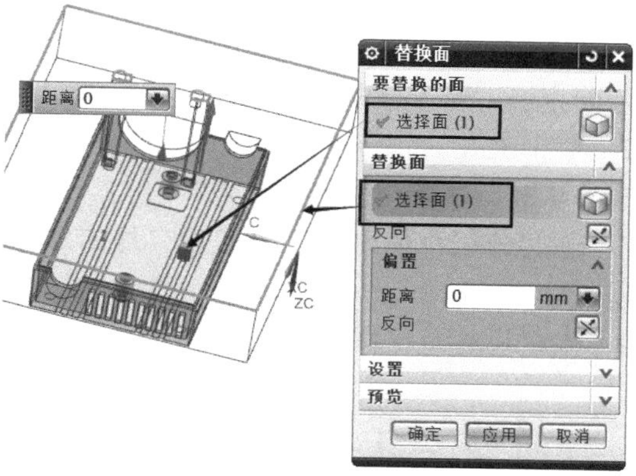

图 2-143　“替换面”对话框 3

13）参照上述步骤 8，创建如图 2-144 所示的镶件挂台。

14）单击工具栏的“减去”按钮，系统弹出如图 2-145 所示的“求差”对话框，用创建的镶件求差后模芯。

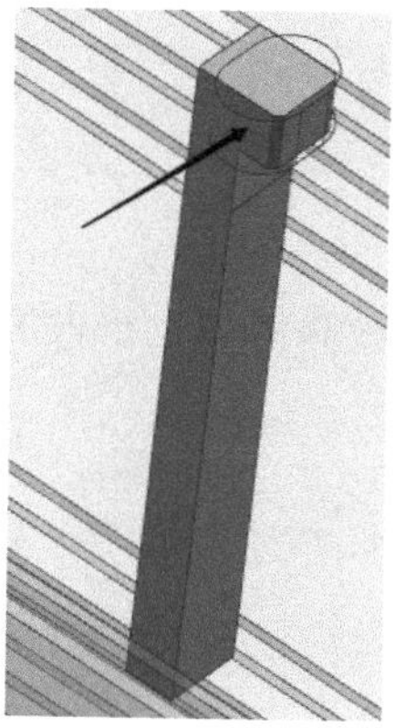

图 2-144　镶件挂台

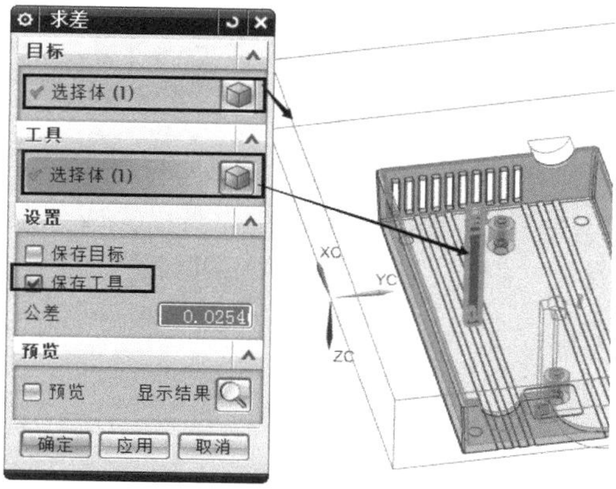

图 2-145　“求差”对话框 5

15）参照步骤 9～14，创建如图 2-146 箭头指示的另外三个镶件（也可通过“移动对象/复制”来创建）。

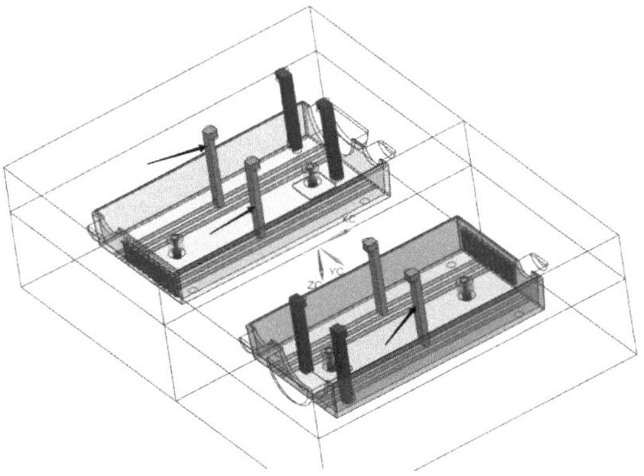

图 2-146　创建镶件

2.6　本章小结

1．对于分模的三种思路和方法，结合不同的产品结构特点进行选用。“片体分模”方法是一种万能方法，对于较复杂结构的产品可选用该方法。

2．对于破孔的修补，如果采用片体修补较困难，可采用实体修补。创建的实体修补块先不要和模芯求和，后续可以做镶件。

3．创建分型片体时，优先选用“片体延伸”“网格曲面”和“扩大曲面”等工具，使创建的分型片体质量较好。

4．模仁尺寸及镶件尺寸取整数。

2.7　思考与练习

1．图 2-147 所示鼠标盖产品，完成实体修补破孔，并采用“实体+片体”方法进行分模。（模型见 ch02/ch02_7/ex1）

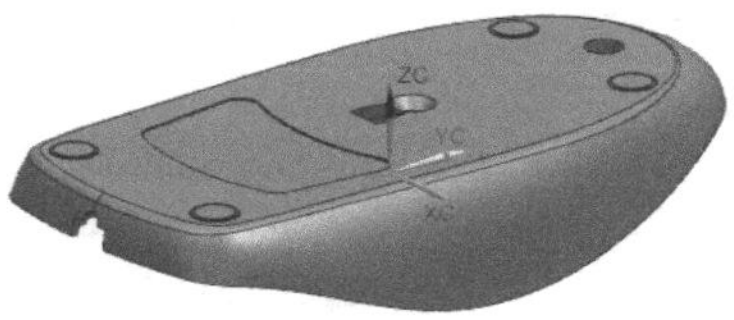

图 2-147　产品模型 1

2. 图 2-148 所示电动风扇上盖模具已完成分模，对其进行型腔布局（一模两腔），并对模仁进行优化设计。（模型见 ch02/ch02_7/ex2）

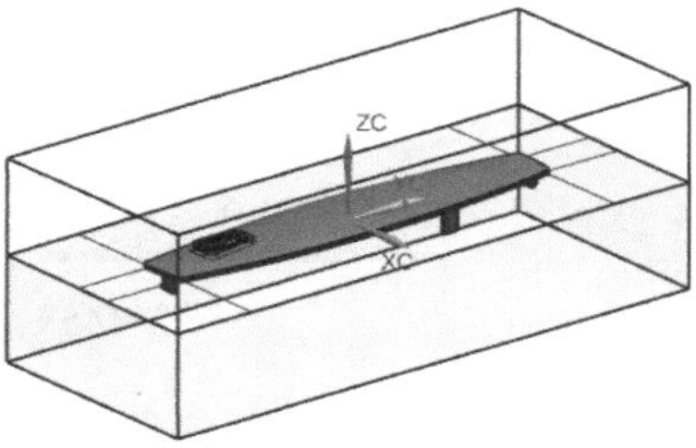

图 2-148　产品模型 2

第 3 章　模具侧抽芯机构设计

本章主要介绍了两种模具侧抽芯机构的设计思路及方法，一种是斜导柱在定模、滑块在动模的典型侧抽芯机构，另外一种是斜顶侧抽芯机构。滑块机构设计包括滑块头、滑块座、斜导柱、压条、滑块限位和压紧块的设计；斜顶机构设计包括斜顶成型部分设计和斜顶座设计。

本章重点

- 滑块及斜顶机构设计参数的选取
- 滑块机构设计
- 斜顶机构设计

3.1　滑块机构设计实例

滑块机构设计主要包括滑块头、滑块座、斜导柱、压紧块（铲机）、滑块压条及滑块限位等部件设计。其中，斜导柱、压条可选用标准件。

【例 3-1】　电瓶车充电器上盖模具滑块抽芯机构设计

如图 3-1 所示电瓶车充电器上盖模具，在第 2 章已经完成分模及模仁优化，下面对其进行斜导柱滑块抽芯机构设计。

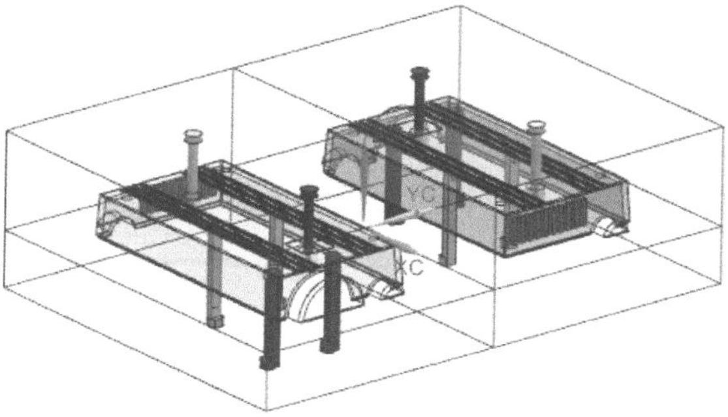

图 3-1　电瓶车充电器上盖模具

【分析】考虑到产品结构特点及滑块机构加工装配的难易，该模具侧孔抽芯机构拟采用典型的斜导柱在定模、滑块在动模的抽芯机构（后模滑块机构）。滑块导向采用压条；压紧块采用镶嵌式结构；滑块限位采用内置弹簧和螺钉。

下面分小节介绍电瓶车充电器上盖模具的滑块机构设计。

3.1.1　滑块头（侧型芯）设计

滑块头设计

1）打开配套资源中的 ch03/ ch03_1/ex-3.1.prt 文件。显示一个型腔的产品，其余部件隐藏。

2）单击燕秀外挂工具栏的“包容体”按钮，系统弹出图 3-2 所示的“包容体”对话框，选择图中箭头指示的两个面。单击“XC”方向的尺寸箭头，在弹出的文本框中输入 30，并按〈Enter〉键确认。单击对话框中的“确定”按钮创建方块。

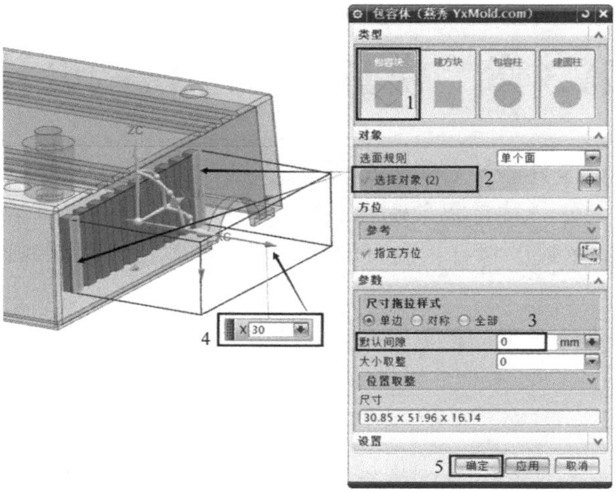

图 3-2 “包容体”对话框

3）单击工具栏中的“替换面”按钮，系统弹出如图 3-3 所示的“替换面”对话框，按照图中所示方位，将方块左侧面替换补孔实体块的右侧面。

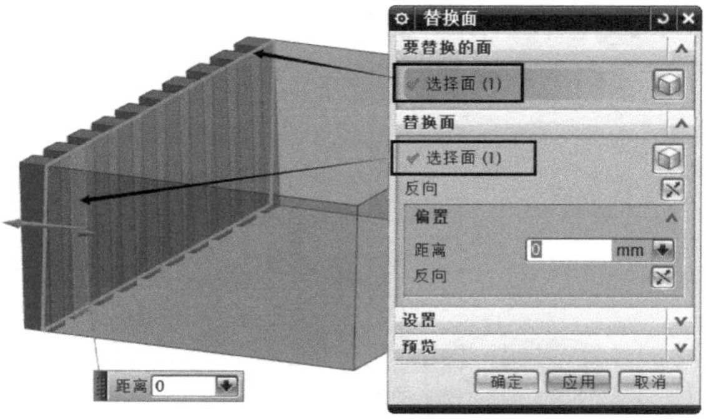

图 3-3 “替换面”对话框 1

4）显示后模芯。单击工具栏中的“替换面”按钮，系统弹出如图 3-4 所示的“替换面”对话框，按照图中所示方位，将方块底面替换后模芯上表面。按同样的方法操作，将方块右侧面替换后模芯右侧面，如图 3-5 所示。

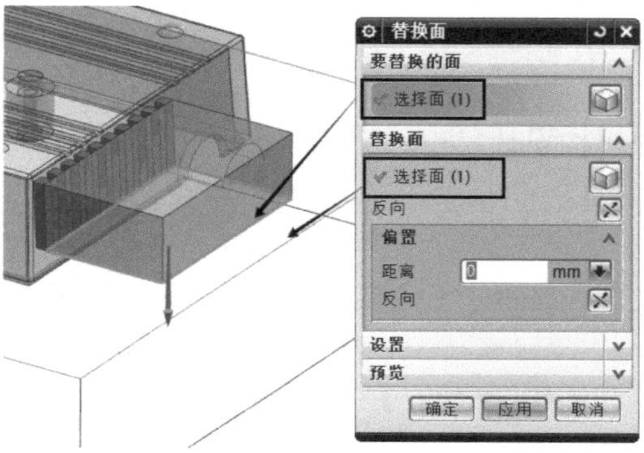

图 3-4 “替换面”对话框 2

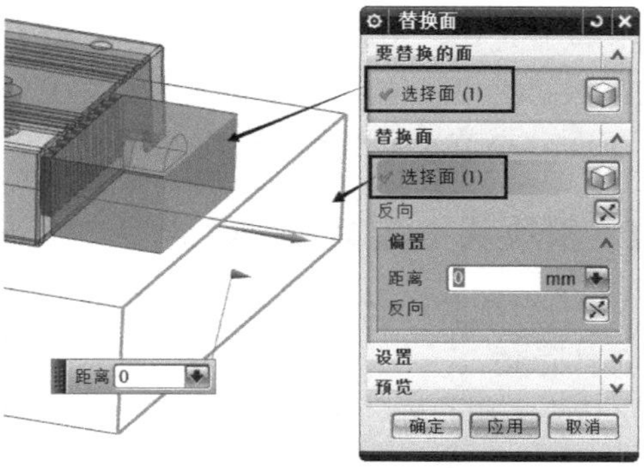

图 3-5 “替换面”对话框 3

5）单击工具栏中的“拔模”按钮，系统弹出如图 3-6 所示的 “拔模”对话框，脱模方向选择“ZC”方向，拔模角度设置为 3°，选择图中箭头指示的边线进行“从边拔模”。照此操作，对滑块头另一侧面进行拔模。滑块头两个侧面拔模后的效果如图 3-7 所示。

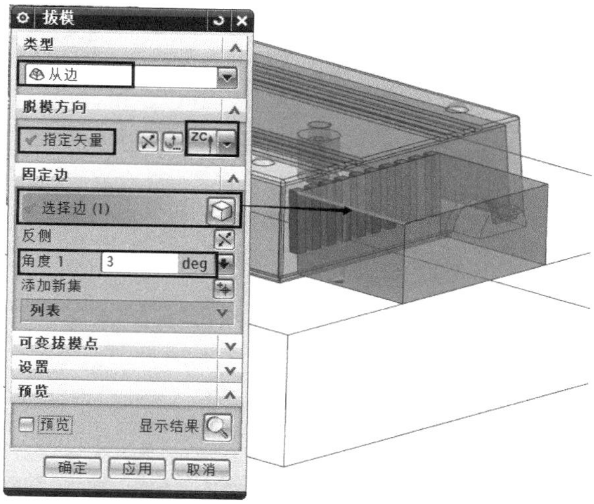

图 3-6 “拔模”对话框 1

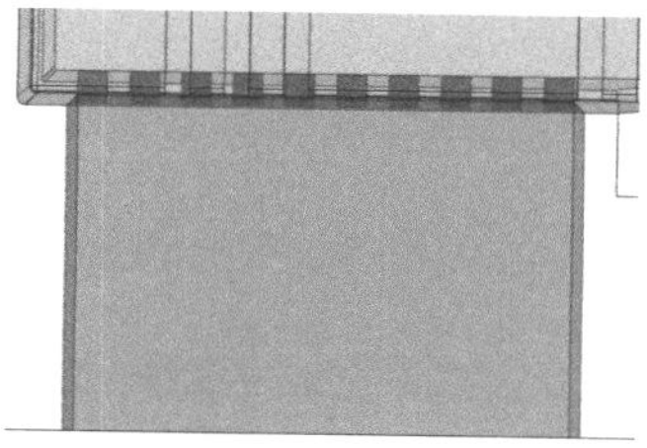

图 3-7　拔模后的效果

6）参照步骤 5，分别选择图 3-8、图 3-9 中箭头指示的边线进行拔模，脱模方向为“XC”方向，拔模角度设为 2°。

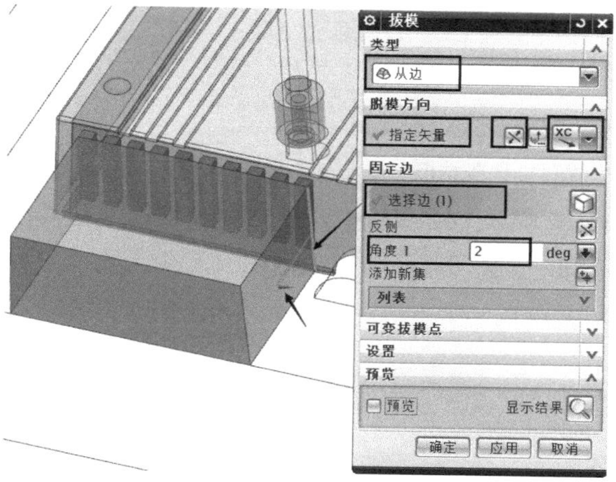

图 3-8 “拔模”对话框 2

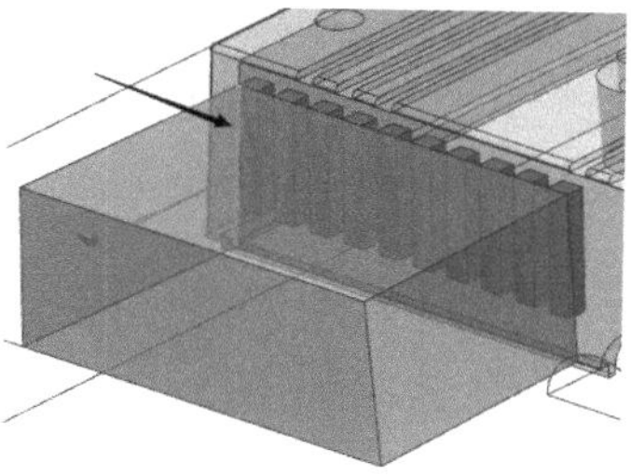

图 3-9 “边”拔模

滑块头完成拔模处理后，效果如图 3-10 所示，滑块头呈“八”字形，与前模芯配合的两个侧面有拔模角度，这样利于合模时的定位。

图 3-10　拔模后的侧型芯

3.1.2 滑块座设计

滑块座设计

1. 滑块座设计

1）单击燕秀外挂工具栏中的“包容体”按钮，系统弹出图 3-11 所示的“包容体”对话框，选择图中箭头指示的滑块头侧面。单击“XC”方向的尺寸箭头，在弹出的文本框中输入 70，并按〈Enter〉键确认，单击“YC”和“-YC”方向的尺寸箭头，在弹出的文本框中输入 15，单击“-ZC”方向的尺寸箭头，在弹出的文本框中输入 30。单击对话框中的“确定”按钮，创建方块。

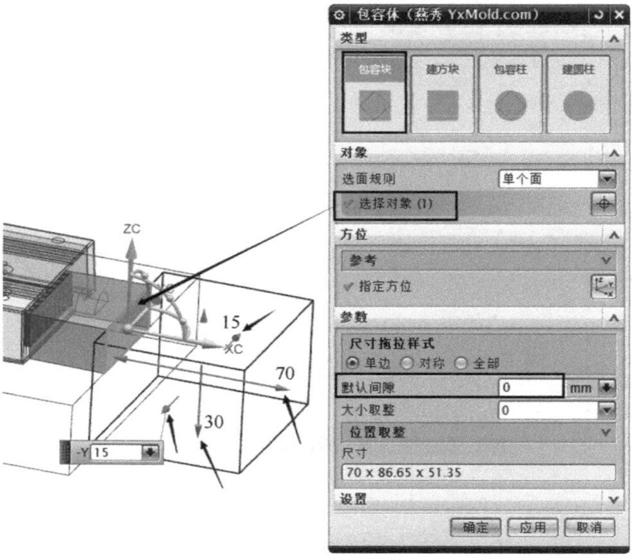

图 3-11 “包容体”对话框

2）测量上步创建的方块的上、下表面，距离为 51.35，如图 3-12 所示。需将滑块座的高度尺寸修剪为整数。单击工具栏中的“偏置面”按钮，系统弹出如图 3-13 所示的“偏置面”对话框，选择图中箭头指示的方块上表面，向上偏置 0.65。

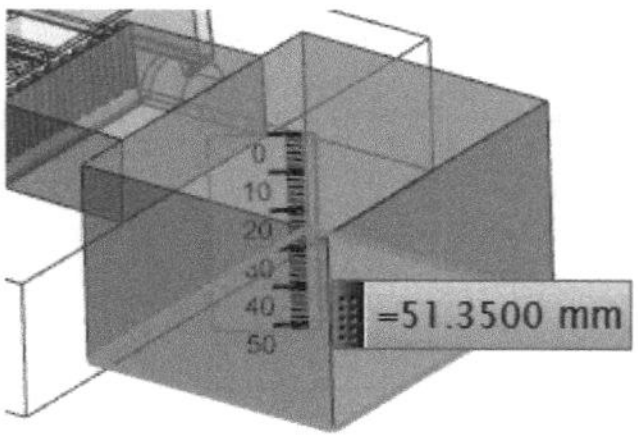

图 3-12 测量距离

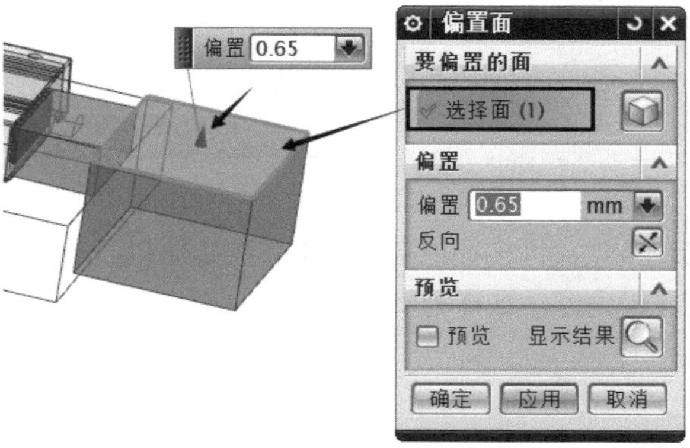

图 3-13 “偏置面”对话框

3）双击“WCS”坐标系，使其变为“动态”，将坐标系放置于图 3-14 箭头指示的边线中点。

4）修剪滑块宽度和长度方向尺寸。单击工具栏中的“修剪体”按钮，系统弹出如图 3-15 所示的“修剪体”对话框，用“XC-ZC”坐标面修剪方块，修剪距离为 35。参照图 3-16，修剪方块的另一侧，修剪距离为-35。参照图 3-17，用“XC-ZC”坐标面修剪方块，修剪距离为-2。滑块座尺寸取整后为：长 70、宽 68、高 52。

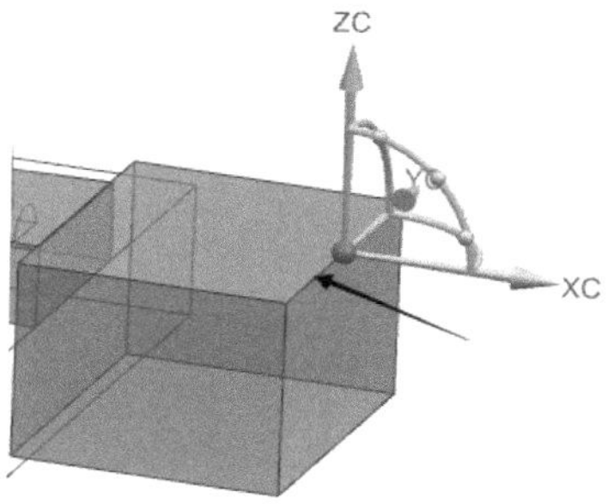

图 3-14　放置动态坐标系

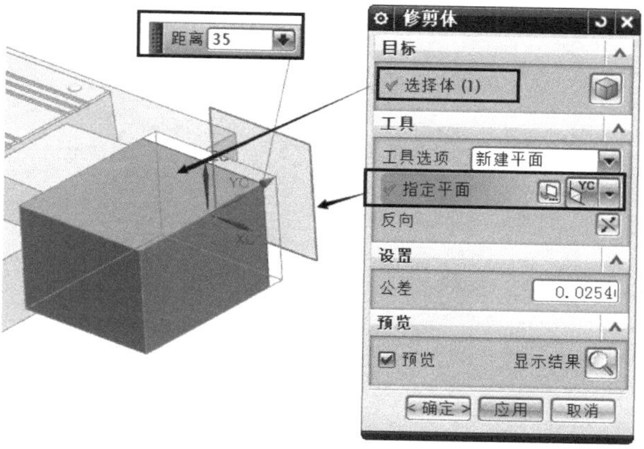

图 3-15　“修剪体”对话框

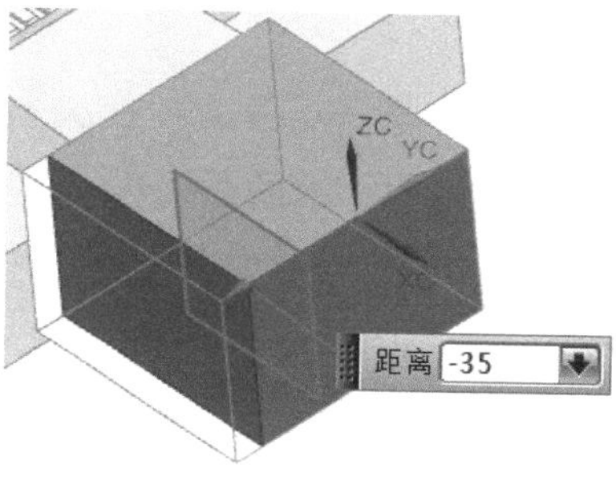

图 3-16　修剪体 1

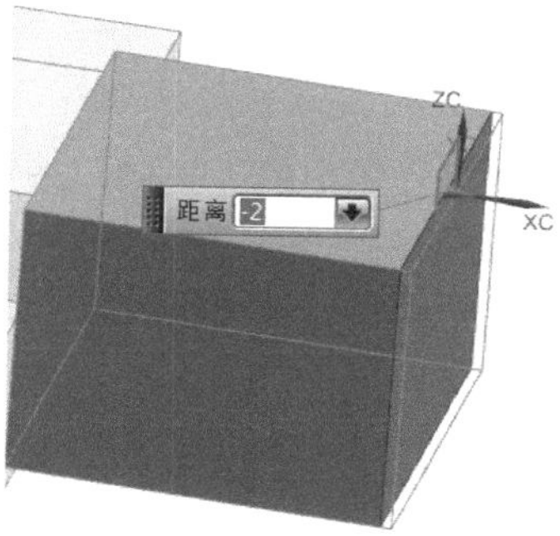

图 3-17　修剪体 2

5）移除参数。单击工具栏中的“拆分体”按钮，系统弹出如图 3-18 所示的“拆分体”对话框。用“XC-YC”坐标面拆分方块，拆分距离为-44。

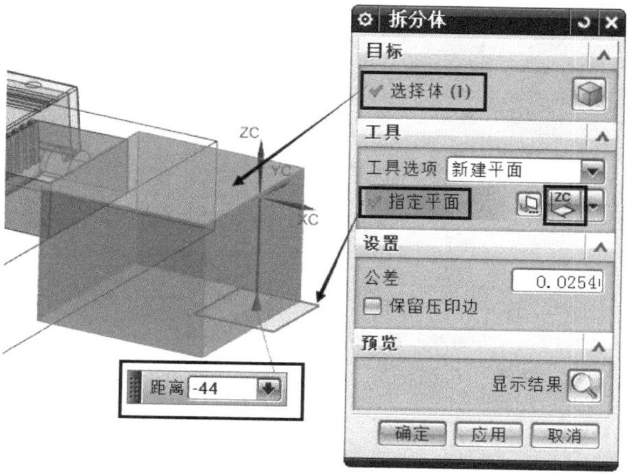

图 3-18　“拆分体”对话框

6）移除参数。单击工具栏中的“拔模”按钮，系统弹出如图 3-19 所示的“拔模”对话框。按照图示步骤操作，对方块侧面进行拔模，形成滑块的工作斜面。本例中斜导柱角度选取 15°，则滑块工作斜面和铲机工作斜面为 15°+2°=17°。

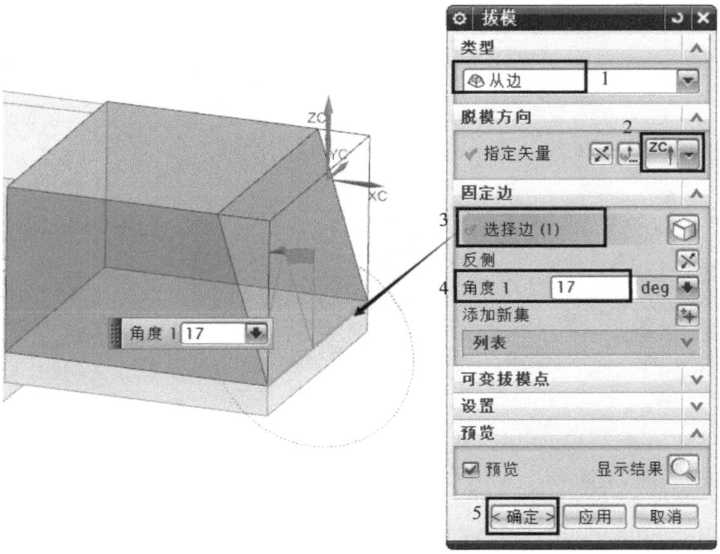

图 3-19 “拔模”对话框

7）单击工具栏中的“拉伸”按钮，系统弹出如图 3-20 所示的“拉伸”对话框，按照图中操作步骤创建滑块挂台，选择拉伸边线时在“选择条”中选择“面的边”选项。按同样的操作步骤创建滑块另一侧的挂台，如图 3-21 所示。

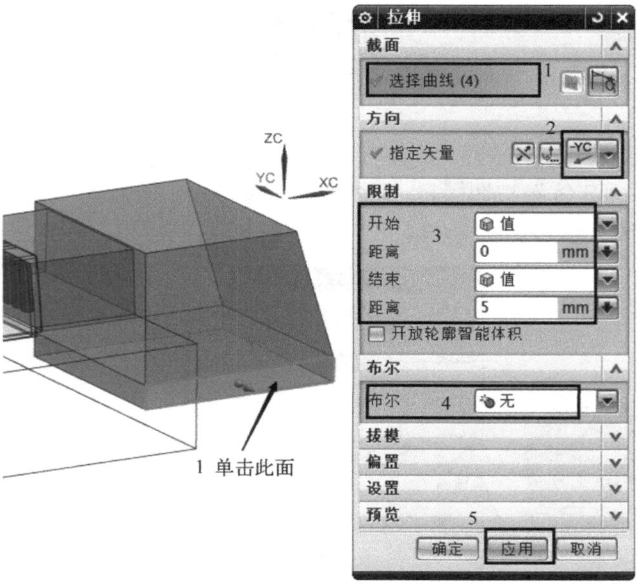

图 3-20 “拉伸”对话框

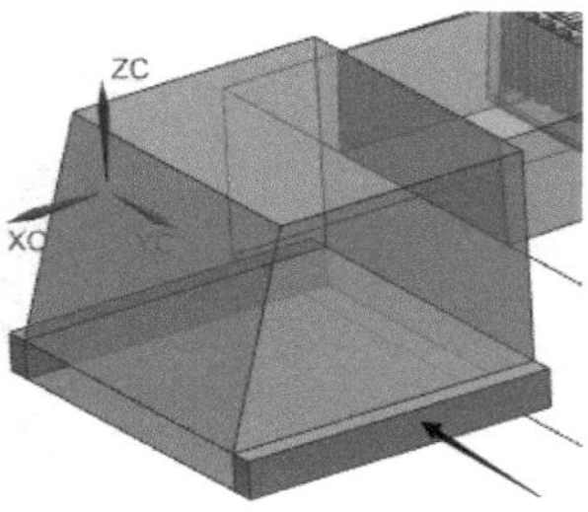

图 3-21 创建滑块挂台

8）单击工具栏中的“倒斜角”按钮，系统弹出如图 3-22 所示的“倒斜角”对话框，选择图中箭头指示的 4 条边线，对挂台棱边倒斜角。

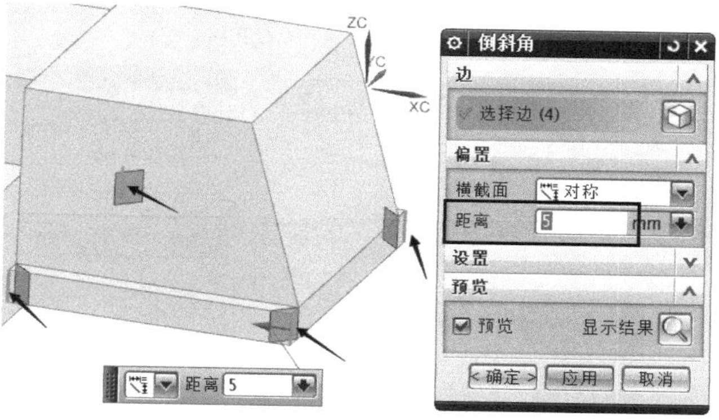

图 3-22 “倒斜角”对话框

9）将动态坐标系放置到如图 3-23 箭头指示的边线中点。

10）单击工具栏中的“拆分体”按钮，系统弹出如图 3-24 所示的“拆分体”对话框。用“YC-ZC”坐标面拆分滑块座，拆分距离为 10。参照图 3-25，对滑块座进行拆分，拆分距离为 20。

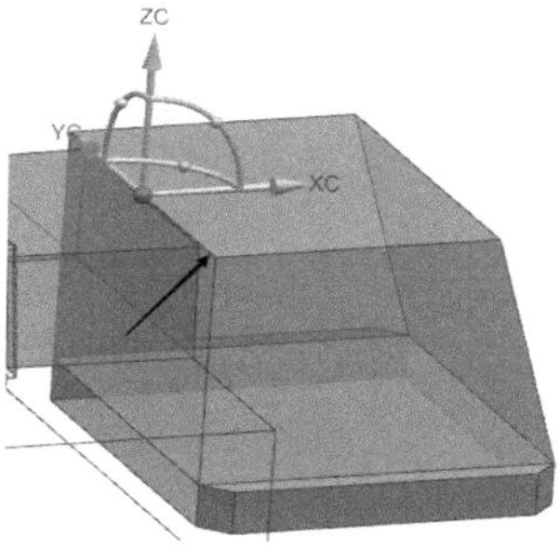

图 3-23 放置坐标系

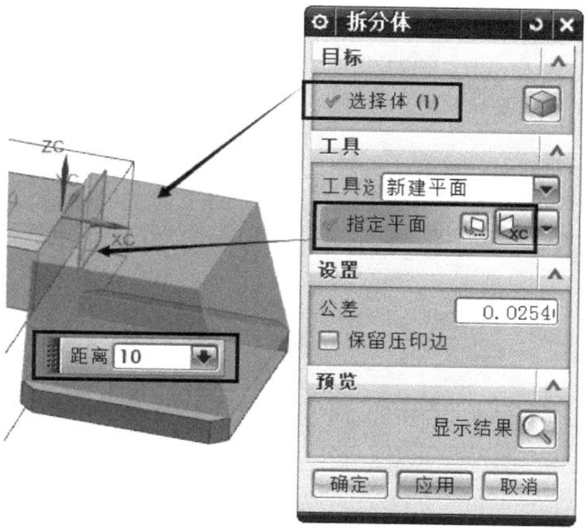

图 3-24 “拆分体”对话框 1

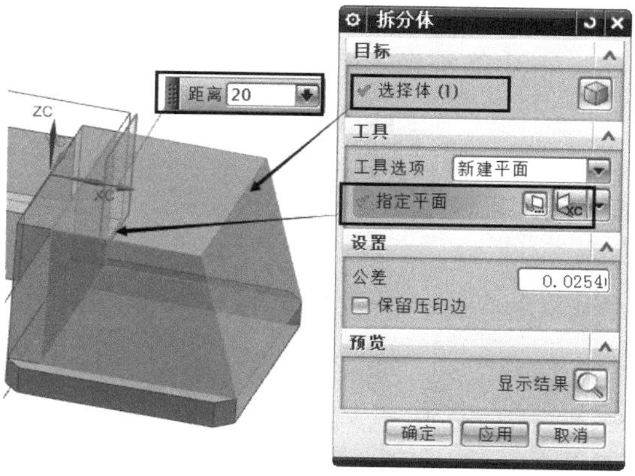

图 3-25 “拆分体”对话框 2

11）单击工具栏中的“拆分体”按钮，系统弹出如图 3-26 所示的“拆分体”对话框。选择图中箭头指示的方块，用“XC-ZC”坐标面拆分滑块座，拆分距离为 21。参照图 3-27，对滑块座进行拆分，拆分距离为-21，注意拆分的矢量方向。

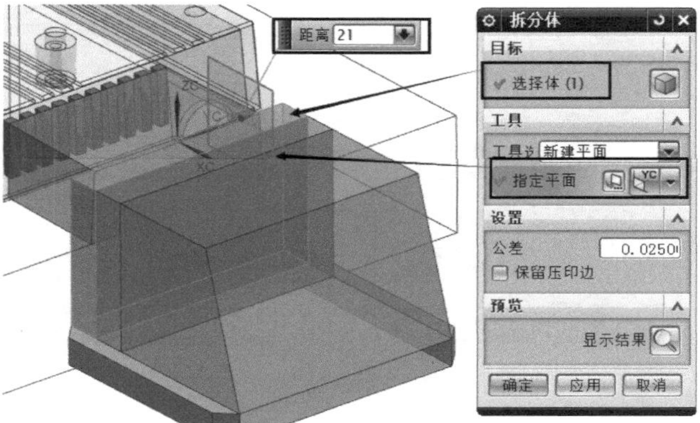

图 3-26 “拆分体”对话框 3

12）移除参数。将动态坐标系放置到如图 3-28 箭头指示的后模芯边线端点。

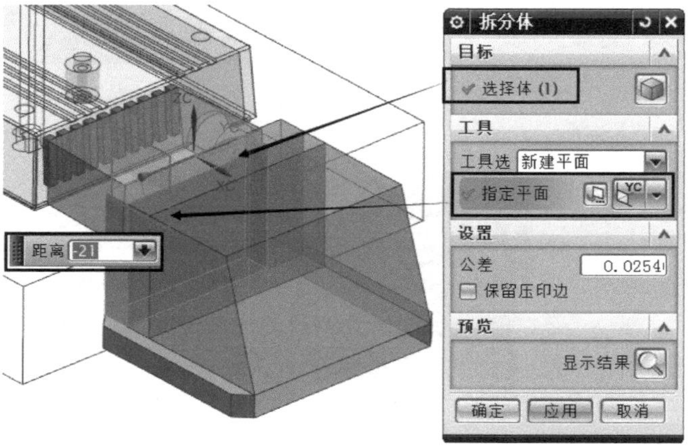

图 3-27 “拆分体”对话框 4

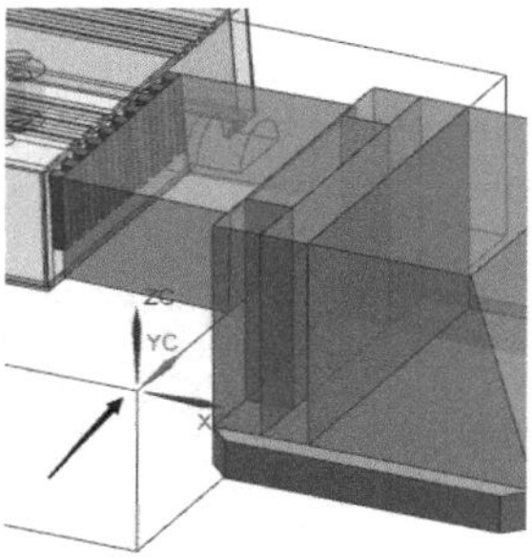

图 3-28 放置坐标系

13）单击工具栏中的“拆分体”按钮，系统弹出如图 3-29 所示的“拆分体”对话框。选择图中箭头指示的 4 个方块，用“XC-YC”坐标面拆分滑块座，拆分距离为 0。

14）移除参数。删除图 3-30 中箭头指示的 2 个方块。

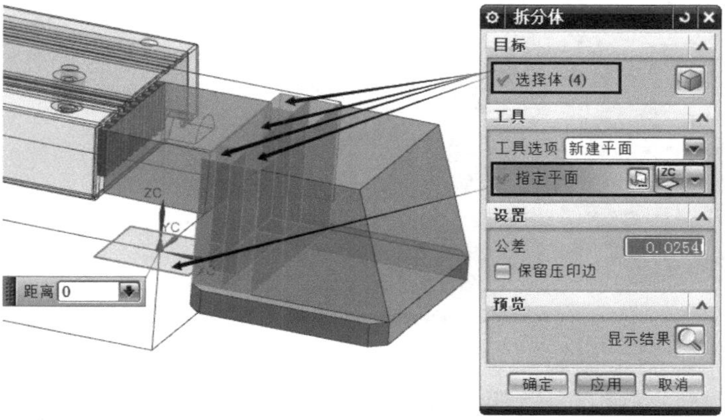

图 3-29 “拆分体”对话框 5

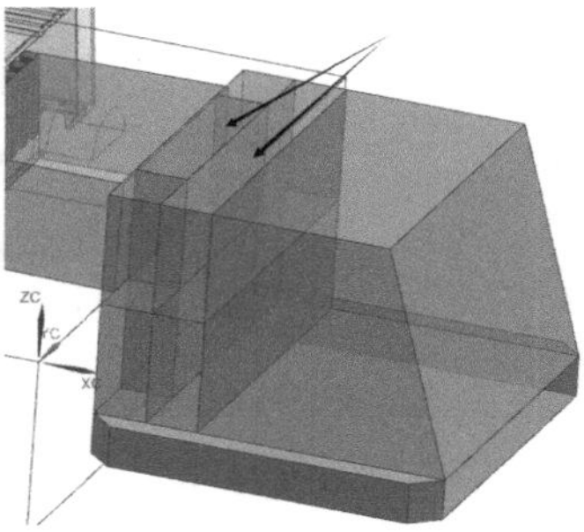

图 3-30 删除方块

15）显示滑块座，其余隐藏，如图 3-31 所示。单击工具栏中的“合并”按钮，系统弹出如图 3-32 所示的“合并”对话框，对滑块座的各个实体块进行求和。

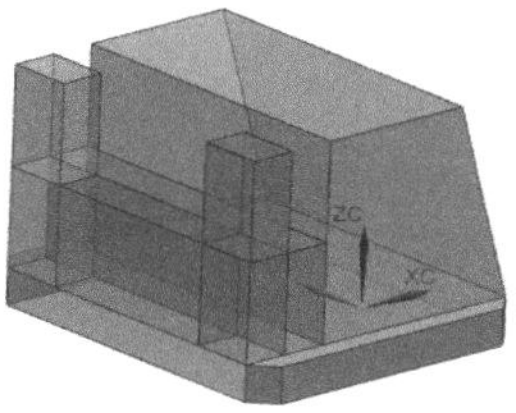

图 3-31　滑块座

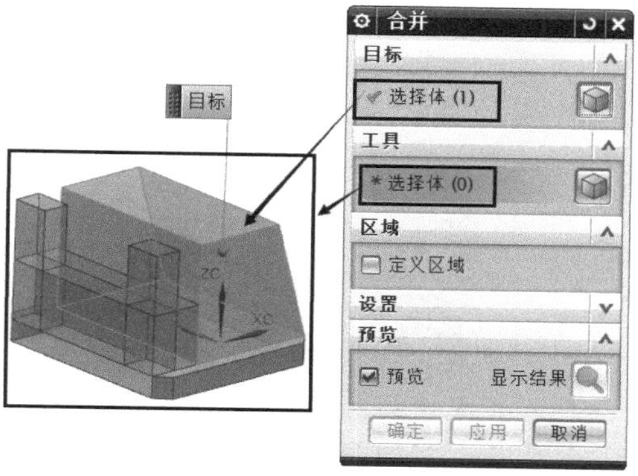

图 3-32　“合并”对话框 1

2．滑块座和滑块头的定位与连接

1）显示滑块头，其余对象隐藏，如图 3-33 所示。参照图 3-34 对滑块头和补孔的实体块进行求和，将合并后的滑块头颜色修改为绿色。

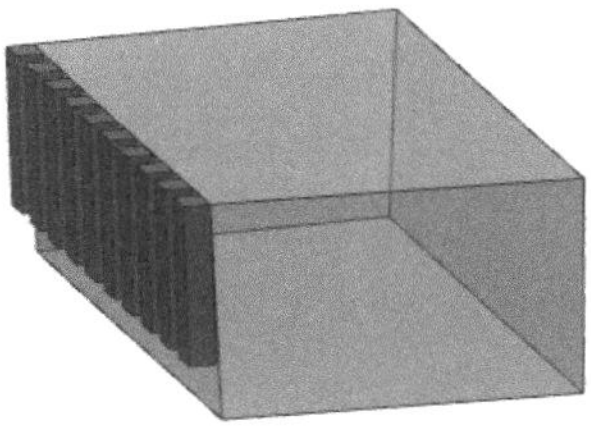

图 3-33　滑块头

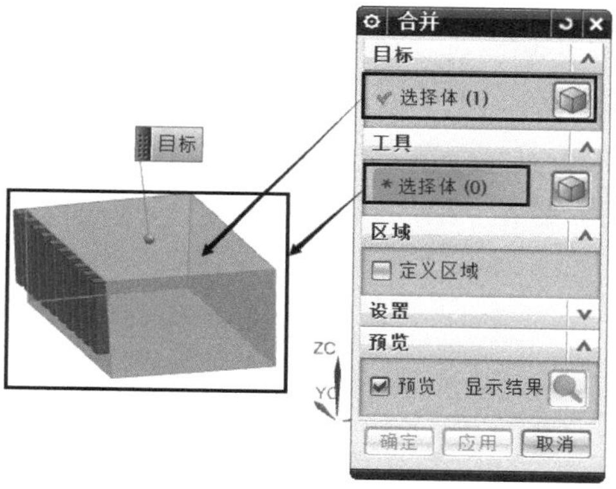

图 3-34　“合并”对话框 2

2）将对象全部显示。单击工具栏中的“替换面”按钮，系统弹出如图 3-35 所示的“替换面”对话框，将图中箭头指示的滑块头的侧面替换到滑块座上定位槽的侧面。

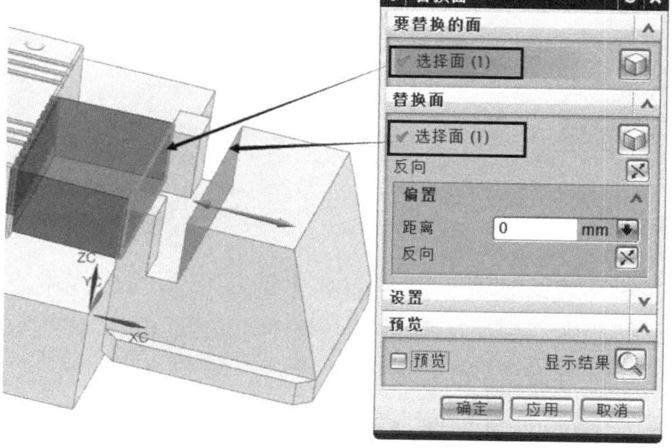

图 3-35　“替换面”对话框

3）单击工具栏中的“减去”按钮，系统弹出如图 3-36 所示的“求差”对话框，用滑块座求差滑块头。

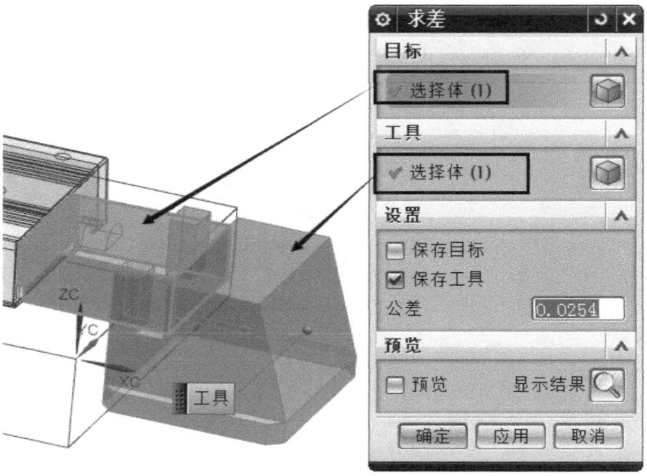

图 3-36 “求差”对话框

4）移除参数。显示滑块头，其余对象隐藏。将动态坐标系放置于图 3-37 中箭头指示的边线端点。

5）单击工具栏中的“拆分体”按钮，系统弹出如图 3-38 所示的“拆分体”对话框。选择图中箭头指示的方块，用“YC-ZC”坐标面拆分滑块座，拆分距离为 0。

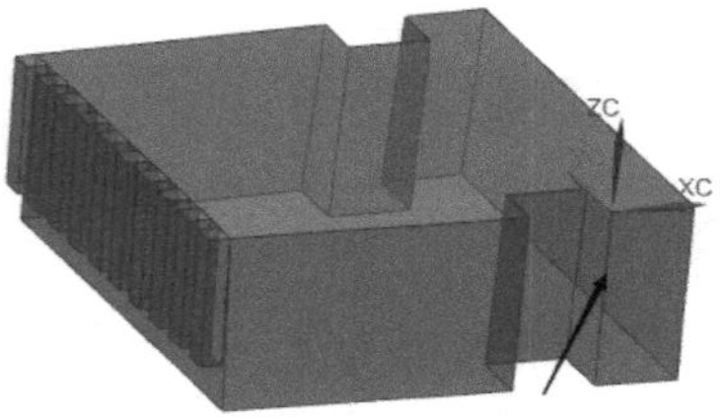

图 3-37 放置坐标系 1

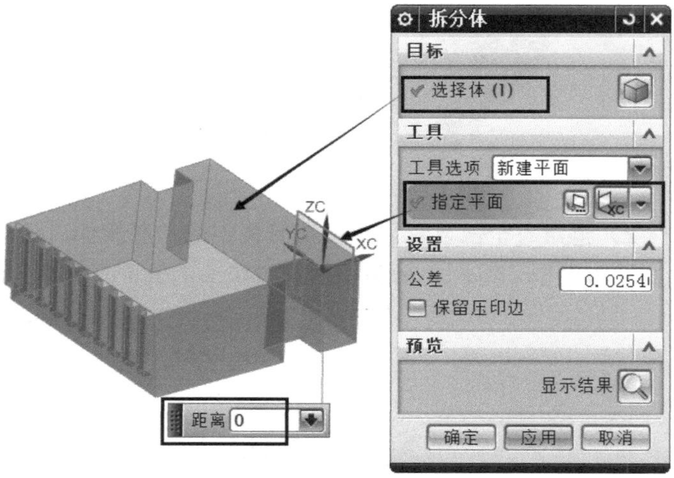

图 3-38 “拆分体”对话框

6）移除参数。将动态坐标系放置于图 3-39 中箭头指示的边线中点。单击工具栏中的“修剪体”按钮，系统弹出如图 3-40 所示的“修剪体”对话框，用“XC-ZC”坐标面修剪滑块头，修剪距离为 27。参照图 3-41，修剪滑块头的另一侧面，修剪距离为-27。修剪后滑块头与滑块座连接卡槽部分的两个侧面是直身面，其宽度尺寸为 54。

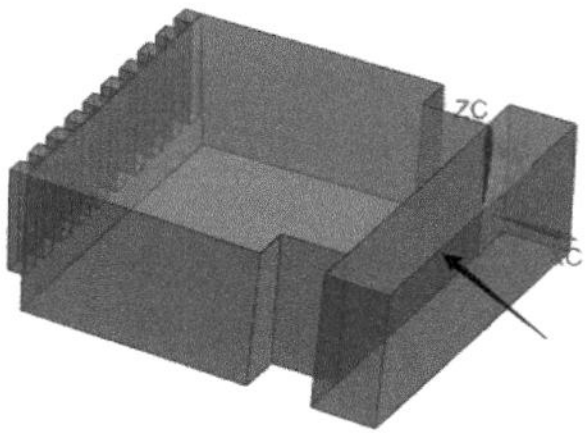

图 3-39　放置坐标系 2

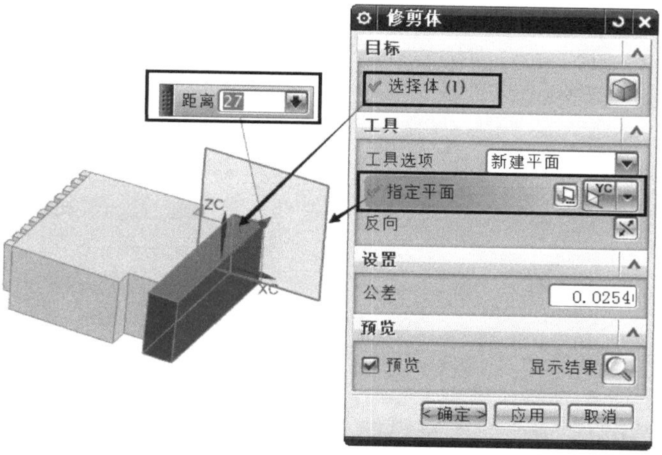

图 3-40　“修剪体”对话框 1

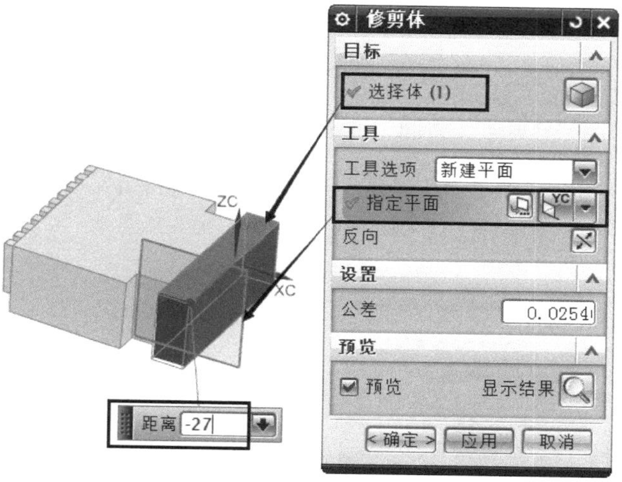

图 3-41　“修剪体”对话框 2

7）单击工具栏中的“偏置面”按钮，系统弹出如图 3-42 所示的“偏置面”对话框，选择图中箭头指示的槽的侧面，向左偏置 0.5，注意偏置方向。此时槽的宽度变为 10.5。

8）移除参数。将动态坐标系放置于图 3-43 中箭头指示的边线端点。

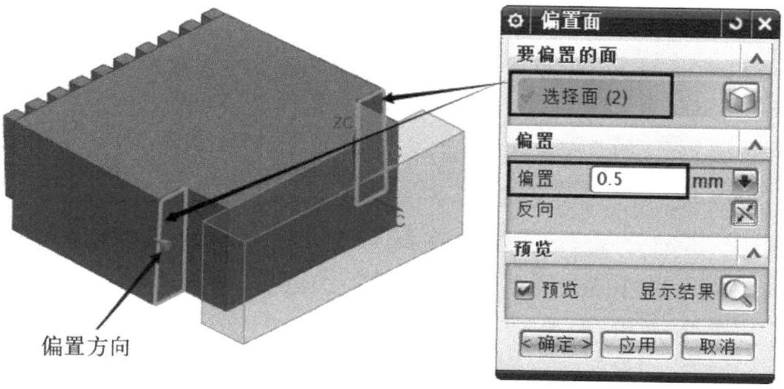

图 3-42　“偏置面”对话框

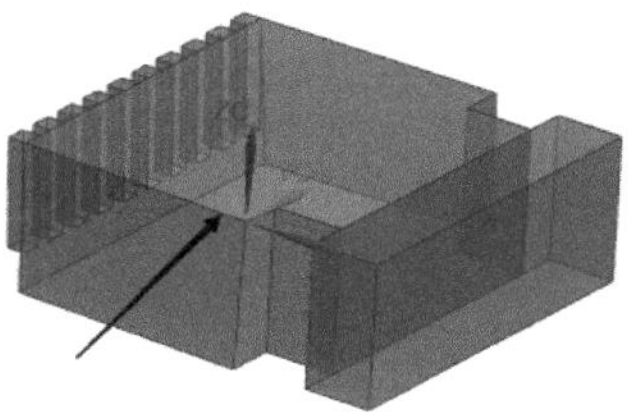

图 3-43　放置坐标系 3

9）单击工具栏中的“修剪体”按钮，系统弹出如图 3-44 所示的“修剪体”对话框，用“XC-ZC”坐标面修剪滑块头，修剪距离为-0.5。将动态坐标系放置于图 3-45 中箭头指示的边线端点，参照图 3-46，用“XC-ZC”坐标面修剪滑块头，修剪距离为 0.5。

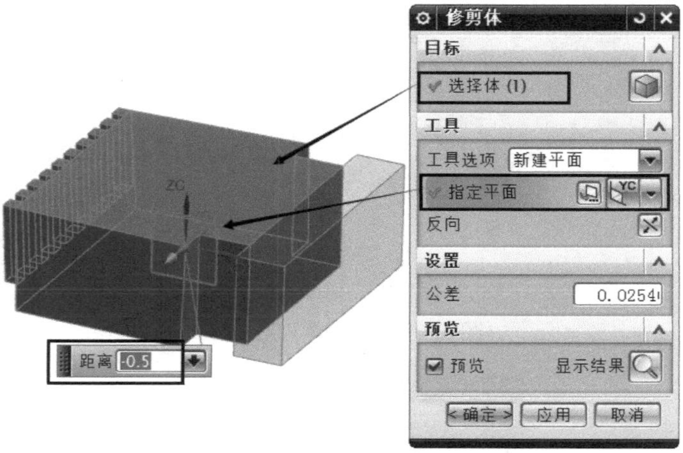

图 3-44 “修剪体”对话框 3

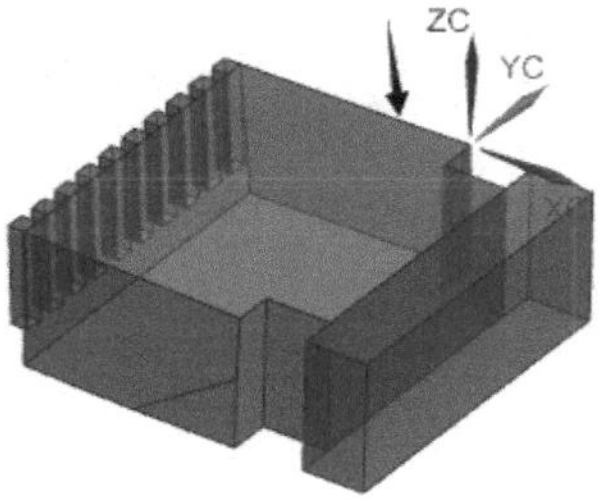

图 3-45 放置坐标系 4

10）单击工具栏中的“合并”按钮，系统弹出如图 3-47 所示的对话框，将图中箭头指示的两个体合并。

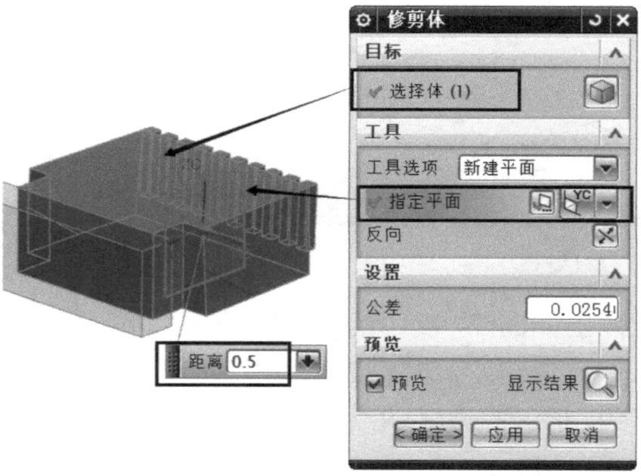

图 3-46 “修剪体”对话框 4

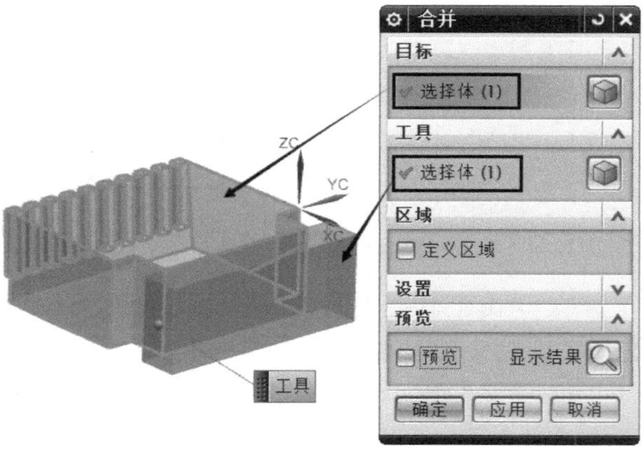

图 3-47 “合并”对话框

11）将对象全部显示。将动态坐标放置于图 3-48 所示边线的中点。选择菜单“燕秀 UG 模具 7.05”→“模胚及相关”→“螺丝”选项，系统弹出如图 3-49 所示的对话框，选择 M6 的沉头螺钉，选择“Y 镜像”单选按钮；单击“动态”按钮，系统弹出“选择螺杆放置面”对话框，选择图 3-50 所示滑块头上表面，并以图 3-50 箭头指示的两条边线作为基准，单击放置螺钉；系统返回图 3-49 所示对话框后，单击“生成 3D”按钮，则创建两个螺钉，如图 3-51 所示。

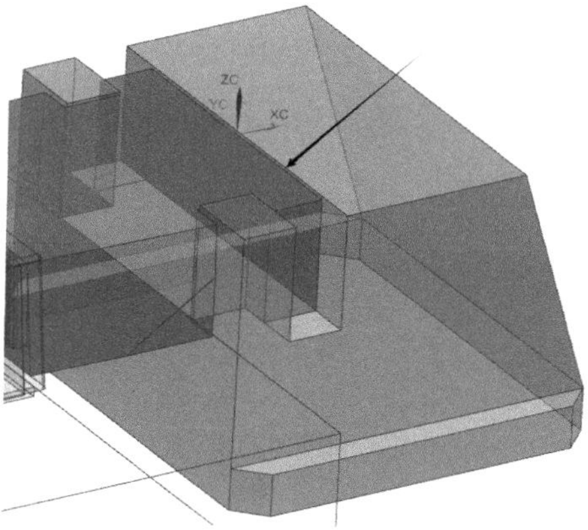

图 3-48　放置坐标系 5

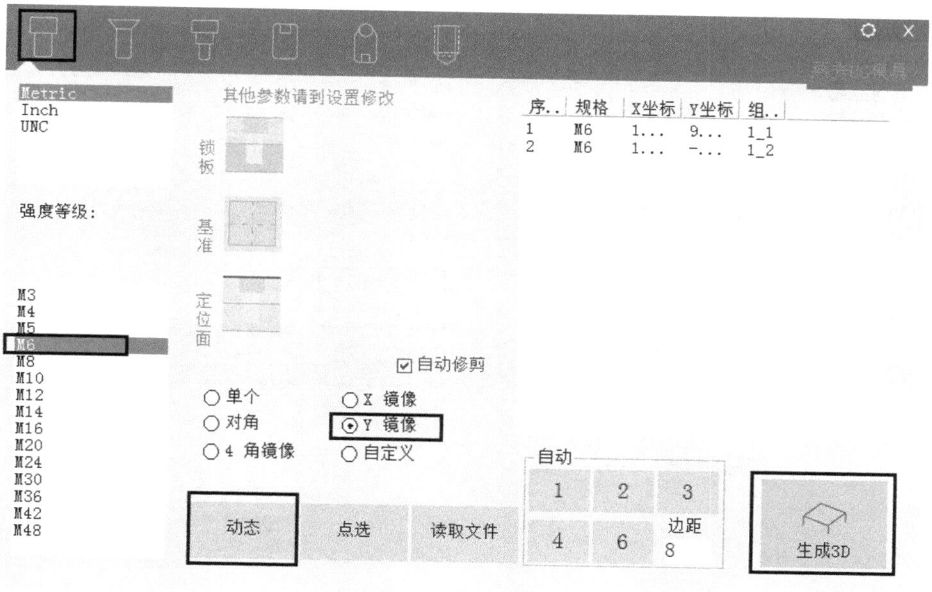

图 3-49　“螺丝”对话框

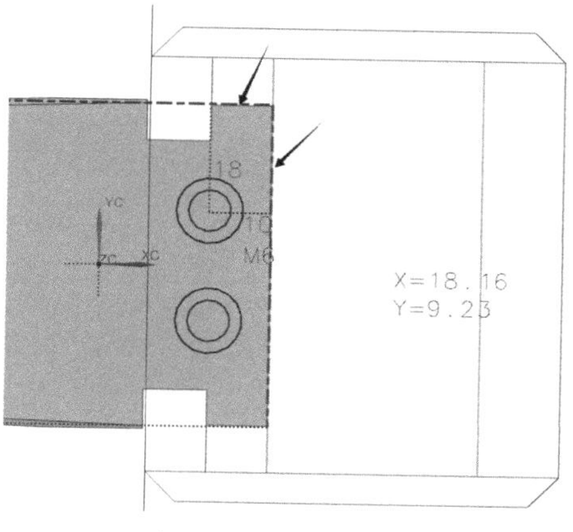

图 3-50　放置螺钉

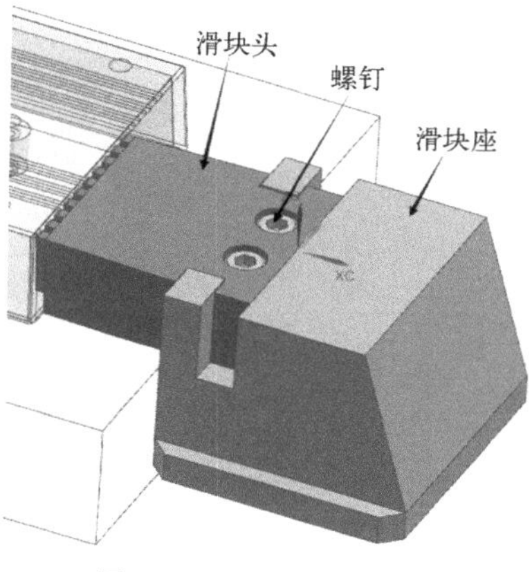

图 3-51　螺钉创建结果

3.1.3 斜导柱和滑块压条设计

斜导柱和滑块压条设计

斜导柱和压条设计直接利用燕秀外挂进行加载，需要先加载模架，因此本小节先做模架设计，后续再进行斜导柱和压条设计。

考虑到模仁及滑块和压紧块的尺寸，模架规格采用4550，大水口两板模。

1. 加载模架

1）单击工具栏中的“WCS 设为绝对”按钮，将工作坐标系放置到绝对坐标原点处，将模仁及滑块机构全部显示。

2）选择菜单“燕秀 UG 模具 7.05”→“模胚及相关”→“模胚”选项，系统弹出如图 3-52 所示的对话框。选择“CI”型 4550 模架，A 板输入 100，B 板输入 80，C 板输入 120，勾选“撬模槽”“导柱排气”和“KO 孔”三个单选框，其余参数默认。单击对话框中的“生成 3D”按钮 生成3D ，系统创建如图 3-53 所示的模架。

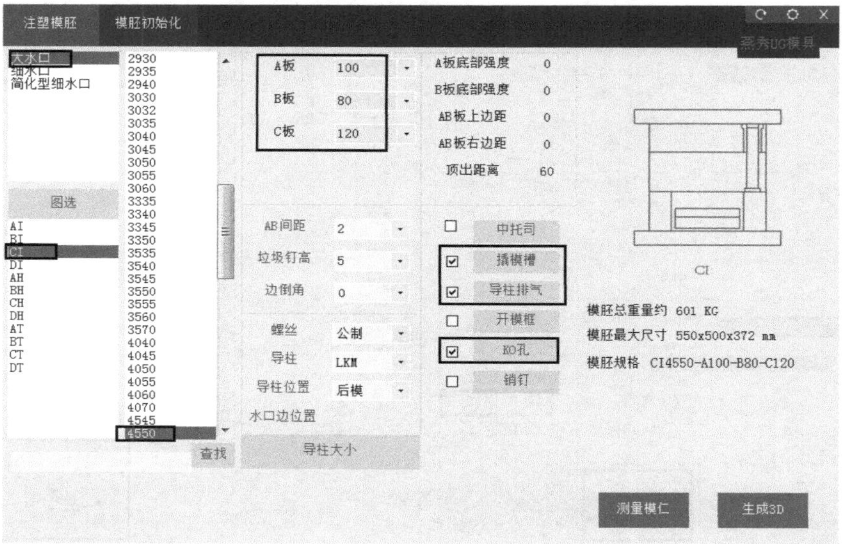

图 3-52 “模胚”对话框

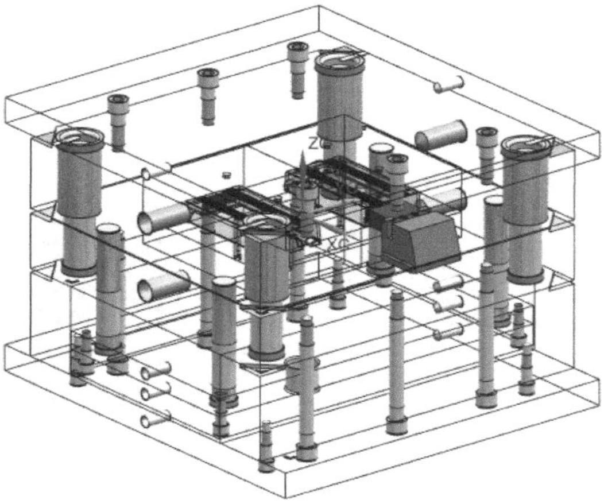

图 3-53 创建的模架

2．斜导柱设计

1）显示 A 板、模仁和滑块，其余隐藏。

2）选择菜单“燕秀 UG 模具 7.05”→“滑块斜顶”→“斜导柱”选项，系统弹出如图 3-54 所示的“斜导柱”对话框，按照图示操作步骤加载如图 3-55 所示的斜导柱。斜导柱直径为 12，斜度为 15°。

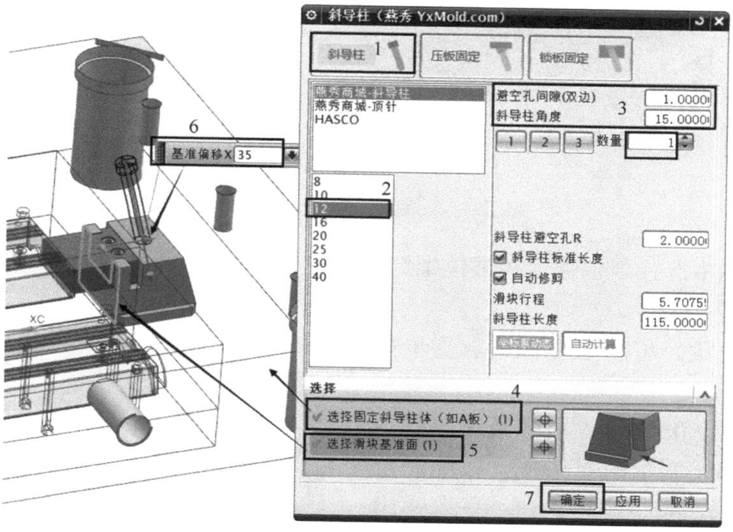

图 3-54　“斜导柱”对话框

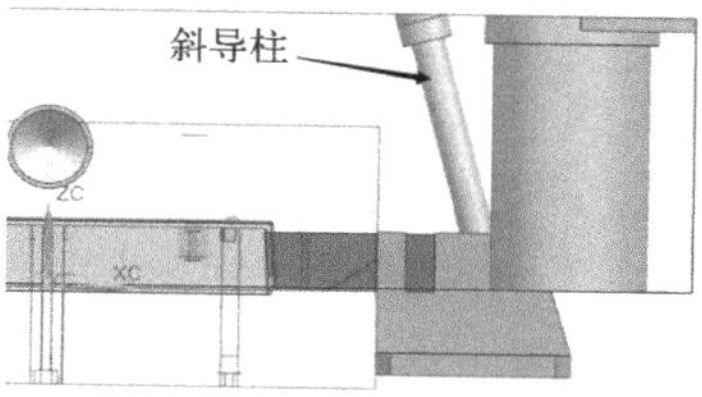

图 3-55　创建的斜导柱

3．滑块压条设计

1）显示 B 板、模仁、斜导柱和滑块，其余隐藏。

2）选择菜单“燕秀 UG 模具 7.05”→“滑块斜顶”→“滑块压条”选项，系统弹出如图 3-56 所示的“滑块压条”对话框，按照图示操作步骤进行参数设置。单击对话框中的“确定”按钮即可创建如图 3-57 所示的压条。加载的压条为“L”形压条，压条宽、厚、长尺寸分别为 18、20、110。

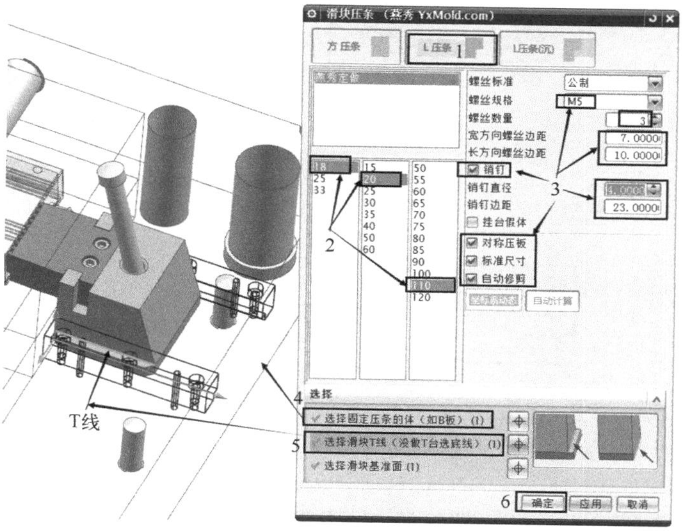

图 3-56　“滑块压条”对话框

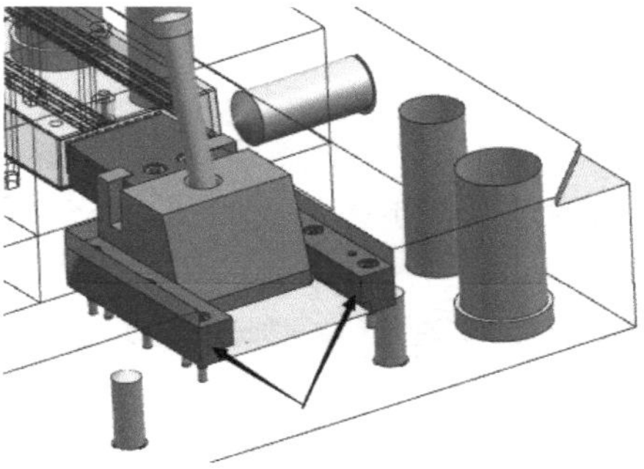

图 3-57　创建的压条

3.1.4　滑块限位设计

滑块限位设计

滑块在抽芯方向上限位，本例中选择限位弹簧和限位螺钉进行限位。

1．滑块限位弹簧设计

1）显示滑块座，其余部件隐藏。将动态坐标系放置于如图 3-58 箭头指示的边线中点。

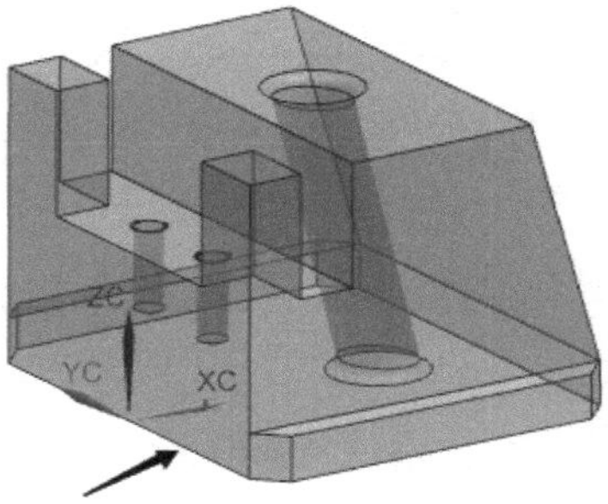

图 3-58　放置坐标系

2）选择菜单“燕秀 UG 模具 7.05”→“模胚及相关”→“弹簧”选项，系统弹出如图 3-59 所示的对话框。按照图示操作步骤进行参数选择，单击“放置”按钮，系统弹出图 3-60 所示的“弹簧”对话框，选择图中箭头指示的面放置弹簧，定位点（x, y）为（0, -15）。单击图 3-60 对话框中的“确定”按钮，系统返回到图 3-59 所示对话框，单击对话框中的“生成 3D”按钮，系统创建如图 3-61 所示的滑块限位弹簧。

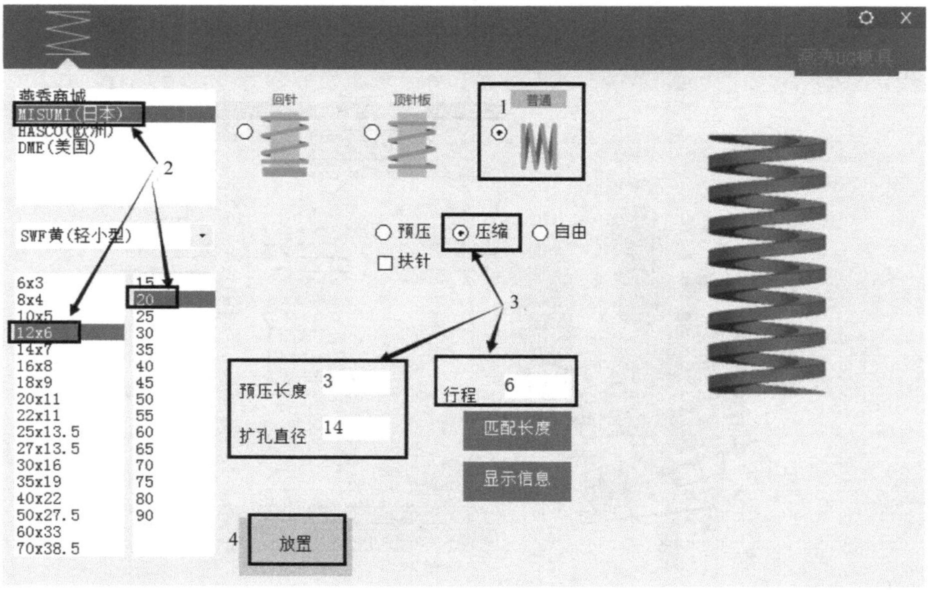

图 3-59　“弹簧”对话框 1

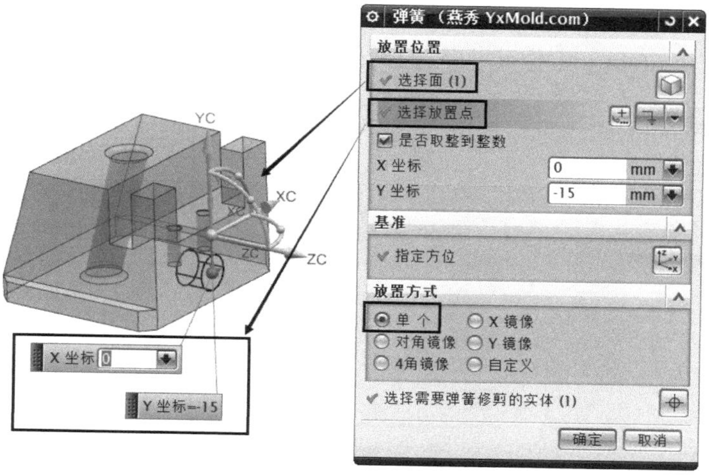

图 3-60 “弹簧”对话框 2

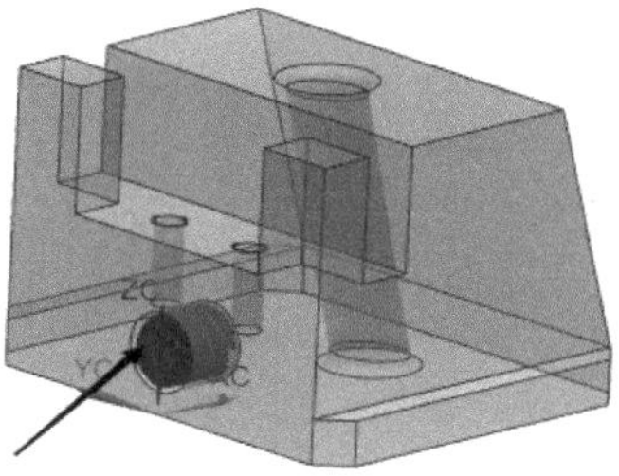
图 3-61 创建的弹簧

2．滑块限位螺钉设计

1）显示 B 板、滑块机构，如图 3-62 所示。

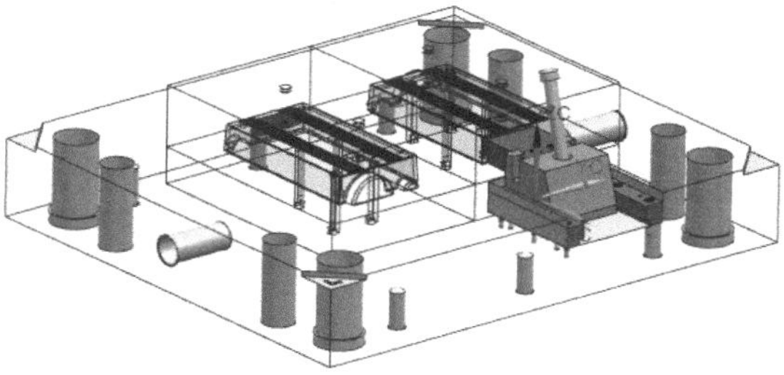
图 3-62 B 板和滑块机构

2）选择菜单“燕秀 UG 模具 7.05”→“模胚及相关”→“螺丝”选项，系统弹出如图 3-63 所示的对话框，选用 M6 规格螺钉，单击选择“X 镜像”单选按钮。

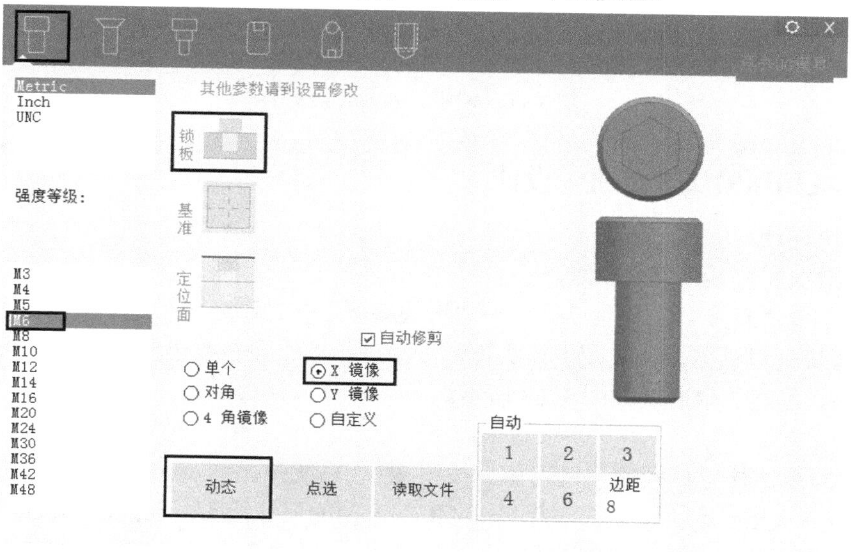

图 3-63 “螺丝”对话框

单击“动态”按钮，系统弹出图 3-64 所示的“选择螺杆放置面”对话框，选择图中箭头指示的面，系统显示动态螺钉，按照图 3-65 所示定位尺寸单击鼠标左键放置螺钉。

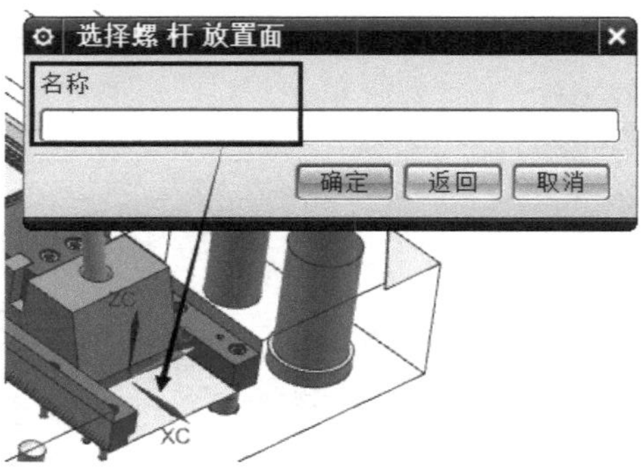

图 3-64　选择面

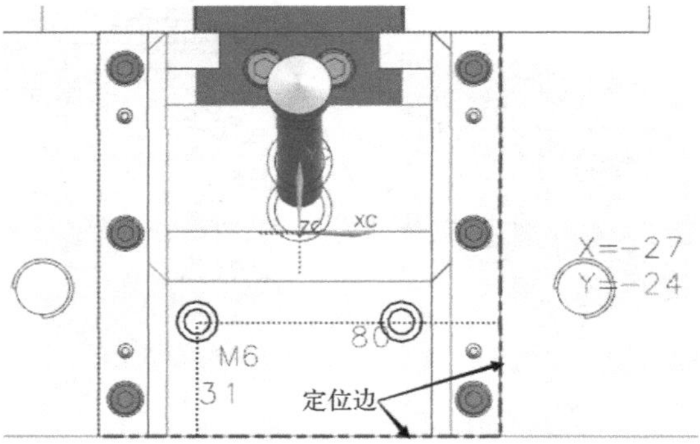

图 3-65　放置螺钉

系统返回图 3-63 所示对话框后，单击“生成 3D”按钮，则创建 2 个螺钉，如图 3-66 所示。螺钉杯头圆柱面与滑块的距离为 6，即抽芯距。

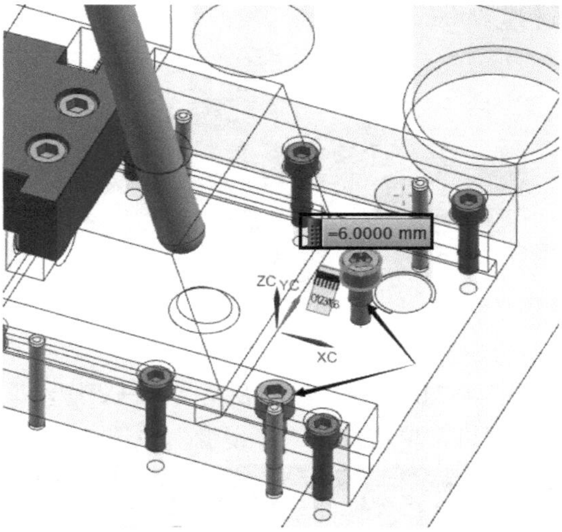

图 3-66　创建的滑块定位螺钉

耐磨块和铲机设计

3.1.5　耐磨块和压紧块（铲机）设计

1. 耐磨块设计

1）显示滑块座，其余部件隐藏。

2）选择菜单“燕秀 UG 模具 7.05”→“滑块斜顶”→“耐磨块”选项，系统弹出如图 3-67 所示的“耐磨块”对话框，按照图中箭头指示步骤进行操作和参数选择，耐磨块规格：40mm×60mm×6 mm。创建的耐磨块如图 3-68 所示。

2. 铲机设计

1）单击燕秀外挂工具栏的“包容体”按钮，系统弹出图 3-69 所示的“包容体”对话框，选择图中箭头指示耐磨块表面。单击“-ZC”方向的尺寸箭头，在弹出的文本框中输入 5，并按〈Enter〉键确认；单击“YC”和“-YC”方向的尺寸箭头，在弹出的文本框中分别输入

3，并按〈Enter〉键确认；单击“XC”方向的尺寸箭头，在弹出的文本框中输入 30，并按〈Enter〉键确认。单击对话框中的“确定”按钮，创建方块。

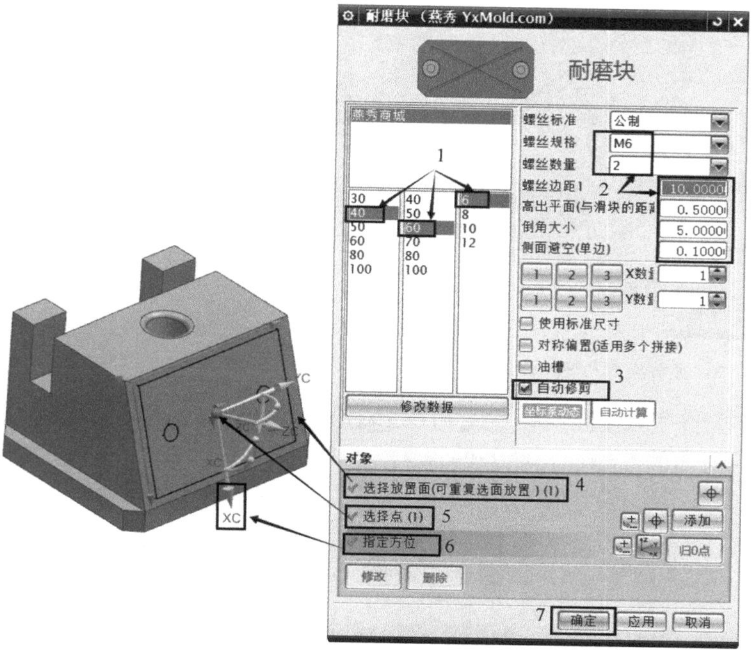

图 3-67　“耐磨块”对话框

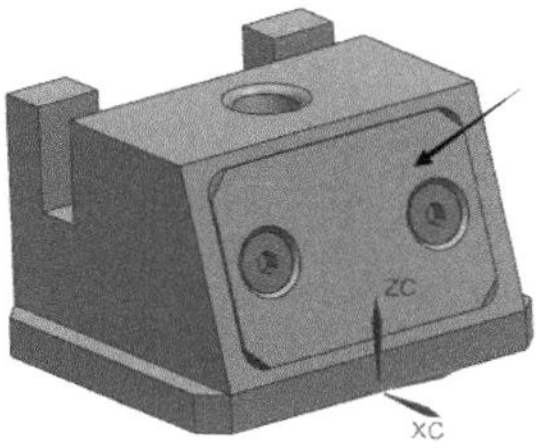

图 3-68　创建的耐磨块

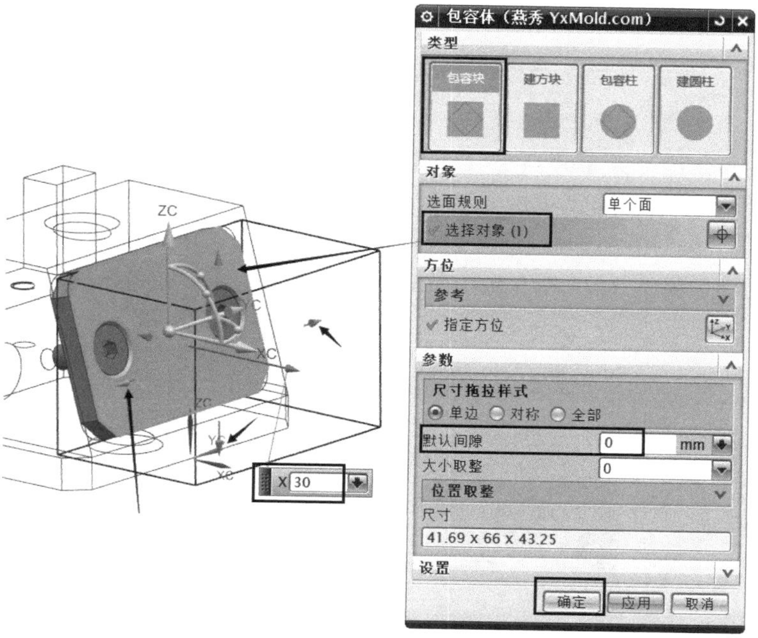

图 3-69　“包容体”对话框

2）单击工具栏的“替换面”按钮，系统弹出如图 3-70 所示的“替换面”对话框，将图中箭头指示的方块的上表面替换滑块座上表面。参照图 3-71，将方块的底面替换滑块座挂台上表面。

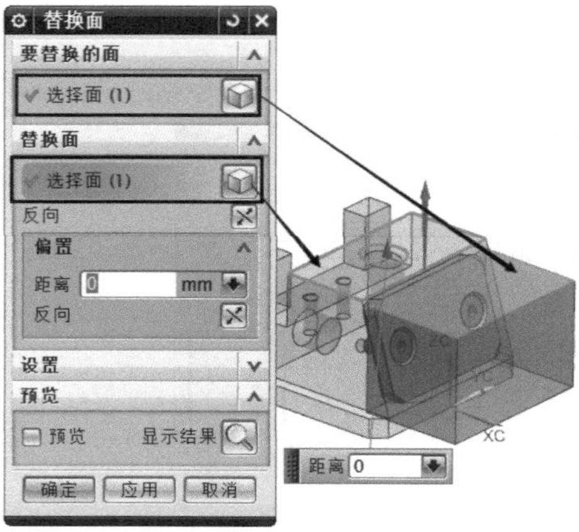

图 3-70 “替换面”对话框 1

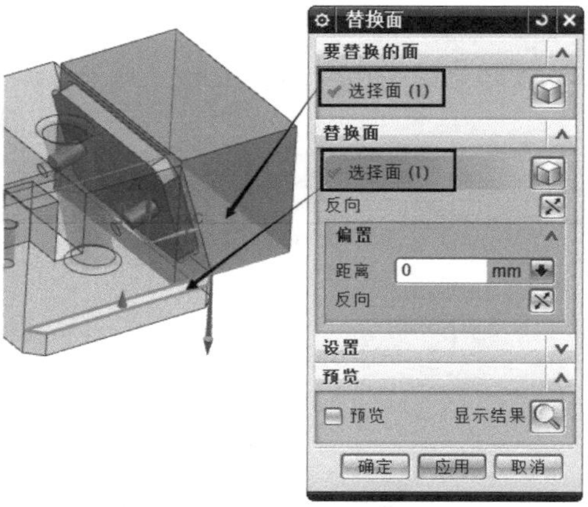

图 3-71 “替换面”对话框 2

3）单击工具栏的“偏置面”按钮，系统弹出如图 3-72 所示的“偏置面”对话框，选择图中箭头指示的方块的左侧面，往外偏置 2。

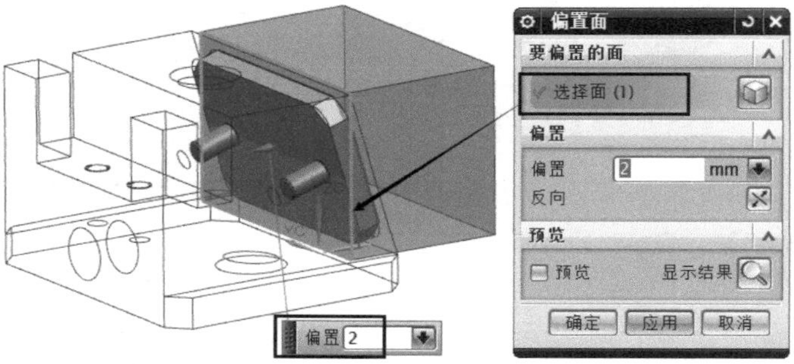

图 3-72 “偏置面”对话框

4）选择菜单“燕秀 UG 模具 7.05”→“常用工具”→“实体分割”选项，系统弹出如图 3-73 所示的“实体分割”对话框，按照图中箭头指示步骤进行操作，分割平面选择滑块斜面，并偏置 0.5（与耐磨块表面重合）。

5）将图 3-74 中箭头指示的分割完成后不需要的体删除。

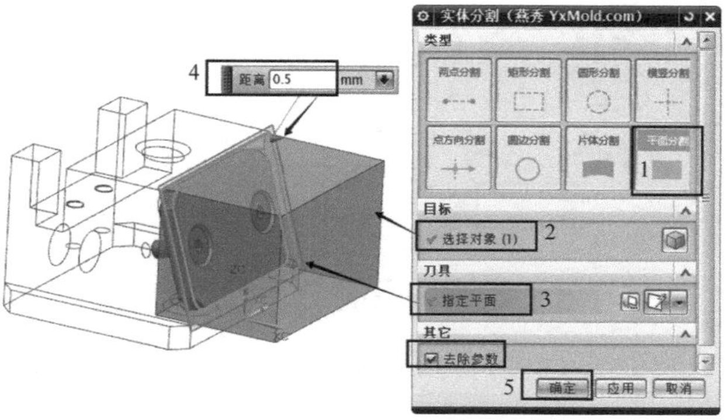

图 3-73 “实体分割”对话框

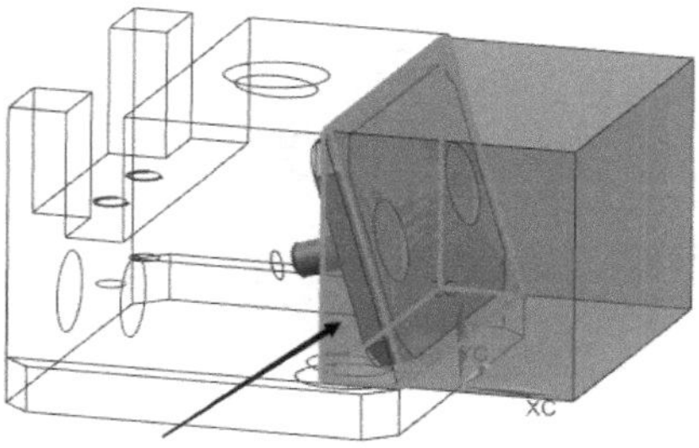

图 3-74 删除实体

6）单击燕秀外挂工具栏的“包容体”按钮，系统弹出图 3-75 所示的“包容体”对话框，选择图中箭头指示方块上表面。单击“ZC”方向的尺寸箭头，在弹出的文本框中输入 20；

单击“XC”方向的尺寸箭头，在弹出的文本框中输入-25。

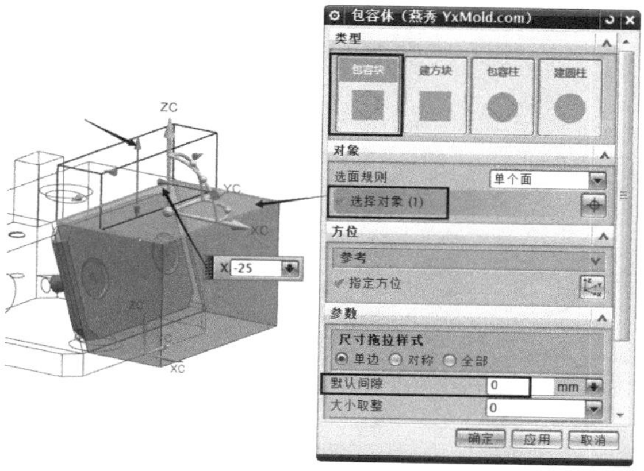

图 3-75　“包容体”对话框 2

7）单击工具栏的“合并”按钮，系统弹出如图 3-76 所示的“合并”对话框，将图中箭头指示的两个方块合并，即为创建的铲机。修改铲机对象的颜色。

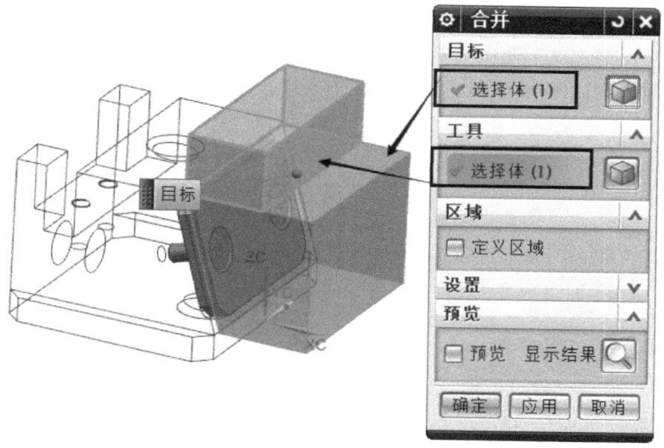

图 3-76　“合并”对话框

8）显示 A 板。单击工具栏的“替换面”按钮，系统弹出如图 3-77 所示的“替换面”对话框，将图中箭头指示的铲机的侧面替换 A 板侧面。

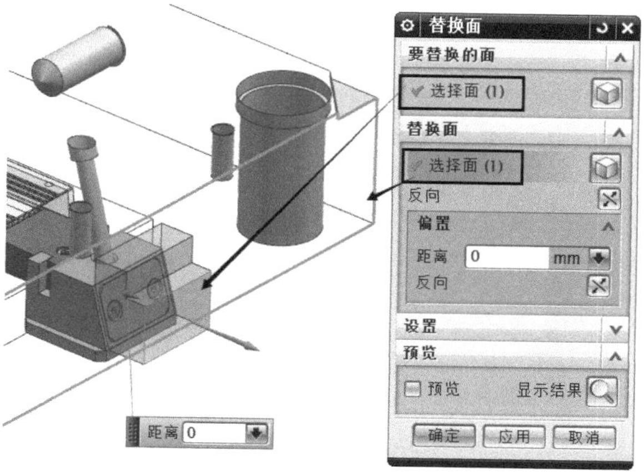

图 3-77　“替换面”对话框

3．铲机和滑块座开框设计

1）单击工具栏的“拆分体”按钮，系统弹出如图 3-78 所示的“拆分体”对话框。“目标体”选择滑块座，“工具体”选择 A 板底面，拆分距离为 0。

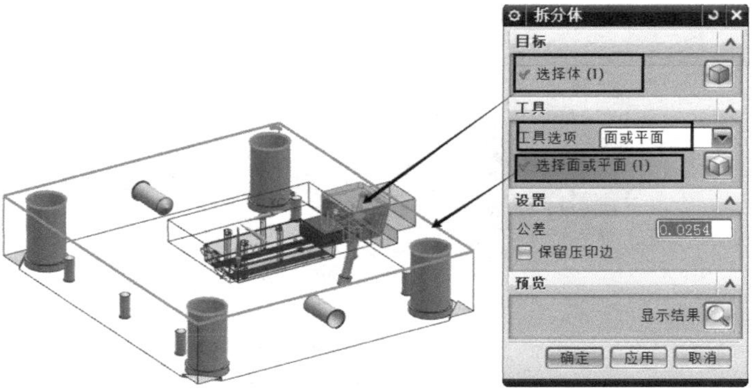

图 3-78 “拆分体”对话框

2）移除参数。隐藏 A 板和铲机。单击工具栏的“拔模”按钮，系统弹出如图 3-79 所示的“拔模”对话框。选择图中箭头指示的边线，对拆分后上部分的滑块座侧面进行拔模，拔模角度为 2°。参照图 3-80，完成滑块座另一侧的拔模。拔模的目的是让滑块座有一定的斜度与 A 板配合，此步的拔模操作也可以在前面章节滑块座设计部分完成。

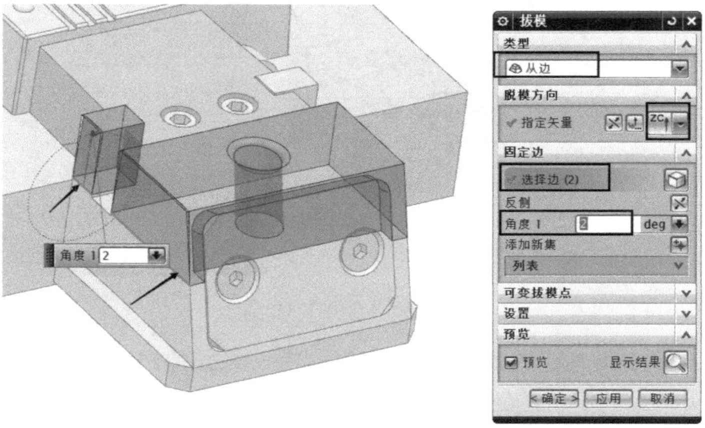

图 3-79 “拔模”对话框

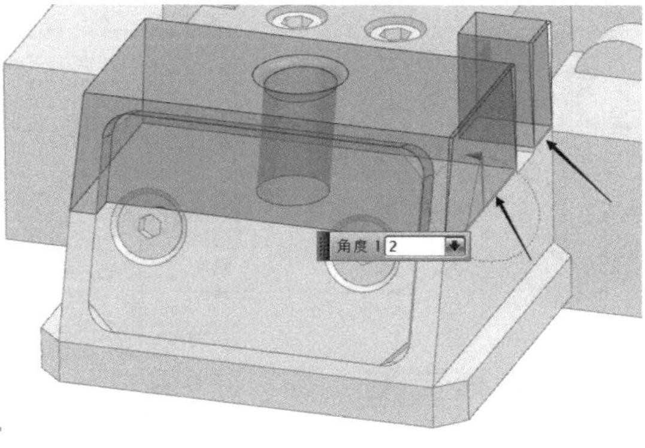

图 3-80 滑块另一侧拔模

3）将步骤 1 拆分的滑块座进行合并，如图 3-81 所示。

4）显示滑块座和 A 板，其余部件隐藏。

5）单击工具栏的“减去”按钮，系统弹出如图 3-82 所示的“求差”对话框，用滑块座求差 A 板。

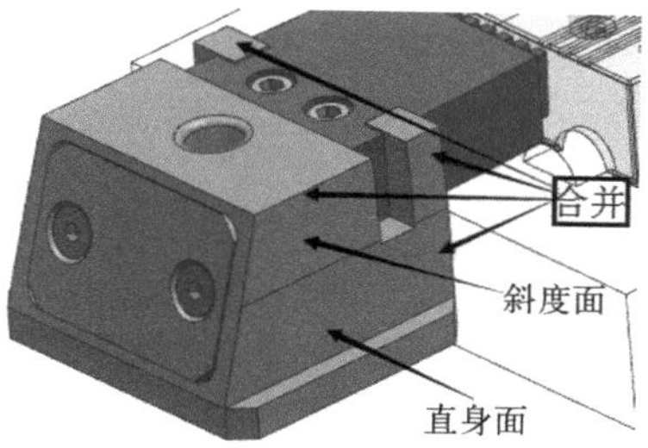

图 3-81　合并实体

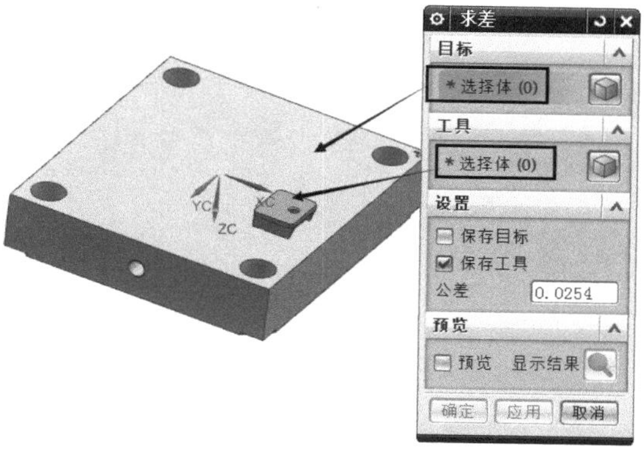

图 3-82 “求差”对话框 1

6）隐藏滑块座。单击工具栏的“删除面”按钮，系统弹出如图 3-83 所示的“删除面”对话框，选择箭头指示的圆柱面，将其删除。参照图 3-84，将图中箭头指示的圆柱孔删除。

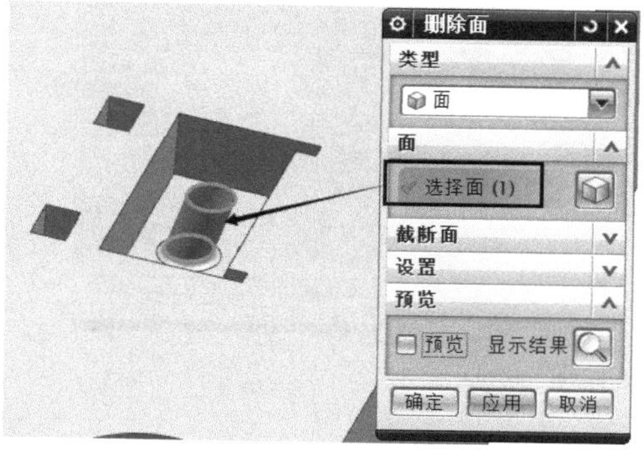

图 3-83 “删除面”对话框

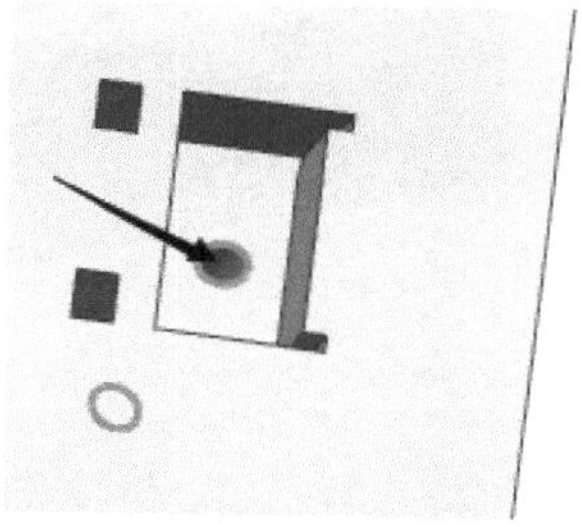

图 3-84　删除圆柱孔

7）单击工具栏的“替换面”按钮，系统弹出如图 3-85 所示的“替换面”对话框，按照图中箭头指示选择 “要替换的面”和“替换面”。参照图 3-86 和图 3-87 进行替换面操作。

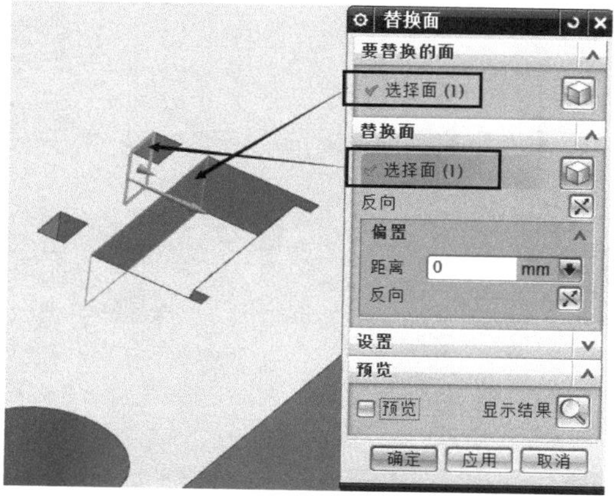

图 3-85 “替换面”对话框 1

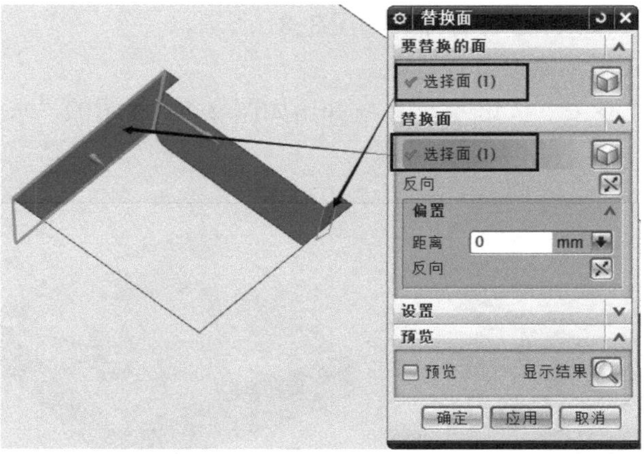

图 3-86 “替换面”对话框 2

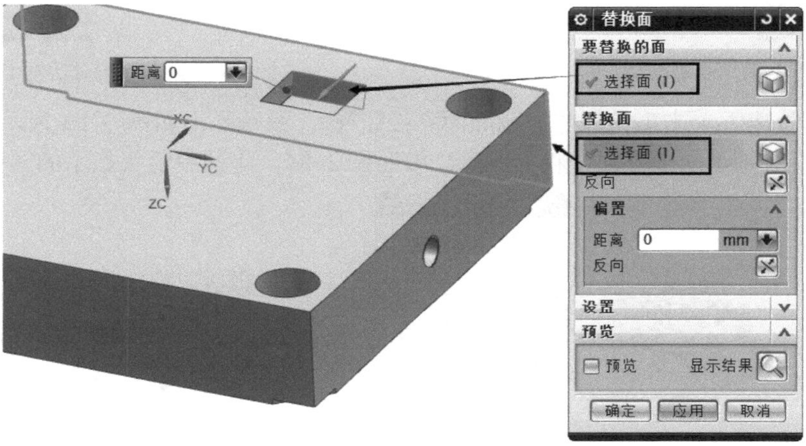

图 3-87 “替换面”对话框 3

创建的滑块和铲机与 A 板的配合槽如图 3-88 所示。

8）显示 A 板和铲机，其余部件隐藏。单击工具栏的“减去”按钮，系统弹出如图 3-89 所示的“求差”对话框，用铲机求差 A 板。

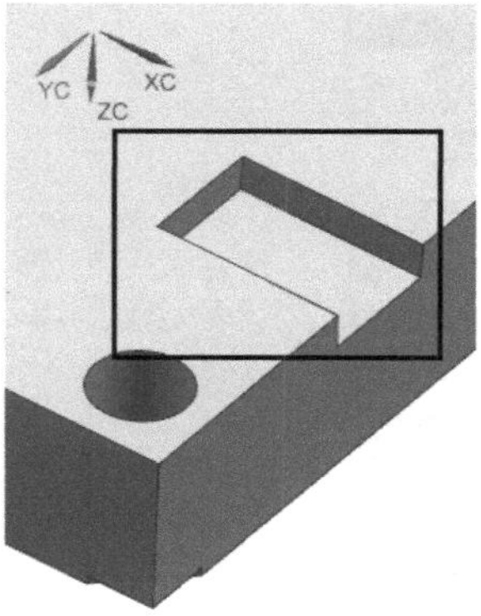

图 3-88 创建的槽

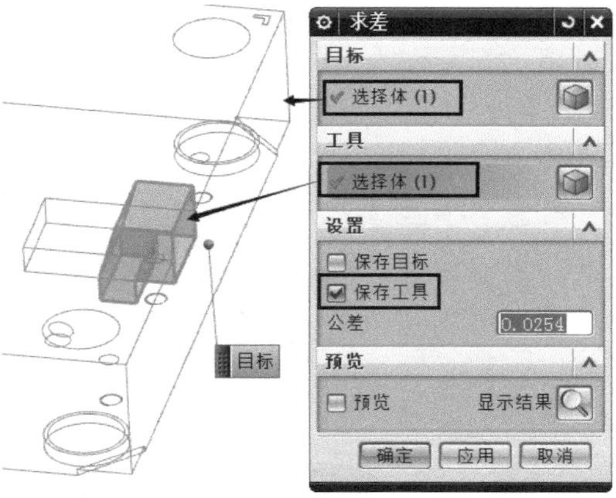

图 3-89 “求差”对话框 2

9）隐藏铲机。选择菜单“燕秀 UG 模具 7.05”→“模具特征”→“避空角”选项，系统弹出如图 3-90 所示的“避空角”对话框，选择图中箭头指示的铲机定位槽的底面，创建避空角。

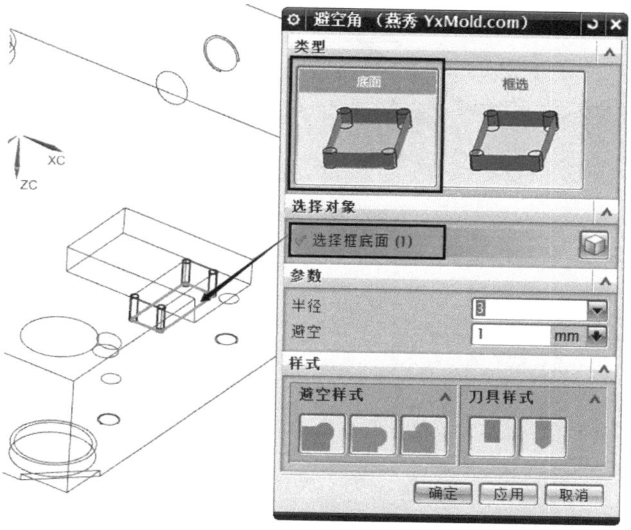

图 3-90　“避空角”对话框

10）显示铲机。选择菜单“燕秀 UG 模具 7.05”→“模胚及相关”→“螺丝”选项，系统弹出如图 3-91 所示的对话框，选择 M6 的沉头螺钉，单击选择“单个”单选按钮；单击“动态”按钮，系统弹出“选择螺杆放置面”对话框，选择图 3-92 所示 A 板上表面，并按照图 3-93 箭头指示的基准边和定位尺寸，单击鼠标左键放置螺钉；系统返回图 3-91 所示对话框后，单击“生成 3D”按钮，则创建螺钉。参照图 3-94 的定位尺寸创建另一颗螺钉。创建的两颗螺钉如图 3-95 所示。

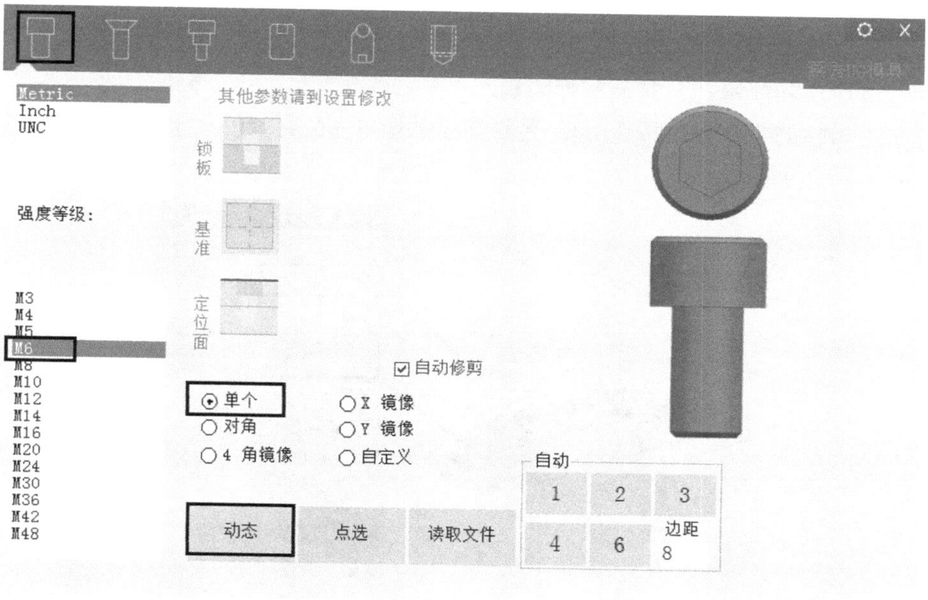

图 3-91　“螺丝”对话框

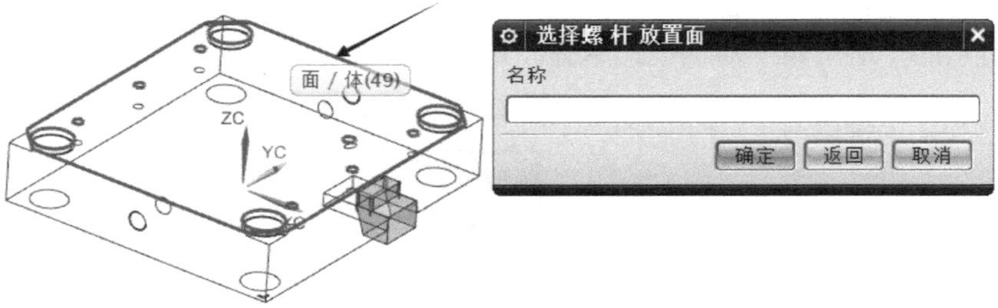

图 3-92　选择 A 板顶面

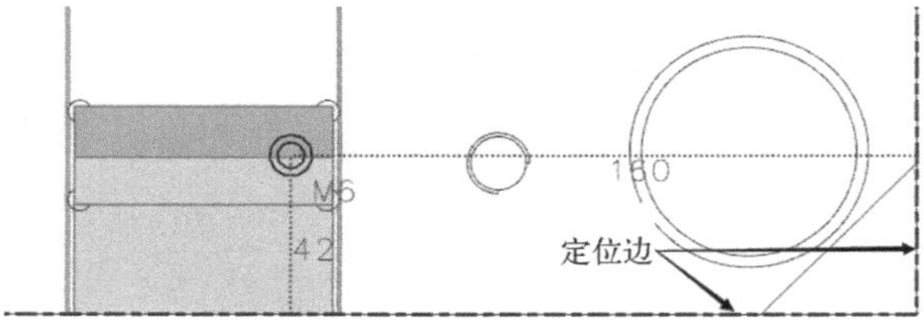

图 3-93　放置螺钉 1

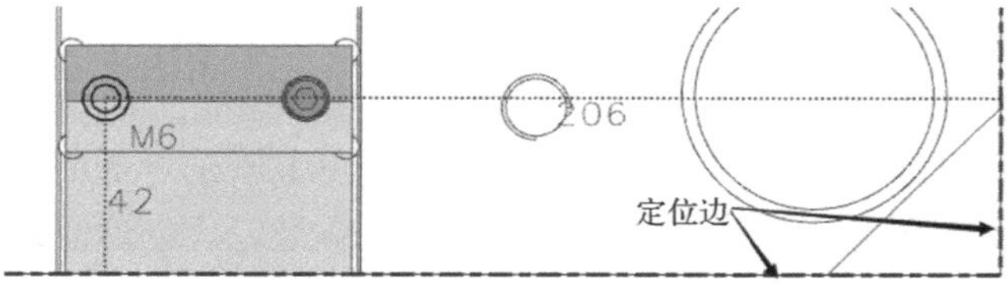

图 3-94　放置螺钉 2

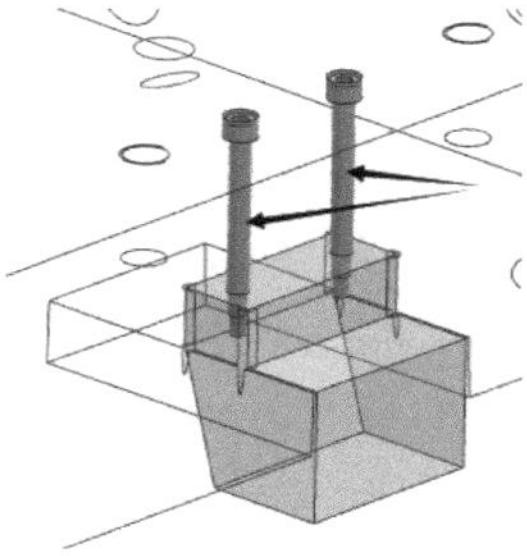

图 3-95　创建的螺钉

4．滑块头开框设计

1）显示滑块头和前模芯，其余部件隐藏。

2）单击工具栏的“减去”按钮，系统弹出如图 3-96 所示的“求差”对话框，用滑块头求差前模芯。

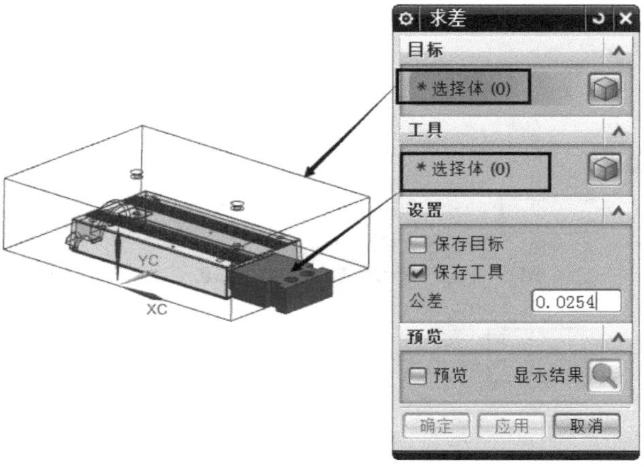

图 3-96 “求差”对话框

3）隐藏滑块头。单击工具栏的“替换面”按钮，系统弹出如图 3-97 所示的“替换面”对话框，选择图中箭头指示的两个面，替换前模芯侧面。滑块头与前模芯的配合槽如图 3-98 所示。

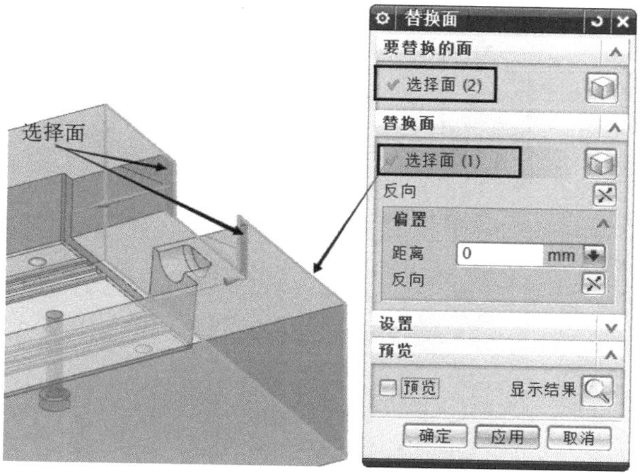

图 3-97 “替换面”对话框 2

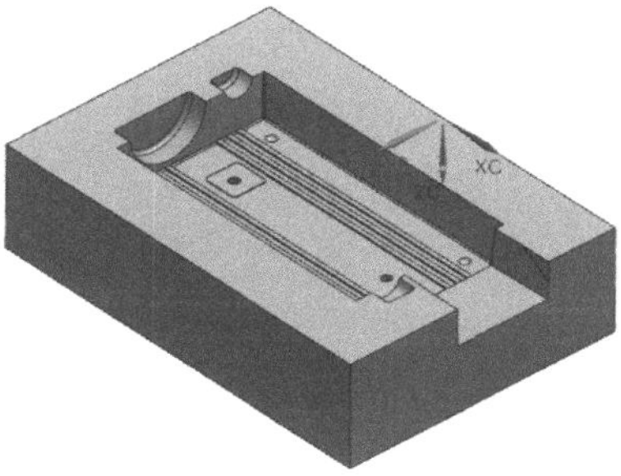
图 3-98 放置坐标系

3.1.6 另一模腔滑块机构设计

另一模腔滑块机构设计

1）将滑块机构各个零部件显示，其余部件隐藏。确保“WCS”坐标系位于绝对坐标原点。

2）图层管理滑块机构各部件：将滑块座、滑块头、滑块头固定螺钉、铲机、压条组件、限位组件、斜导柱和铲机固定螺钉分别移动至 90 层、91 层、92 层、93 层、94 层、95 层、96 层、99 层。

3）单击工具栏的“移动对象”按钮，系统弹出图 3-99 所示的“移动对象”对话框，框选滑块机构各部件，将其旋转复制，创建另一模腔的滑块机构。将复制得到的滑块机构各部件进行图层管理：将滑块座、滑块头、滑块头固定螺丝、铲机、压条组件、限位组件、斜导柱、铲机固定螺丝分别移动至 80 层、81 层、82 层、83 层、84 层、85 层、86 层、89 层。

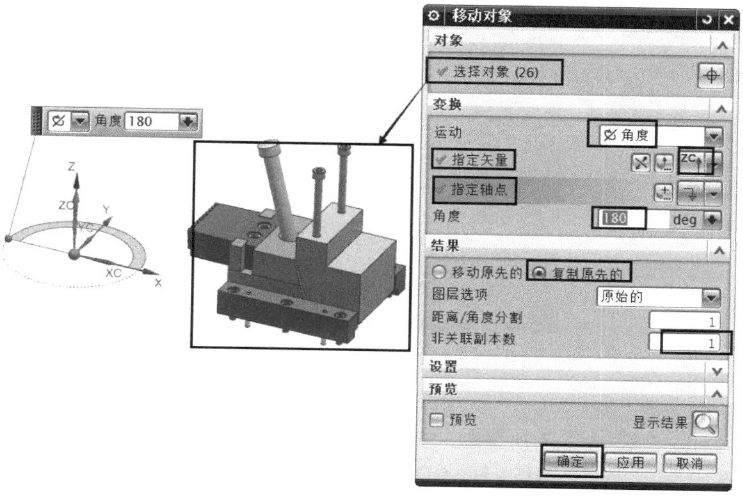

图 3-99 “移动对象”对话框

4）单击燕秀外挂工具栏的“包容体”按钮，系统弹出图 3-100 所示的“包容体”对话框，选择图中箭头指示的四个面创建方块。

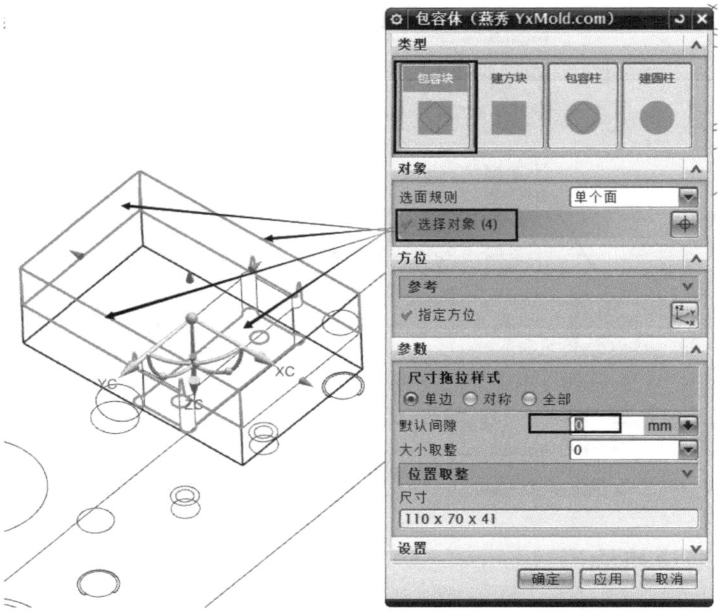

图 3-100 “包容体”对话框

5）单击工具栏的“减去”按钮，系统弹出图 3-101 所示的“求差”对话框，用 A 板求差创建的方块。

6）应用“移动对象”工具，复制步骤 5 中“求差”后的方块，如图 3-102 所示。

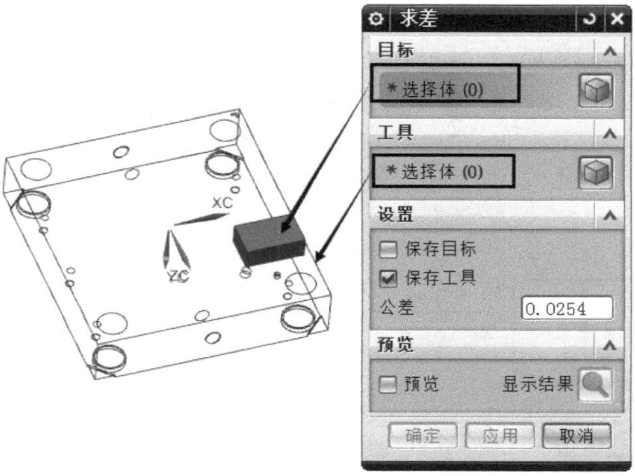

图 3-101 “求差”对话框 1

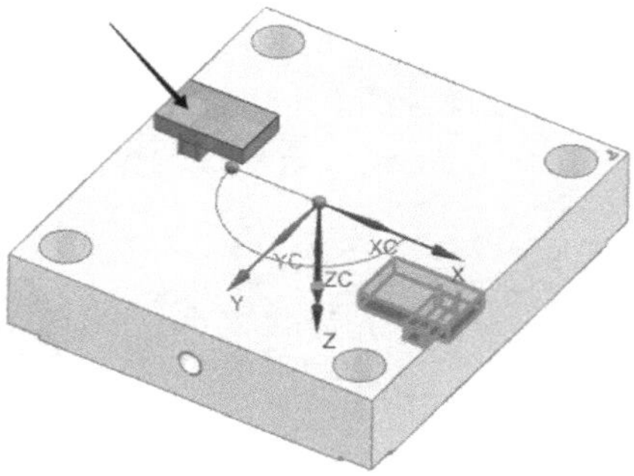

图 3-102 旋转复制

7）单击工具栏的“减去”按钮，系统弹出图 3-103 所示的“求差”对话框，用图中箭头指示的方块求差 A 板，得到如图 3-104 所示的槽，即另一模腔滑块座和铲机的装配槽。

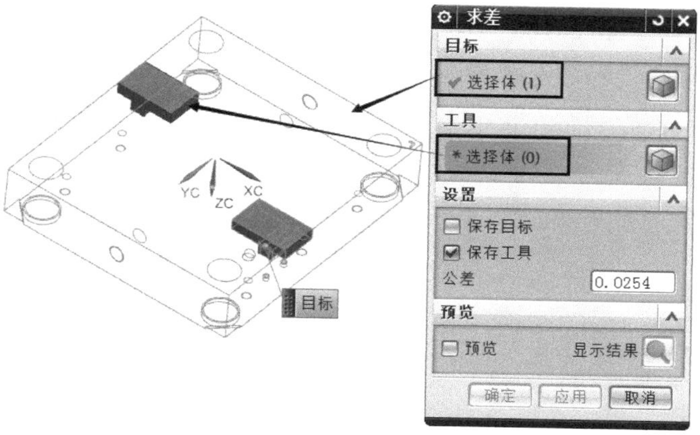

图 3-103 “求差”对话框 2

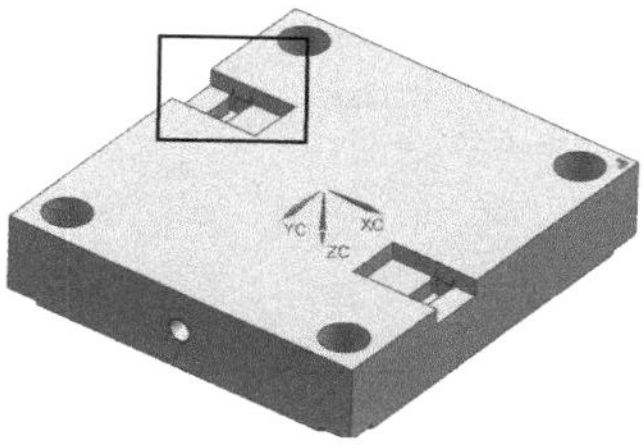

图 3-104　创建槽

8）打开图层 86 层和 96 层，显示 2 根斜导柱，显示 A 板，其余部件隐藏。利用“偏置面”工具将图 3-105 中箭头指示的斜导柱杯头锥面向上偏置 5。

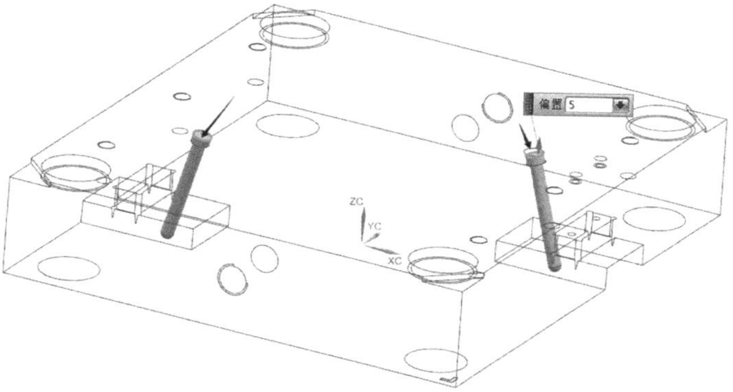

图 3-105　偏置面

9）利用“减去”工具，用图 3-106 中箭头指示的斜导柱（86 层）求差 A 板。

10）关闭 86 层（隐藏斜导柱），利用“偏置面”工具将图 3-107 中箭头指示的斜导柱杯头过孔单边避空 0.5。

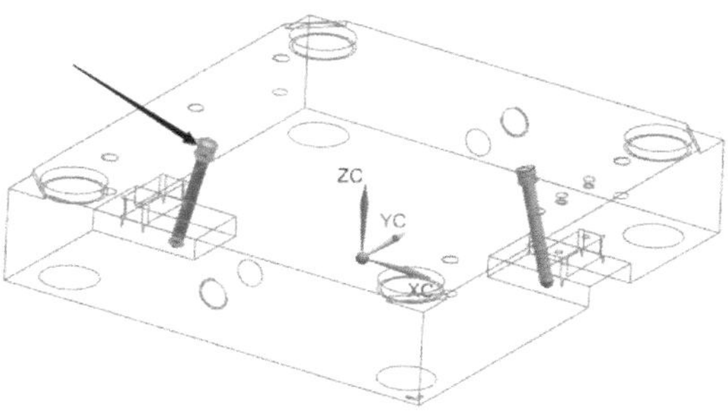

图 3-106　求差

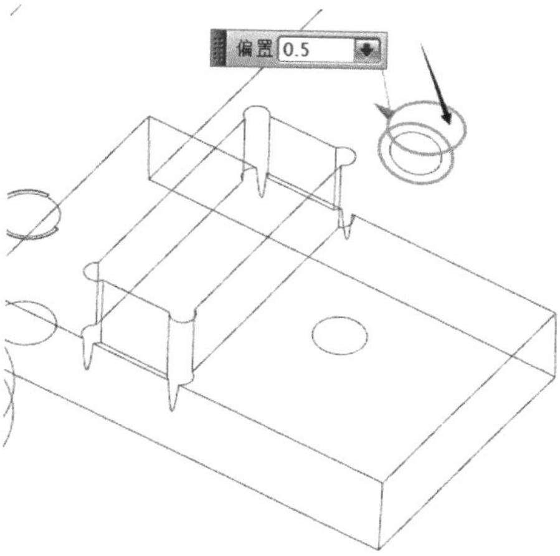

图 3-107　偏置面

11）打开 86 层。将动态坐标放置于图 3-108 中箭头指示的 A 板边线中点。利用“修剪体”工具，用“XC-YC”坐标面修剪图 3-109 中箭头指示的两根斜导柱。修剪后的斜导柱如图 3-110 所示。

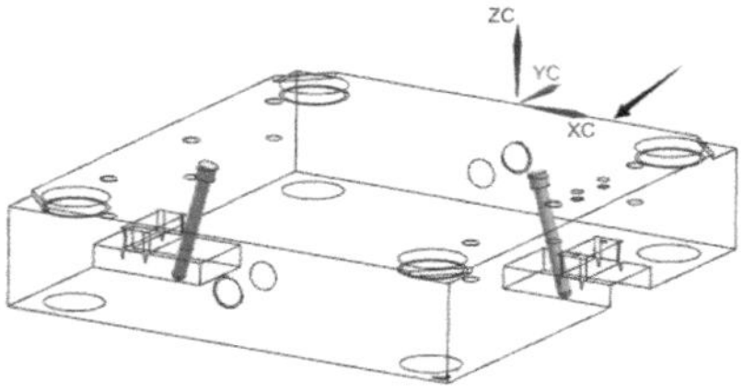

图 3-108　放置坐标系

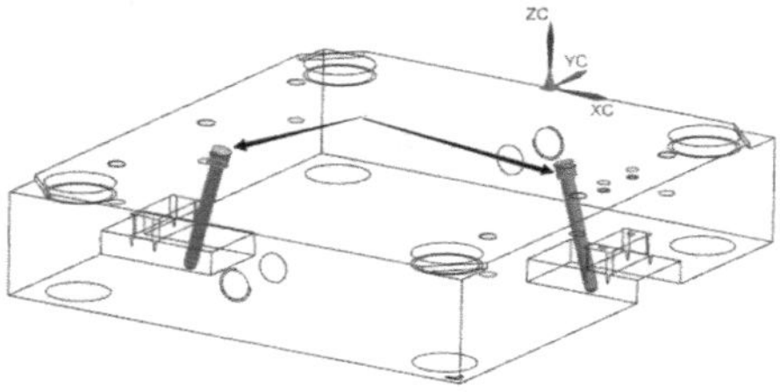

图 3-109　修剪斜导柱

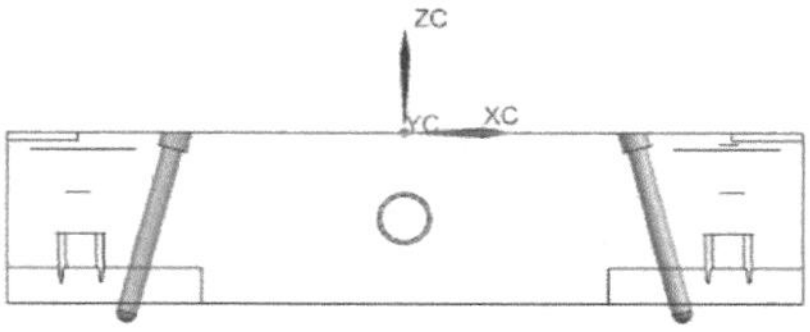

图 3-110　斜导柱最终创建结果

12）参照 3.1.5 节的铲机固定螺钉设计，加载此模腔铲机的固定螺钉，然后删除螺钉。此步的目的是在 A 板上创建螺钉过孔。

13）打开 80 层，显示滑块座。参照 3.1.3 节的滑块压条设计，加载压条并修剪 B 板，如图 3-111 所示。将加载的压条组件删除。

14）打开 81 层，显示滑块头；打开 31 层，显示前模芯。利用“减去”工具，用滑块头求差前模芯，创建滑块头的通过槽，如图 3-112 所示。

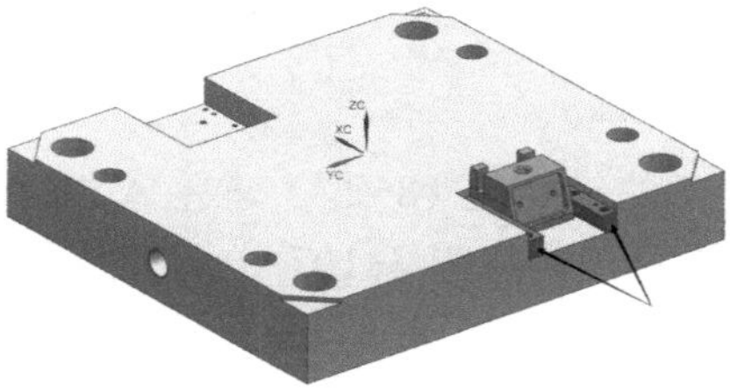

图 3-111　滑块组件开框 B 板

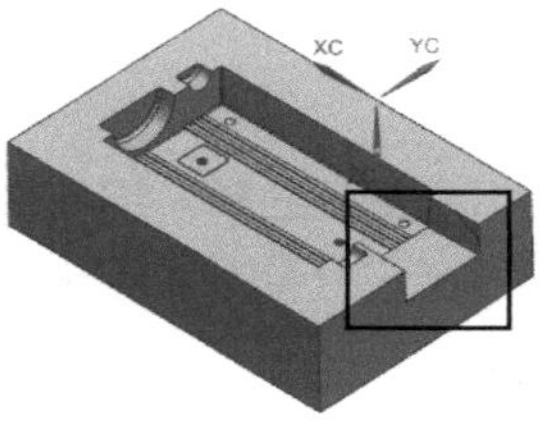

图 3-112　创建槽

至此，两个模腔的滑块抽芯机构设计完毕，如图 3-113 所示。

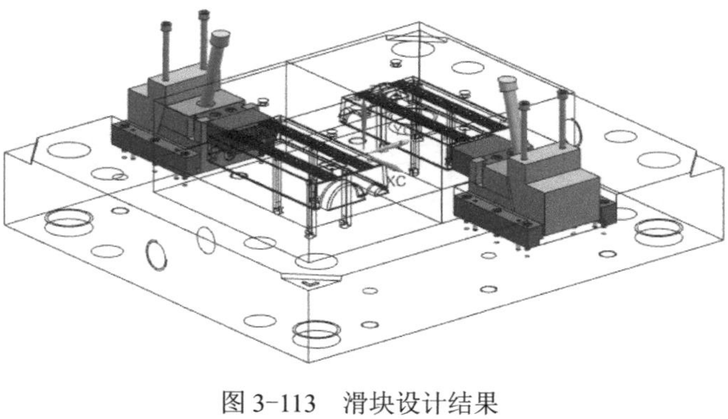

图 3-113　滑块设计结果

3.2　斜顶机构设计实例

斜顶机构设计主要包括斜顶头部设计、导向块设计及斜顶座设计。其中，斜顶座可以选用标准件。下面举例介绍斜顶机构的设计步骤。

【例 3-2】　电动风扇上盖模具斜顶机构设计

如图 3-114 所示电动风扇上盖模具，已完成分模、模仁优化及模架设计，下面对其进行斜顶机构设计。

【分析】产品两侧的倒扣是常见结构，适合于采用斜顶机构脱扣。斜顶拟采用整体式斜顶结构，斜顶座直接选用标准件。下面分小节介绍该模具的斜顶机构设计。

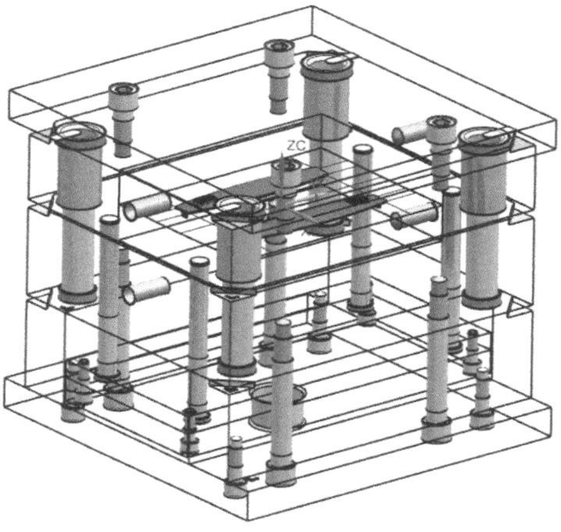

图 3-114　电动风扇上盖模具

3.2.1　斜顶设计

斜顶设计

1）打开配套资源中的 ch03/ch03_2/ex-3.2.prt 文件。显示一个型腔的产品，其余部件隐藏。

2）斜顶斜度计算：斜顶脱扣行程=t+(2～3)mm=3mm，t 为产品壁厚。顶出行程=产品胶位深度+(10～15)mm=8.5mm+15mm=23.5mm，取 25mm。用 UG 草图测量斜顶斜度为 6.8°，取 7°。

3）单击燕秀外挂工具栏的“包容体”按钮，系统弹出图 3-115 所示的“包容体”对话框，选择图中箭头指示的倒扣的侧面。单击“XC”方向和“-XC”方向的尺寸箭头，在弹出的文本框中分别输入 2，并按〈Enter〉键确认；单击“ZC”方向的尺寸箭头，在弹出的文本框中输入 5，并按〈Enter〉键确认。单击对话框中的“确定”按钮创建方块。

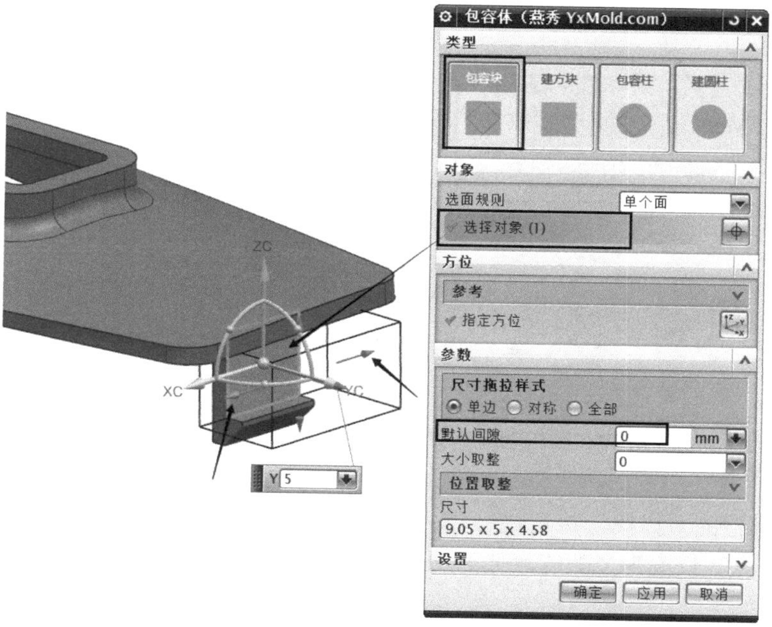

图 3-115　“包容体”对话框

4）将动态坐标放于图 3-116 中箭头指示的方块边线中点。

5）单击工具栏的“修剪体”按钮，系统弹出如图 3-117 所示的“修剪体”对话框，用“YC-ZC”坐标面修剪方块，修剪距离为 4。同样操作，修剪方块的另一侧，修剪距离为-4。修剪后得到斜顶头部的胶位宽度为 8。

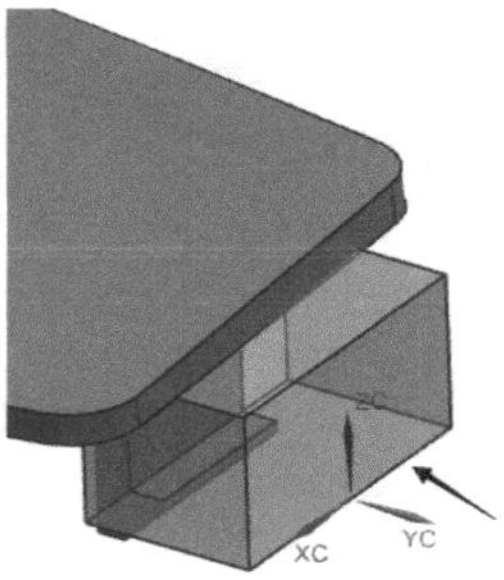

图 3-116　放置坐标系

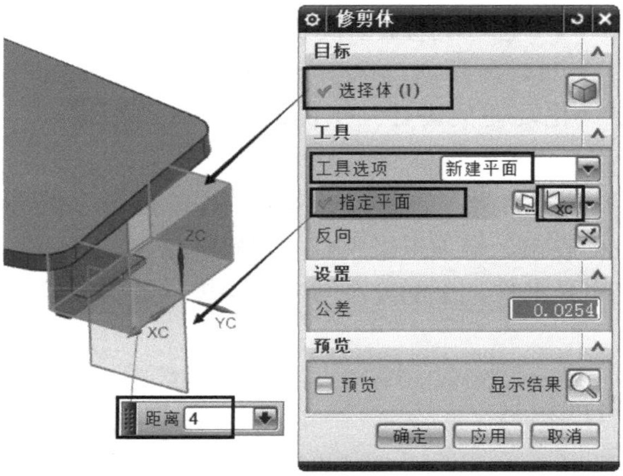

图 3-117　“修剪体”对话框

6）单击工具栏的“拉伸”按钮，系统弹出如图 3-118 所示的“拉伸”对话框，选择图中箭头指示的边线，拉伸距离为 6，拉伸矢量选择“-ZC”方向，创建拉伸片体。

参照图 3-119，选择图中箭头指示的片体边线，拉伸距离为 50，创建另一拉伸片体。

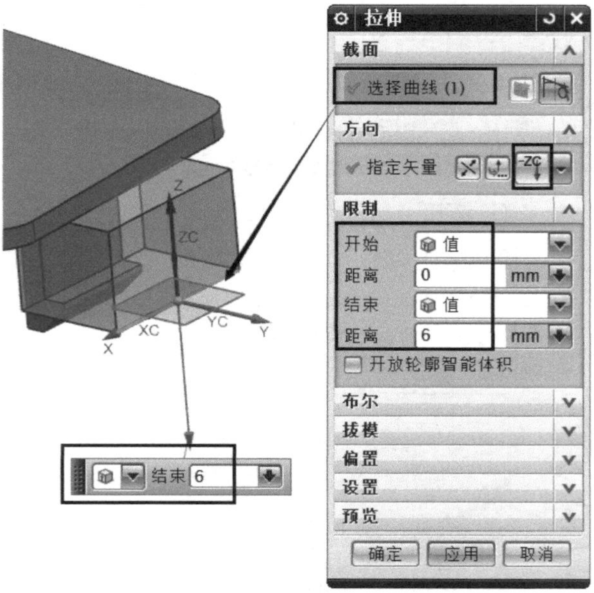

图 3-118　“拉伸”对话框 1

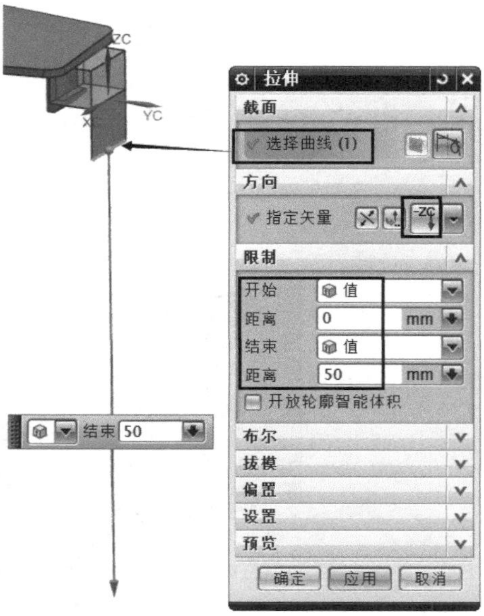

图 3-119　“拉伸”对话框 2

7）单击工具栏的“拔模”按钮，系统弹出如图 3-120 所示的“拔模”对话框。选择图中箭头指示的片体（长度为 50 的片体）边线，设置拔模角度为 7°。此斜度即为斜顶的工作斜度。

8）选择菜单“插入”→“偏置/缩放”→“加厚”选项，系统弹出如图 3-121 所示的“加厚”对话框，选择图中箭头指示的片体，设置“偏置 1”厚度为 8，创建厚度为 8 的实体。

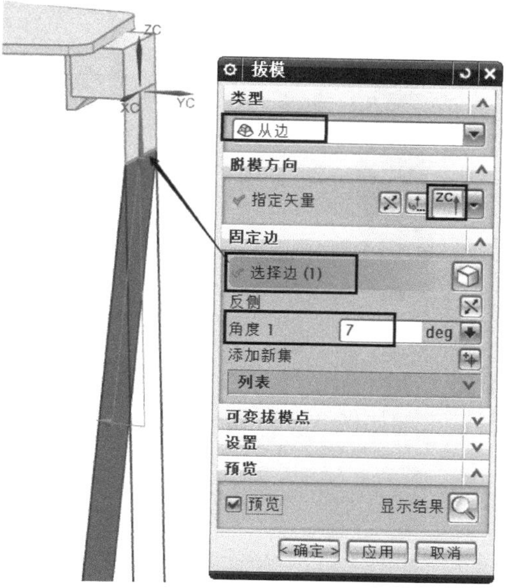

图 3-120　“拔模”对话框

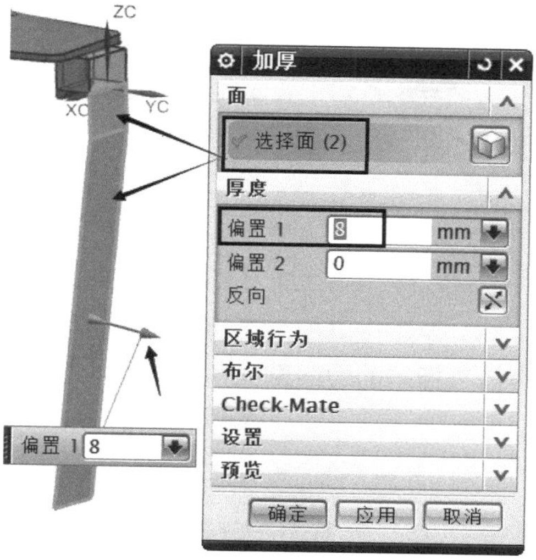

图 3-121　“加厚”对话框

9）利用“替换面”工具，参照图 3-122 和图 3-123，选择箭头指示的“要替换的面”和“替换面”，创建替换面操作。

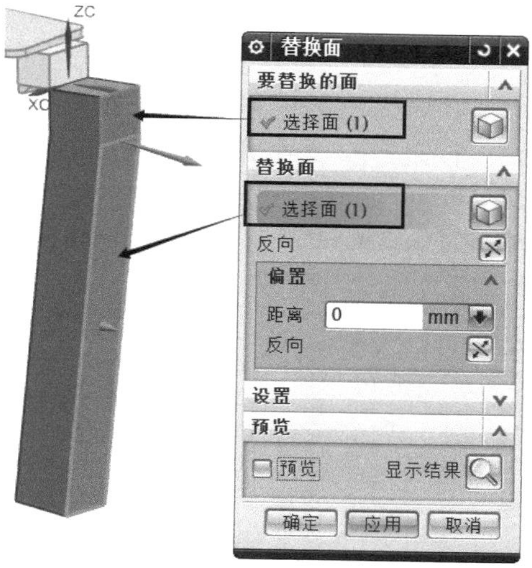

图 3-122　“替换面”对话框 1

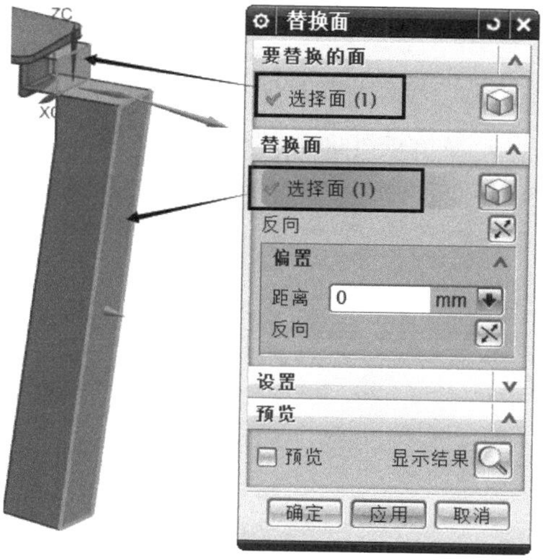

图 3-123　“替换面”对话框 2

10）利用“替换面”工具，参照图 3-124，将斜顶头的顶面替换产品胶位面。

11）利用“合并”工具，将图 3-125 箭头指示的两个体合并。

12）隐藏斜顶实体，将图 3-126 中箭头指示的两个面删除。

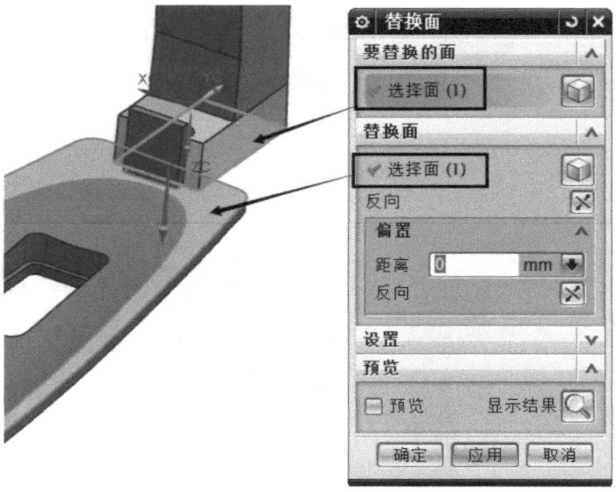

图 3-124 “替换面”对话框 3

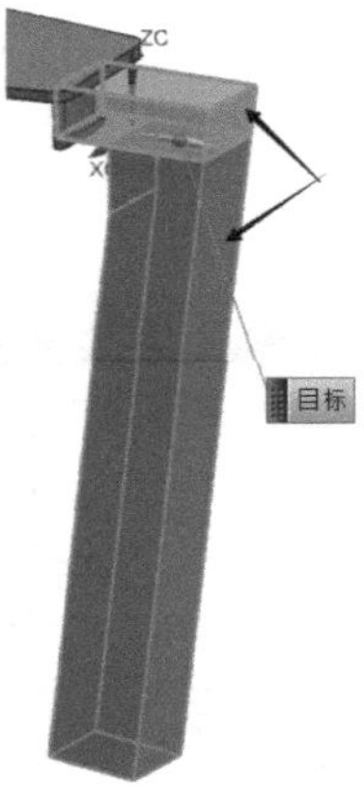

图 3-125 合并

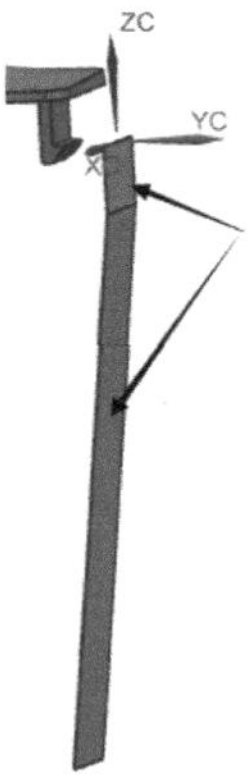

图 3-126 删除面

13）单击工具栏的“边倒圆”按钮，系统弹出图 3-127 所示的“边倒圆”对话框，选择图中箭头指示的边线倒圆角，倒圆半径 0.5。创建的斜顶头部如图 3-128 所示。

图 3-127 “边倒圆”对话框

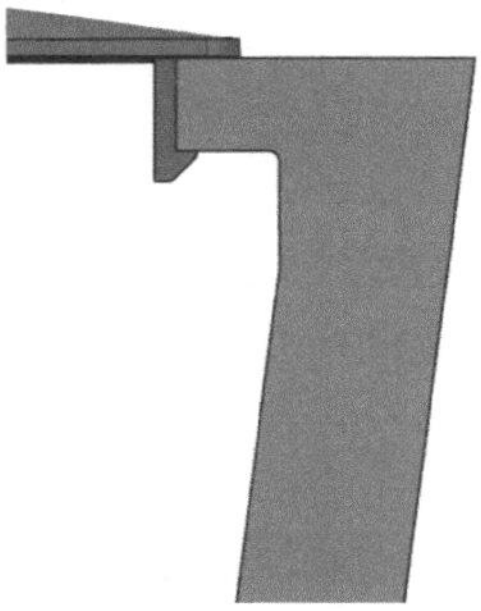

图 3-128 斜顶胶位部分

14）显示顶针面板和底板。单击工具栏的“替换面”按钮，系统弹出如图 3-129 所示的“替换面”对话框，将图中箭头指示的斜顶下表面替换顶针面板。

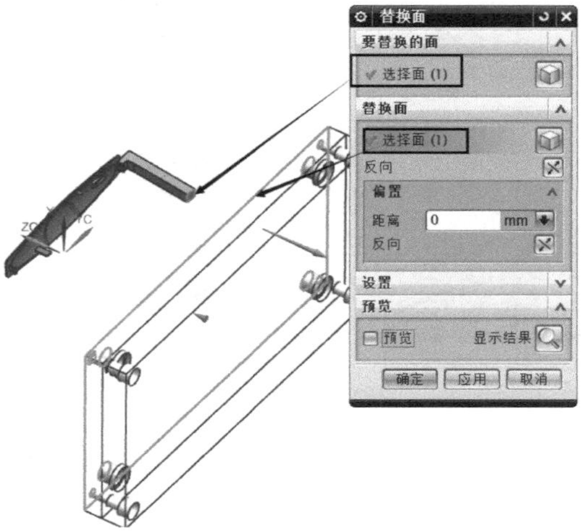

图 3-129 “替换面”对话框 4

15）显示另一件产品。单击工具栏的“移动对象”按钮，系统弹出如图 3-130 所示的“移动对象”对话框，按照图中所示步骤操作，旋转复制的轴点为（35.7117, 0, 0）。

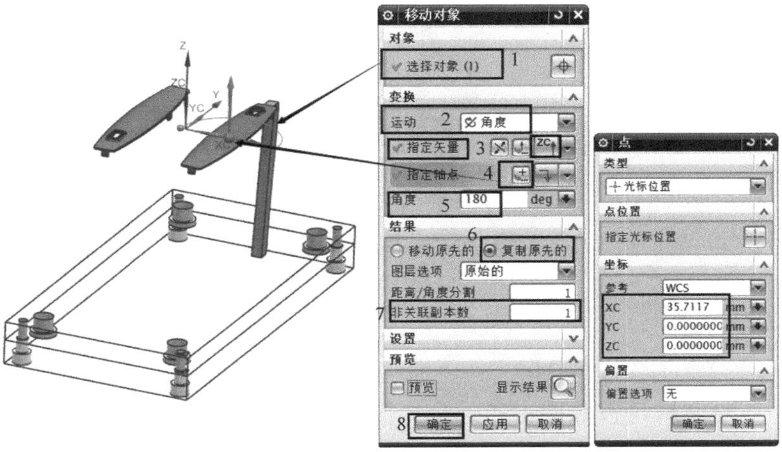

图 3-130 “移动对象”对话框 1

16）利用“移动对象”工具，将图 3-131 中箭头指示的斜顶沿“-YC”方向移动 0.089387。

17）利用“替换面”工具，参照图 3-132，将斜顶头的顶面替换产品胶位面。

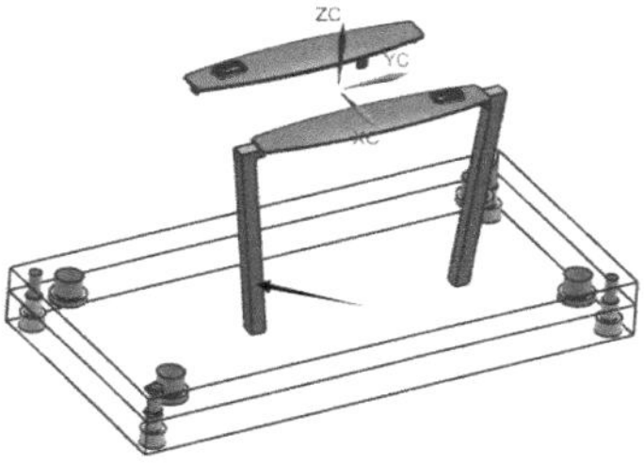

图 3-131 移动斜顶

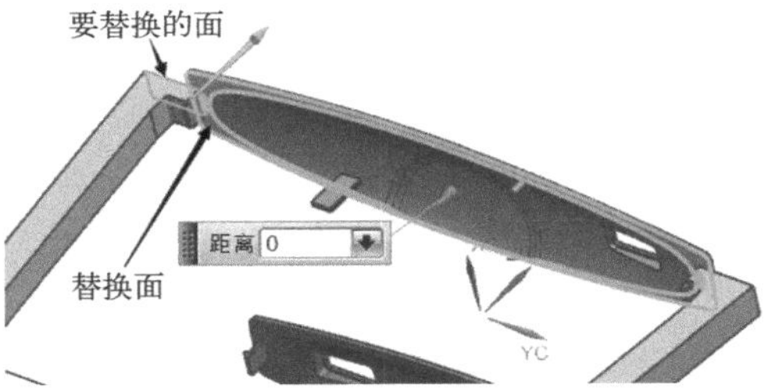

图 3-132 替换面

18）利用“移动对象”工具，将图 3-133 中箭头指示的两个斜顶绕绝对坐标系原点旋转复制，创建另一产品上两个倒扣位的斜顶。创建的四个斜顶如图 3-134 所示。

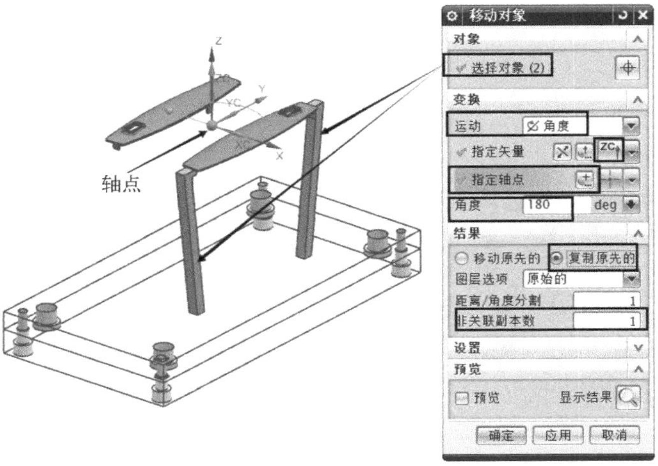

图 3-133 “移动对象”对话框 2

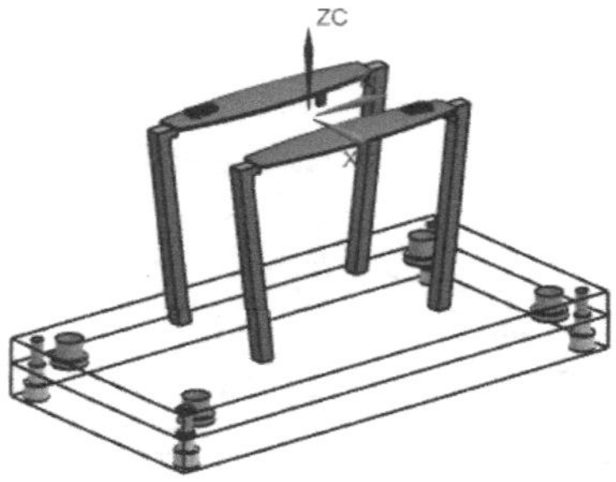

图 3-134　斜顶创建结果

斜顶座设计

3.2.2　斜顶座设计

1）选择菜单“燕秀 UG 模具 7.05”→“滑块斜顶”→“斜顶座”选项，系统弹出如图 3-135 所示的“斜顶座”对话框，按照图中所示步骤操作，创建如图 3-136 所示的斜顶座。照此操作，创建其余三个斜顶座，如图 3-137 所示。也可以参照图 3-135 中操作步骤 5，同时选中四个斜顶创建四个斜顶座。

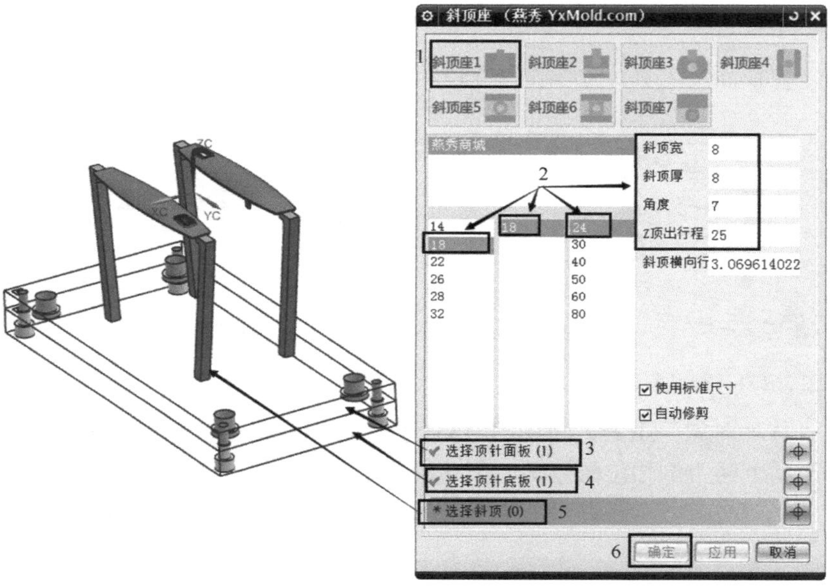

图 3-135　“斜顶座”对话框

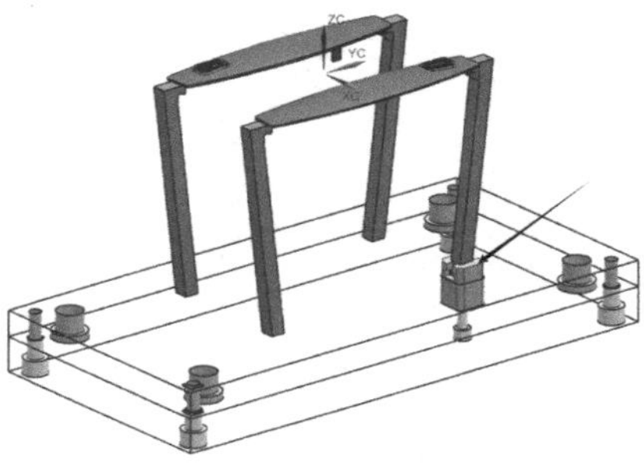

图 3-136　创建斜顶座 1

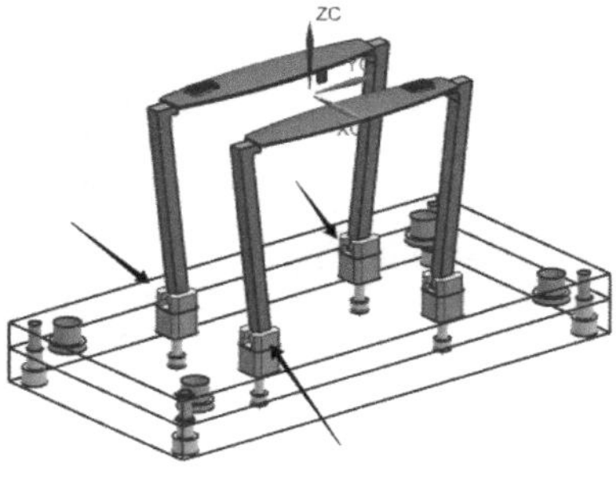

图 3-137　创建斜顶座 2

2）隐藏顶针面板和顶针底板。参照图 3-138 和图 3-139，利用“偏置面”工具，将图中箭头指示的 T 形槽的侧面各往外偏置 0.5。

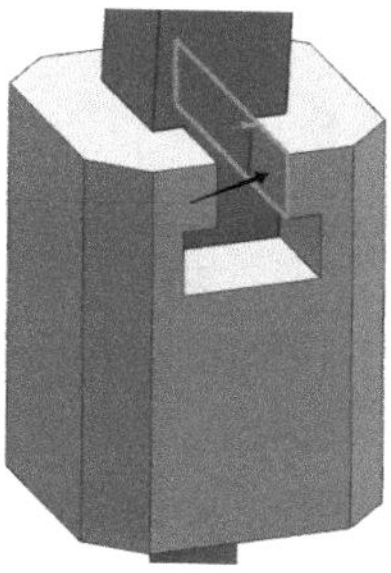

图 3-138　偏置面 1

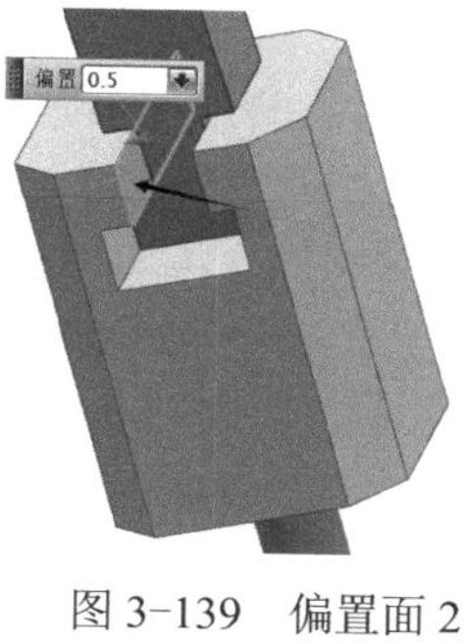

图 3-139　偏置面 2

参照图 3-140 和图 3-141，利用“偏置面”工具，将图中箭头指示的斜顶 T 形块的侧面各往外偏置 0.5。

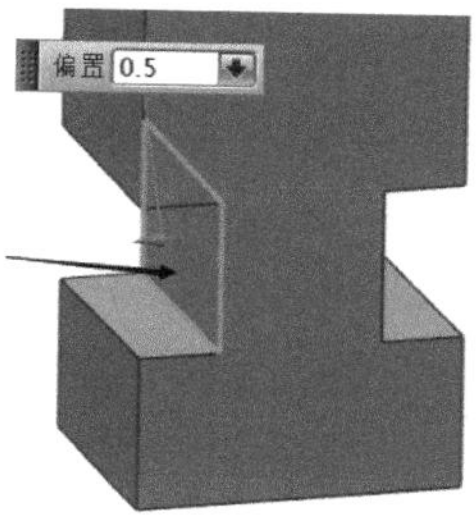

图 3-140　偏置面 3

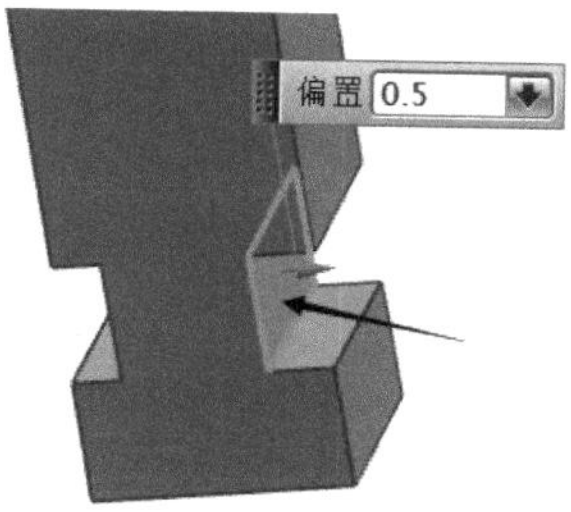

图 3-141　偏置面 4

3）参照步骤 2，将其余三个斜顶座和斜顶作同样处理。

斜顶导向设计

3.2.3　斜顶导向设计

1）显示斜顶、B 板和产品，其余部件隐藏。

2）选择菜单“燕秀 UG 模具 7.05”→“滑块斜顶”→“斜顶导向块”选项，系统弹出如图 3-142 所示的“斜顶导向块”对话框。斜顶导向类型选择“斜顶导向 2”，导向块固定螺钉选择 M5，尺寸选择“10×15×40”。导向块放置面选择 B 板底面，可一次选择 4 个斜顶创建其导向。

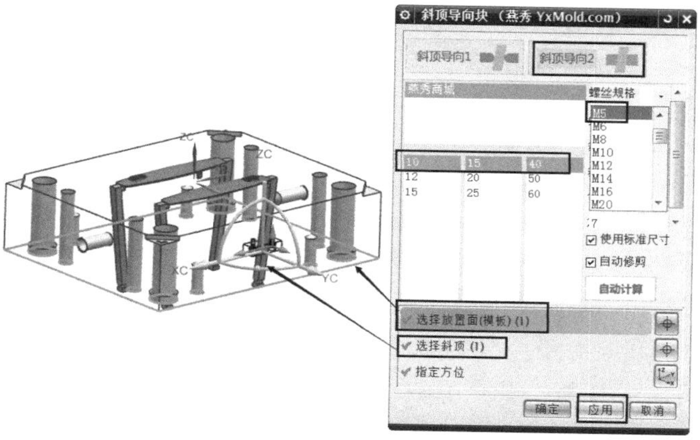

图 3-142　“斜顶导向块”对话框

3）将斜顶移至 80 层，斜顶座及其固定螺钉移至 81 层，导向块及其固定螺钉移至 82 层。

3.2.4　其他设计

斜顶后续设计包括：斜顶在 B 板上的避空，斜顶修剪后模芯。

1）显示产品、后模芯、斜顶、B 板，其余部件隐藏。

2）选择菜单“燕秀 UG 模具 7.05”→“模具特征”→“开框”选项，系统弹出图 3-143 所示的“开框”对话框。采用“清角型”，“零件体”选择后模芯，“开框体”选择 B 板，创建后模芯在 B 板的沉槽。

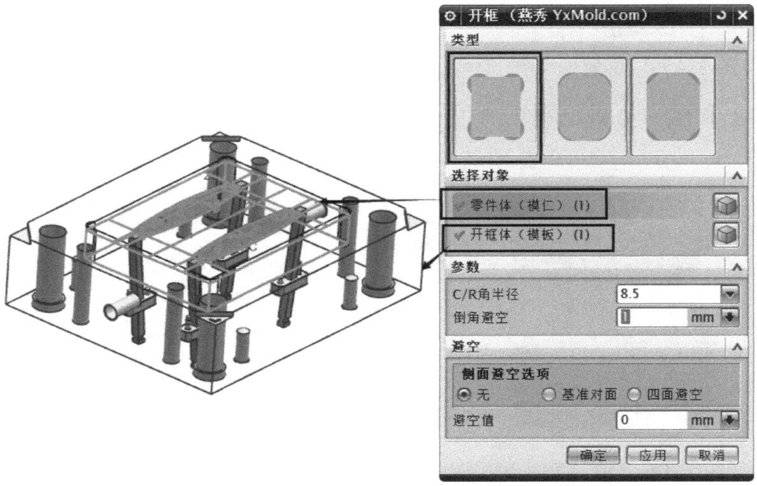

图 3-143　“开框”对话框

3）参照图 3-144，利用“减去”工具，用四个斜顶求差后模芯。

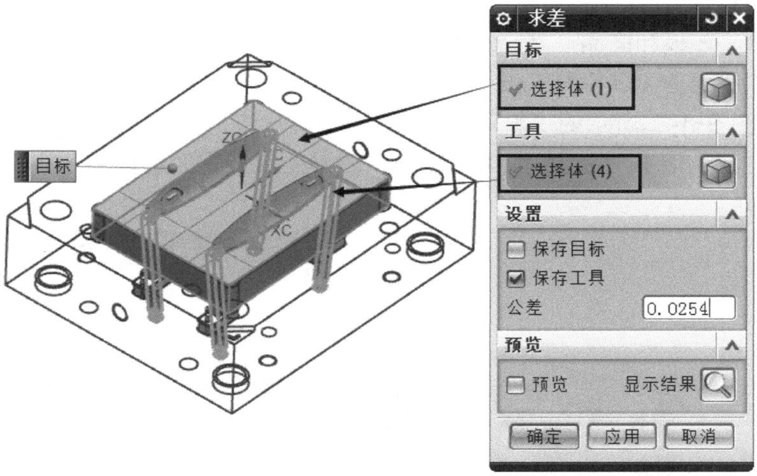

图 3-144　“求差”对话框 1

4）参照图 3-145，利用“减去”工具，用四个斜顶求差 B 板。

5）移除参数。只显示 B 板，其余隐藏。利用“偏置面”工具，将图 3-146 中箭头指示的 4 个斜顶过孔的内表面分别往外偏置 0.5，使斜顶与 B 板过孔避空。

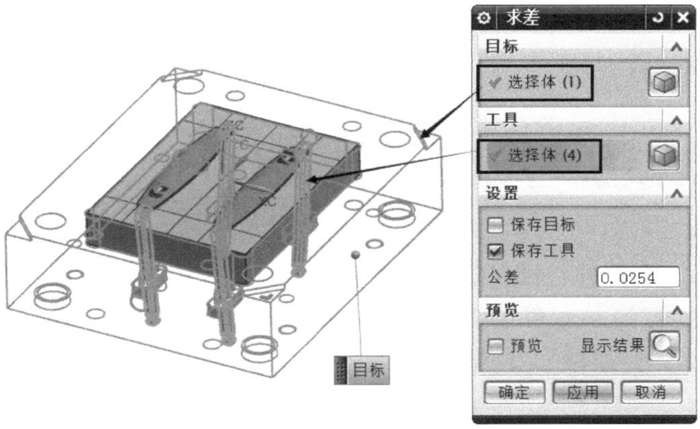

图 3-145　“求差”对话框 2

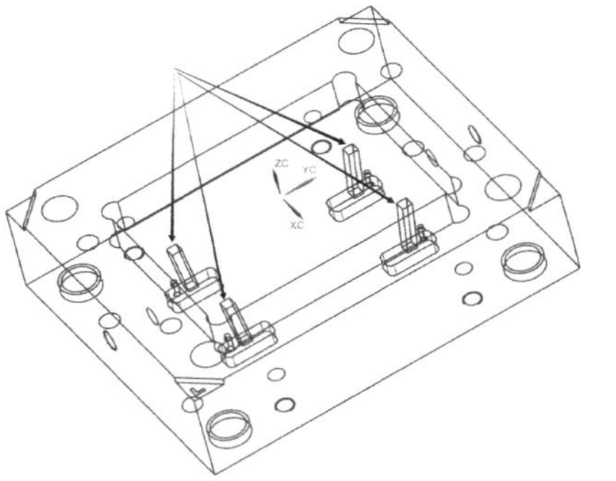

图 3-146　B 板上的斜顶过孔

3.3　本章小结

1．本章介绍的斜导柱滑块抽芯机构是一种典型的后模滑块机构。其中，滑块头和滑块座一般是应用 UG 建模模块设计，在设计滑块头和滑块座时要考虑其在模芯中的可靠定位，一般是将滑块座设计有 3° 或 5° 的斜度；斜导柱和滑块导向（压条）可用燕秀外挂或其他模具外挂加载。

2．滑块头的设计要考虑产品外观要求及客户要求，尽量减少滑块头在产品上产生夹线。

3．斜顶脱扣机构是模具中的常用机构。斜顶、导向块及斜顶座均可用 UG 建模模块设计，其中，斜顶座和导向块也可用燕秀外挂直接加载标准件。斜顶与 B 板的避空可以采用圆孔，便于加工。

3.4　思考与练习

1．模具的斜导柱滑块抽芯机构中，斜导柱的常用工作斜度是多少？滑块座的工作斜度是多少？

2．斜顶的工作斜度一般取多少？怎样计算斜顶的工作斜度？

3．设计如图 3-147 所示三通管模具的侧抽芯机构。（模型见 ch03/ch03_4/ex-3.4-3）

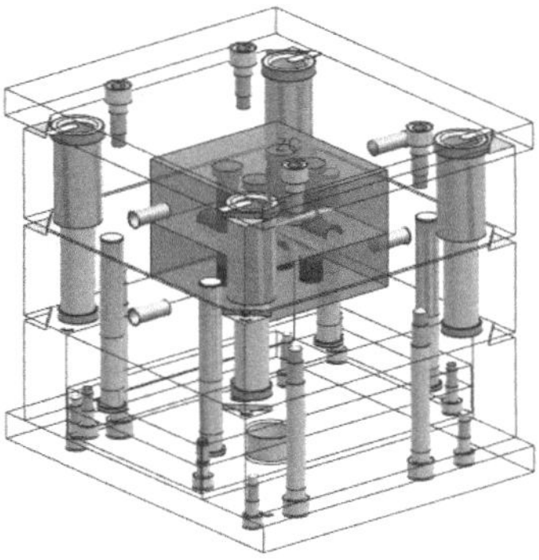

图 3-147　“三通管”模具

第 4 章　模架系统与顶出系统设计

模架系统主要包括标准模架（模胚）、支撑柱、螺钉、回针弹簧、垃圾钉、限位柱和锁模块等；顶出系统包括顶针、司筒、推管和推板等。本章主要介绍模架及其标准件和顶针的设计参数选择，并以燕秀外挂提供的标准件为例，介绍模架及其标准件和顶针的设计步骤及方法。

本章重点

- 标准件设计参数的选择
- 模架设计
- 顶针设计

4.1　设计要求

【例 4-1】　电瓶车充电器上盖模具模架系统和顶出系统设计

如图 4-1 所示电瓶车充电器模具，在前面章节已经完成分模设计和滑块机构设计等，下面分节介绍模架系统及顶出系统设计。

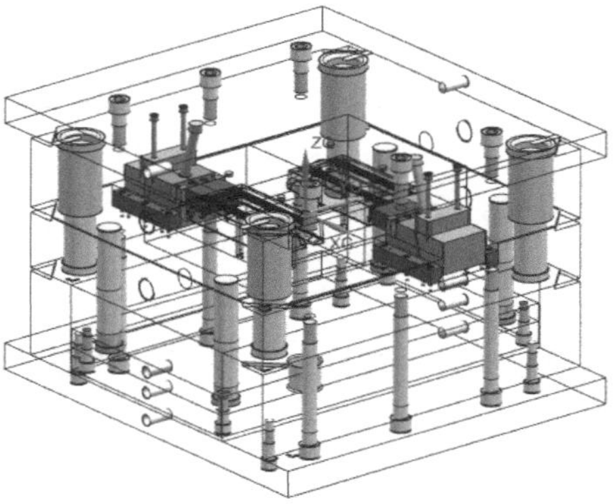

图 4-1　电瓶车充电器上盖模具

【分析】该模具在第 3 章已完成滑块机构和斜顶机构设计，后续进行模仁开框设计、模仁锁螺钉设计、虎口设计、斜度锁紧块设计、顶针设计、支撑柱设计、回针弹簧设计和垃圾钉设计等。

4.2　模架系统设计

模架系统设计

4.2.1　模仁开框设计

1）打开配套资源中的 ch04/ch04_2/ex-4.1.prt 文件，显示前模芯和 A 板，其余隐藏。

2）利用“合并”工具，将图 4-2 箭头指示的两块前模芯求和。

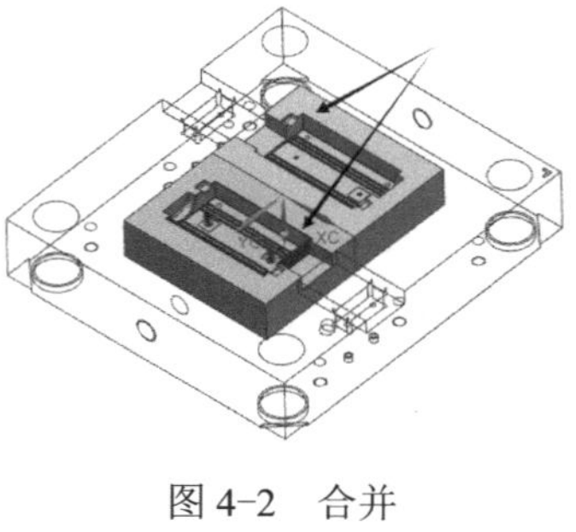

图 4-2　合并

3）选择菜单“燕秀 UG 模具 7.05”→“模具特征”→“开框”选项，系统弹出如图 4-3 所示的“开框”对话框。开框类型选择“清角型”，在对话框“避空”分组中选中“基准对面”选项，“避空值”设置为 1，其余参数默认。单击“确定”按钮，完成前模芯的开框，并在非基准边避空 1。

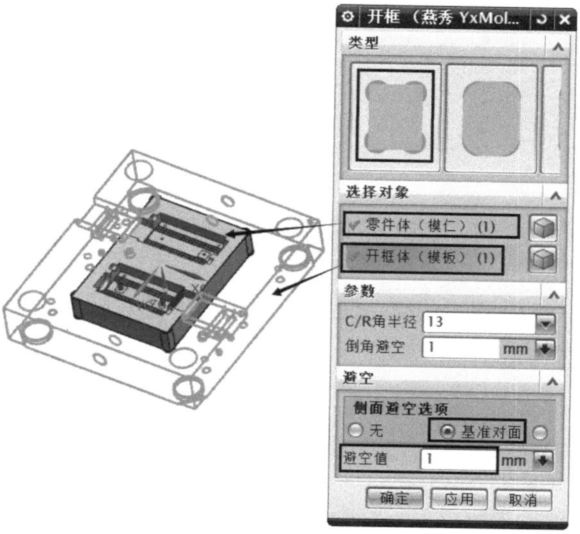

图 4-3　“开框”对话框

4）利用“拆分体”命令，将步骤 2 中合并的两块前模芯拆分，拆分平面选择“XC-ZC”平面。

5）显示两块后模芯和 B 板，其余隐藏。参照上述步骤 2～4，对后模芯进行开框设计。

4.2.2　模仁固定螺钉设计

1）显示后模芯及 B 板，其余隐藏。选择菜单“燕秀 UG 模具 7.05”→“模胚及相关”→“螺丝”选项，系统弹出如图 4-4 所示的对话框，选用 M10 规格螺钉，单击选择“4 角镜像”单选按钮。单击“动态”按钮，选择图 4-5 中箭头指示的其中一个模腔的后模芯上表面，并参照图中的基准边及边距放置 4 颗螺钉。螺钉边距为 12，对“YC”轴基准距离为 65。

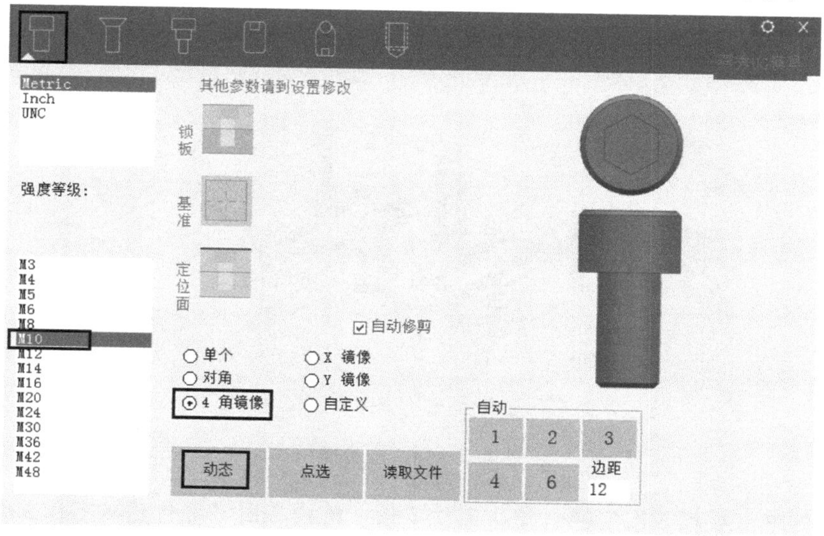

图 4-4　“螺丝”对话框

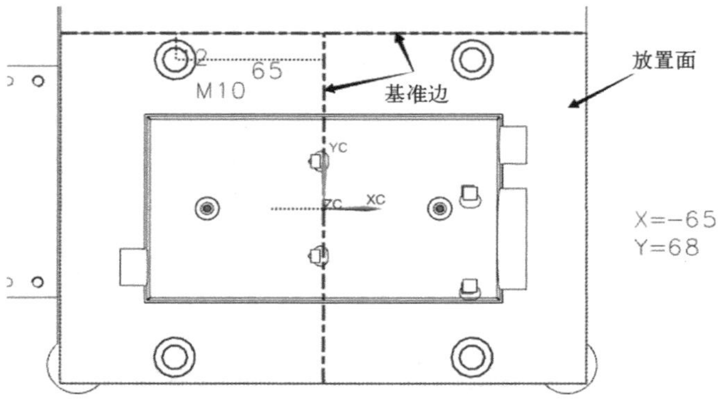

图 4-5　放置螺钉

同样方法，放置另一个模腔的后模芯固定螺钉。设计完成的 8 颗螺钉如图 4-6 所示。

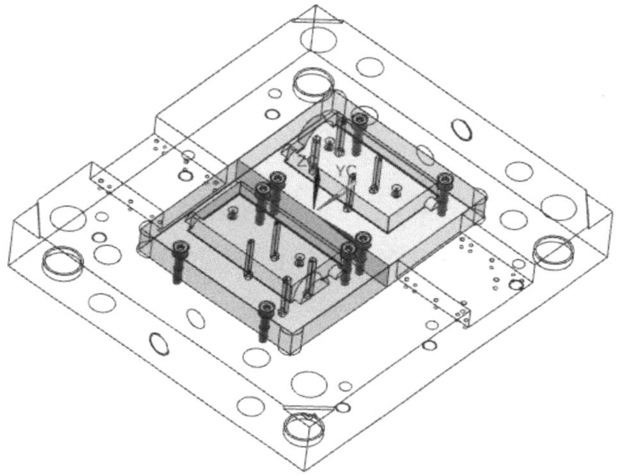

图 4-6　型芯固定螺钉

2）显示前模芯及 A 板，其余隐藏。参照步骤 1 放置前模芯固定螺钉，如图 4-7 所示。

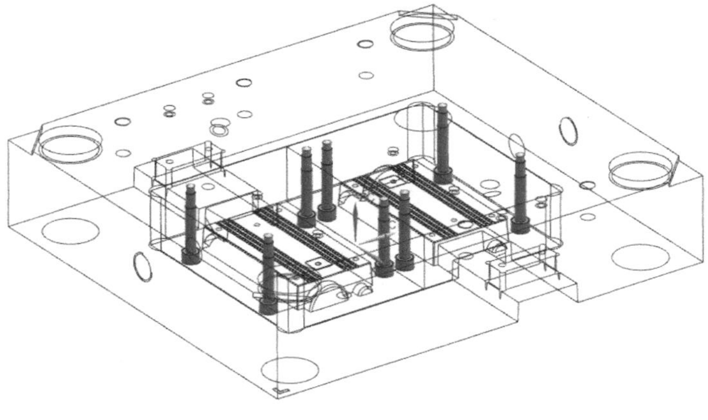

图 4-7　型腔固定螺钉

注意：本例中，后模芯固定螺钉是从上往下锁，前模芯固定螺钉是从下往上锁。

4.2.3　虎口设计

显示前后模芯，其余隐藏。选择菜单“燕秀 UG 模具 7.05”→“模具特征”→“虎口”选项，系统弹出如图 4-8 所示的“虎口”对话框。按照图示操作步骤进行操作，注意虎口“凸”在后模，“凹”在前模。创建的模具虎口如图 4-9 所示。

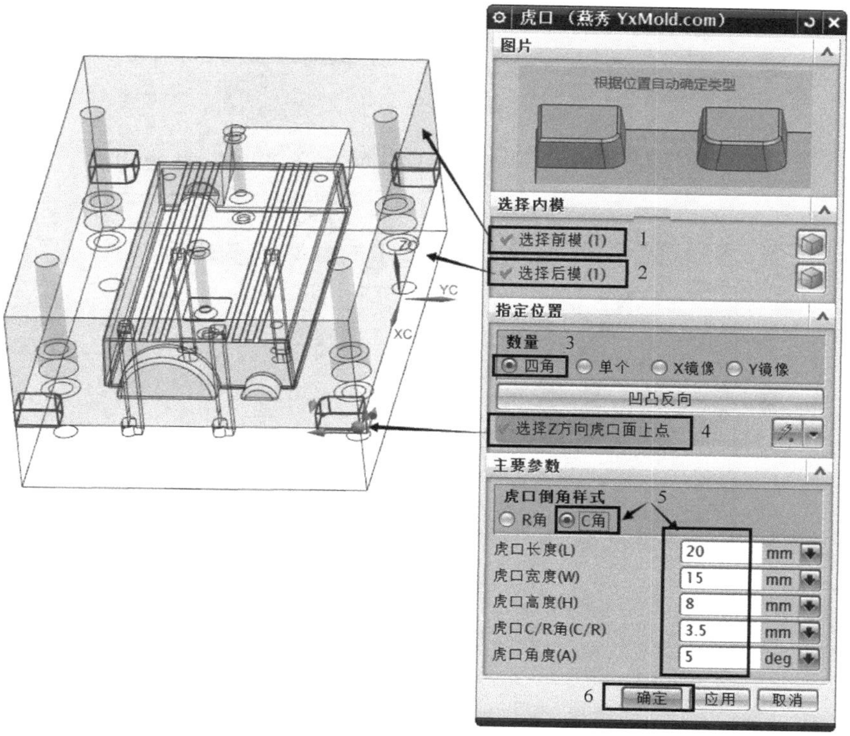

图 4-8　“虎口”对话框

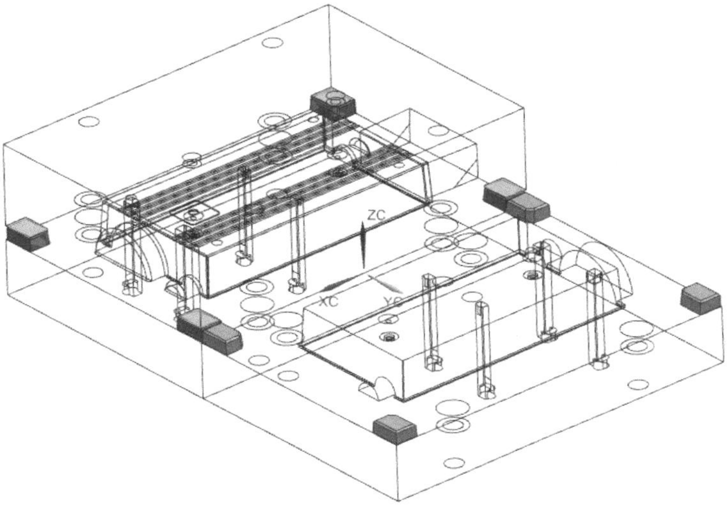

图 4-9　创建的虎口

4.2.4 锁紧块（挤压块）设计

1）显示后模芯及 B 板，其余隐藏。选择菜单“燕秀 UG 模具 7.05”→“模胚及相关”→“挤压块”选项，系统弹出如图 4-10 所示的“挤压块”对话框。按照图中所示步骤操作，动态放置锁紧块，当动态坐标显示（0, 80）时单击左键放置锁紧块。当前放置的锁紧块宽、长、厚尺寸为 25、120、30，加载的挤压块如图 4-11 所示。

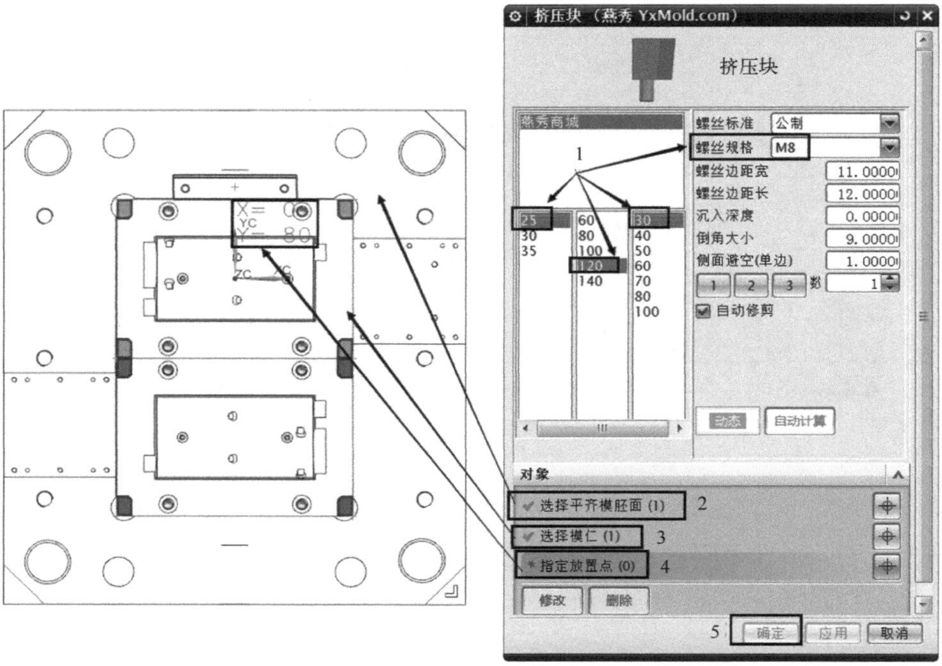

图 4-10 “挤压块”对话框

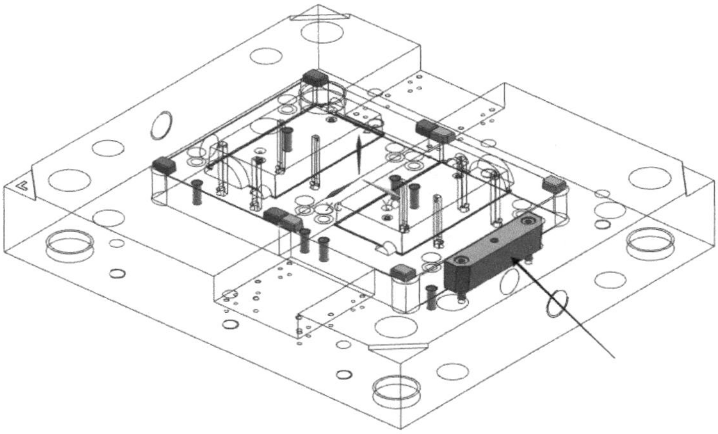

图 4-11 创建的挤压块

2）参照步骤 1，在图 4-12 箭头指示位置放置锁紧块，锁紧块宽、长、厚尺寸为 25、100、30，放置点坐标为（-115, -43）。

3）将步骤 2 创建的锁紧块隐藏，利用“删除面”工具将图 4-13 箭头指示的圆弧面删除。

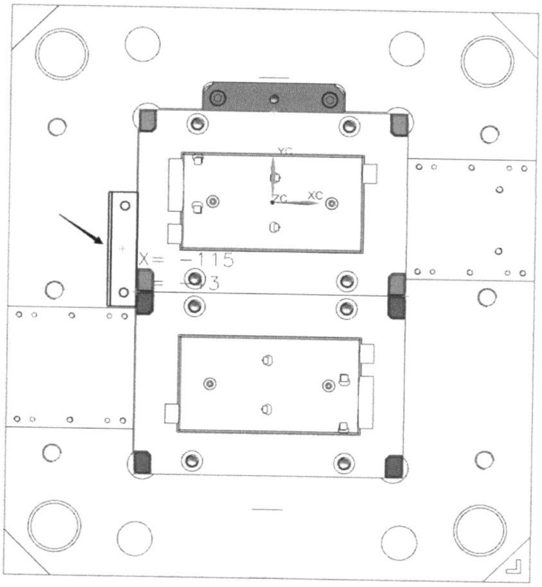

图 4-12　放置挤压块

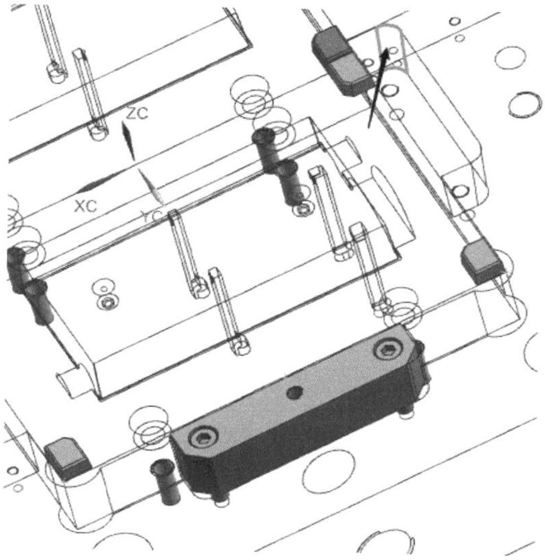

图 4-13　创建的挤压块

4）利用“替换面”工具，按照图 4-14 中箭头所示选择“要替换的面”和“替换面”。此步是将锁紧块的安装槽与滑块压条的安装槽做通。创建的后模芯的锁紧块如图 4-15 所示。

5）显示前模芯和 A 板。参照步骤 1，创建前模芯的两块锁紧块，如图 4-16 所示。

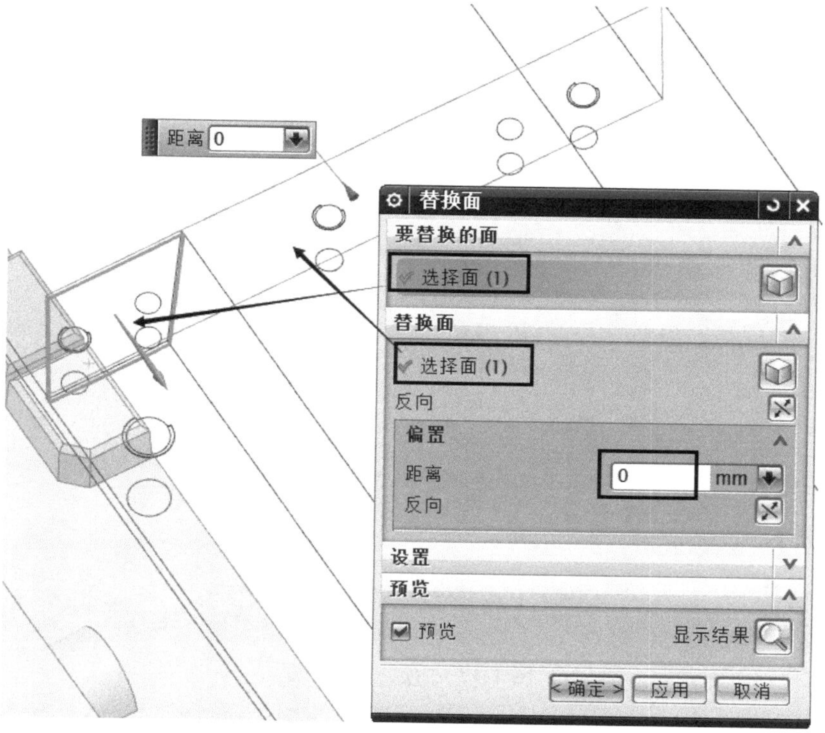

图 4-14　“替换面”对话框

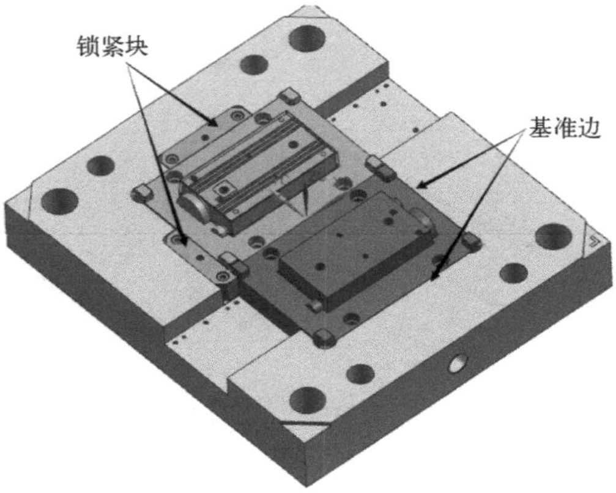

图 4-15　后模芯挤压块（锁紧块）

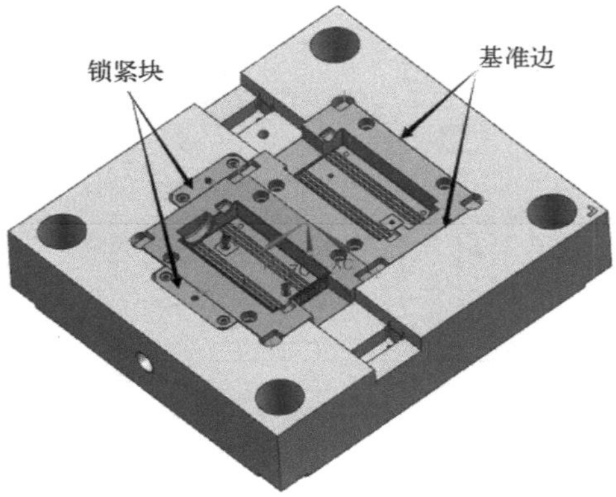

图 4-16　前模芯挤压块

4.3　顶出系统设计

顶针设计

4.3.1　顶针设计

1．圆顶针设计

1）显示产品、后模芯和后模镶件，其余隐藏。

2）选择菜单“燕秀 UG 模具 7.05”→“顶出系统”→“顶针”选项，系统弹出如图 4-17 所示的对话框。选择 “圆顶针”选项卡，厂家选择“MISUMI”，顶针规格选择“6”，放置方式选择“单个”，其余参数默认。

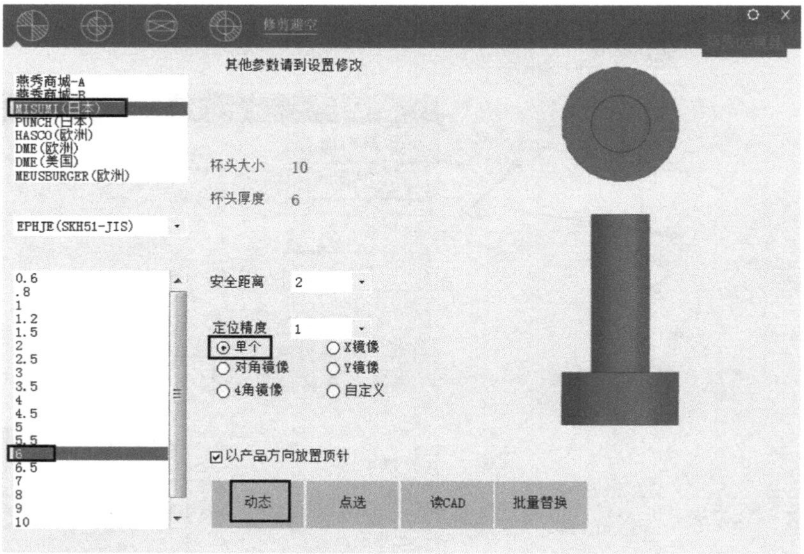

图 4-17　“顶针”对话框

单击“动态”按钮动态，系统弹出图 4-18 所示的“请选择后模，或后模镶件”对话框，选择箭头指示的后模，系统自动以“俯视图”显示。按照图 4-19 箭头指示的位置单击鼠标放置顶针 1，其放置坐标为（0, −44）。然后单击对话框中的“取消”按钮，系统返回到图 4-17 所示的初始对话框，且在对话框右下角增添了“生成 3D”按钮。单击“生成 3D”按钮，则创建顶针 1。

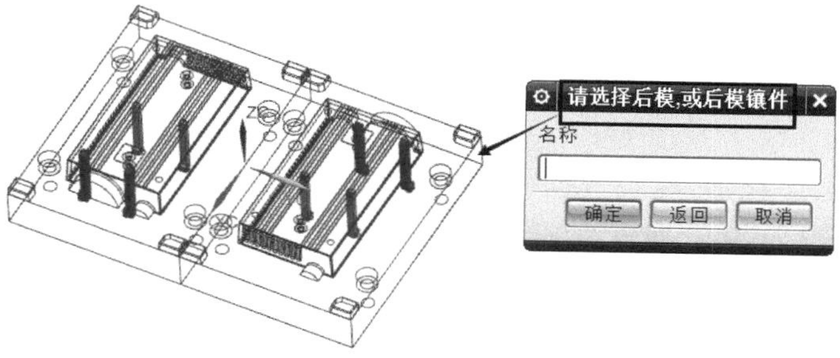

图 4-18　选择后模芯

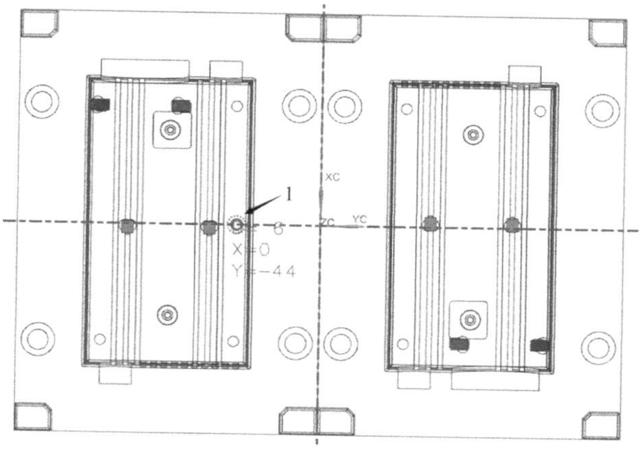

图 4-19　放置顶针

3）单击工具栏的“移动对象”按钮，系统弹出如图 4-20 所示的“移动对象”对话框，选择创建的顶针 1，沿“XC”方向移动复制得到顶针 2，移动距离为 36。

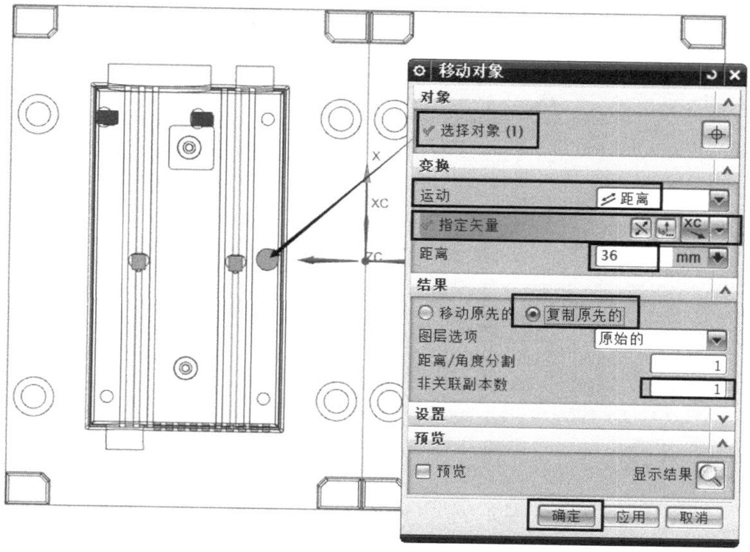

图 4-20 “移动对象”对话框

同样操作，将顶针 1 沿“XC”方向移动复制得到顶针 3，移动距离为 70。将顶针 1 沿“-XC”方向移动复制得到顶针 4，移动距离为 36；将顶针 1 沿“-XC”方向移动复制得到顶针 5，移动距离为 70。创建的 5 根顶针如图 4-21 所示。

同样操作，将顶针 1～5 沿“-YC”方向移动复制得到顶针 6～10，移动距离为 36。创建的顶针 6～10 如图 4-22 所示。

同样操作，将顶针 1～5 沿“-YC”方向移动复制得到顶针 11～15，移动距离为 72。创建的顶针 11～15 如图 4-23 所示。

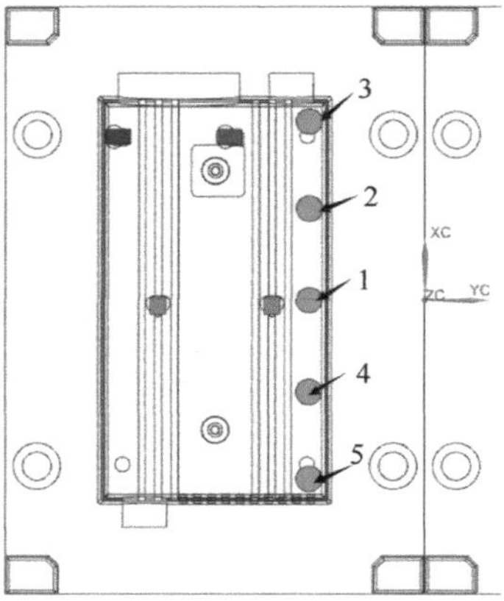

图 4-21　创建顶针 1

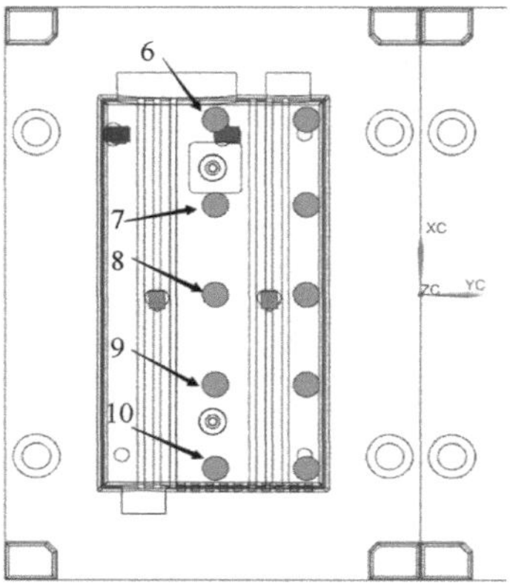

图 4-22　创建顶针 2

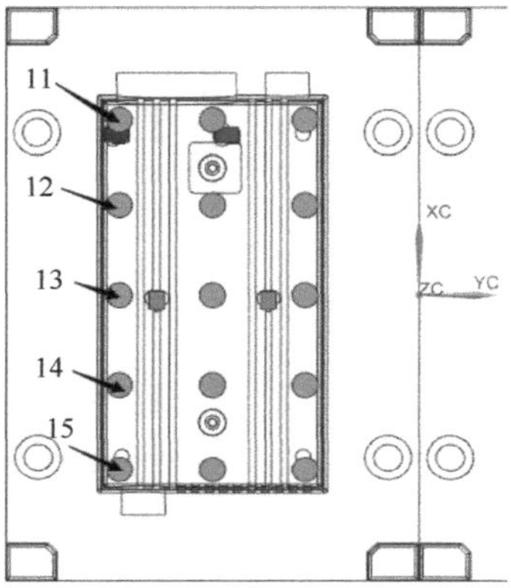

图 4-23　创建顶针 3

4）参照图 4-24，将顶针 6 沿“-YC”方向移动 3；参照图 4-25，将顶针 11 沿“XC”方向移动 2.5。

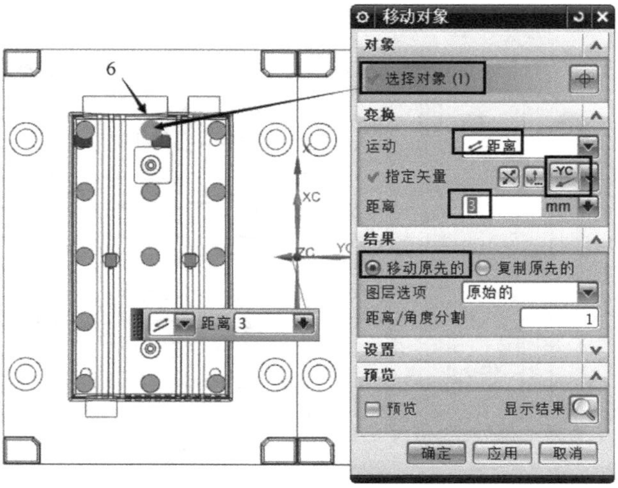

图 4-24 “移动对象”对话框 1

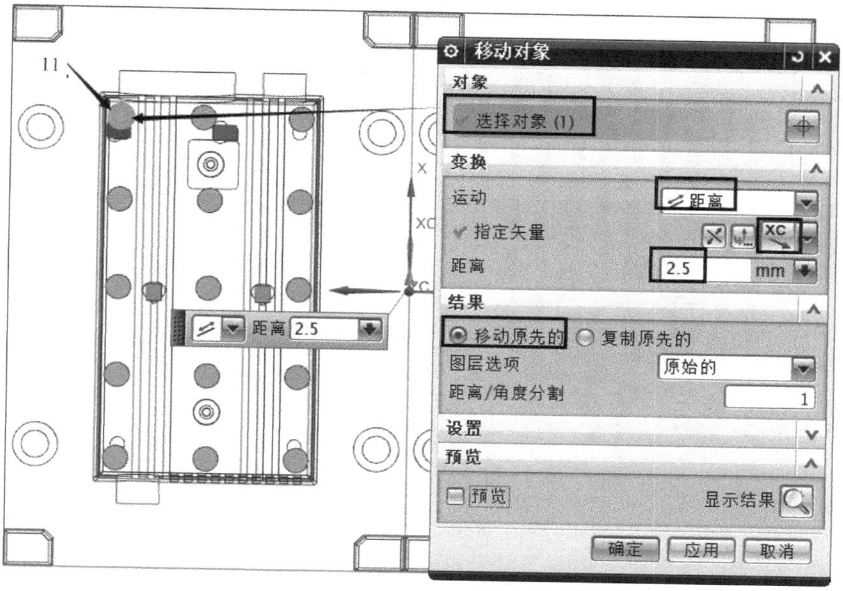

图 4-25 “移动对象”对话框 2

5）单击工具栏的“偏置面”按钮，系统弹出如图 4-26 所示的“偏置面”对话框，选择图中箭头指示顶针 11 的圆柱面及杯头圆柱面，向内偏置 0.5。偏置后，顶针直径为 5，杯头直径为 9。

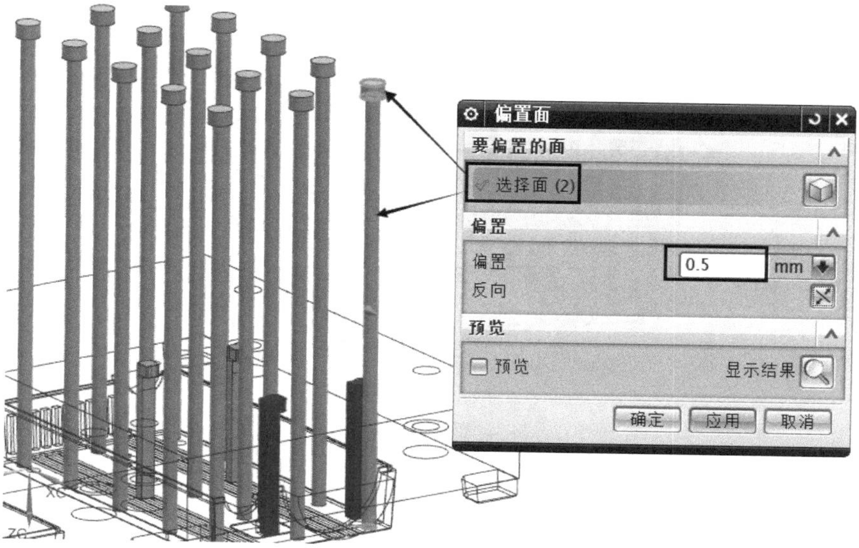

图 4-26 “偏置面”对话框

6）单击工具栏的“移动对象”按钮，系统弹出如图 4-27 所示的“移动对象”对话框，选择上述步骤创建的 15 根顶针，通过旋转复制得到另一模腔的 15 根顶针，如图 4-28 所示。

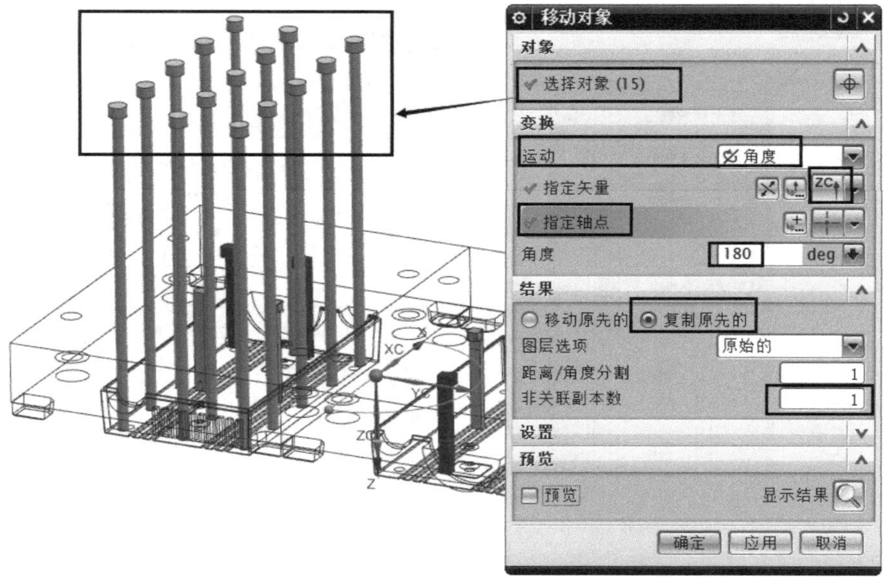

图 4-27 “移动对象”对话框 3

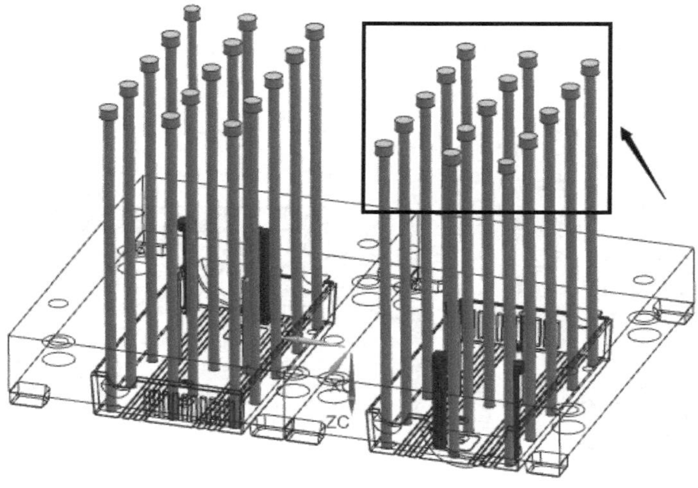

图 4-28 复制顶针

7）顶针防转设计。如图 4-29 箭头指示的两根顶针需要防转，后续潜伏式浇口的进胶段开在顶针上。

显示顶针面板。选择菜单“燕秀 UG 模具 7.05”→“模具特征”→“顶针定位”选项，系统弹出如图 4-30 所示的“顶针镶针定位”对话框。顶针定位类型选择“D”字型，修剪参数采用系统默认参数。可通过图 4-31 所示的动态坐标系调整“D”字型定位的方位。

同样操作，对另一根顶针进行定位设计。完成定位的两根顶针如图 4-32 所示。

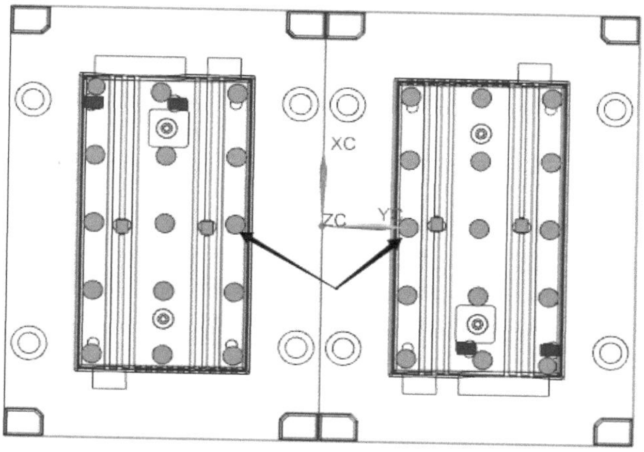

图 4-29　需要防转的两根顶针

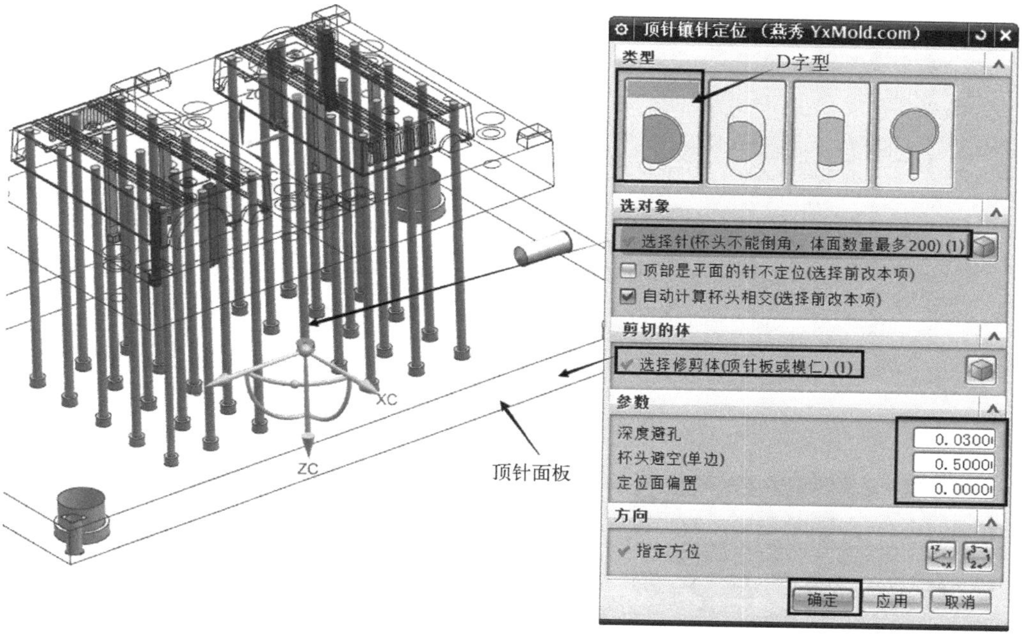

图 4-30　“顶针镶针定位”对话框

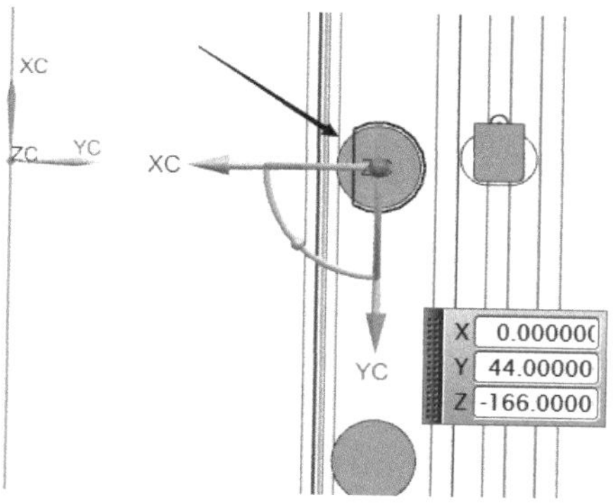

图 4-31　定位

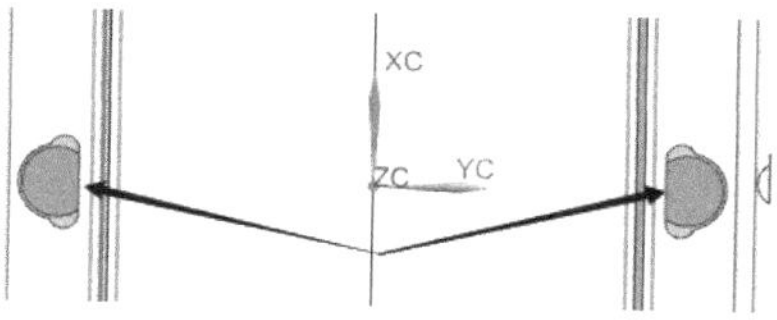

图 4-32　创建顶针防转特征

8）顶针修剪与避空。

选择菜单“燕秀 UG 模具 7.05”→“顶出系统”→“顶针”选项，系统弹出 4-33 所示的对话框。选择对话框中的“修剪避空”选项卡，单击“修剪”按钮 修剪 ，系统弹出图 4-34 所示的“请选择后模，或后模镶件”对话框，单击选择箭头指示的其中一个后模芯。此时系统弹出图 4-35 所示的“选择限位块（无限位柱请选择顶针面板）”对话框，选择顶针面板，此时系统自动完成顶针的修剪及避空。

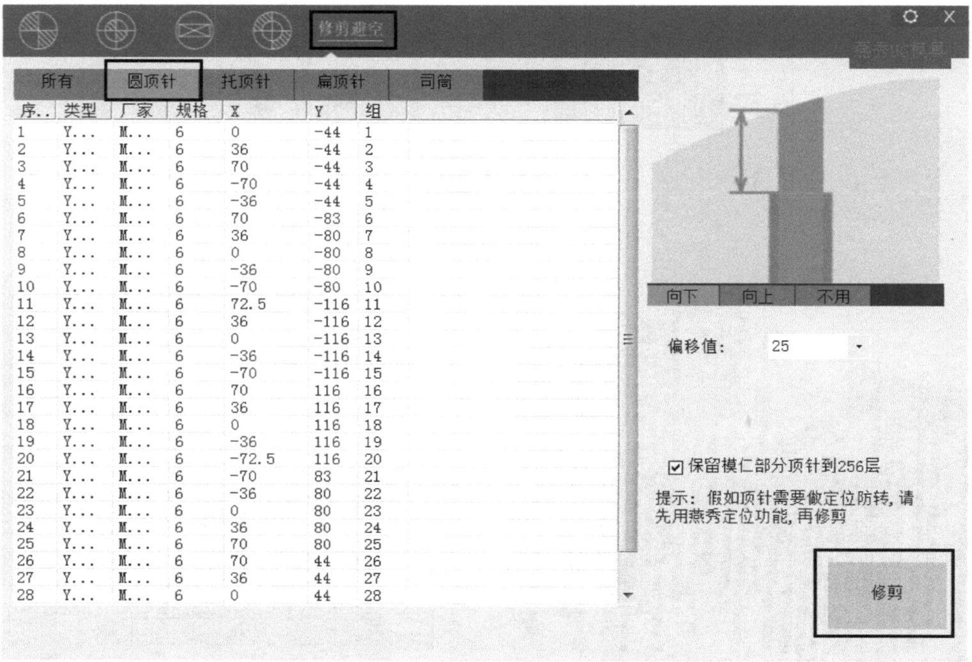

图 4-33 “修剪避空”选项卡

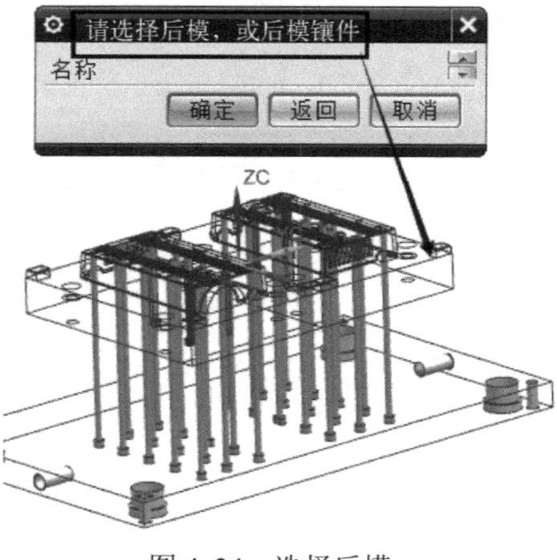

图 4-34 选择后模

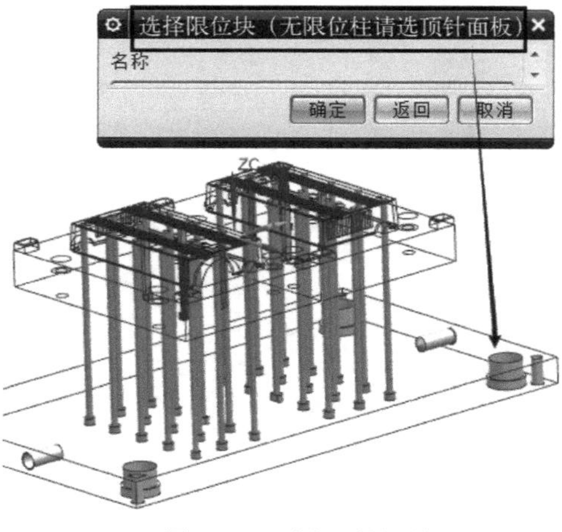

图 4-35 选择顶针面板

照此操作，完成另一模腔 15 根顶针的修剪与避空。两个模腔的顶针修剪与避空完成后如图 4-36 所示。B 板也创建了顶针的过孔及避空，如图 4-37 所示。

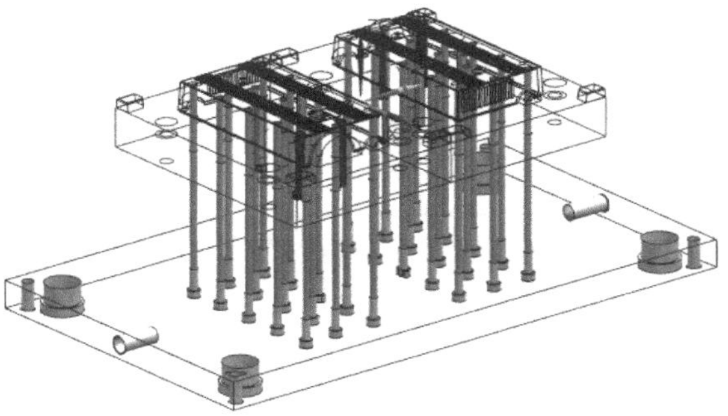

图 4-36　修剪顶针

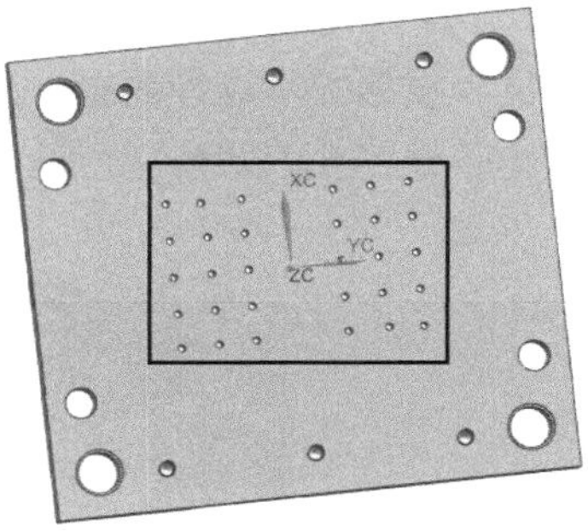

图 4-37　B 板的顶针过孔

9）显示后模芯，其余部件隐藏。利用“偏置面”工具，将图 4-38 中箭头指示的两个顶针配合孔向内偏置 0.5，与此处的顶针（$\phi 5$）相配合。

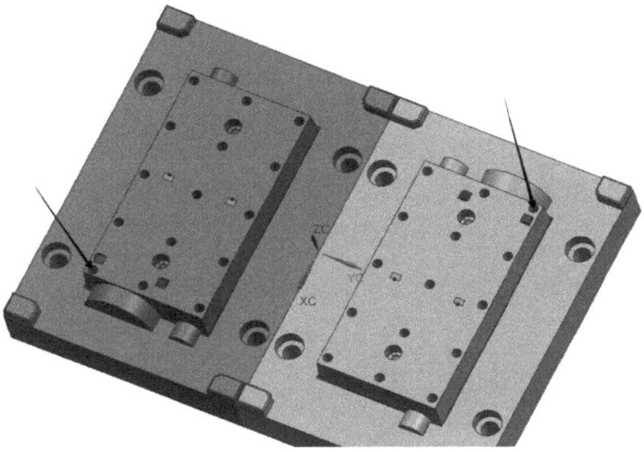

图 4-38　偏置面

2．司筒（针）设计

司筒设计

1）显示后模、产品及顶针板，其余隐藏。选择菜单“燕秀 UG 模具 7.05”→“顶出系统”→“顶针”选项，系统弹出 4-39 所示的对话框。选择对话框中的“司筒”选项卡，司筒直径选择 5，司筒针直径选择 3.5。

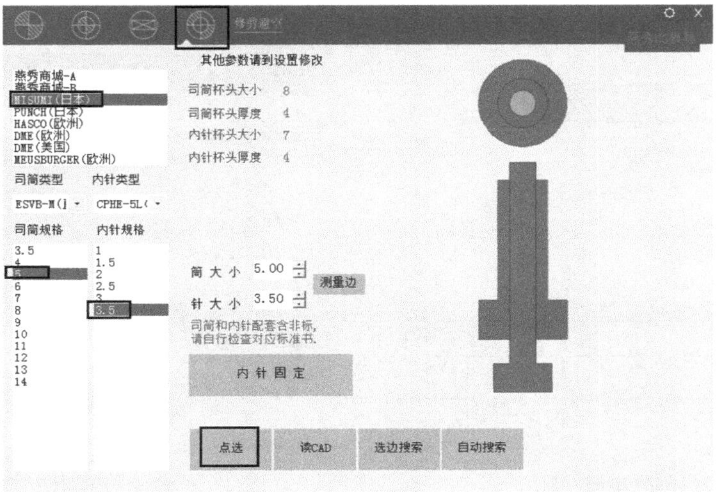

图 4-39 “司筒针”选项卡

单击对话框中的“点选”按钮，系统弹出图 4-40 所示的“请选择后模，或后模镶件”对话框，根据提示选择后模。系统弹出如图 4-41 所示的“点”对话框，用鼠标依次捕捉图中箭头所示的柱位孔的圆心（产品有两个）。

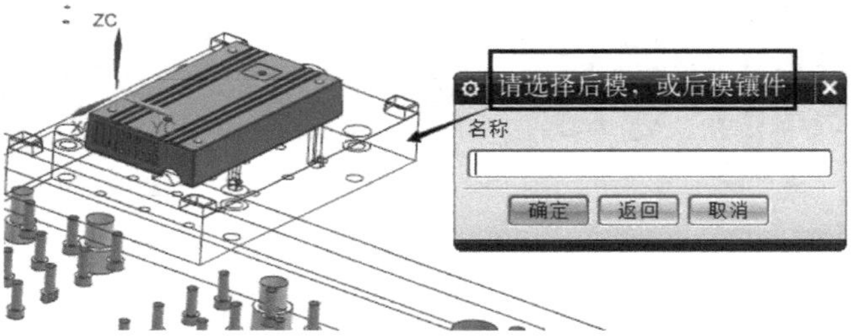

图 4-40　选择后模

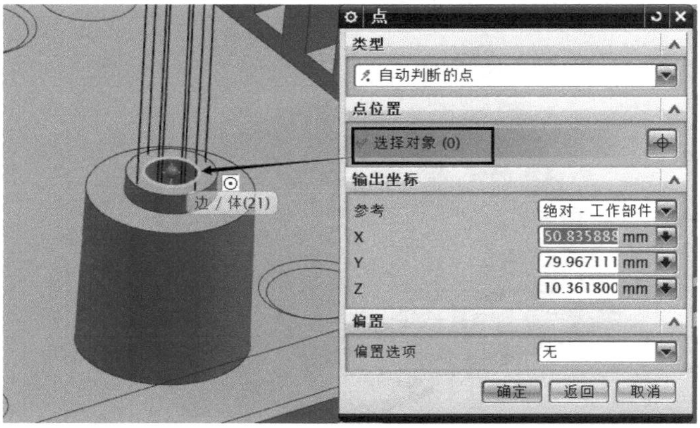

图 4-41　“点”对话框

单击“点”对话框中的“取消”按钮，系统返回到图 4-39 所示对话框，同时在对话框的右下角出现“生成 3D”按钮，单击“生成 3D”按钮，则创建图 4-42 所示的两套司筒（针）。

2）显示模具底板。在图 4-39 所示对话框中单击“内针固定”按钮，系统弹出如图 4-43 所示的对话框，选择“无头螺丝”选项卡，螺钉规格为 M8。

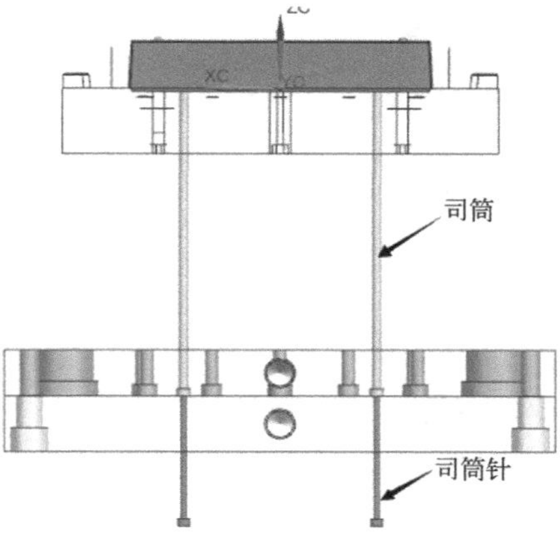

图 4-42　创建司筒（针）

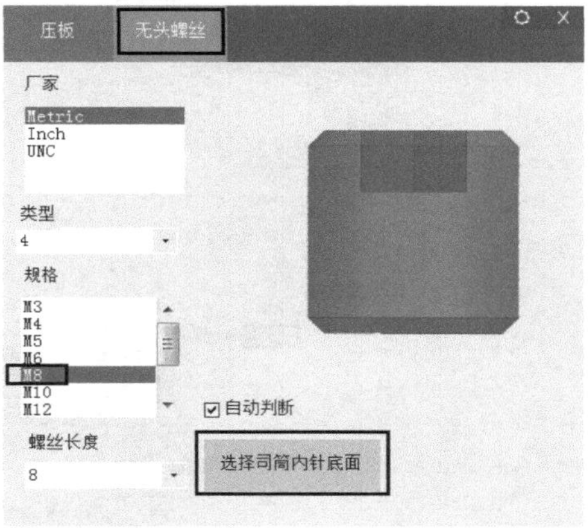

图 4-43　“无头螺丝”选项卡

单击对话框中的选择司筒内针底面按钮，系统弹出图 4-44 所示的“选择司筒内针底面”对话框，选择图中箭头指示的两颗内针底面，依次单击对话框中的“确定”和“取消”按钮，系统返回到图 4-43 所示对话框，此时对话框右下侧出现“生成 3D”按钮，单击“生成 3D”按钮，则创建两颗无头螺钉，如图 4-45 所示。

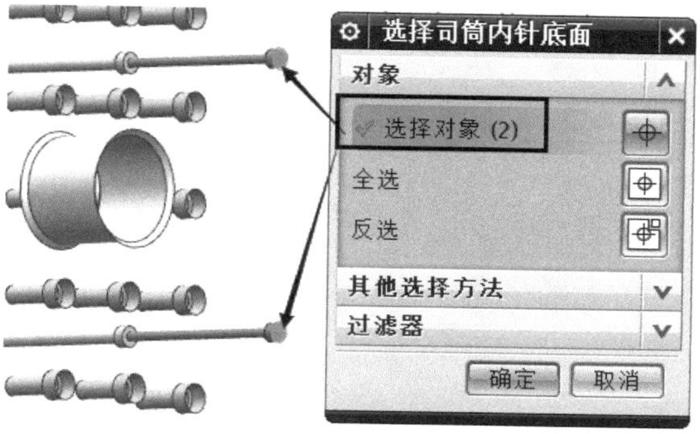

图 4-44　选择面

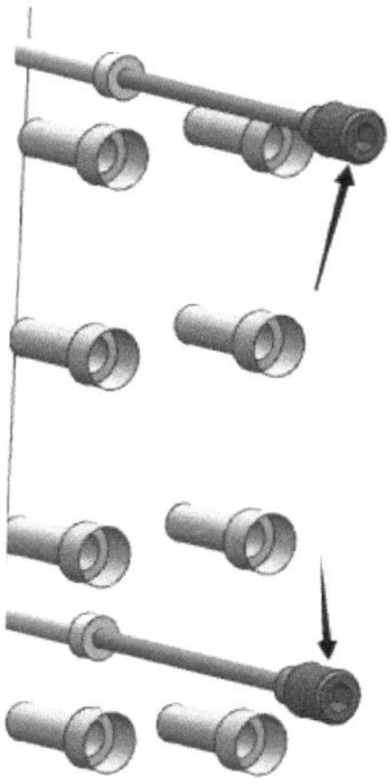

图 4-45　创建无头螺钉

3）参照上述步骤 1 和 2，创建另一模腔的两套司筒（针）。

4）选择图 4-39 对话框中的“修剪避空”选项卡，单击对话框中的“修剪”按钮修剪，后续步骤参照“圆顶针”的修剪和避空操作步骤，完成 4 套司筒（针）的修剪和避空。

5）显示如图 4-46 中箭头指示的 4 个产品体柱位孔的修补实体，显示司筒针及顶针板，隐藏司筒和其他部件。利用“合并”工具，依次将司筒针和修补实体求和。

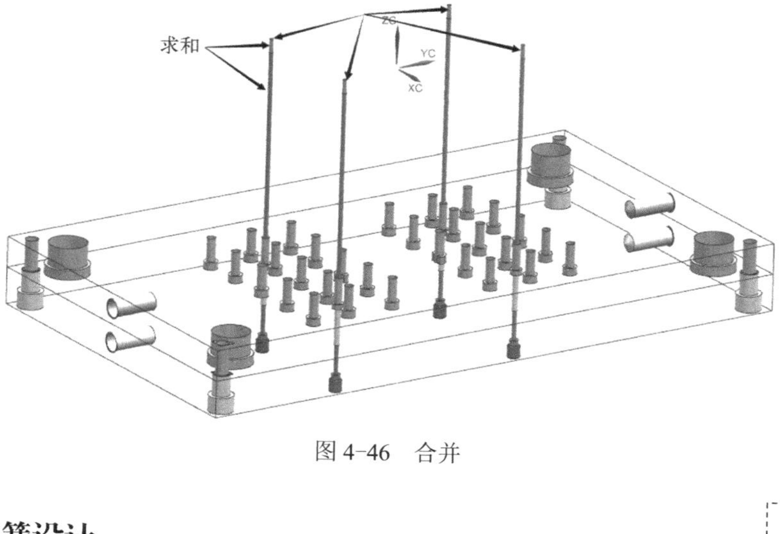

图 4-46　合并

4.3.2　回针弹簧设计

回针弹簧设计

显示 B 板、顶针面板和固定板、模具底板及回针，其余隐藏。选择菜单“燕秀 UG 模具 7.05”→“模胚及相关”→“弹簧”选项，系统弹出如图 4-47 所示的对话框。选择对话框中的“回针”类型。选择“SWF 轻小型”，规格为“60×33×90”。单击“预览”按钮，系统弹出图 4-48 所示的回针弹簧预览，同时在对话框右下角出现“生成3D”按钮，单击该按钮，则创建如图4-49所示的四个回针弹簧。

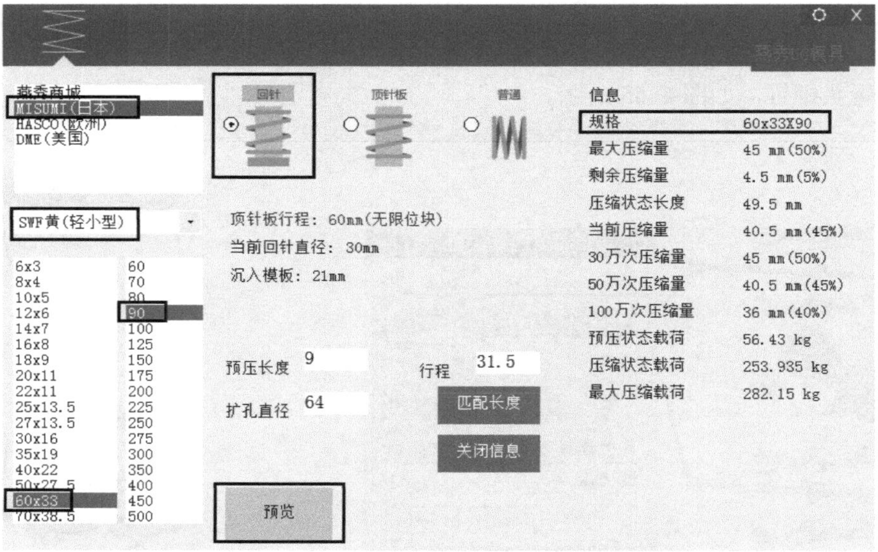

图4-47 “弹簧”对话框

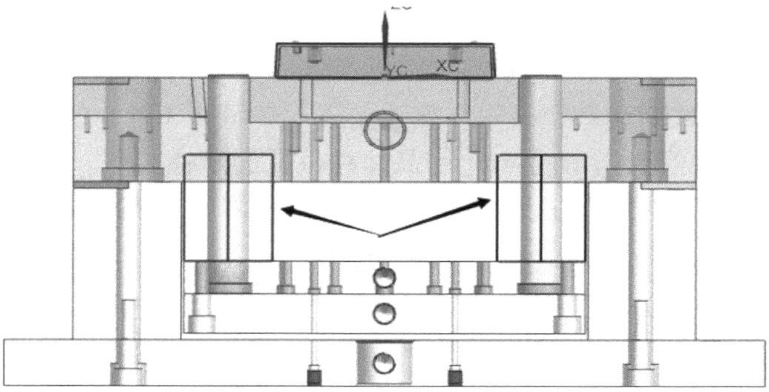

图4-48 弹簧预览

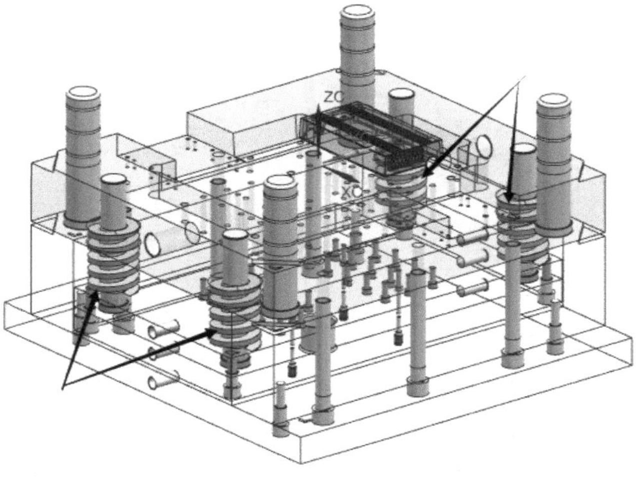

图4-49 创建回针弹簧

4.3.3　撑头\限位柱\垃圾钉设计

1）选择菜单“燕秀 UG 模具 7.05”→“模胚及相关”→“顶针板零件”选项，系统弹出如图 4-50 所示的对话框。选择“撑头”选项卡，直径选择 45，单击选择“4 角镜像”放置方式。单击对话框中的“动态”按钮，系统转换到如图 4-51 俯视图，移动鼠标动态放置撑头，当坐标出现（60, 150）时单击左键放置撑头。

系统返回到图 4-50 所示的对话框，在对话框右下角出现“生成 3D”按钮，单击“生成 3D”按钮，则创建 4 个撑头。

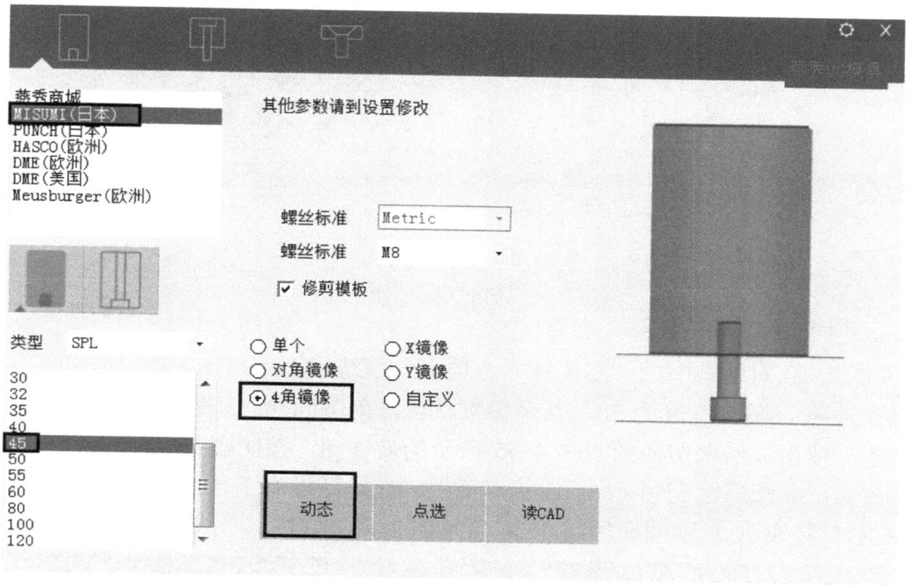

图 4-50　“撑头”选项卡

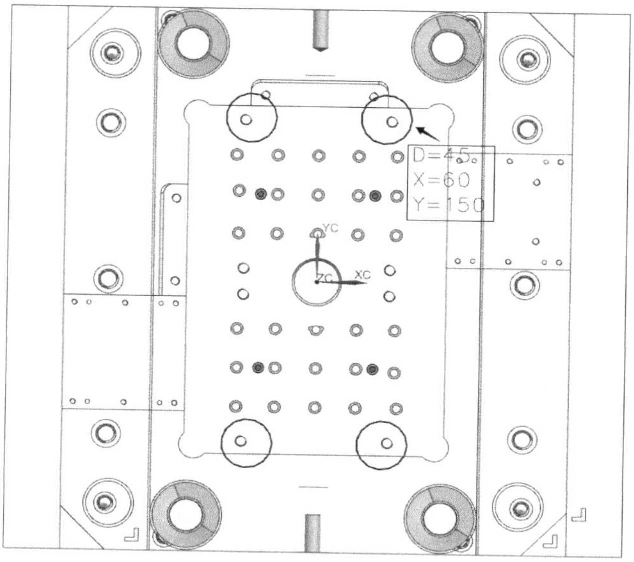

图 4-51　放置撑头 1

在图 4-50 对话框的放置方式中单击选择“Y 镜像”单选按钮，参照图 4-52 在“KO”孔两侧放置两个撑头。创建的 6 个撑头如图 4-53 所示。

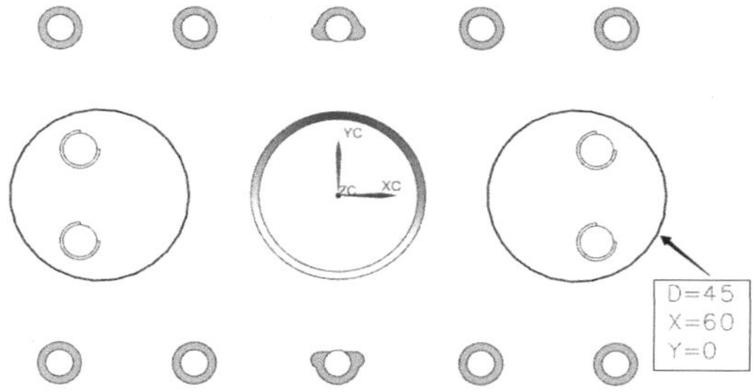

图 4-52　放置撑头 2

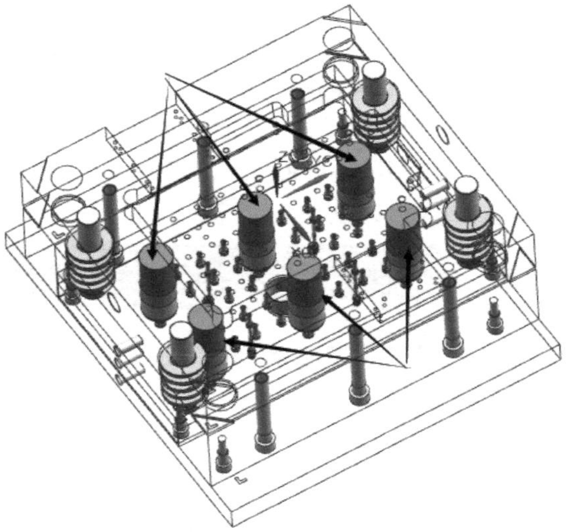

图 4-53　创建的撑头

2）选择图 4-50 对话框中的“限位柱”选项卡，系统切换到如图 4-54 所示的“限位柱”界面，设置直径为 40，限位高度为 30，其余参数默认，单击选择“Y 镜像”单选按钮。单击对话框中的“动态”按钮，系统切换到如图 4-55 所示的俯视图，按照图中坐标放置限位柱，单击左键放置限位柱后，系统返回到图 4-54 所示对话框，在对话框右下角出现“生成 3D”按钮，单击“生成 3D”按钮，则创建如图 4-56 所示的 2 个限位柱。

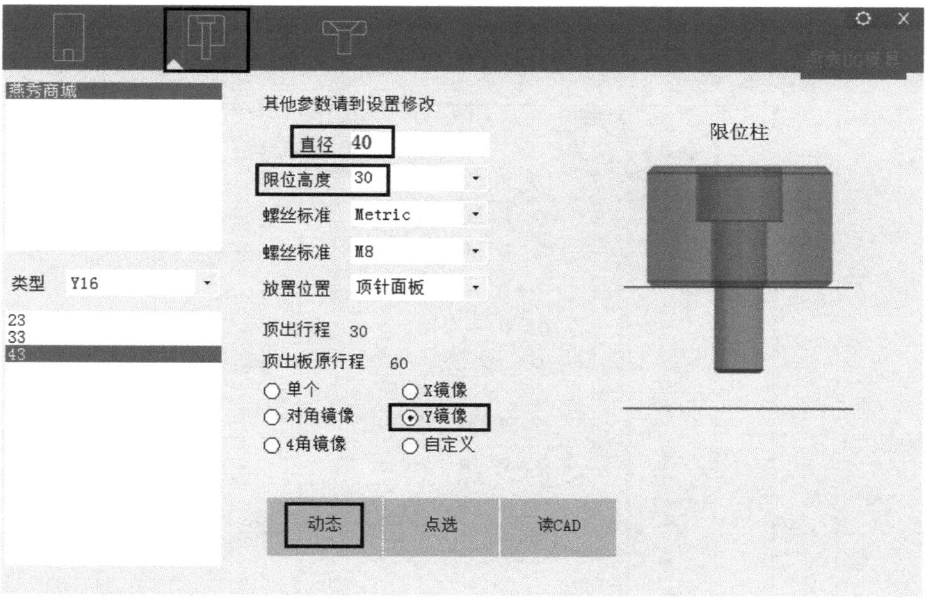

图 4-54　“限位柱”选项卡

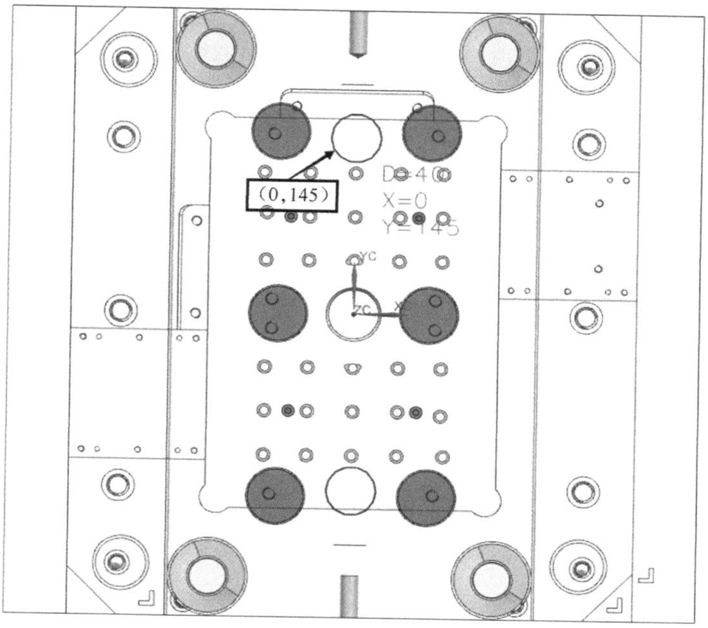

图 4-55　放置限位柱

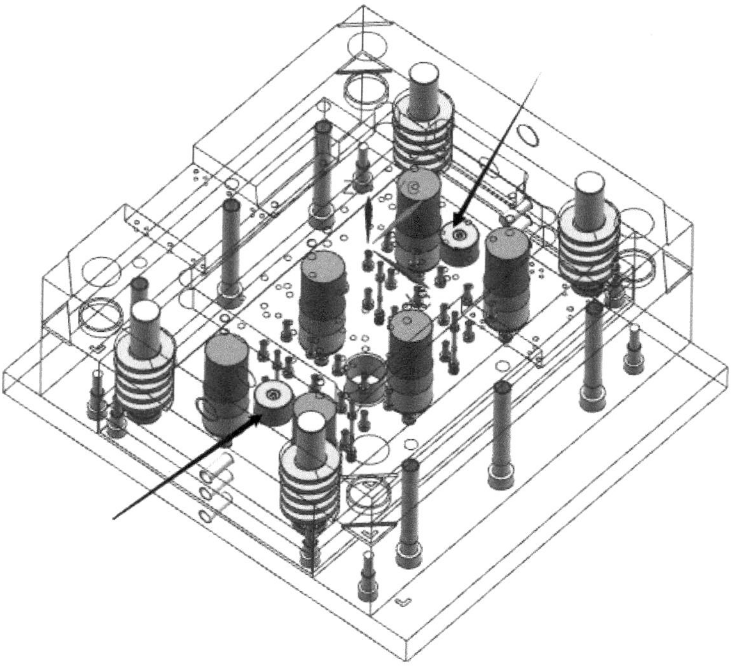

图 4-56　创建的限位柱

3）选择图 4-50 对话框中的“垃圾钉”选项卡，系统切换到如图 4-57 所示的“垃圾钉”界面，垃圾钉直径选择 25，“放置位置”选择“顶针底板”，其余参数默认，单击选择“4 角镜像”单选按钮。单击对话框中的“动态”按钮，系统切换到如图 4-58 所示的俯视图。

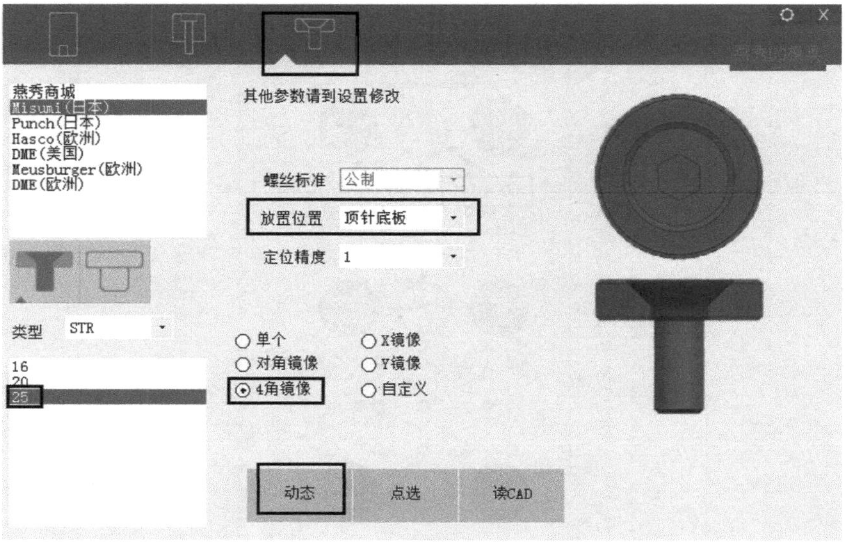

图 4-57 “垃圾钉”选项卡

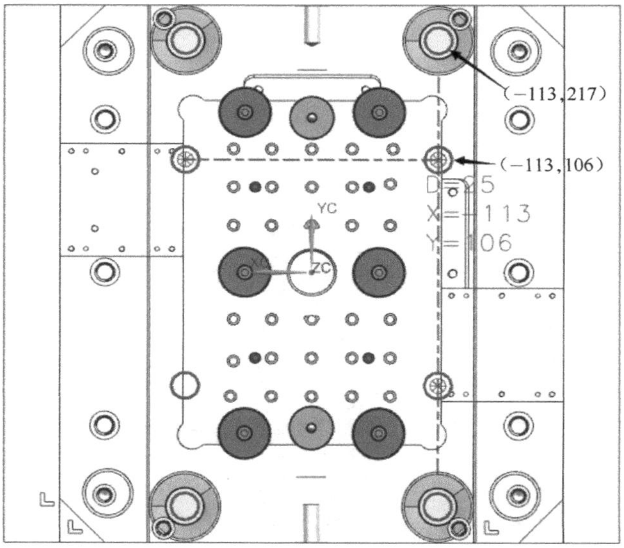

图 4-58 放置垃圾钉 1

首先在坐标（-113，217）处单击放置垃圾钉（四根回针下面），然后在坐标（-113，106）处单击放置垃圾钉。单击“放置”对话框中的“取消”按钮后，系统返回到图 4-57 所示对话框，在对话框右下角出现“生成 3D”按钮，单击“生成 3D”按钮，则创建 8 颗垃圾钉。

单击选择图 4-57 对话框中的“Y 镜像”单选按钮，单击对话框中的“动态”按钮，系统切换到图 4-59 所示的俯视图，首先在坐标（0，74）处单击放置 2 颗垃圾钉，然后在坐标（0，175）处单击放置 2 颗垃圾钉。单击“放置”对话框中的“取消”按钮后，系统返回到图 4-57 所示对话框，在对话框右下角出现“生成 3D”按钮，单击“生成 3D”按钮，则创建 4 颗垃圾钉。

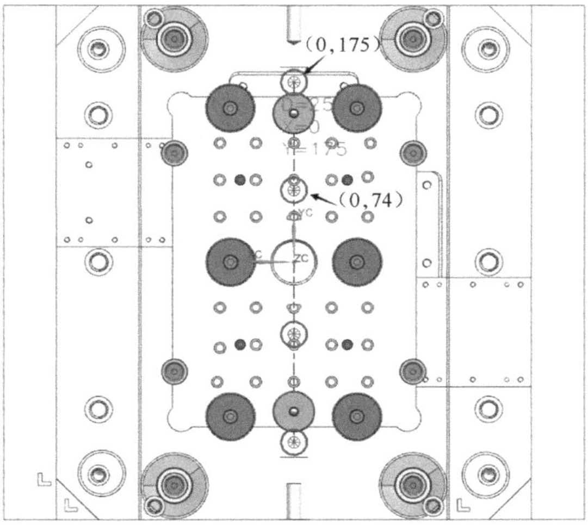

图 4-59　放置垃圾钉 2

单击选择图 4-57 对话框中的“X 镜像”选项，参照图 4-60 箭头指示坐标放置 2 颗垃圾钉。

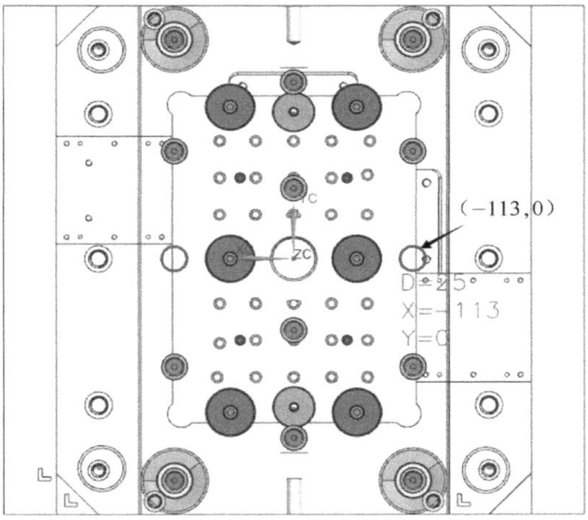

图 4-60　放置垃圾钉 3

垃圾钉设计完成后，如图 4-61 所示，共 14 颗。

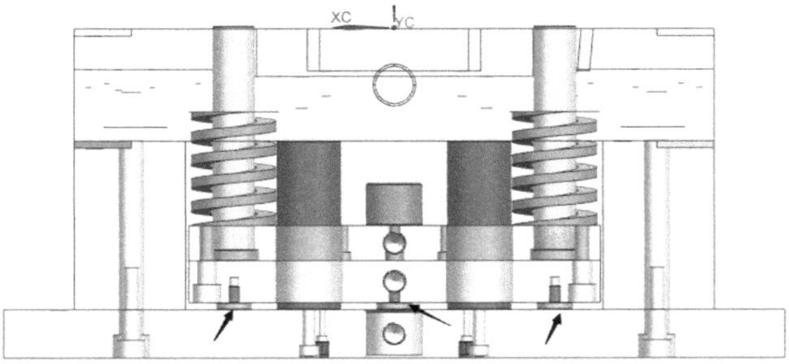

图 4-61　创建的垃圾钉

4）标准件的图层管理。将图 4-29 中箭头指示的两根顶针移至 71 层；四套司筒（针）移至 75 层；其余顶针在 70 层。将 6 个撑头及其固定螺钉移至 111 层；将两个限位柱及其固定螺钉移至 112 层；将回针弹簧移至 118 层；垃圾钉在 61 层。

4.4 本章小结

本章主要介绍了模架系统及顶出系统的设计，大部分零部件应用了燕秀 UG 模具外挂提供的标准件。在第 3 章结构设计部分由于要用到模架，故在第 3 章实例中先行加载了模架，本章不再介绍。模架的选用要根据产品结构特点及浇口类型等进行选用。燕秀外挂提供的模架系统可以同步加载 KO 孔、撬模槽、中托司等，本章实例中考虑到顶针面板顶出时的平稳性及降低摩擦力，可设计中托司。中托司在模架加载时可直接勾选此项，也可以后续加载，方法是直接勾选中托司选项，再次更新模架即可。

模具精定位常用虎口、斜度锁紧块，对于模仁尺寸较大及多块模仁的情况和精密模具，要设计虎口和斜度锁紧块。另外，边锁也是模具精定位部件，根据企业及客户要求进行选用和设计（有些企业不用边锁）。

顶针设计时考虑“宁大勿小、宁多勿少”的基本原则，考虑到模芯强度，顶针距离后模芯的边距不能太小，至少保证 0.8mm。根据具体模具、产品特点及企业技术要求和标准，合理布置顶针。顶针放置的坐标点对于绝对坐标原点成整数。对于司筒（针），由于其成本高，配合要求高，尽量少用。

回针弹簧设计要注意弹簧的预压量，要保证顶针面板回复到位，具体设计中要考虑是否顶针板设计中托司、顶针板组件的重量等因素。撑头的布置尽量靠近 KO 孔，空间允许前提下尽量多布置。垃圾钉的布置位置：在回针下面一定要放垃圾钉，其余位置能多放就多放。

4.5 思考与练习

1．模板的长、宽尺寸怎样确定？

2．顶针的排布可参考哪些原则？

3．参照本章电瓶车上盖模具模架系统及顶出系统设计方法和步骤，完成图 4-62 所示电动风扇上盖模具的模架系统及顶出系统设计，包括模仁开框、模仁锁螺钉、虎口设计、顶针设计、撑头\限位柱\垃圾钉设计。（模型见 ch04/ch04_5/ex-4.5-3）

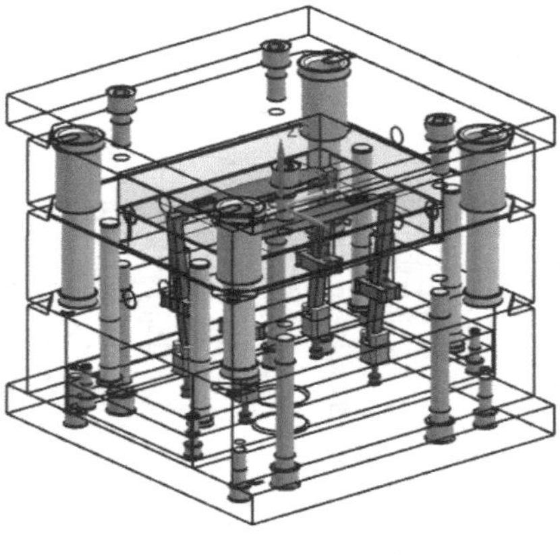

图 4-62　电动风扇上盖模具

第5章　流道系统与冷却系统设计

流道系统包括主流道、分流道、浇口、冷料穴和拉料针（钩针），其中主流道选用标准件浇口套（唧嘴）。冷却系统包括水路（水道）及水嘴、密封圈、水堵等标准件。本章主要介绍模具流道系统和冷却系统的设计方法及步骤。

本章重点

- 浇口设计
- 冷却水路设计
- 流道系统和冷却系统标准件设计

5.1　设计要求

【例5-1】　电瓶车充电器上盖模具流道系统和冷却系统设计

如图5-1所示电瓶车充电器上盖模具，在前面章节已经完成分模设计、滑块机构设计、模架及顶出系统设计等，下面分节介绍流道系统及冷却系统设计。

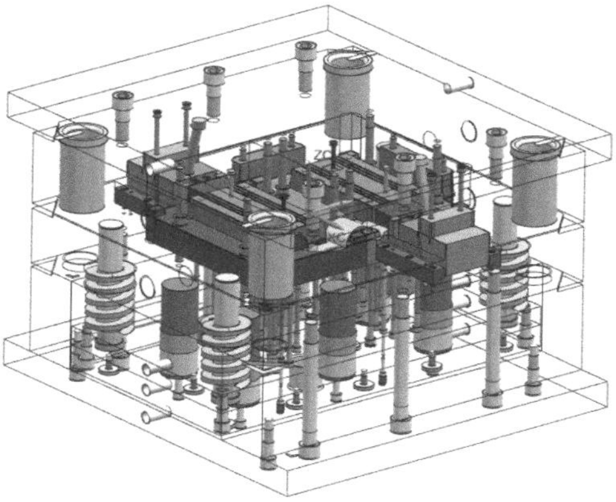

图5-1　电瓶车充电器上盖模具

【分析】该模具流道系统设计包括分流道及浇口设计、定位环及唧嘴标准件、冷料穴和拉料针。分流道拟采用圆形流道，浇口采用潜伏式浇口。模具前、后模芯的冷却拟采用“回字形”水路。

5.2　流道系统设计

分流道及浇口设计

5.2.1　分流道及浇口设计

1）打开配套资源中的ch05/ch05_1/ex-5.1.prt文件。显示后模芯和产品，其余隐藏。

2）单击菜单栏中的“在任务环境中绘制草图”按钮，系统弹出如图 5-2 所示的“创建草图”对话框，“草图平面”选择“XY”平面，然后绘制如图 5-3 所示的两段线段，长度均为 32。

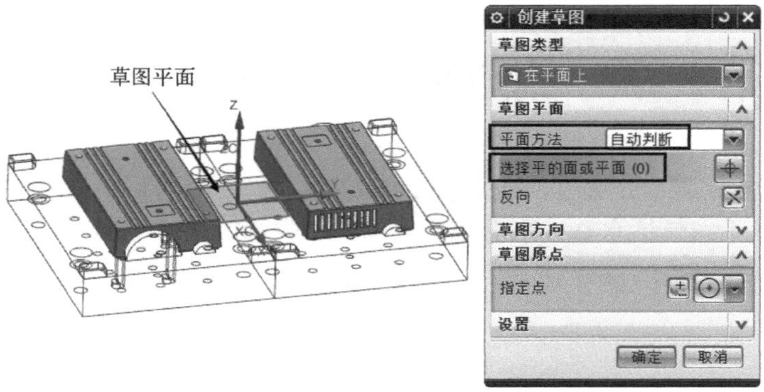

图 5-2 “创建草图”对话框

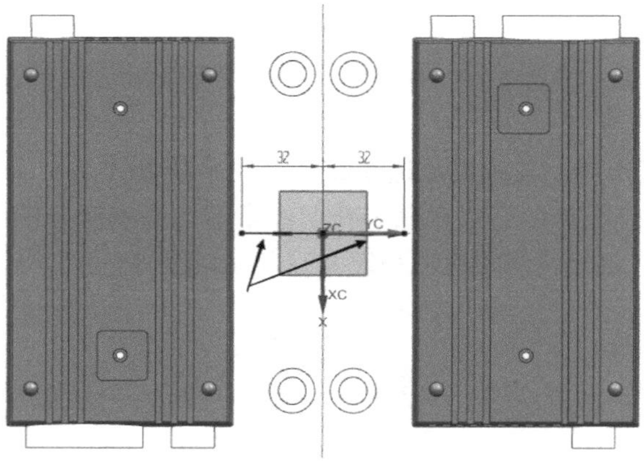

图 5-3 绘制草图

3）选择菜单“插入”→“扫掠”→“管道”选项，系统弹出如图 5-4 所示的“管道”对话框，选择图中箭头指示的两段线段，设置管道外径为 6，内径为 0，创建的管道实际为圆柱体，亦即流道系统的分流道，流道直径为 6。

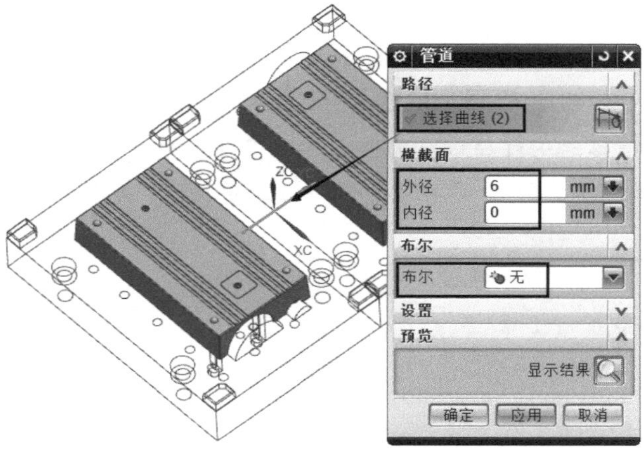

图 5-4 “管道”对话框

4）只显示上一步创建的分流道，其余部件隐藏。单击对话框中的“圆柱”按钮，系统弹出如图 5-5 所示的“圆柱”对话框，按照图中指示的参数进行设置，创建一段直径为 6、高度为 20 的圆柱体。

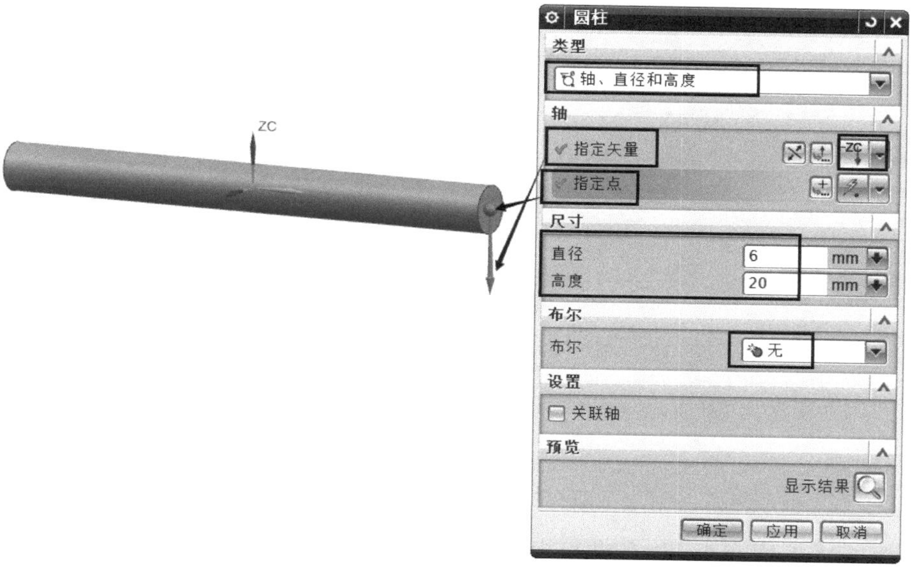

图 5-5 “圆柱”对话框

5）单击对话框中的“拔模”按钮，系统弹出如图 5-6 所示的“拔模”对话框。拔模类型选择“从边”，选择图中箭头指示的圆柱体的边线，拔模矢量选择“-ZC”轴，拔模角度设置为 7°。通过“拔模”工具创建潜伏式浇口。

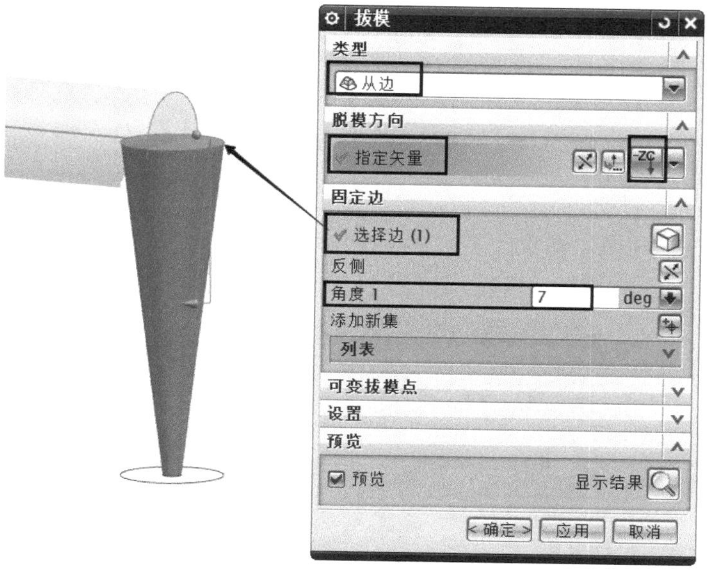

图 5-6 “拔模”对话框

6）单击对话框中的“移动对象”按钮，系统弹出如图 5-7 所示的“移动对象”对话框，选择拔模后的圆锥体作为旋转对象，旋转矢量选择“XC”轴，“轴点”选择圆锥体端面圆心，将拔模后的圆柱体旋转 40°。

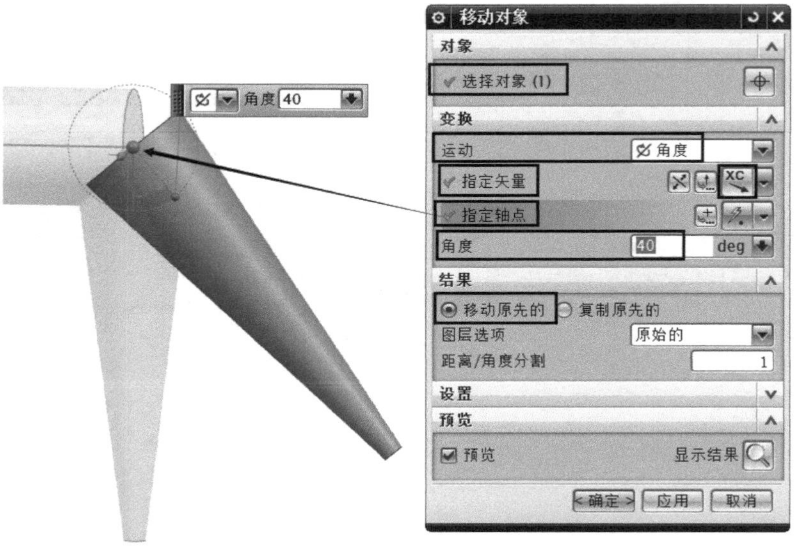

图 5-7 “移动对象”对话框 1

7）显示图 5-8 中箭头指示的两根顶针，其余顶针隐藏。上一步创建的圆锥体（潜伏流道）与顶针的位置关系如图 5-9 所示，测量浇口直径为 1.0886（图 5-10）。

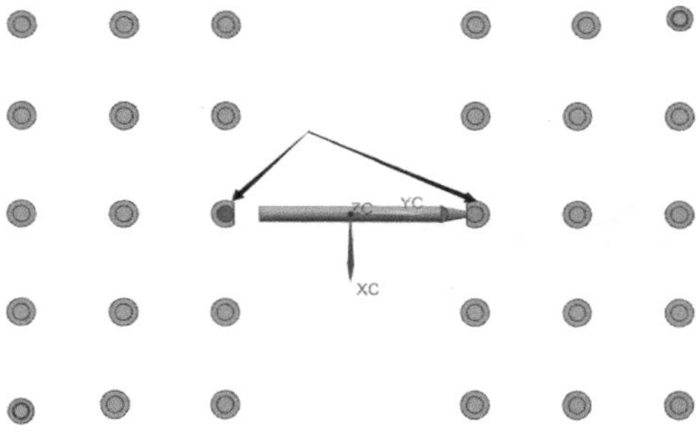

图 5-8 顶针

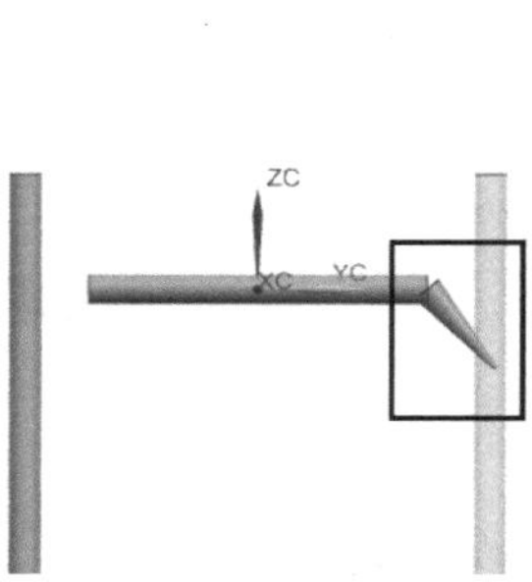

图 5-9 浇口顶针

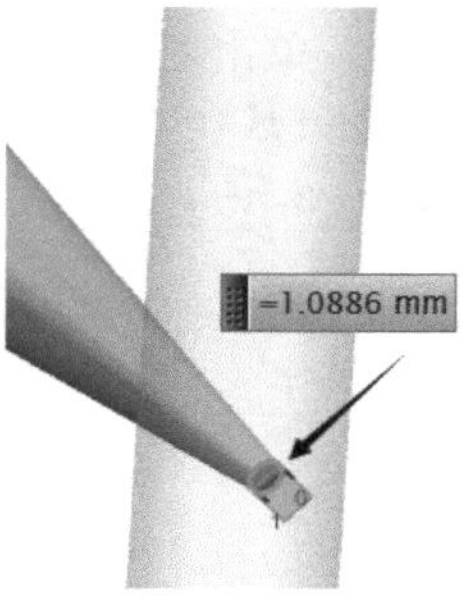

图 5-10 测量尺寸 1

8）参照图 5-11，利用“偏置面”工具将图中箭头指示的浇口端面偏置 0.5，注意偏置的矢量方向。偏置后浇口的直径为 1.2114（图 5-12），基本满足设计要求。

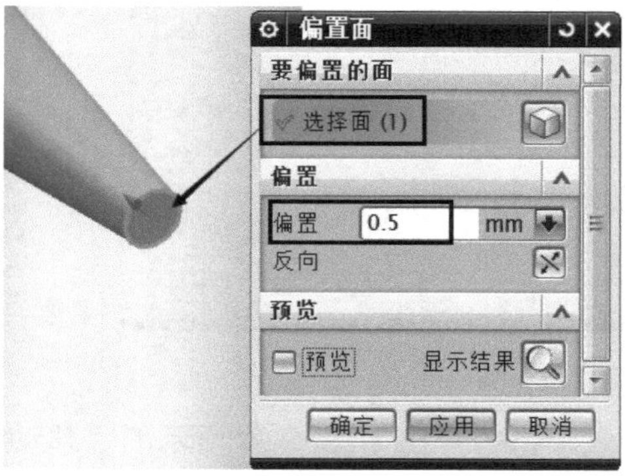

图 5-11 “偏置面”对话框

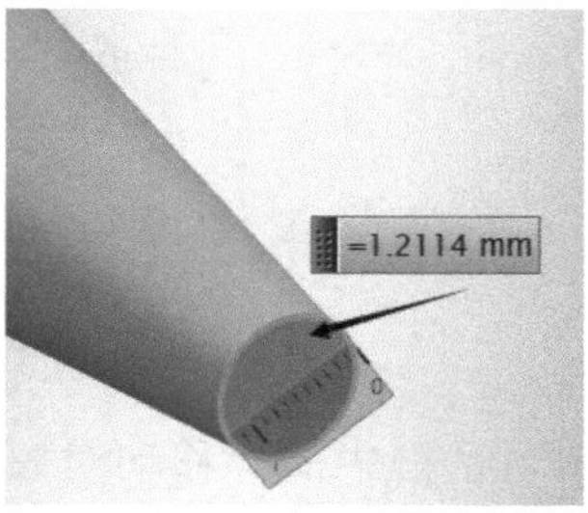

图 5-12 测量尺寸 2

9）利用“移动对象”工具，参照图 5-13，将图中指示的圆锥体沿“-YC”方向移动 3。

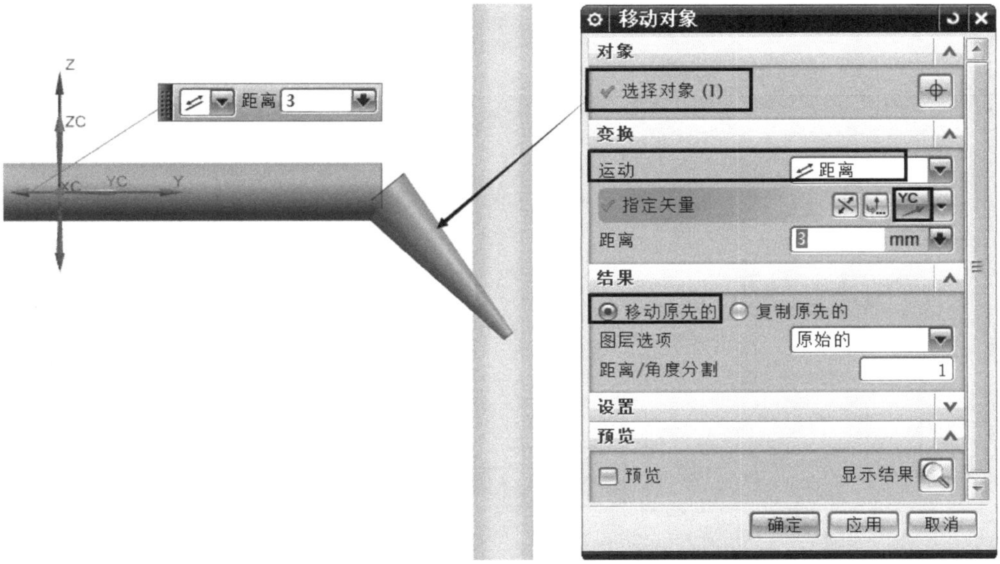

图 5-13 “移动对象”对话框 2

10）单击工具栏中的“边倒圆”按钮，系统弹出如图 5-14 所示的“边倒圆”对话框，选择图中箭头指示的分流道端面圆的边线，倒圆半径为 3。分流道、潜伏式流道（浇口）和顶针的位置关系如图 5-15 所示。

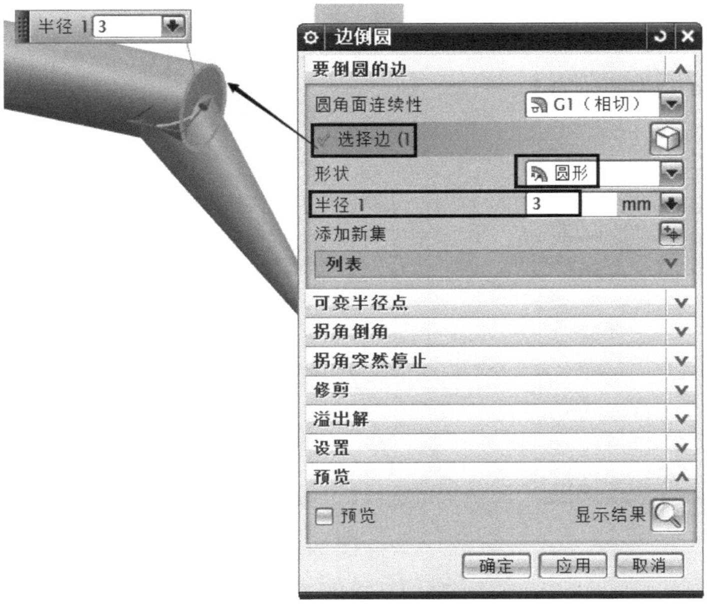

图 5-14 “边倒圆”对话框

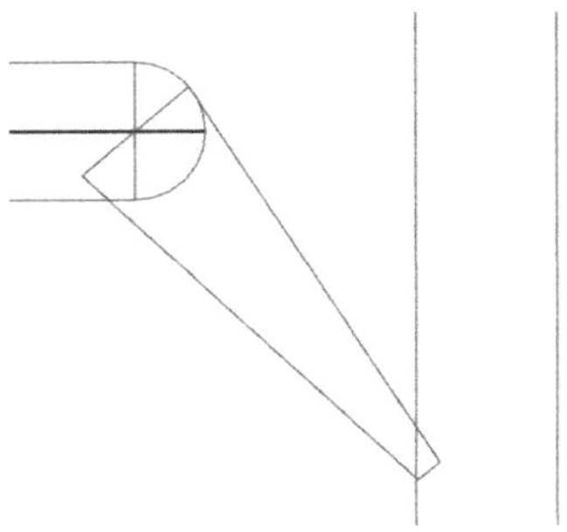

图 5-15 潜伏式浇口

11）将动态坐标放于图 5-16 中箭头指示的顶针端面圆的圆心处。单击工具栏中的“拆分体”按钮，系统弹出如图 5-17 所示的“拆分体”对话框。用“XY”平面拆分图中箭头指示的顶针，拆分距离为-39。

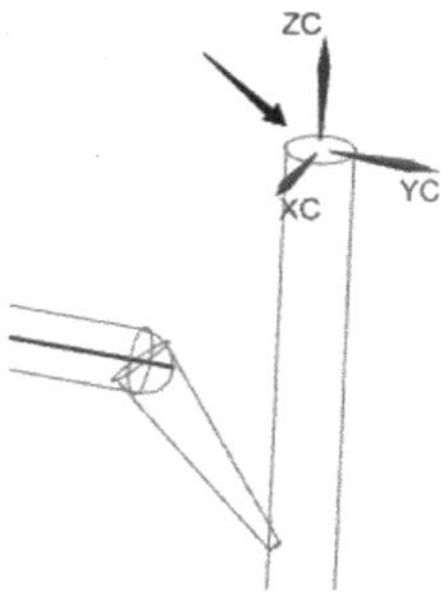

图 5-16　放置坐标系

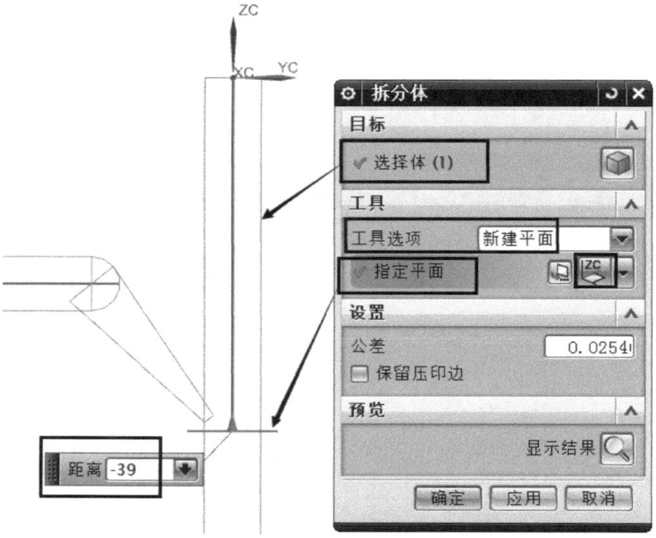

图 5-17 “拆分体”对话框 1

12）参照图 5-18，用“XZ”平面拆分图中箭头指示的顶针（上一步顶针拆分后的上面一段），拆分距离为-1.8。

13）利用“合并”工具，将图 5-19 中箭头指示的顶针的两段合并。

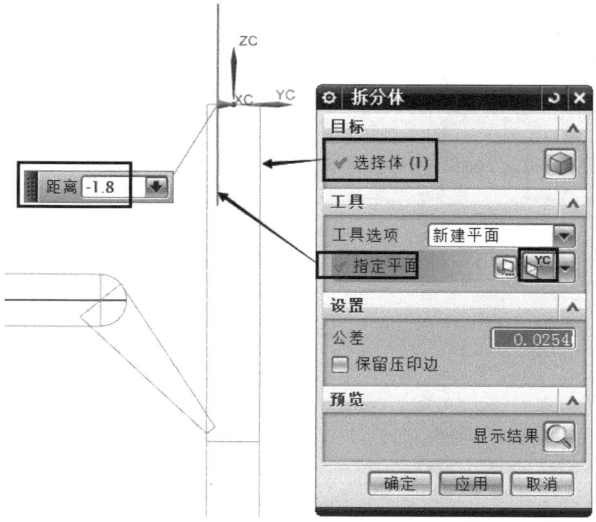

图 5-18 “拆分体”对话框 2

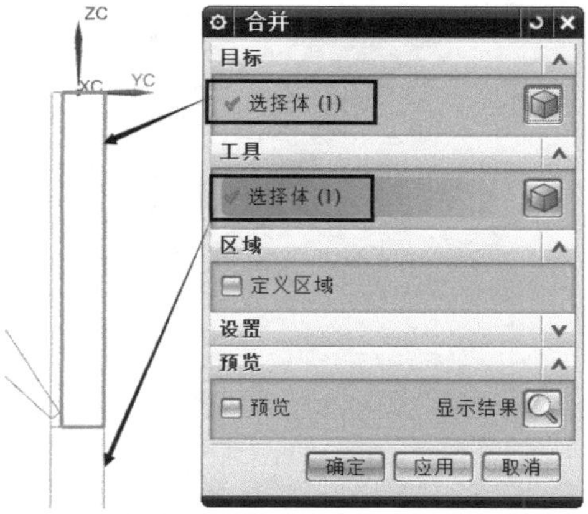

图 5-19 “合并”对话框

14）参照图 5-20，利用“移动对象”工具，将图中箭头指示的潜伏式流道旋转复制，创建另一模腔的潜伏式浇口和顶针流道。

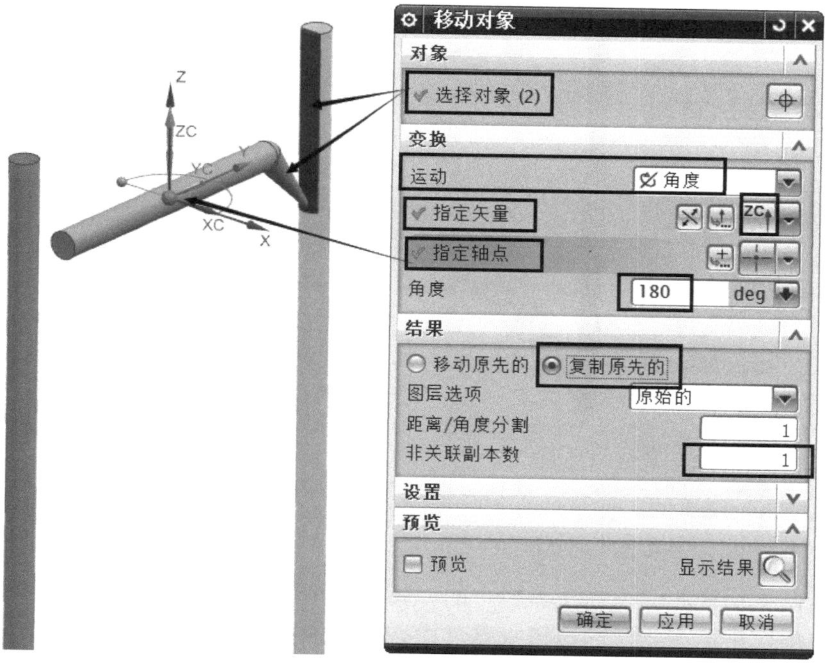

图 5-20　“移动对象”对话框 3

15）单击工具栏中的“减去”按钮，系统弹出如图 5-21 所示的“求差”对话框，用图中箭头指示的潜伏式流道求差顶针。

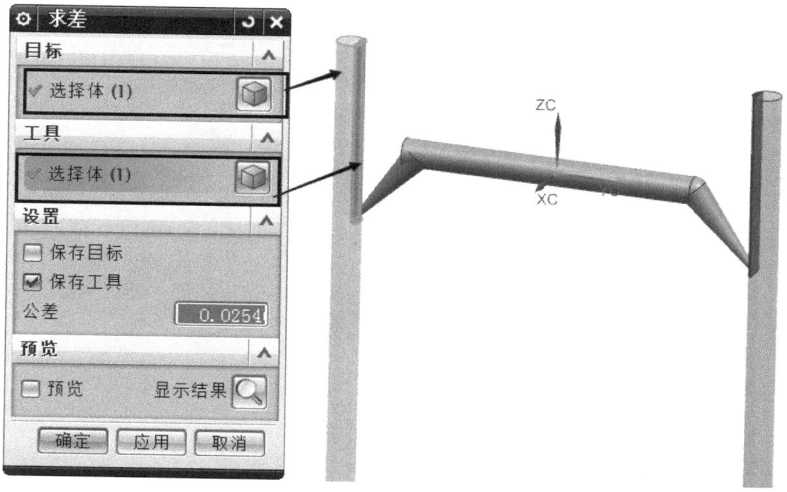

图 5-21　“求差”对话框 1

16）利用“边倒圆”工具，选择图 5-22 中箭头指示的分流道端面圆的边线，倒圆半径为 3。

创建完成的分流道和潜伏式浇口如图 5-23 所示。这种类型的浇口属于潜伏式浇口开在顶针上，塑胶由顶针进入模腔。浇口潜顶针的设计过程中注意浇口直径大小、潜伏流道（锥体部分）的斜度、流道距离产品的距离等参数。

17）利用“合并”工具，将图 5-23 中所有部件求和。

图 5-22 “边倒圆”对话框

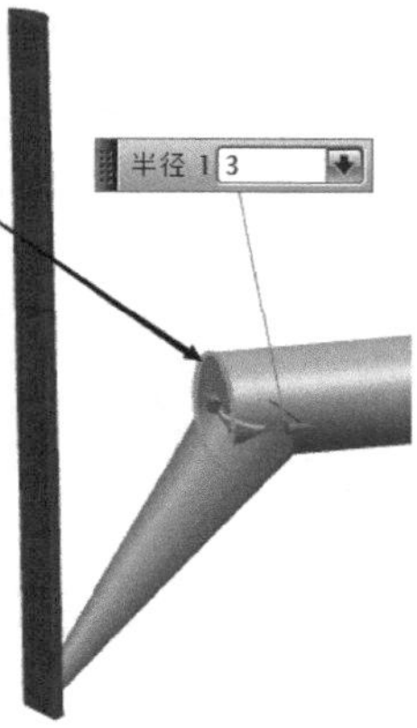

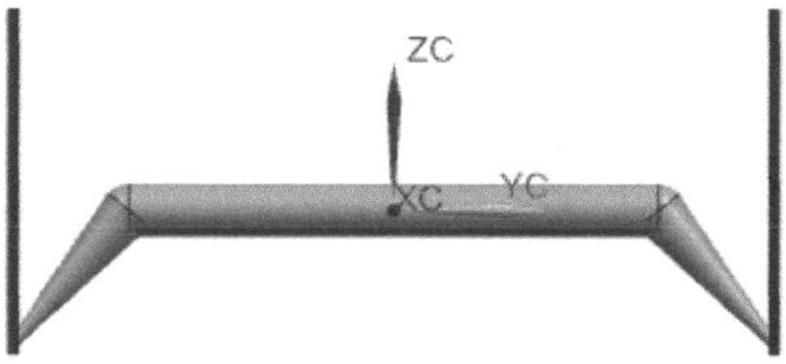

图 5-23 分流道和浇口

18）显示两块后模芯。单击工具栏中的“减去”按钮，系统弹出如图 5-24 所示的“求差”对话框，用图中箭头指示的流道求差其中一块后模芯，按同样的方法操作，用图中箭头指示的流道求差另一块后模芯。在后模芯上求差得到的分流道如图 5-25 所示。

按同样的方法操作，在前模芯上创建分流道，如图 5-26 所示。

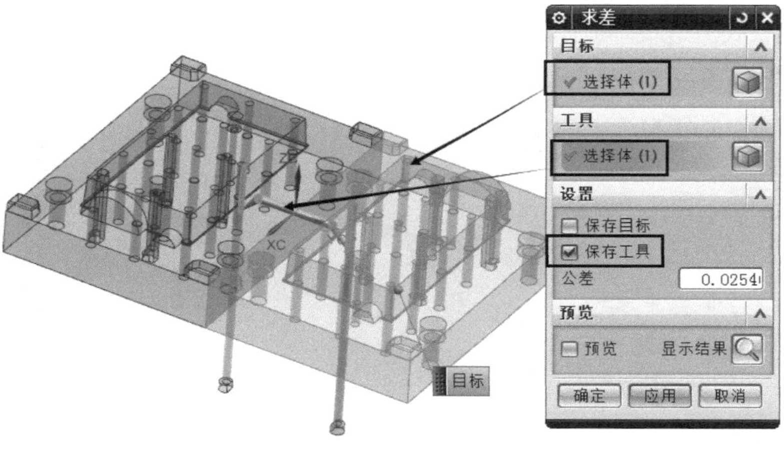

图 5-24 “求差”对话框 2

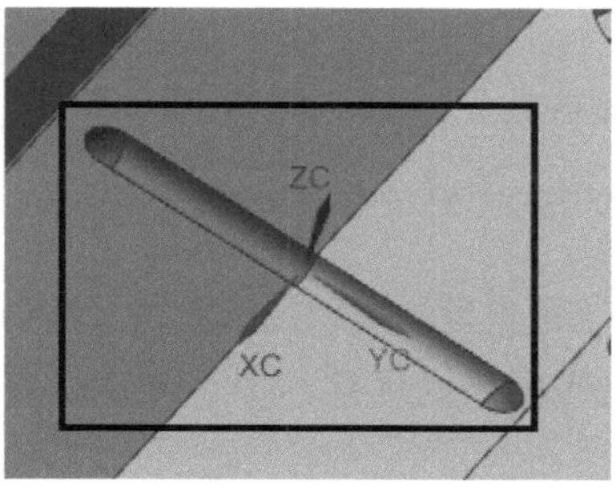

图 5-25 分流道（后模芯）

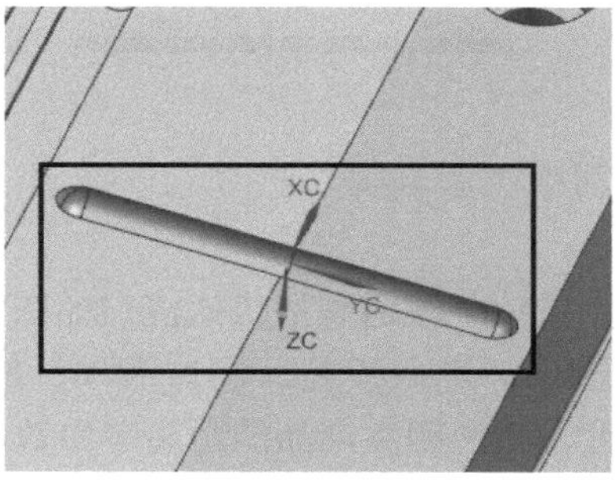

图 5-26 分流道（前模芯）

5.2.2　定位环和唧嘴设计

定位环和唧嘴设计

1）显示前模座板和 A 板。选择菜单“燕秀 UG 模具 7.05”→“进胶系统”→“唧嘴定位环”选项，系统弹出如图 5-27 所示的对话框。选择“定位环”选项卡，选择直径为 100，厚度 15，沉入面板深度为 5。单击对话框中的“动态”按钮，系统弹出如图 5-28 所示的“定位环”对话框，其中“指定方位”和“选择面”两个选项默认即可。单击对话框的“确定”按钮，系统返回如图 5-27 所示对话框，并在右下角出现“生成 3D”按钮，单击对话框中的“生成 3D”按钮，创建定位环。

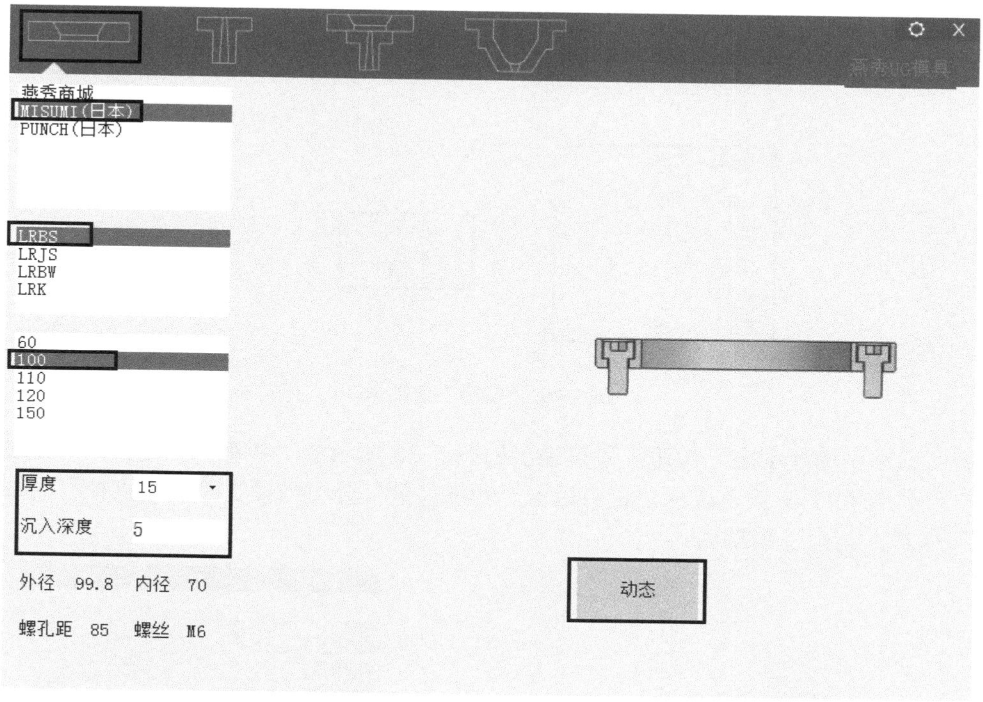

图 5-27 “定位环”选项卡

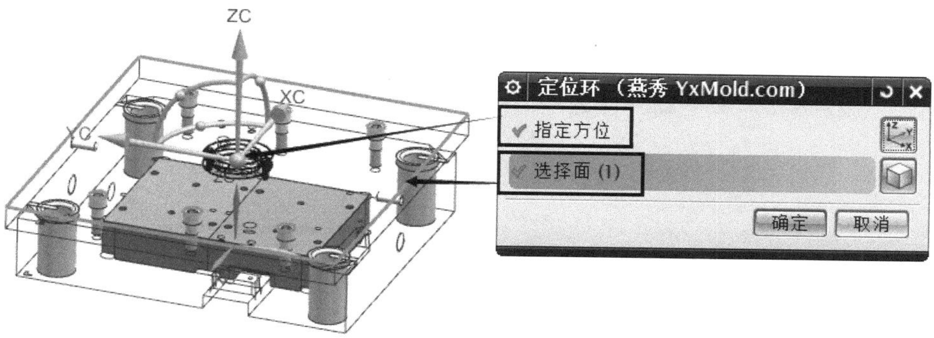

图 5-28 “定位环”对话框

2）在如图 5-27 所示对话框中单击“唧嘴”选项卡，对话框界面切换到如图 5-29 所示的“唧嘴”界面，按照图中箭头指示的规格和参数进行设置。

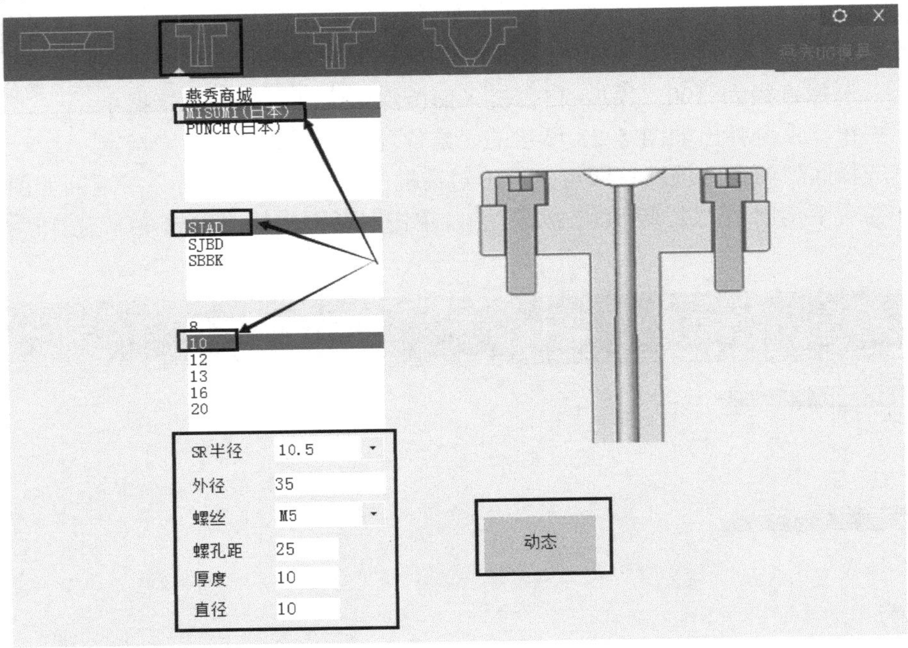

图 5-29 “唧嘴”选项卡

单击对话框中的“动态”按钮，系统弹出如图 5-30 所示的“唧嘴”对话框，唧嘴放置平面选择图中箭头指示的 A 板上表面，在对话框“唧嘴参数”分组中设置“小端直径”为 3.5，“唧嘴角度”为 2°，其余参数默认。

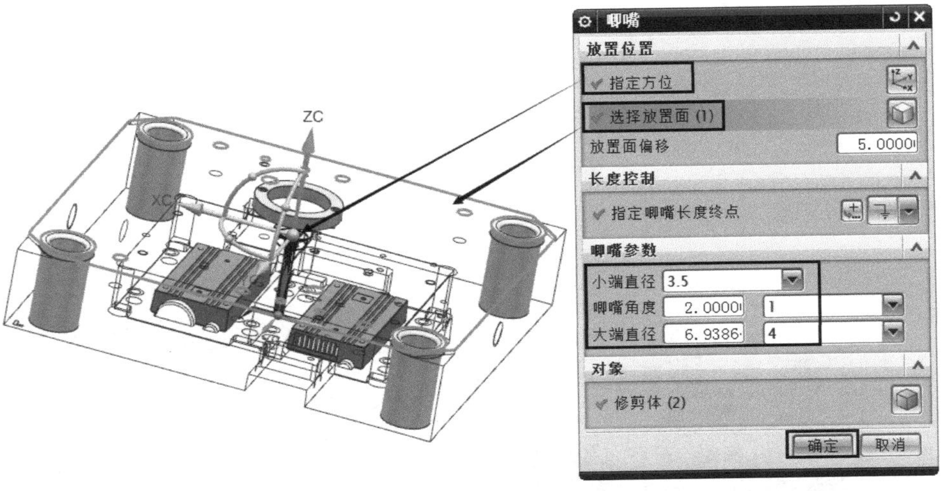

图 5-30 “唧嘴”对话框

单击“唧嘴”对话框中的“确定”按钮，系统返回如图 5-29 所示对话框，并在右下角出现“生成 3D”按钮，单击对话框中的“生成 3D”按钮，创建唧嘴。创建的唧嘴和定位环如图 5-31 所示。

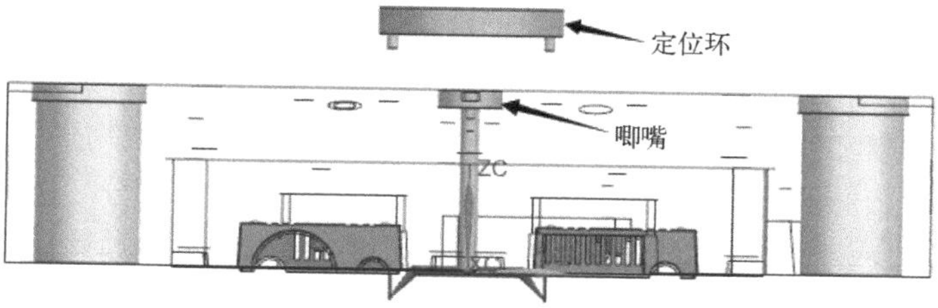

图 5-31　唧嘴和定位环

3）隐藏 A 板。单击工具栏的“减去”按钮，系统弹出如图 5-32 所示的“求差”对话框，用图中箭头指示的唧嘴求差其中一块前模芯，同样操作，用图中箭头指示的唧嘴求差另一块前模芯，创建唧嘴在前模芯上的过孔。

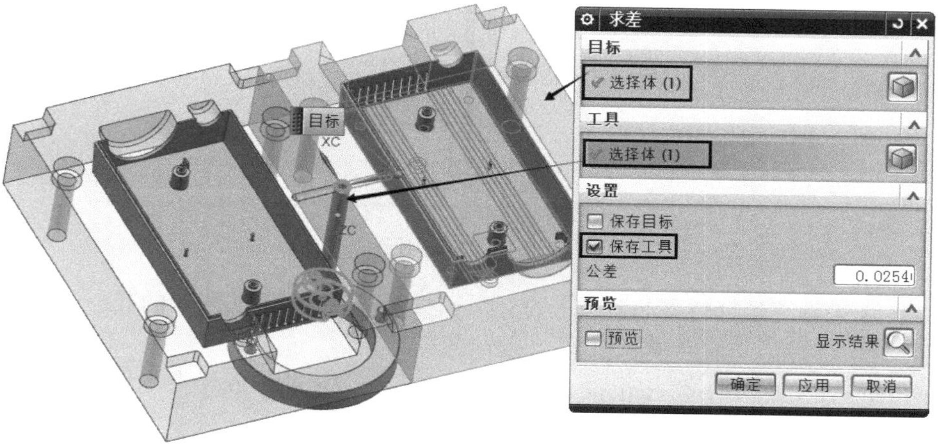

图 5-32 “求差”对话框 1

4）只显示分流道和唧嘴，其余隐藏。单击工具栏的“减去”按钮，系统弹出如图 5-33 所示的“求差”对话框，用图中箭头指示的分流道求差唧嘴部件。

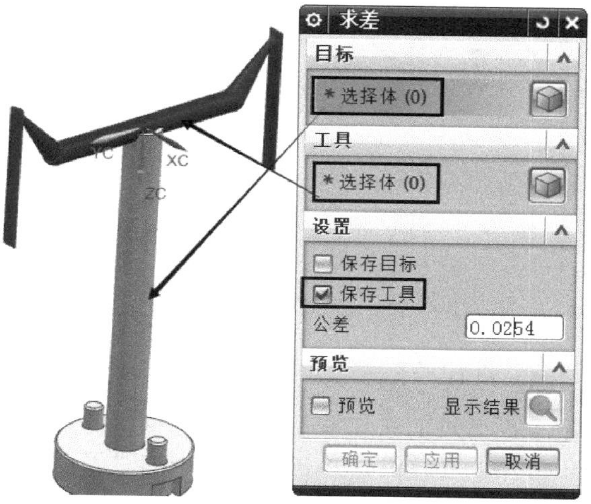

图 5-33 “求差”对话框 2

5.2.3 拉料针设计

拉料针设计

1）将定位环和唧嘴部件移至 102 层，将分流道及潜伏式浇口移至 72 层。

2）显示后模芯及顶针板，其余隐藏。参照第 4 章“顶针设计”部分，在绝对坐标原点处创建一根顶针，并进行定位设计，如图 5-34 所示。将此顶针复制至 73 和 74 层。

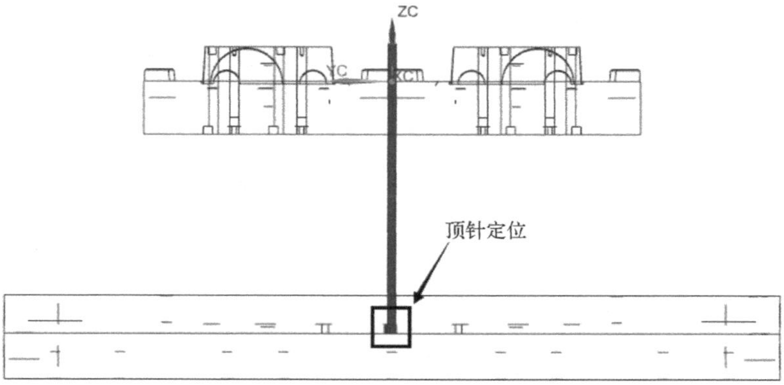

图 5-34　创建顶针

3）参照第 4 章“顶针修剪与避空”设计，选择图 5-35 中箭头指示的其中一块后模芯修剪 73 层中的顶针，选择另一块后模芯修剪 74 层中的顶针。

4）单击工具栏的“合并”按钮，系统弹出如图 5-36 所示的“合并”对话框，将图中箭头指示的两根顶针求和。

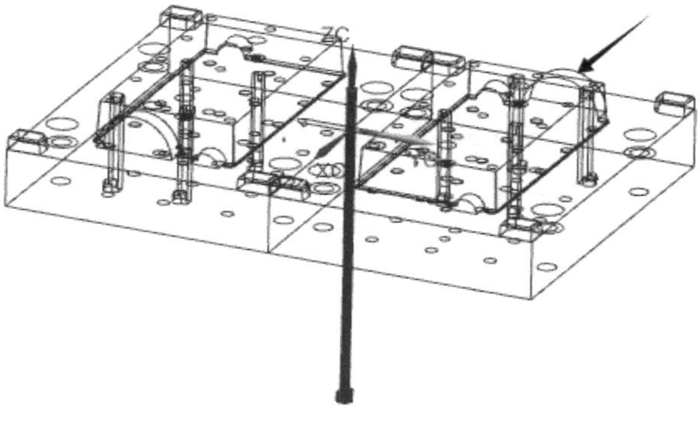

图 5-35　修剪顶针

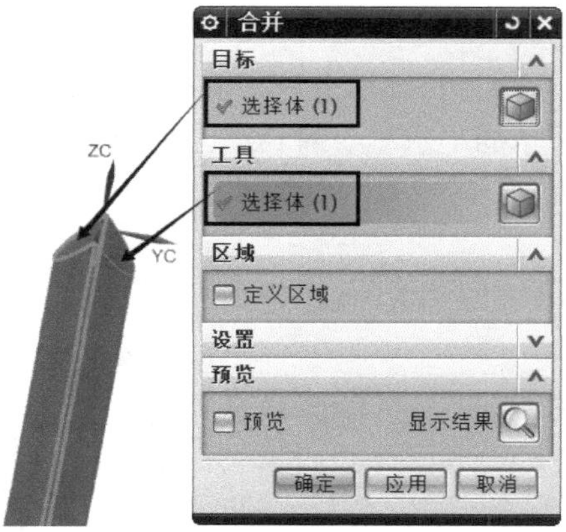

图 5-36 “合并”对话框

5）选择菜单“燕秀 UG 模具 7.05”→“进胶系统”→“钩针”选项，系统弹出如图 5-37 所示的对话框。选择图中方框选定的“顶针拉料槽”选项卡，采用模仁的设计参数，然后依次选择图中箭头指示的模仁分型面和顶针。单击对话框中的“确定”按钮创建钩针，创建的钩针如图 5-38 所示。

6）单击工具栏的“合并”按钮，系统弹出如图 5-39 所示的“合并”对话框，将图中箭头指示的流道和凝料求和。

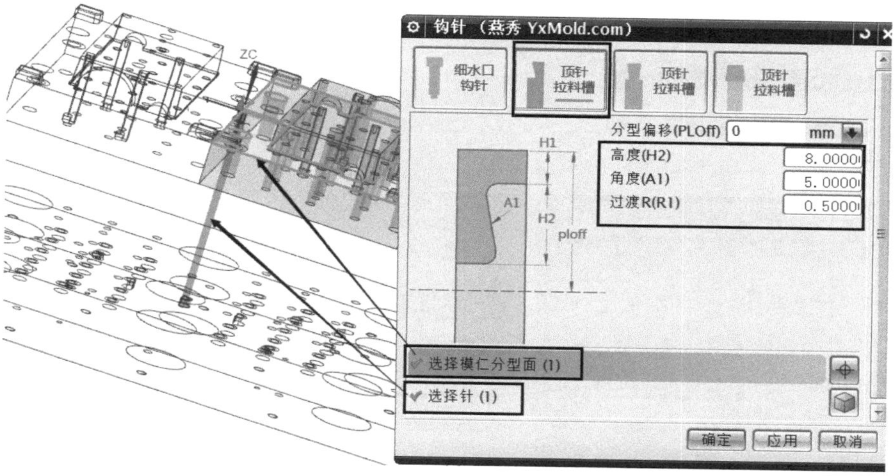

图 5-37　“钩针”对话框

图 5-38　创建的钩针

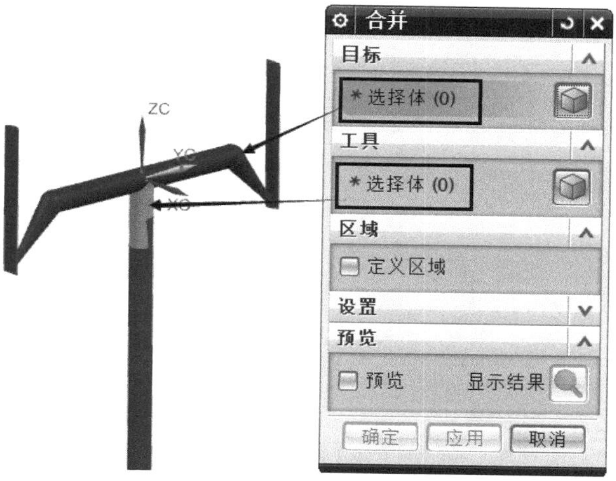

图 5-39　“合并”对话框

5.3　冷却系统设计

前模水路设计

5.3.1　冷却水路设计

1．前模水路设计

1）显示前模芯和 A 板，其余部件隐藏。单击菜单栏的“在任务环境中绘制草图”按钮，系统弹出如图 5-40a 所示的“创建草图”对话框，“平面方法”选择“创建基准坐标系”。

单击“创建基准坐标系”按钮，系统弹出如图 5-40b 所示的“基准 CSYS”对话框，“参考 CSYS”选择“WCS”，在文本框中输入 Z 为 43，沿 Z 轴正方向偏移 43 的位置创建基准坐标系。

单击“基准 CSYS”对话框中的“确定”按钮，系统返回到如图 5-40c 所示的“创建草图”对话框，其中，“选择平的面或平面”高亮显示，系统自动选择基准坐标系的“XY”平面作为绘图平面。单击对话框中的“确定”按钮，系统进入草绘环境。

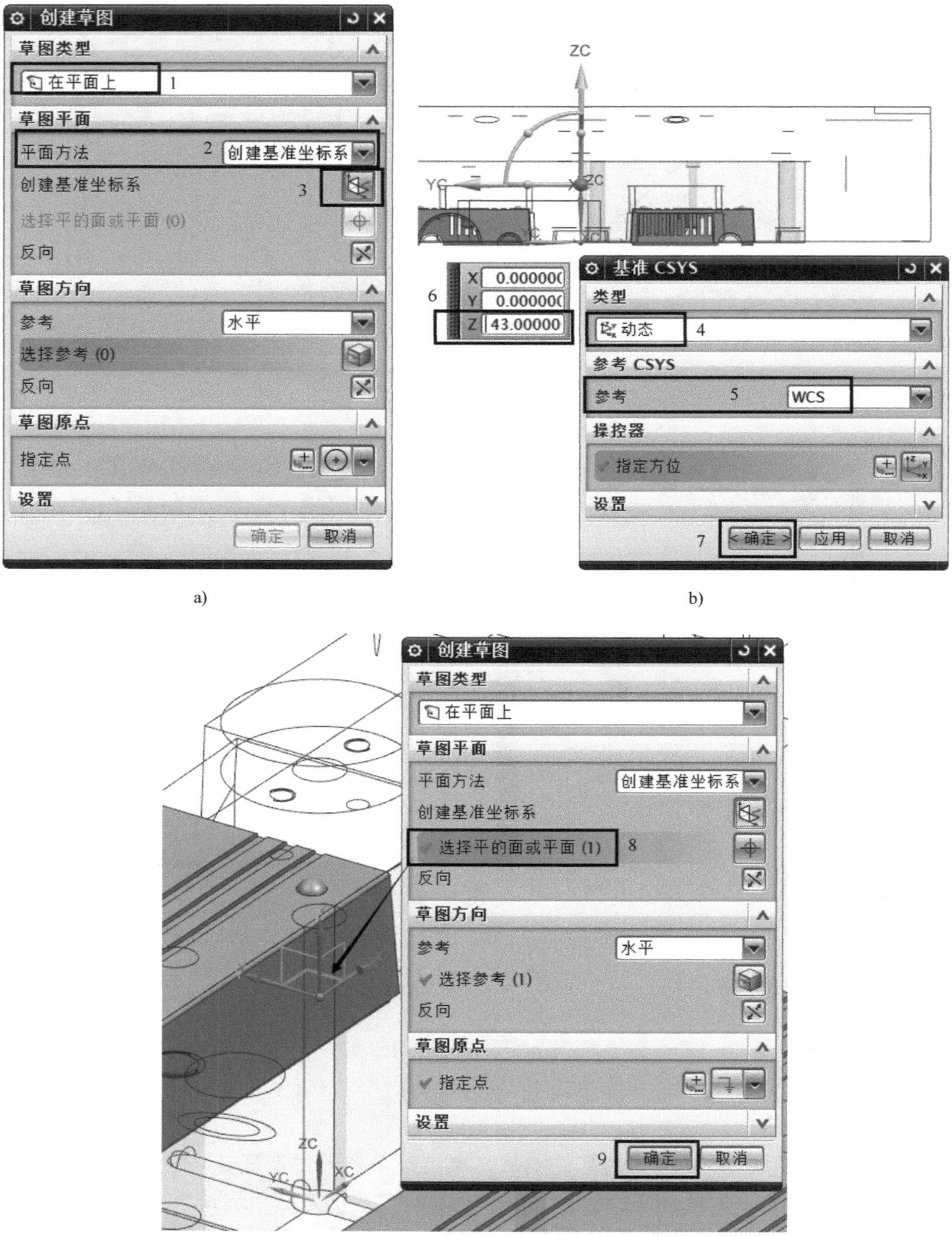

a)　　b)　　c)

图 5-40　创建草图

a)“创建草图”对话框 1　b)“基准 CSYS”对话框　c)“创建草图”对话框 2

参照图 5-41 的草图尺寸绘制草图。单击“完成草图”按钮退出草绘环境。

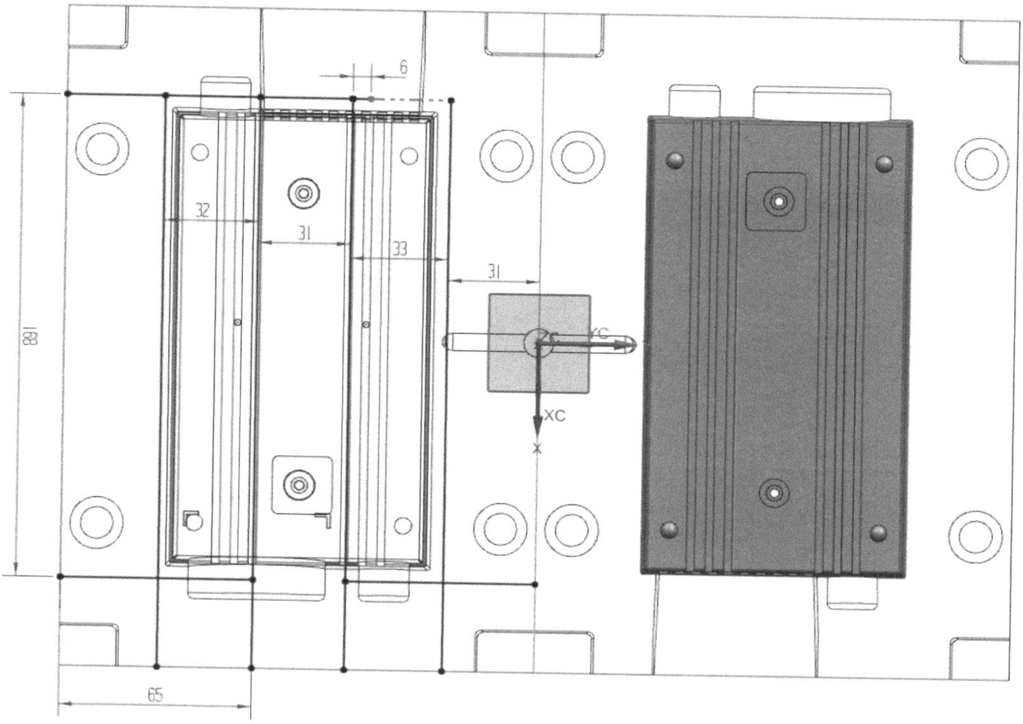

图 5-41　绘制水路草图

2）选择菜单“插入”→“扫掠”→“管道”选项，系统弹出如图 5-42 所示的“管道”对话框，选择图中箭头指示的一条线段，设置管道外径为 10，内径为 0，创建冷却水路。后续依次选择其余线段创建管道。创建的冷却水路如图 5-43 所示。

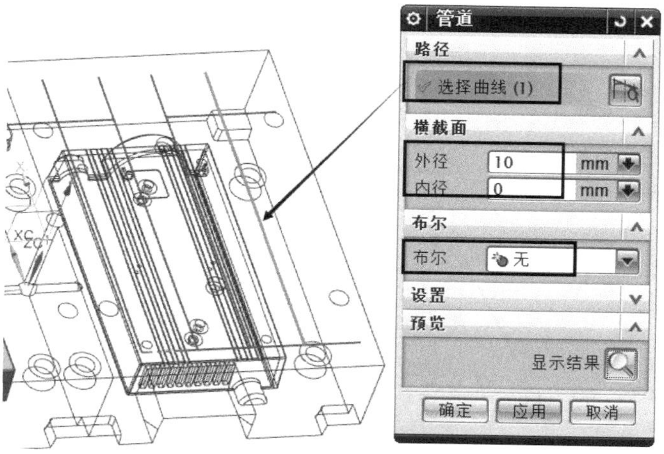

图 5-42 “管道”对话框

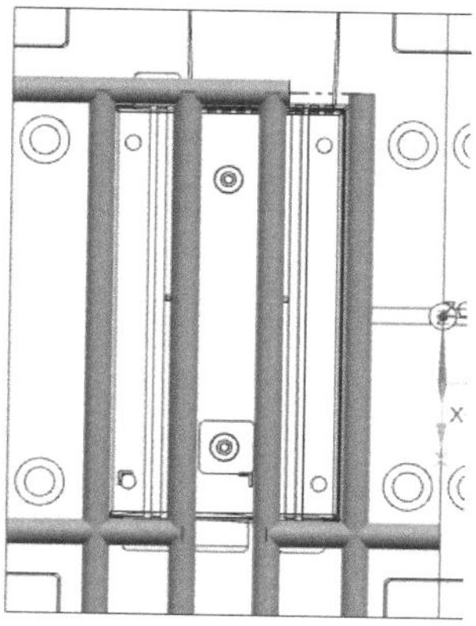

图 5-43　创建的水路

3）单击工具栏的“圆柱”按钮，系统弹出如图 5-44 所示的“圆柱”对话框，“矢量方向”选择“ZC”方向，设置直径为 10，高度为 20，单击“应用”按钮创建圆柱体。同样操作，选择图 5-45 中箭头指示的水路端面圆心，创建另一圆柱体。

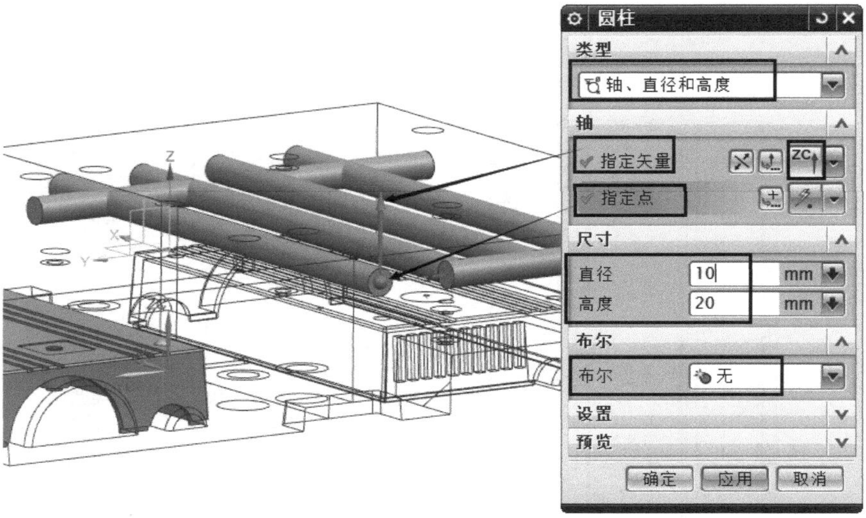

图 5-44 “圆柱”对话框

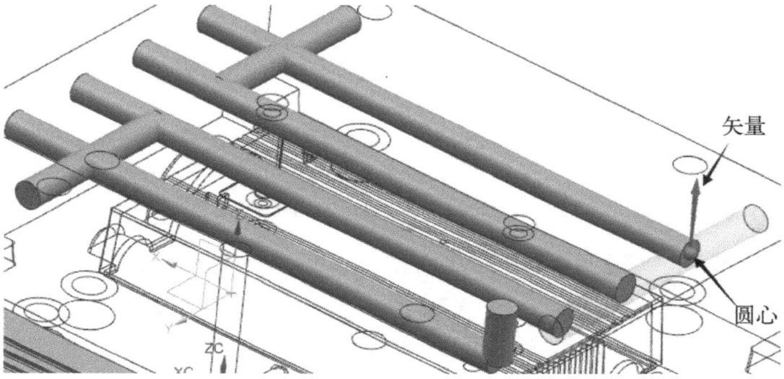

图 5-45 创建圆柱体 1

4）参照图 5-46，将图中箭头指示的圆柱体端面替换前模芯上表面。同样操作，将上一步创建的另一圆柱体的端面替换前模芯上表面。

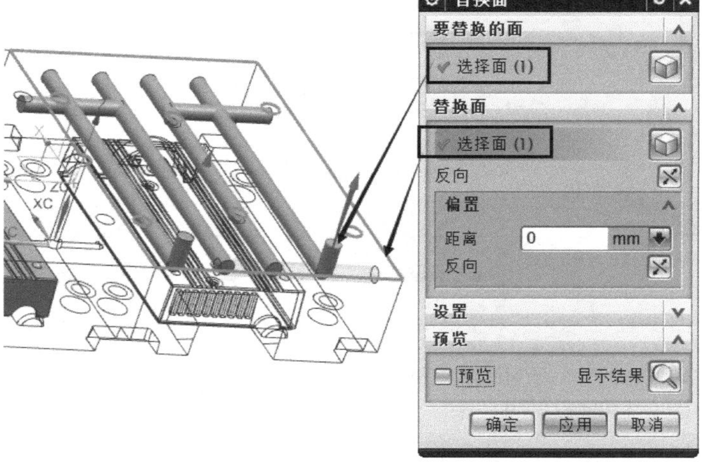

图 5-46 “替换面”对话框

5）单击工具栏的“圆柱”按钮，选择图 5-47 箭头指示的端面圆心，创建如图 5-48 所示的两个圆柱体。

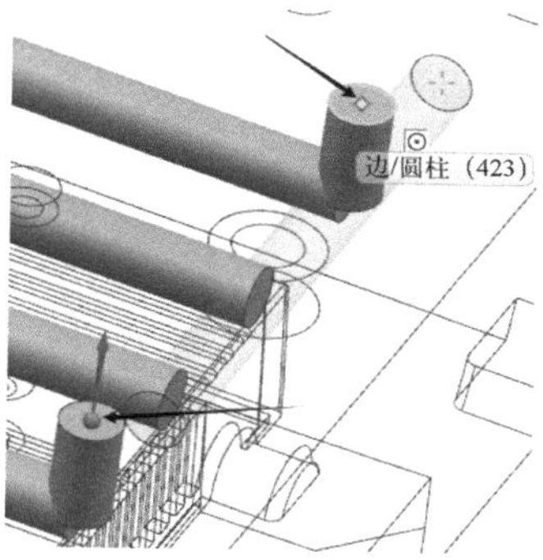

图 5-47　选择圆柱体放置点

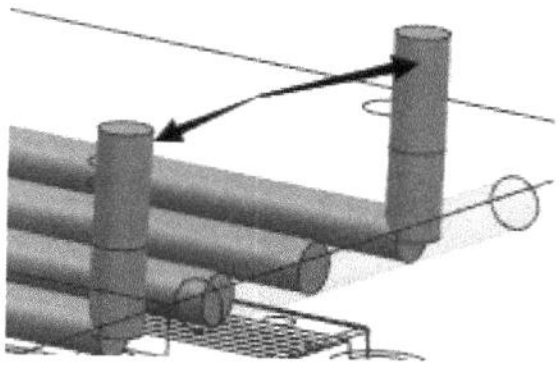

图 5-48　创建圆柱体 2

6）参照图 5-49 和图 5-50，选择步骤 5 创建的圆柱体的端面圆心，矢量方向选择“-XC”，创建两段直径为 10、高度为 120 的圆柱体。

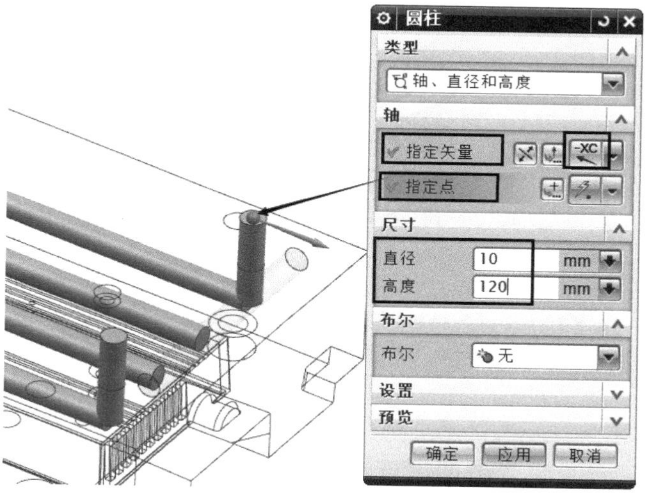

图 5-49 “圆柱”对话框

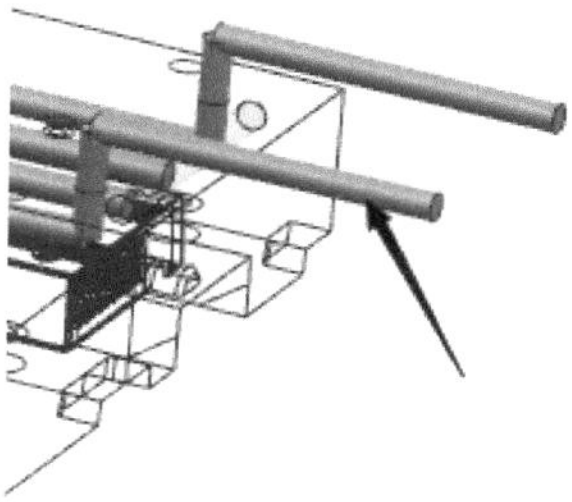

图 5-50　创建圆柱体 3

7）显示 A 板。利用“替换面”工具，将图 5-51 箭头指示的圆柱端面替换 A 板侧面。

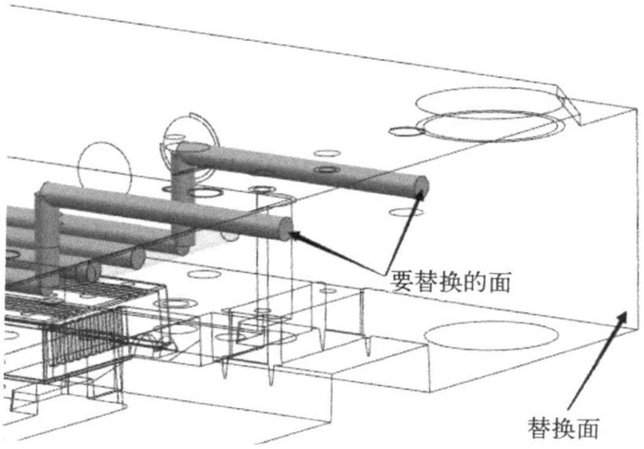

图 5-51　替换面

8）利用“圆柱”工具，选择图 5-52 中箭头指示的圆柱端面圆心，创建如图 5-53 中箭头所示的圆柱。

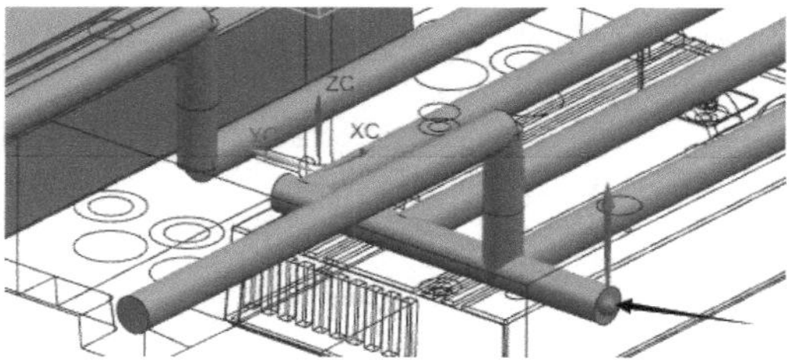

图 5-52　创建圆柱体 4

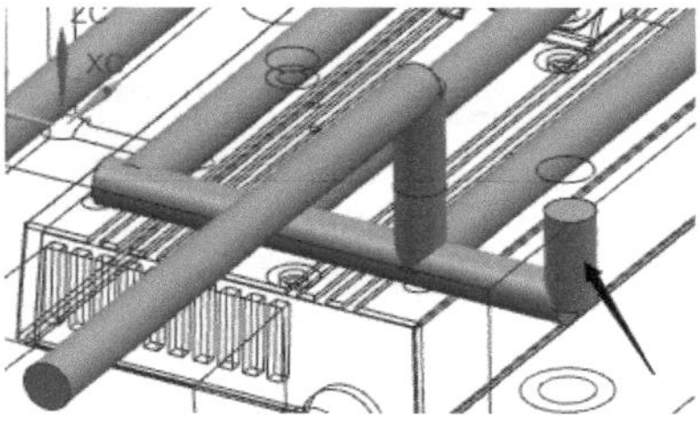
图 5-53　移动圆柱体

9）利用“移动对象”工具，将图 5-53 中箭头指示的圆柱体沿“YC”方向移动 50。

10）利用“偏置面”工具，将图 5-54 中箭头指示的圆柱端面沿图示矢量方向偏置 8。

11）利用“替换面”工具，将图 5-55 中箭头指示的圆柱端面替换前模芯上表面。

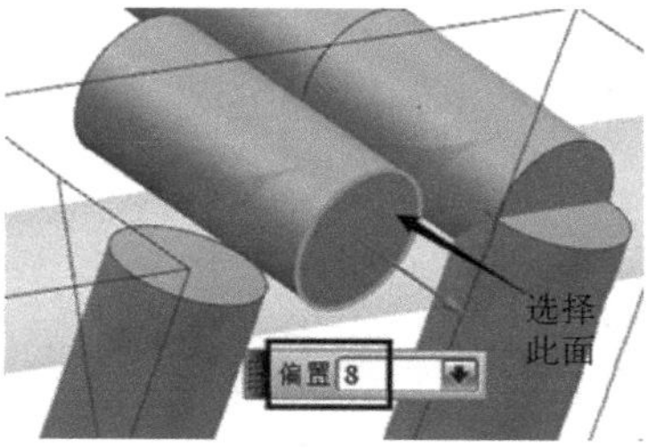

图 5-54　偏置面 1

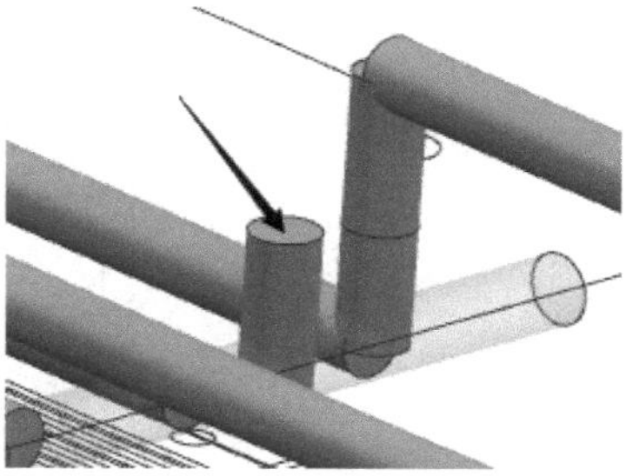
图 5-55　替换面

12）利用“偏置面”工具，将图 5-56 和图 5-57 中箭头指示的圆柱端面沿图示矢量方向偏置 8。

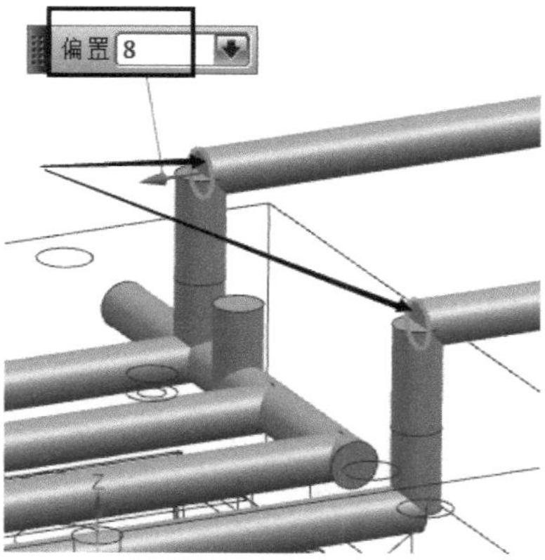

图 5-56　偏置面 2

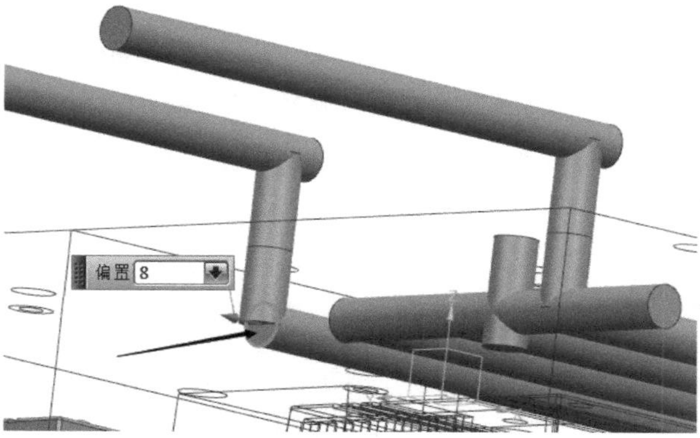

图 5-57　偏置面 3

13）单击工具栏的“圆锥”工具按钮，系统弹出如图 5-58 所示的“圆锥”对话框，矢量方向选择“-XC”方向，尺寸参照图中设置，选择图中箭头指示的圆柱端面圆心，创建圆锥体（钻头底部锥孔）。

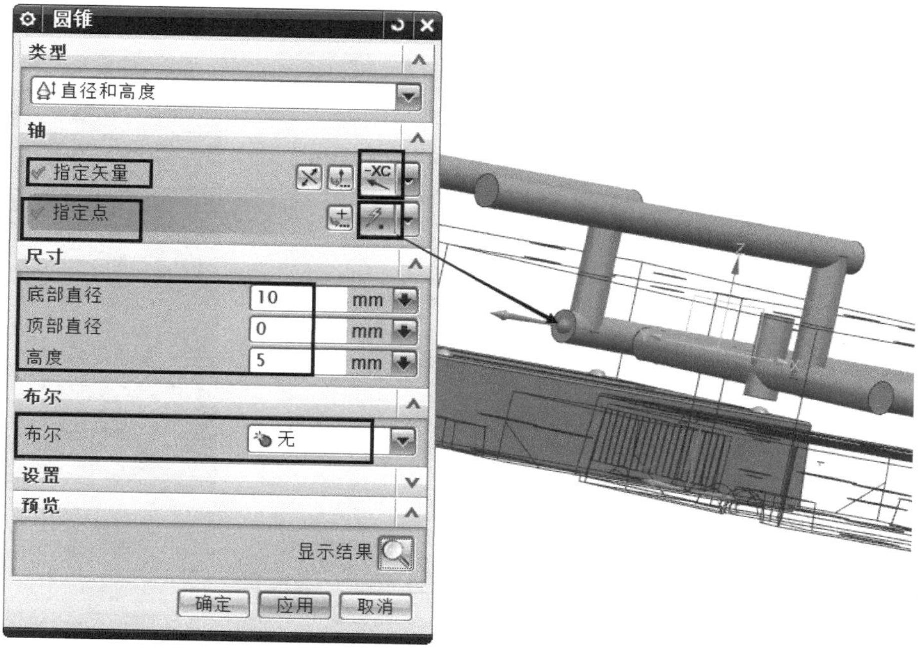

图 5-58　创建圆锥体 1

同样操作，创建图 5-59 和图 5-60 所示的三处圆锥体。创建完成的水路如图 5-61 所示。

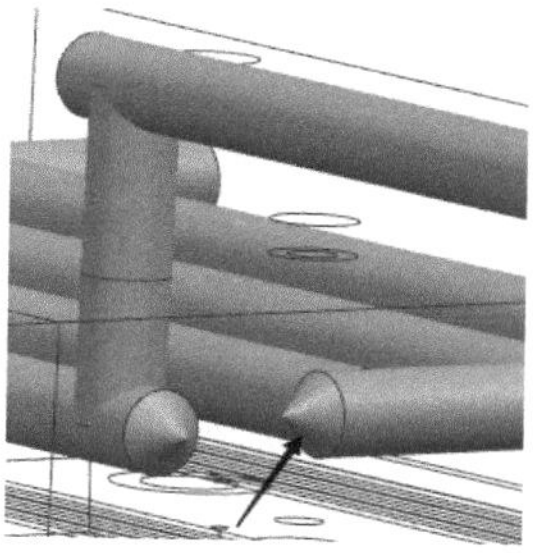

图 5-59　创建圆锥体 2

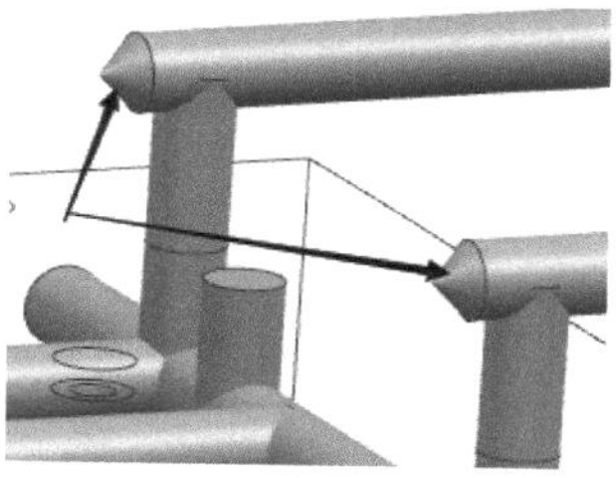

图 5-60　创建圆锥体 3

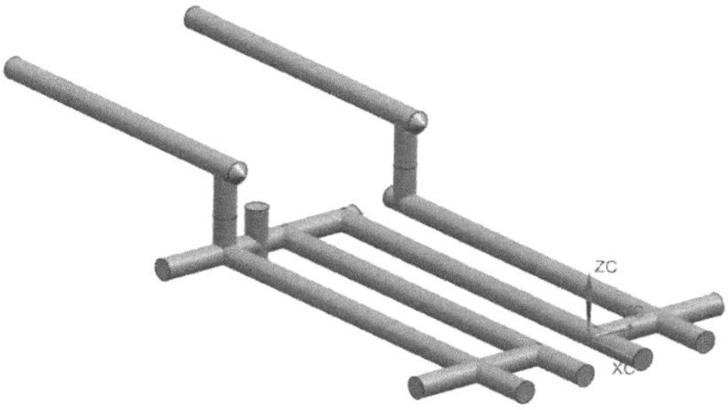

图 5-61　前模水路

后模水路设计

2．后模水路设计

1）显示后模芯、产品和浇口部件，其余隐藏。

2）选择菜单“燕秀 UG 模具 7.05”→“冷却系统”→“模板水路”选项，系统弹出如图 5-62 所示的“模板水路”对话框，选择“回型”水路，运水直径为 10。选择图中箭头指示的后模芯底部面，然后单击“指定方位”，使其高亮显示。

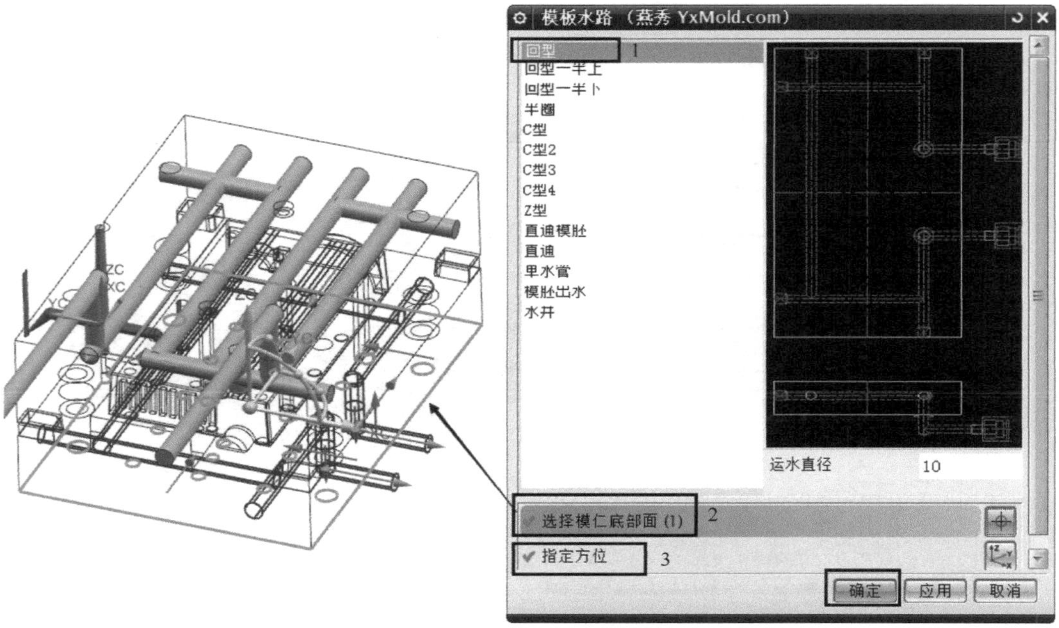

图 5-62 “模板水路”对话框

切换到如图 5-63 所示的俯视图，通过水路的预览，将动态坐标系逆时针旋转 90°，调整水路出水口和入水口的方位，拖动水路的方向箭头调整水路和前模水路的投影重合，调整出水和入水两条水路的间距为 30，并适当拖动延长其长度。通过调整后的后模水路如图 5-64 所示。

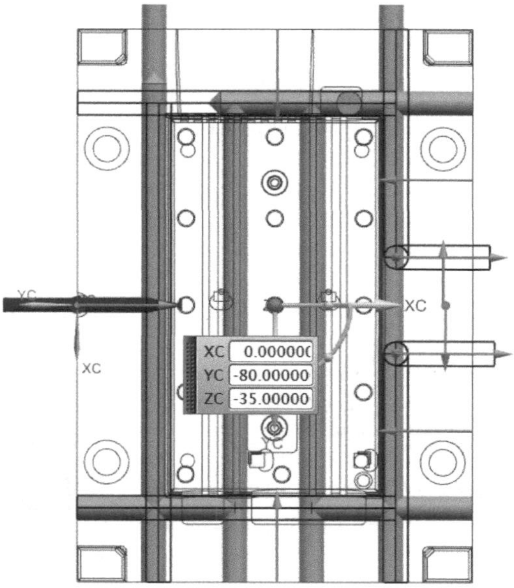

图 5-63 水路预览

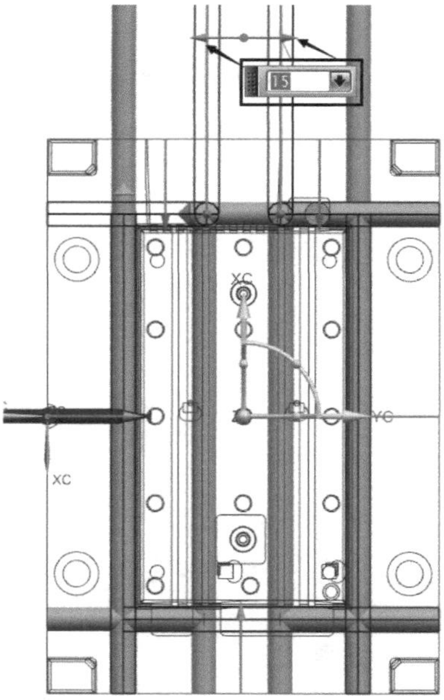

图 5-64 调整水路 1

切换视图方位为如图 5-65 所示的前视图，将出水和入水两条水路与前模芯底面的距离调整为 18，并注意观察水路距离潜浇口的距离。此处可先生成水路实体，然后测量水路距潜浇口的距离，至少保证 4mm 左右。水路位置及尺寸调整好后，单击图 5-62 对话框中的“确定”按钮，创建如图 5-66 所示的后模水路。

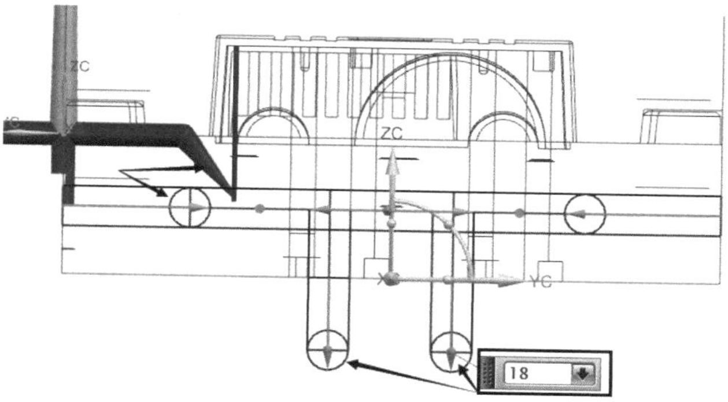

图 5-65　调整水路 2

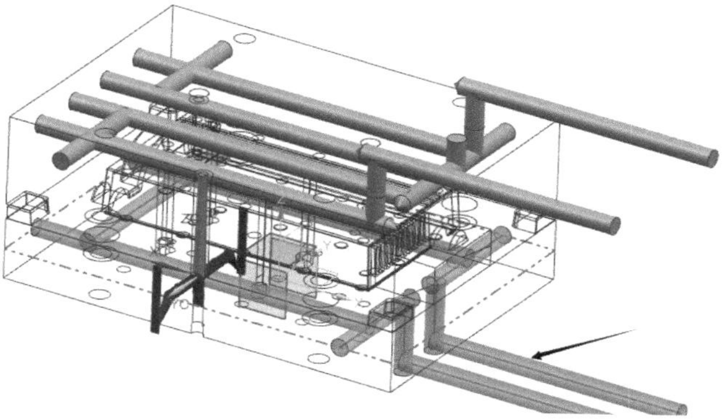

图 5-66　后模水路（箭头指示）

3）利用“拆分体”工具，参照图 5-67，用后模芯底面拆分图中箭头指示的两条水路。

4）利用“替换面”工具，参照图 5-68，将图中箭头指示的两条水路替换后模芯侧面。

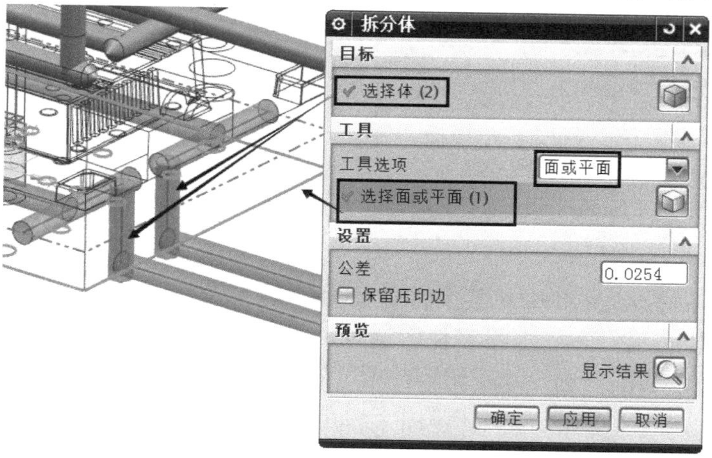

图 5-67　“拆分体”对话框

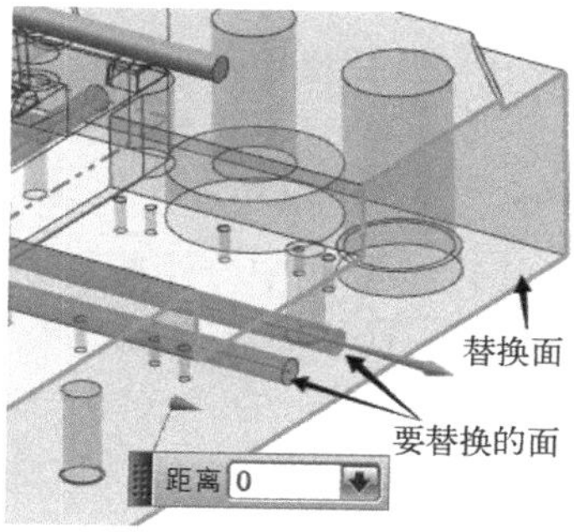

图 5-68　替换面

5）将前模水路和后模水路移动至 130 层。移除参数后，可将创建后模水路过程中产生的草图曲线及基准平面移动至 201 层，或将其删除。

6）另一模腔前、后模芯的水路创建。只显示前模水路和后模水路，其余部件隐藏。单击工具栏的“变换”按钮，系统弹出如图 5-69 所示的“变换”对话框，框选所有水路。单击对话框中的“确定”按钮，然后选择如图 5-70“变换”对话框中的“通过一平面镜像”选项，此时系统弹出如图 5-71 所示的“刨”对话框，选择“XC-ZC”平面作为镜像平面，单击“刨”对话框的“确定”按钮，系统切换到如图 5-72 所示的“变换”对话框，单击对话框中的“复制”选项，将水路进行镜像复制。镜像复制的水路如图 5-73 所示，将复制的水路移至 131 层。

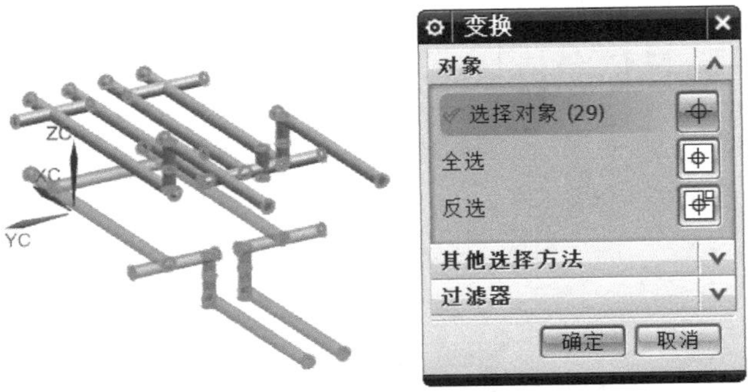

图 5-69 “变换”对话框 1

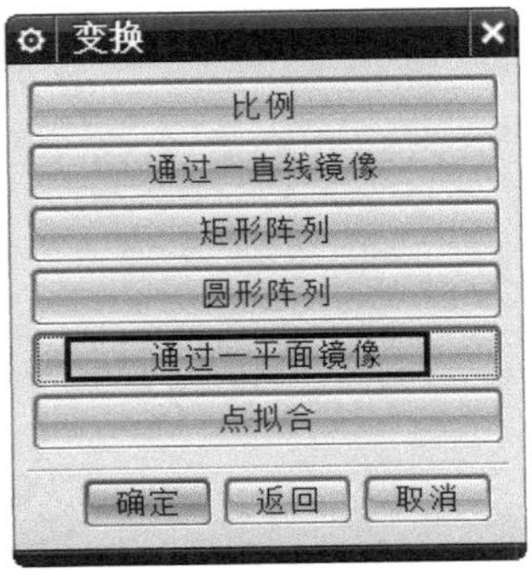

图 5-70 “变换”对话框 2

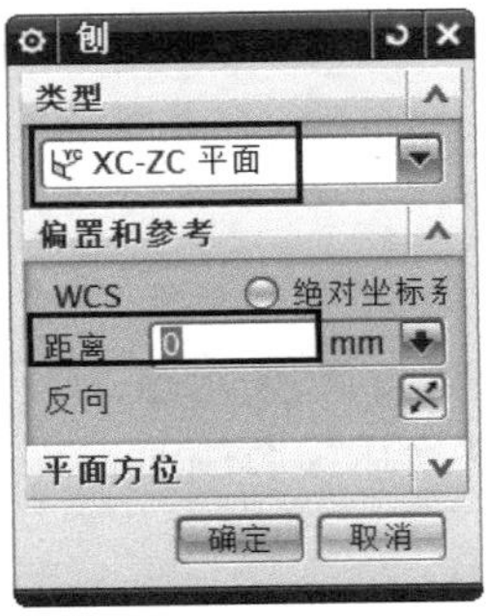

图 5-71 “刨”对话框

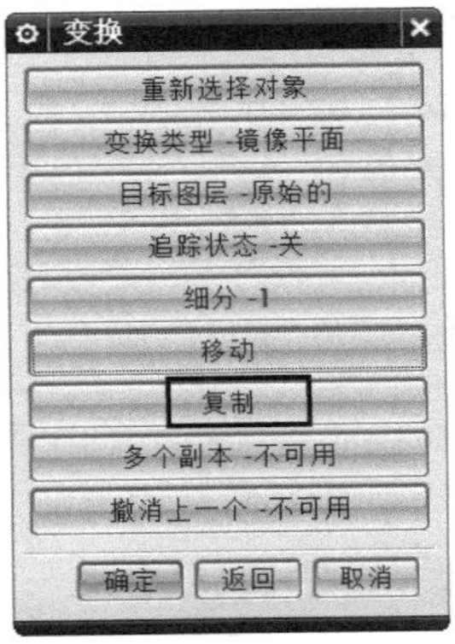

图 5-72 “变换”对话框 3

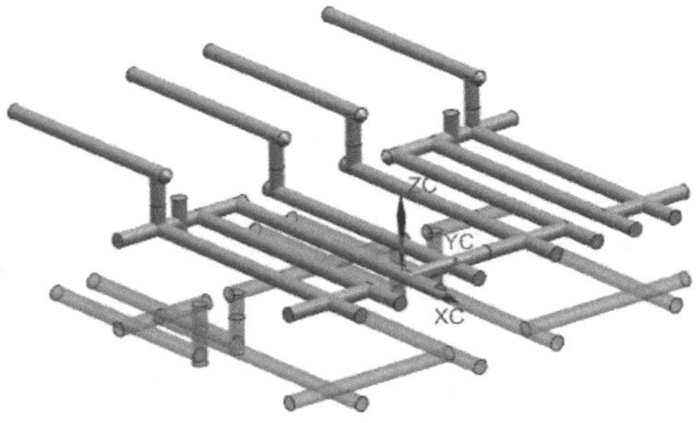

图 5-73 完整水路

7）用图 5-73 所示的水路分别求差前、后模芯及模板，在前、后模芯及模板上创建冷却水路的孔（具体操作读者可自行完成）。

水路零件设计

5.3.2 水路零件设计

1）显示其中一个模腔的前、后模芯及水路，其余部件隐藏。选择菜单“燕秀 UG 模具 7.05”→“冷却系统”→“水路零件”选项，系统弹出如图 5-74 所示的“水路零件库”对话框，选择“铜堵”选项，勾选“自动修剪”“自动判断大小”和“移除参数”三个选项。选择图中箭头指示的水路端面，单击对话框中的“应用”按钮，创建水堵。此处也可依次选中需要添加水堵的水路端面，一次创建前后模芯水路的水堵。创建的水堵如图 5-75 所示。

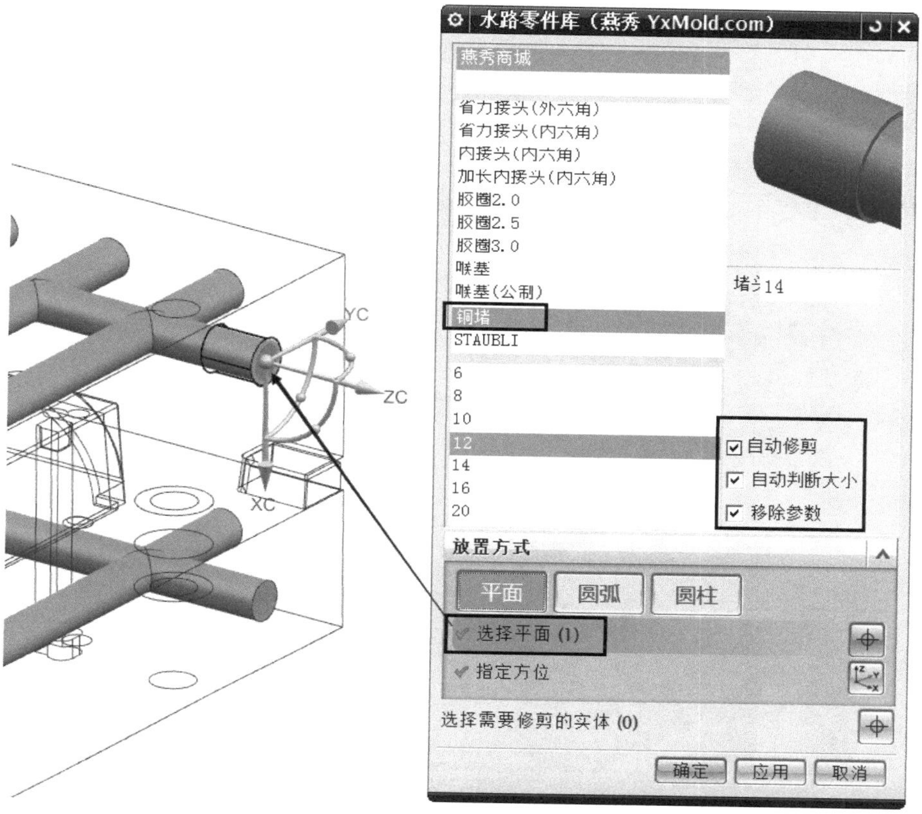

图 5-74 “水路零件库”对话框 1

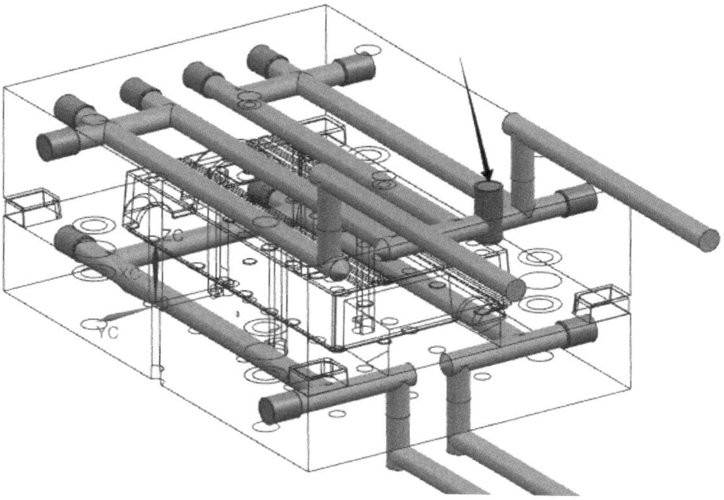

图 5-75 创建的铜堵

2）在如图 5-76 所示“水路零件库”对话框中选择“胶圈 2.5”标准件，勾选“自动修剪”“自动判断大小”和“移除参数”三个选项，在“放置方式”分组中选择“圆弧”方式。选择图中箭头指示的前模芯与 A 板接合处水路的端面圆心，单击对话框中的“应用”按钮创建胶圈。同样操作，创建其余三处的胶圈。创建的胶圈如图 5-77 所示。

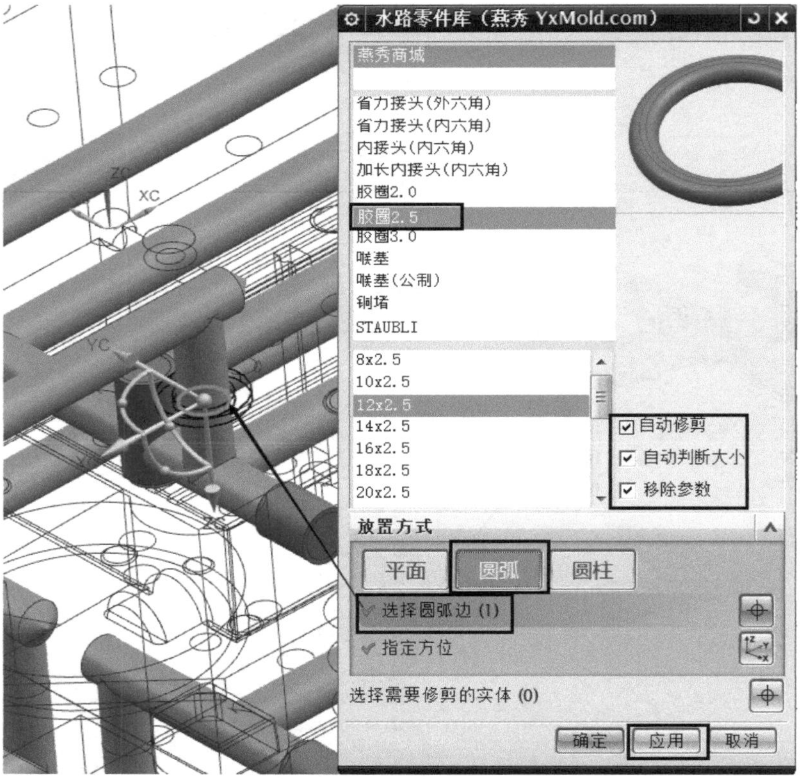

图 5-76 “水路零件库”对话框 2

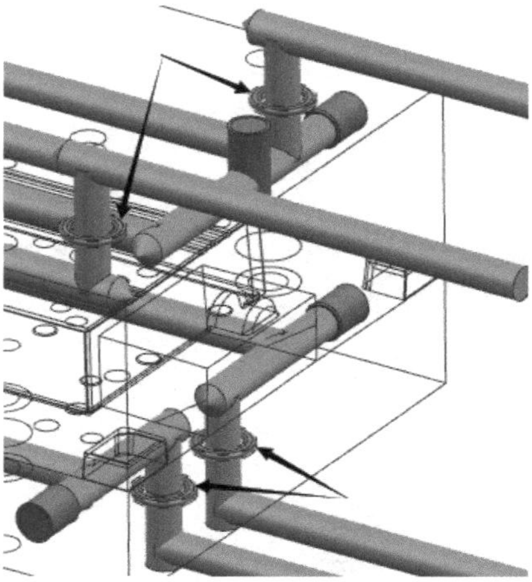

图 5-77 创建的胶圈

将上述步骤创建的水堵和胶圈移至 130 层。

3）参照上述步骤创建另一模腔冷却系统的水堵和胶圈，并将其移至 131 层。

4）显示所有水路和 A 板、B 板。在图 5-74 所示“水路零件库”对话框中选择“省力接头（内六角）”标准件，参照图 5-78 进行设置。勾选“自动修剪”“自动判断大小”和“移除参数”三个选项，在“放置方式”分组中选择“平面”方式，选择图中箭头指示的 8 个水路端面，创建水路出水和入水接头。

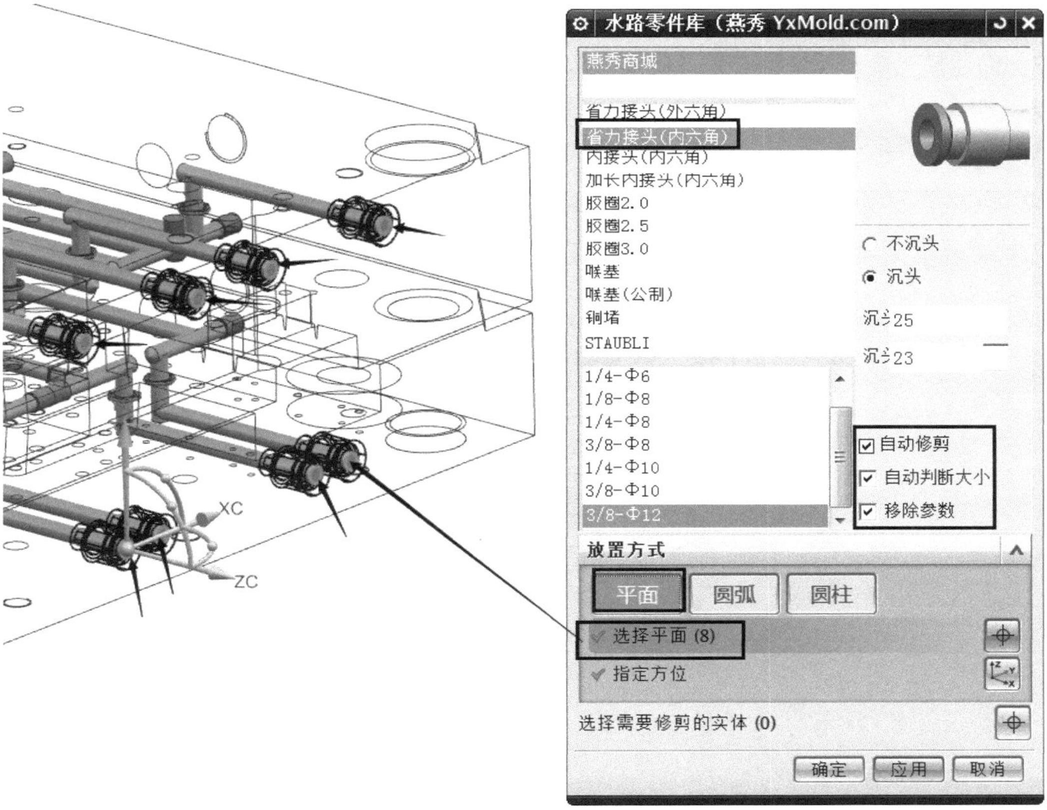

图 5-78 “水路零件库”对话框 3

5.4　本章小结

本章以充电器上盖模具为例，介绍了 UG 模具流道系统和冷却系统的设计方法。对于分流道和浇口设计，实际设计过程中应结合产品特点、企业要求及设计经验合理选择流道及浇口的位置，并结合模流分析、模具充填等仿真模拟来确定。

模具冷却系统设计重点主要是冷却水路在前后模芯上的合理布置。水路的布置形式取决于产品结构，在布置后模水路时还要考虑水路与顶针、斜顶、螺钉和浇口等部件是否有干涉。实际设计中可用模流分析软件对冷却系统的冷却效果进行仿真，进行优化设计。本章实例中，前模运水采用 UG 建模进行设计，先用草图对水路进行布置，然后利用“管道”工具创建水路，后模运水采用了燕秀外挂提供的模板水路进行加载。另外，实例中的后模运水只是采用了简单的“回字形”水路，如果冷却效果不够理想，可在产品中间区域设计水井进行冷却。

燕秀外挂提供的水路零件，如水堵、胶圈及接头等部件，可自动判断并选择设计参数，设计效率较高。

5.5　思考与练习

1．常用模具分流道截面形状有哪几种？怎样确定圆形流道的截面尺寸？

2．S 形分流道主要适用于什么产品？有何优点？

3．简述模具冷却系统的布置原则及参数选择。

4．如图 5-79 所示电动风扇上盖模具，完成其流道系统和冷却系统设计。（模型见 ch05/ch05_5/ex-5.5-4）

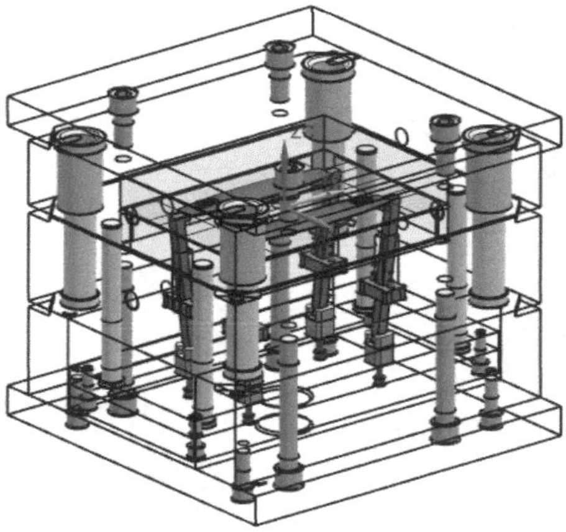

图 5-79　电动风扇上盖模具

第 6 章　模具设计综合实例

本章给出了两个模具设计实例：点浇口三板模设计实例和利用 UG 自带 MoldWizard 模块进行模具设计的实例。通过本章的学习能够基本掌握 UG 三板模细水口模具设计的基本步骤及三板模的设计重点，掌握利用 MoldWizard 模块进行自动分模、模具标准件设计及模具三大系统设计的步骤及方法。

本章重点

- 细水口（点浇口）和三板模模架设计
- 小拉杆、水口钩针和胶塞等三板模零件设计
- MoldWizard 模块分模方法及步骤
- MoldWizard 模块模具标准件设计

6.1　细水口模具（盒盖模具）设计

【例 6-1】 完成如图 6-1 所示盒盖产品的模具设计，材料：ABS。

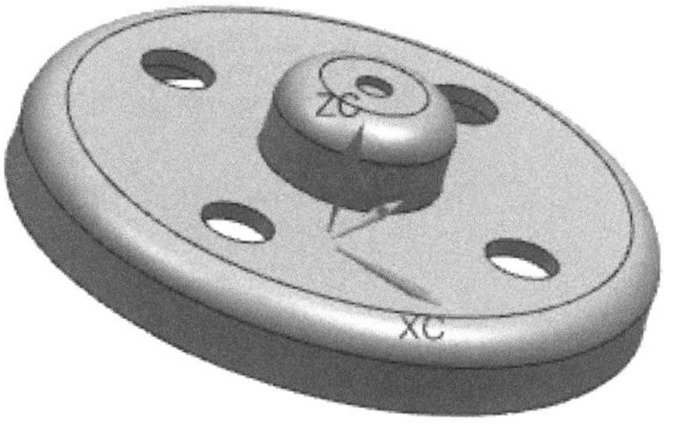

图 6-1　产品模型

【分析】模具设计方案：一模两腔布局；采用点进胶方式、三板模结构；顶出机构采用顶针顶出；冷却系统采用“回型”水路进行冷却。

6.1.1　模具分型设计

分型设计

1．模具坐标系及收缩率设置

1）打开配套资源中的 ch06/ ch06_1/ex-6.1.prt 文件。将产品模型复制到第 3 层，并关闭第 3 层。

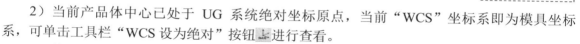

2）当前产品体中心已处于 UG 系统绝对坐标原点，当前“WCS”坐标系即为模具坐标系，可单击工具栏“WCS 设为绝对”按钮进行查看。

3）单击工具栏的“缩放体”按钮，系统弹出如图 6-2 所示的“缩放体”对话框。“比例因子”设置为 1.005，单击“确定”按钮完成设置。

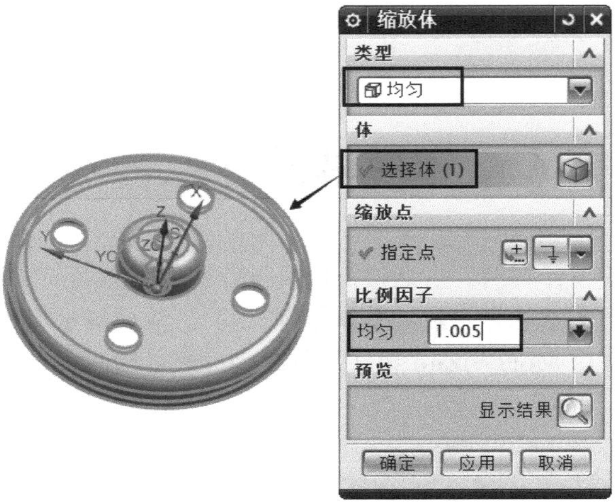

图 6-2 “缩放体”对话框

2．产品分析

选择菜单“分析”→“形状”→“斜率”，系统弹出如图 6-3 所示的“面分析-斜率”对话框。“数据范围”的最小值设为-0.1，最大值设为 0.1，“参考矢量”选择“ZC”方向，框选产品体后单击对话框中的“确定”按钮，对产品进行分析。观察云图显示的颜色，红色为前模面，蓝色为后模面，无绿色面，产品所有面不需做拔模处理。

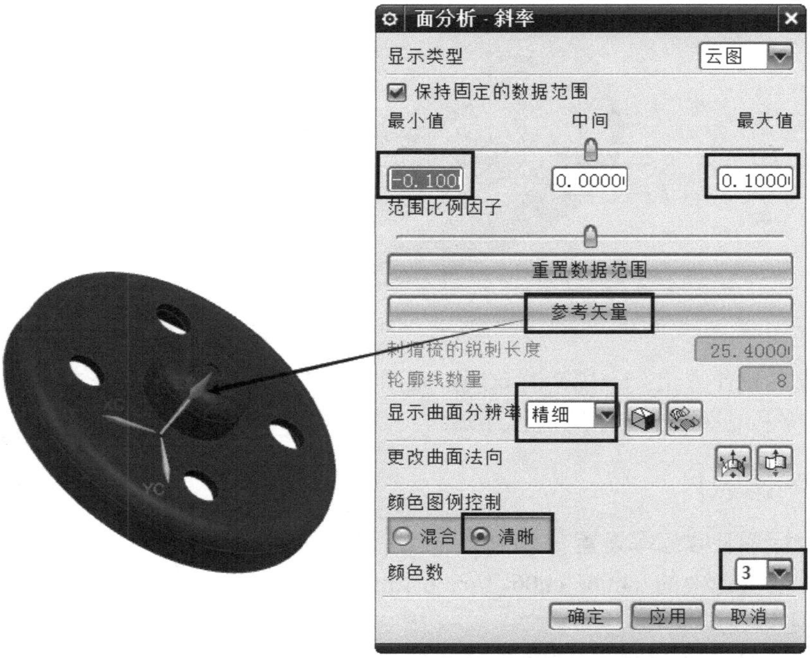

图 6-3 “面分析-斜率”对话框

3．分模

1）单击燕秀外挂工具栏的“包容体”按钮，系统弹出如图 6-4 所示的“包容体”对话框，“类型”选择“包容柱”，选择图中箭头指示的产品体上的其中一个圆孔柱面，“默认间隙”设为 1。单击对话框中的“确定”按钮，创建圆柱修补块。

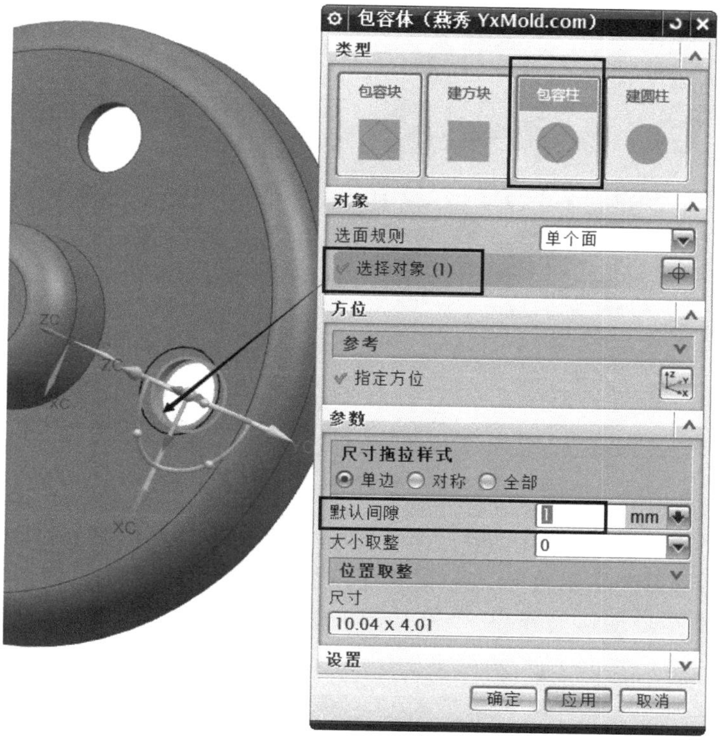

图 6-4 “包容体”对话框 1

2）单击“同步建模”工具栏的“替换面”按钮，系统弹出如图 6-5 所示的“替换面”对话框，将箭头指示的圆柱端面替换图中箭头指示的产品体外表面。

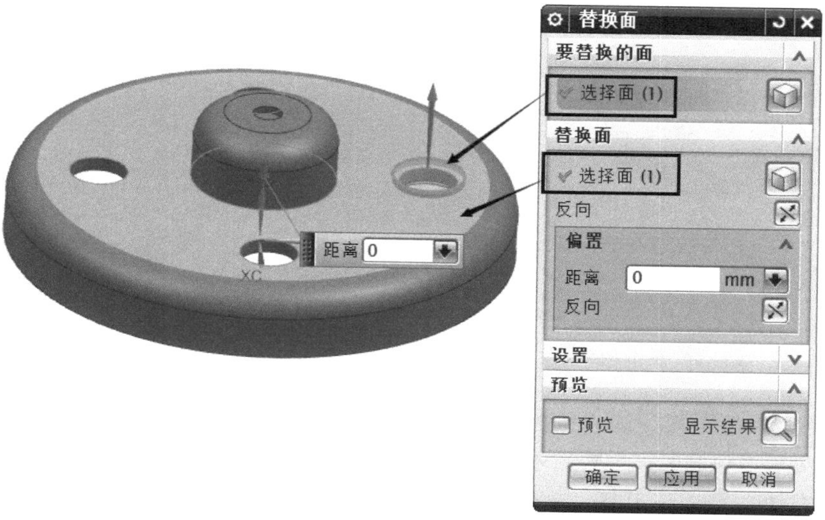

图 6-5 “替换面”对话框 1

参照图 6-6，将图中箭头指示的圆柱体端面替换产品体内表面。

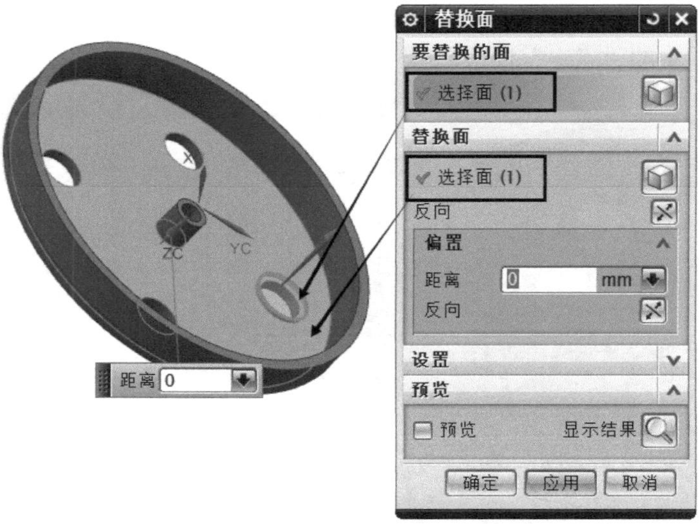

图 6-6 “替换面”对话框 2

3）单击工具栏的“减去”按钮，系统弹出如图 6-7 所示的“求差”对话框，选择小圆柱体为“目标体”，选择产品体为“工具体”，用产品体求差创建的修补圆柱体。

4）参照上述步骤，创建另外 3 个修补圆柱体，并移除参数。创建的产品破孔修补实体如图 6-8 中箭头所示。

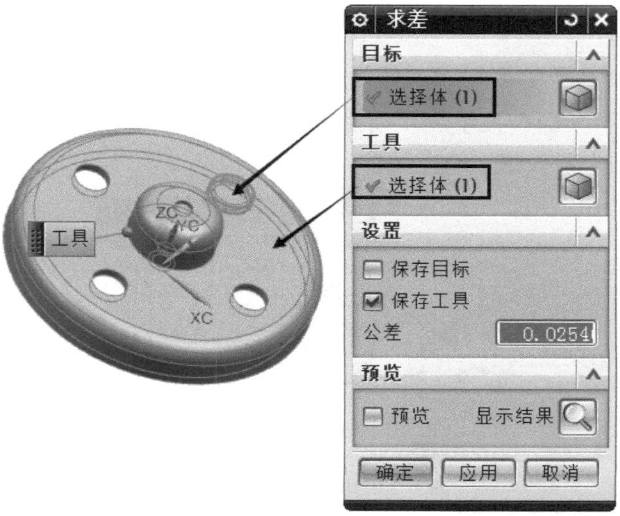

图 6-7 “求差”对话框 1

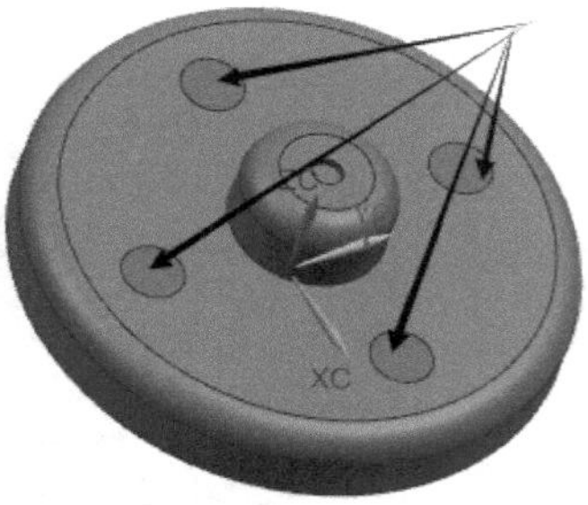

图 6-8 补孔实体

5）单击燕秀外挂工具栏的“包容体”按钮，系统弹出如图 6-9 所示的“包容体”对话框，“类型”选择“包容块”，然后框选产品体，“默认间隙”设为 30。单击对话框中的“确定”按钮创建方块，即模仁毛坯。

6）单击工具栏的“减去”按钮，系统弹出如图 6-10 所示的“求差”对话框，选择方块体为“目标体”，然后框选产品体及 4 个修补圆柱体作为“工具体”。

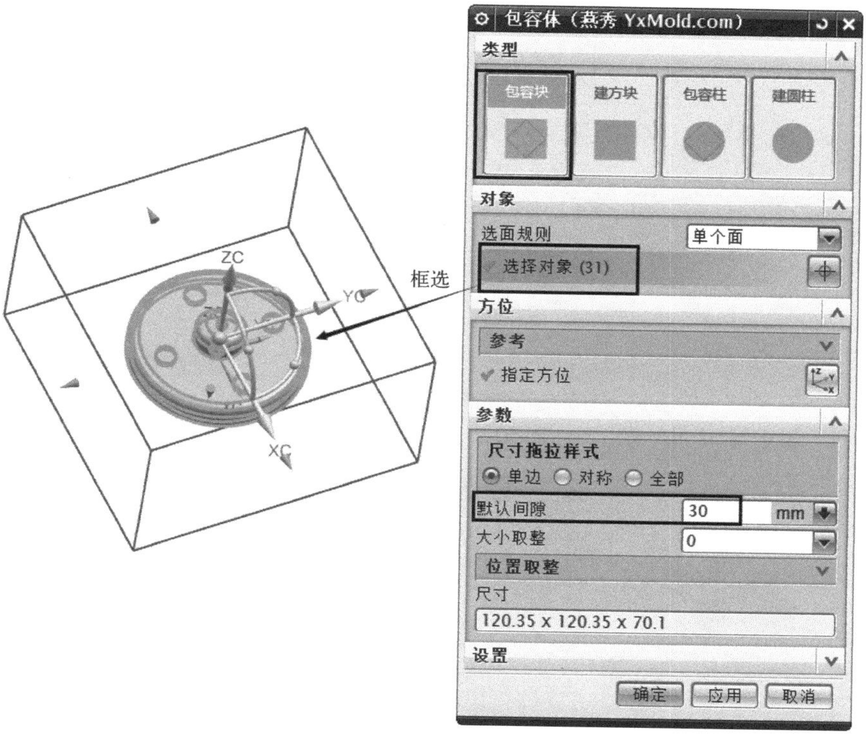

图 6-9　“包容体”对话框 2

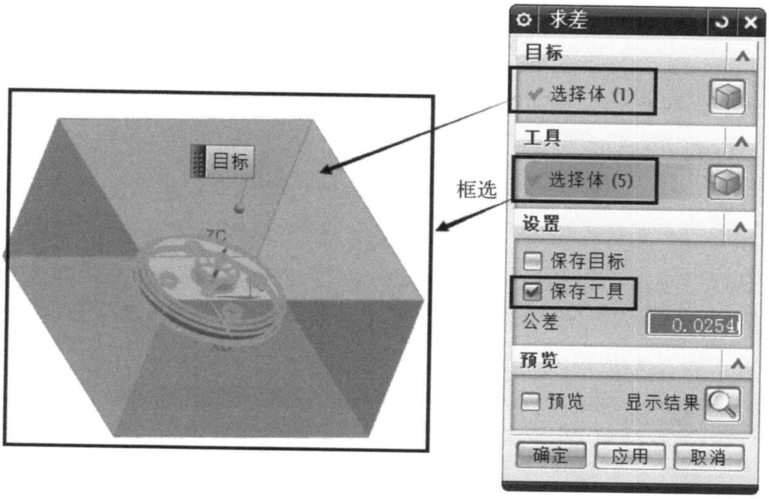

图 6-10　“求差”对话框 2

7）单击工具栏的“拆分体”按钮，系统弹出如图 6-11 所示的“拆分体”对话框，选择方块体为“目标体”，选择“XY”平面为“工具体”，拆分距离为 0，将工件拆分为前模芯和后模芯。

8）前模芯如图 6-12 所示，将其移动至 30 层。将 4 个修补圆柱体移至 33 层，隐藏产品体。单击工具栏的“合并”按钮，系统弹出如图 6-13 所示的“合并”对话框，将图中箭头指示的两个体合并，即为后模芯，如图 6-14 所示。

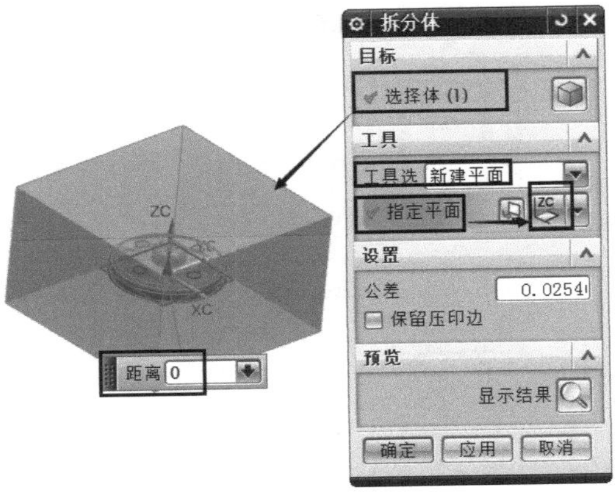

图 6-11 “拆分体”对话框 1

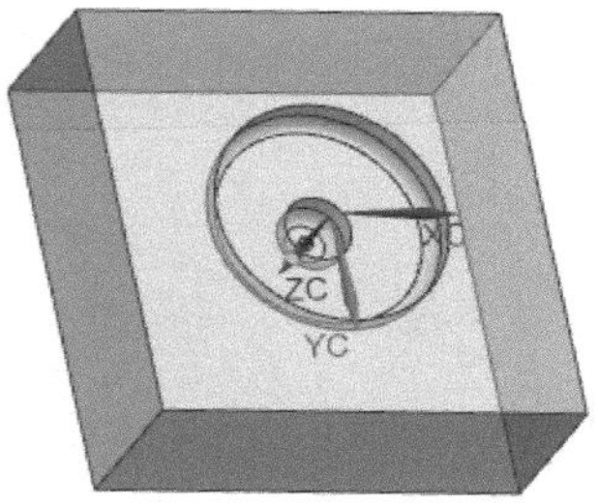

图 6-12 前模芯

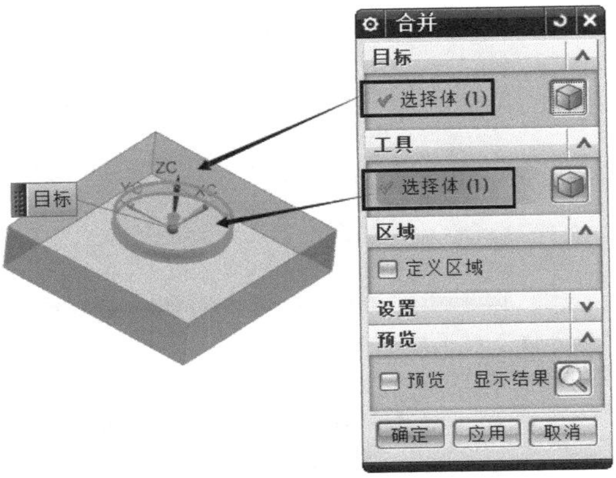

图 6-13 “合并”对话框 1

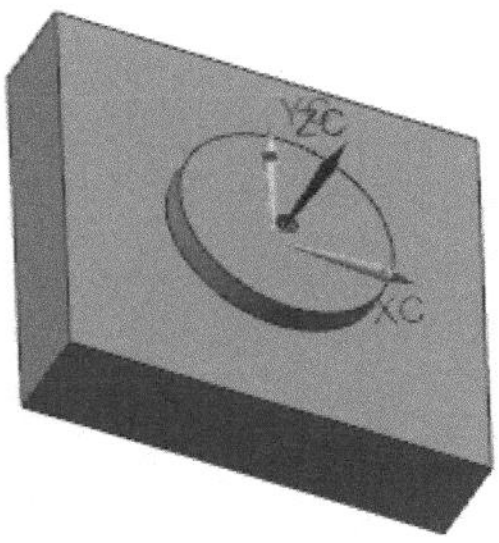

图 6-14 后模芯

4．模仁优化及型腔布局

1）单击工具栏的“修剪体”按钮，系统弹出如图 6-15 所示的“修剪体”对话框，“目标”选择前、后模芯，“工具”选择“XZ”平面，在“距离”文本框中输入-60，注意修剪方向。单击对话框中的“确定”按钮，完成模仁“-YC”方向侧的修剪。参照图 6-16～图 6-18，依次完成模仁“XC”方向、“-XC”方向、“YC”方向的修剪。模仁修剪完成后长（X 方向）、宽（Y 方向）尺寸分别为 120 和 105。

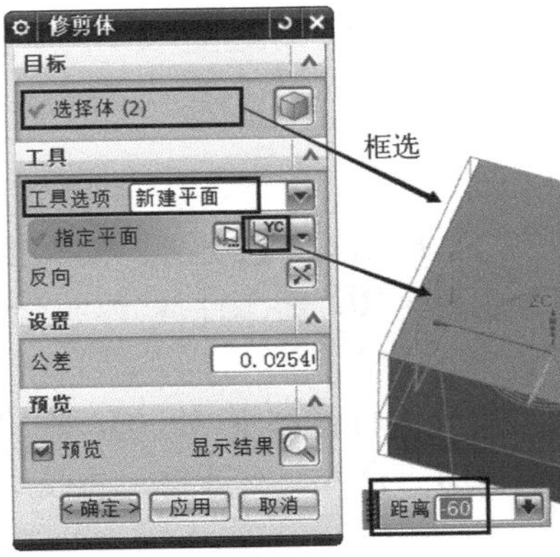

图 6-15 “修剪体”对话框 1

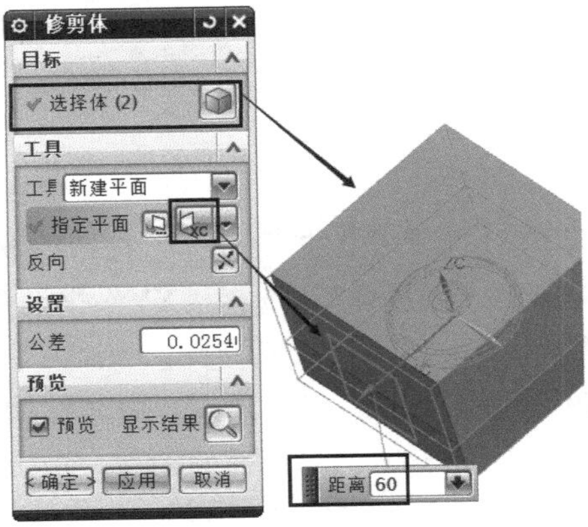

图 6-16 “修剪体”对话框 2

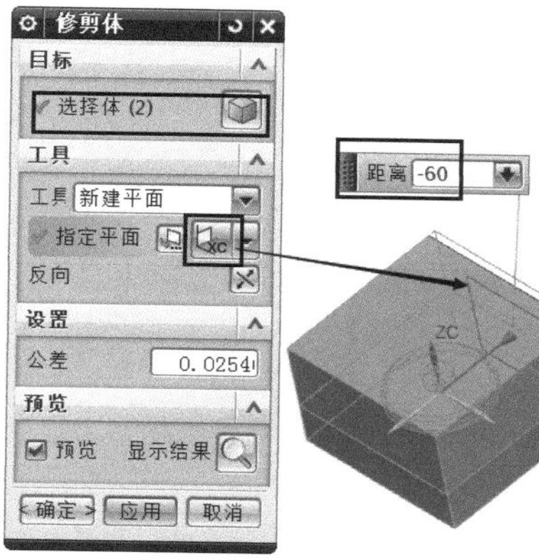

图 6-17 “修剪体”对话框 3

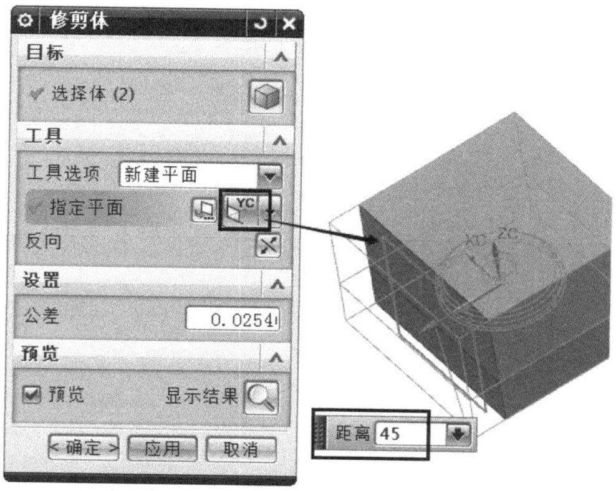

图 6-18 “修剪体”对话框 4

2）单击工具栏的“偏置面”按钮，系统弹出如图 6-19 所示的“偏置面”对话框，选择图中箭头指示后模芯底面，沿“-ZC”方向偏置 6。参照图 6-20，选择前模芯上表面，沿“-ZC”方向偏置 0.1。尺寸优化后，前模芯厚度为 50，后模芯厚度为 36，如图 6-21 所示。

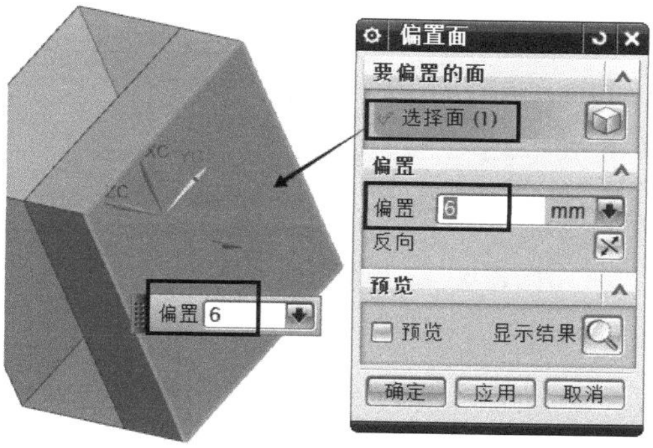

图 6-19 “偏置面”对话框 1

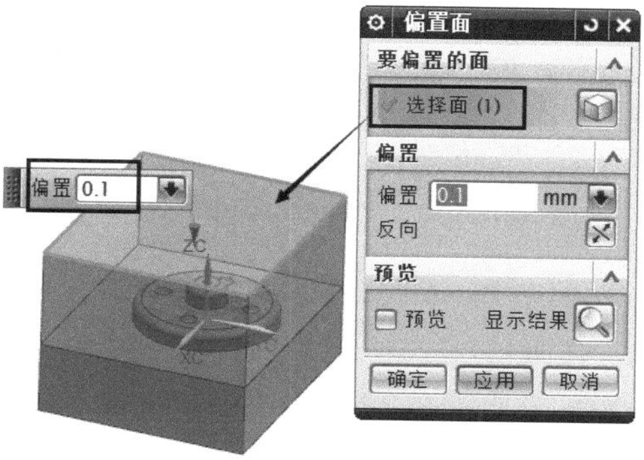

图 6-20 “偏置面”对话框 2

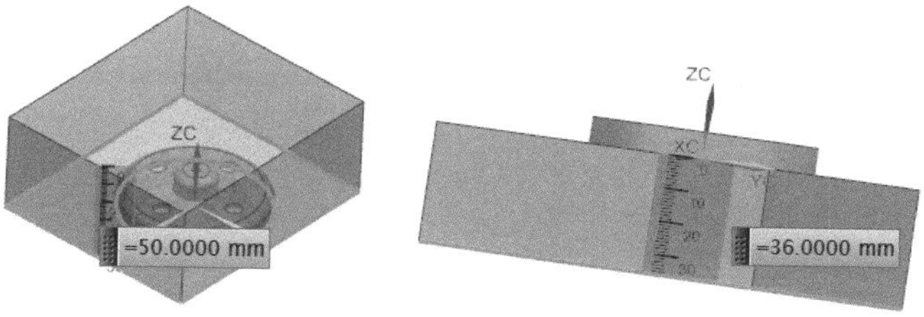

图 6-21 测量尺寸

3）移除参数。显示前后模芯、产品及修补圆柱体。单击工具栏的“移动对象”按钮，系统弹出如图 6-22 所示的“移动对象”对话框，框选所有对象，将其沿“-YC”方向移动 45。

参考图 6-23，将所有对象旋转复制，得到另一模腔，即可完成一模两腔布局，如图 6-24 所示。

4）单击工具栏的“合并”按钮，系统弹出如图 6-25 所示的“合并”对话框，将图中箭头指示的两块前模芯合并成一块，照此操作，将两块后模芯合并成一块。将后模芯移动至 50 层。

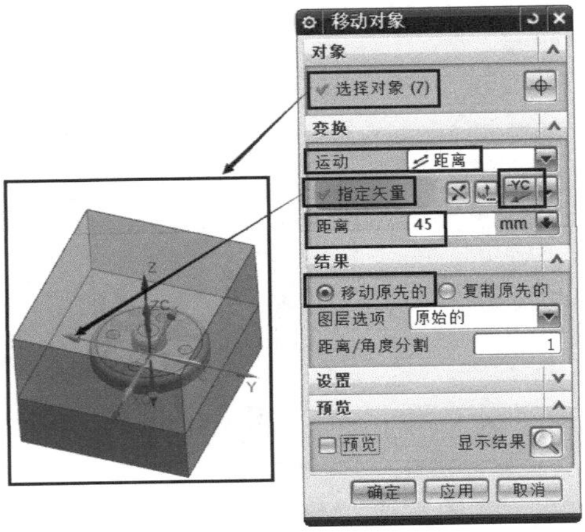

图 6-22 “移动对象”对话框 1

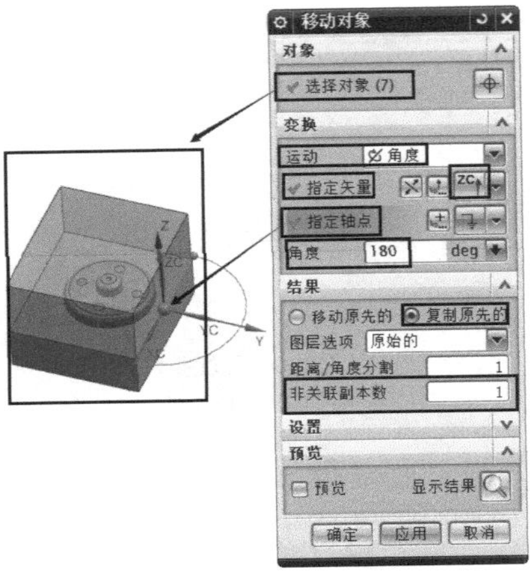

图 6-23 “移动对象”对话框 2

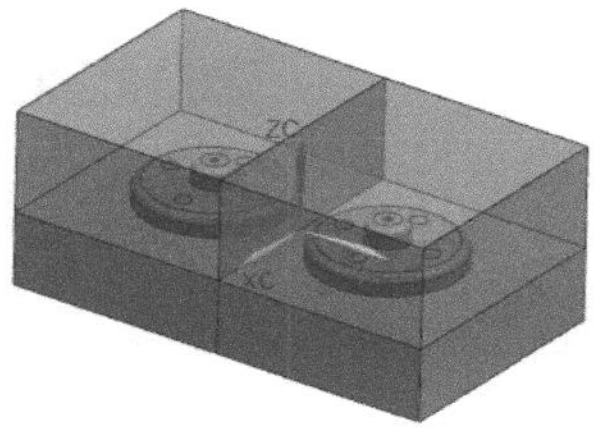

图 6-24 一模两腔布局

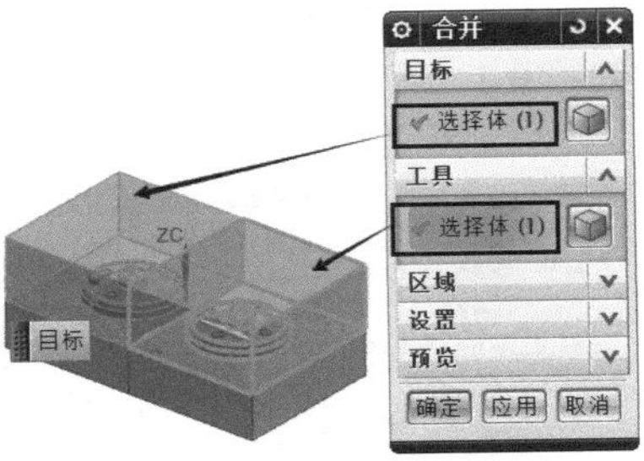

图 6-25 “合并”对话框 2

5. 镶件设计

1）显示后模芯和 8 个修补圆柱体，其余隐藏。单击工具栏的“拉伸”按钮，系统弹出如图 6-26 所示的“拉伸”对话框，依次选择 8 个修补圆柱体端面圆边线，拉伸矢量为“-ZC”方向，在“限制”分组中设置开始距离为 0，“结束”选择“直至选定”，然后选择后模芯底面。单击对话框中的“确定”按钮创建 8 个拉伸圆柱体。

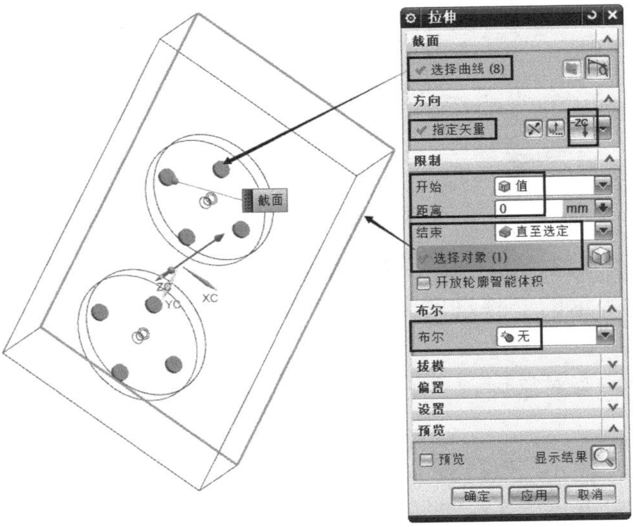

图 6-26 “拉伸”对话框

2）单击工具栏的“合并”按钮，系统弹出如图 6-27 所示的“合并”对话框，将图中箭头指示的修补圆柱体和拉伸创建的圆柱体合并创建镶针，照此操作，将其余七个修补圆柱体和拉伸创建的圆柱体依次进行合并。

3）单击工具栏的“减去”按钮，系统弹出如图 6-28 所示的“求差”对话框，选择后模芯为“目标体”，然后框选 8 个镶针作为“工具体”进行求差操作。

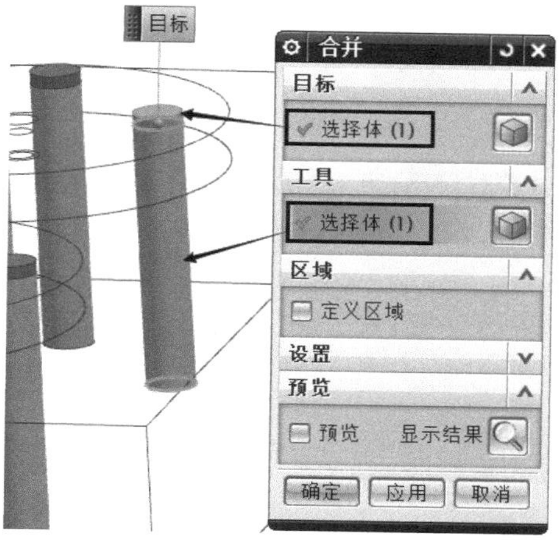

图 6-27　“合并”对话框 3

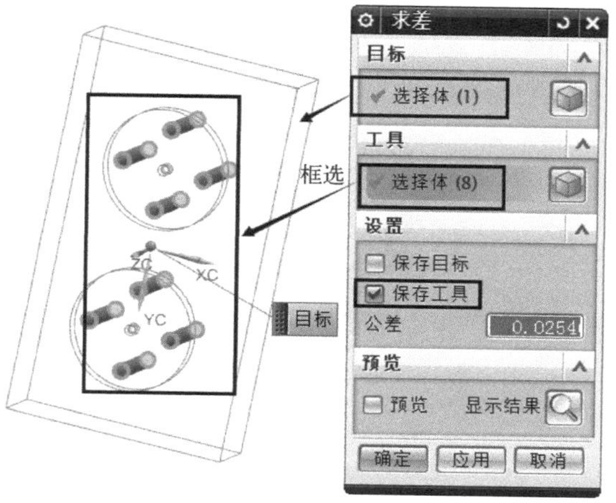

图 6-28　“求差”对话框 3

4）选择菜单“燕秀 UG 模具 7.05”→“模具特征”→“拆镶针/镶件挂台”选项，系统弹出如图 6-29 所示的“拆镶针/镶件挂台”对话框，选择 8 个镶针底部端面圆边线，创建镶针的挂台并与后模芯避空。

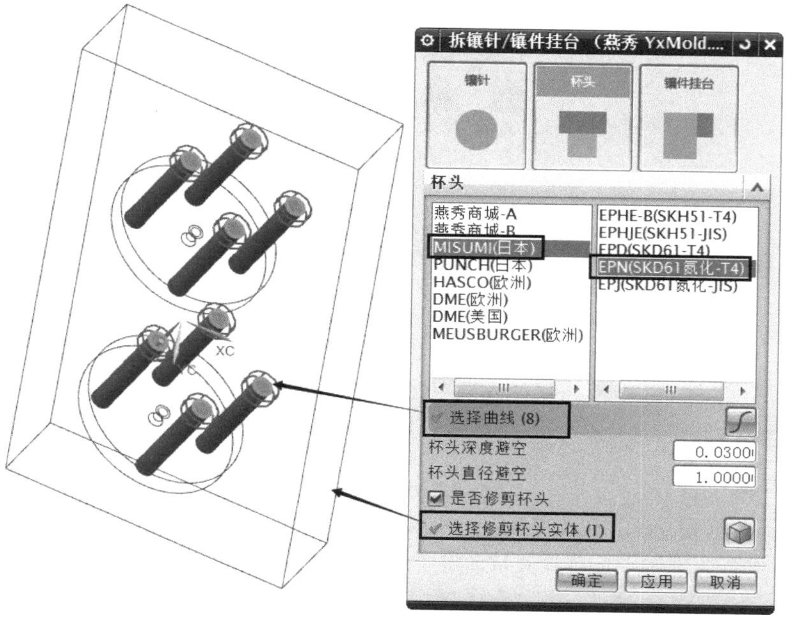

图 6-29　“拆镶针/镶件挂台”对话框

5）单击工具栏的“拆分体”按钮，系统弹出如图 6-30 所示的“拆分体”对话框，选后模芯为“目标体”，“工具选项”选择“拉伸”类型，“矢量方向”选择“-ZC”方向，然后选择图中箭头指示的两个圆，单击对话框中的“确定”按钮，则从后模芯拆分出镶针。参照上述步骤 4 创建镶针挂台。

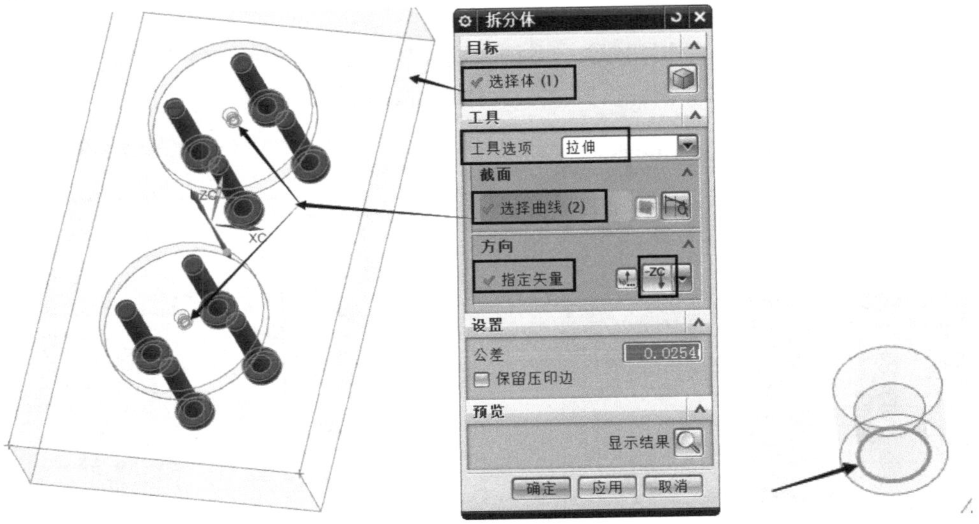

图 6-30 “拆分体”对话框 2

将上述步骤创建的 10 个镶针移至 33 层，并修改颜色显示，创建的镶针如图 6-31 所示。

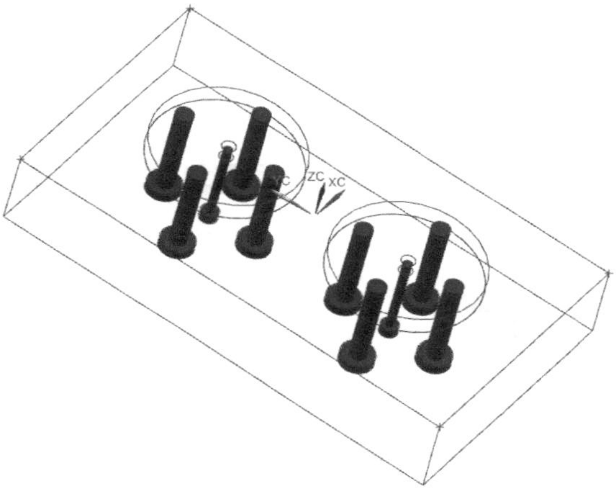

图 6-31 创建的镶针

6.1.2 模胚系统设计

模胚系统设计

1. 模架及开框设计

1）选择菜单“燕秀 UG 模具 7.05”→“模胚及相关”→“模胚”选项，系统弹出如图 6-32 所示的对话框。选择细水口“DCI”型 2535 模架；A 板输入 80；B 板输入 90；C 板输入 90；勾选“撬模槽”“导柱排气”和“KO 孔”三个复选按钮；其余参数默认。单击对话框中的“生成 3D”按钮 生成3D，系统创建如图 6-33 所示的模架。

2）选择菜单“燕秀 UG 模具 7.05”→“模具特征”→“开框”选项，系统弹出如图 6-34 所示的“开框”对话框。开框类型选择“清角型”，在对话框“避空”分组中选中“无”选项，其余参数默认，单击“应用”按钮对前模芯进行开框。同样操作，对后模芯进行开框。

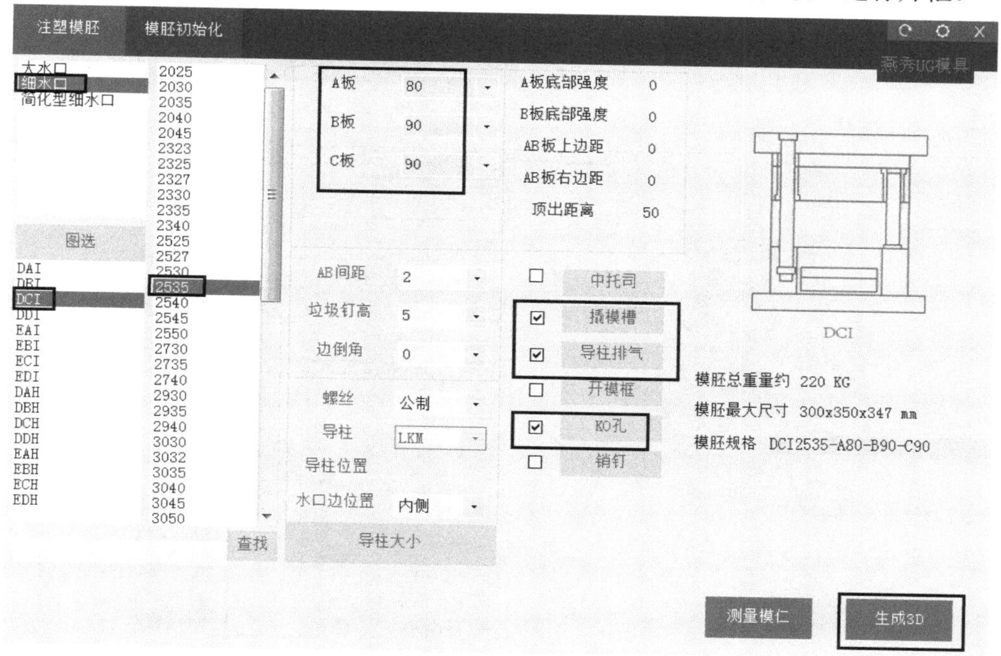

图 6-32 “模胚”对话框

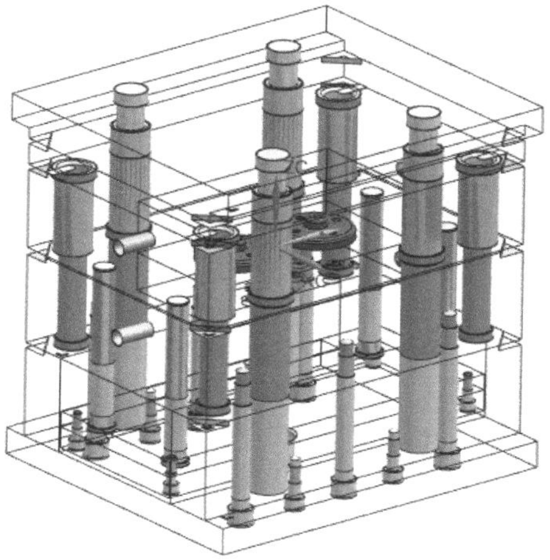

图 6-33　模胚

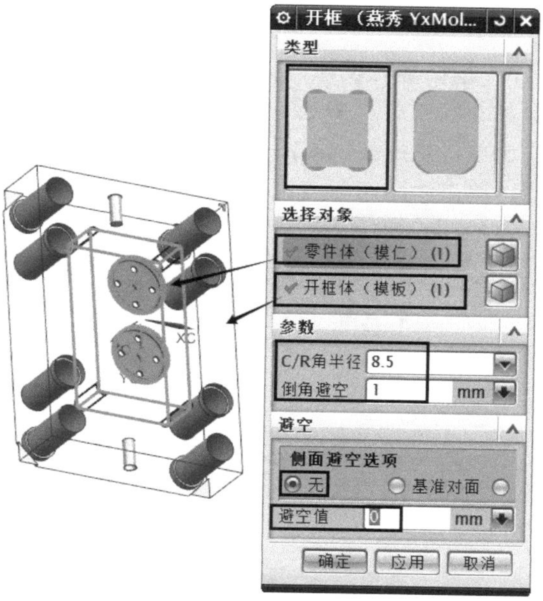

图 6-34 “开框”对话框

注意：如果模具要设计斜度锁紧块，则模胚尺寸要适当加大，且开框时模仁非基准边要避空 1。本例中不再设计锁紧块。

2．虎口设计

显示前后模芯，其余隐藏。选择菜单“燕秀 UG 模具 7.05”→“模具特征”→“虎口”选项，系统弹出如图 6-35 所示的“虎口”对话框。虎口参数默认，注意虎口凹凸方向，单击“确定”按钮创建虎口。

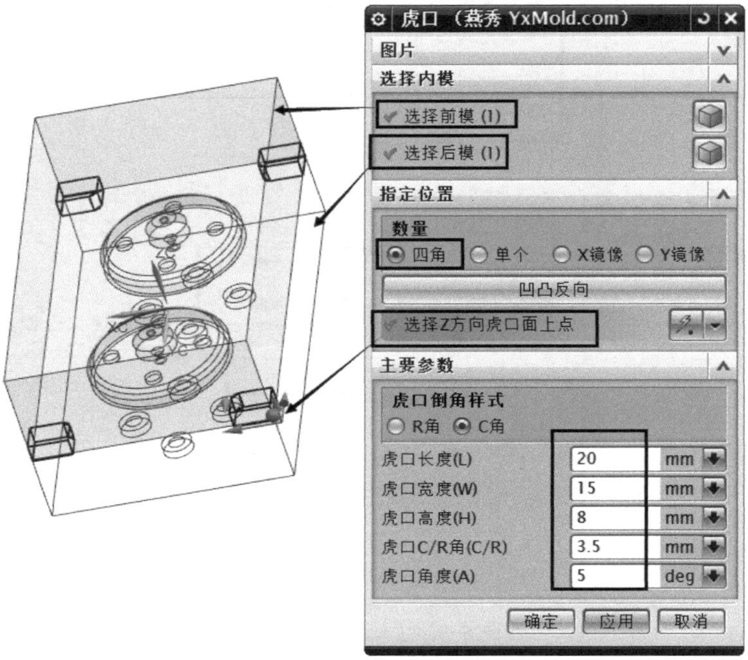

图 6-35 “虎口”对话框

3. 模仁螺钉设计

显示前模芯及 B 板，其余隐藏。选择菜单“燕秀 UG 模具 7.05”→“模胚及相关”→“螺丝”选项，系统弹出如图 6-36 所示的对话框，选用 M8 规格螺钉，单击选择“4 角镜像”单选按钮，单击“动态”按钮，参照图 6-37 放置 4 颗螺钉。同样操作，放置后模的 4 颗螺钉。创建的螺钉如图 6-38 所示。

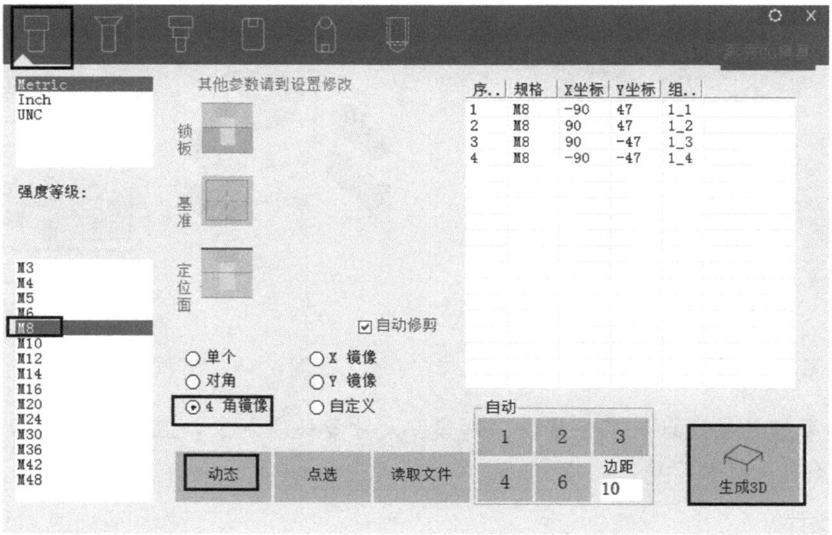

图 6-36 “螺丝”对话框

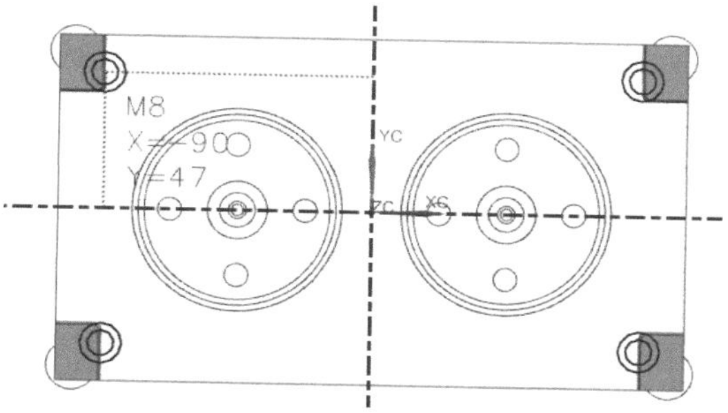

图 6-37　放置螺钉

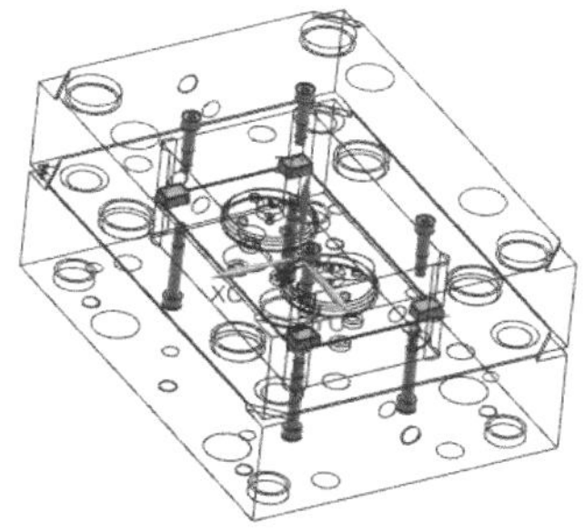

图 6-38　模芯固定螺钉

6.1.3　流道系统设计

1．点浇口及分流道设计

点浇口及分流道设计

1）显示产品、前模芯、A 板及水口板，其余隐藏。选择菜单“燕秀 UG 模具 7.05”→“进胶系统”→“进胶点”选项，系统弹出如图 6-39 所示的“进胶点”对话框。选择“点进胶”样式，浇口参数参考图中所示参数进行设置，选择图中箭头指示的圆心，单击对话框“确定”按钮，创建点浇口。

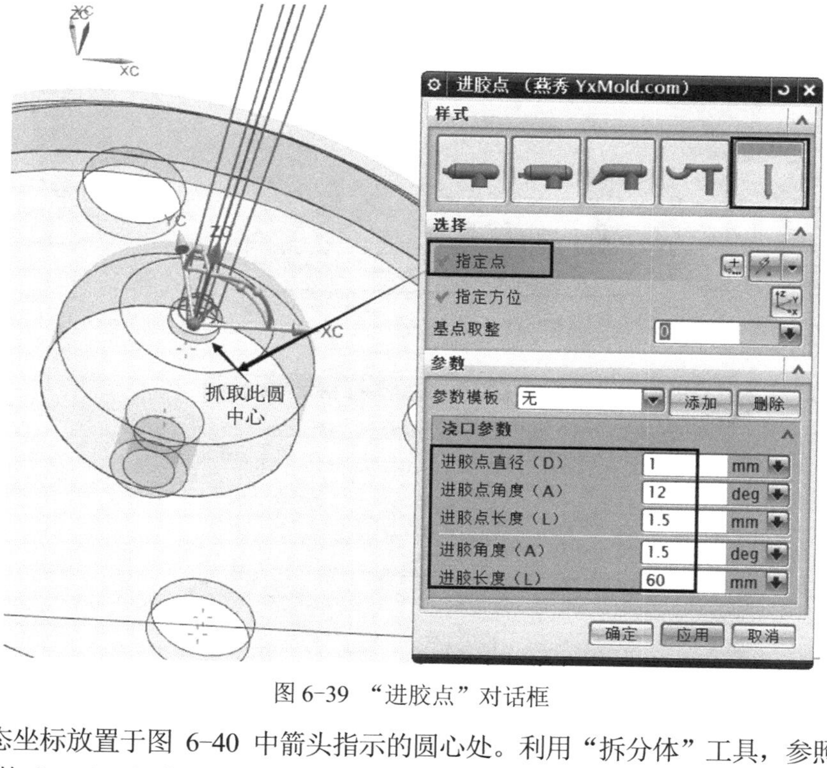

图 6-39　“进胶点”对话框

2）将动态坐标放置于图 6-40 中箭头指示的圆心处。利用“拆分体”工具，参照图 6-41，用图中箭头指示的“XY”平面拆分浇口，拆分距离为 0。参照图 6-42，用前模芯上表面拆分浇口。

3）移除参数。隐藏前模芯、A 板和水口板，隐藏图 6-43 中箭头指示的体。单击工具栏的“拔模”按钮，系统弹出如图 6-44 所示的“拔模”对话框，选择“从边”拔模方式，选择图中箭头指示的圆，拔模矢量为“-ZC”方向，拔模角度为 1°。通过拔模，在如图 6-45 所示的前模芯上表面和 A 板配合处创建一个单边约 0.2 的台阶。

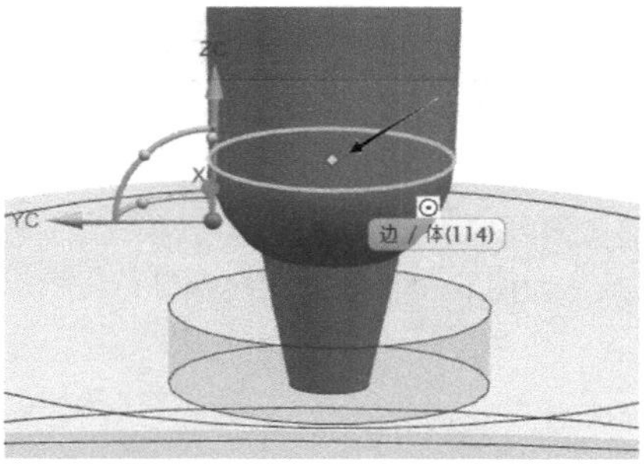

图 6-40　放置坐标系

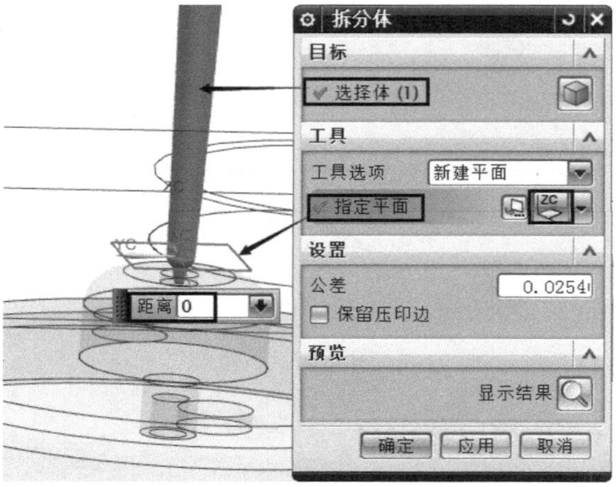

图 6-41　“拆分体”对话框 1

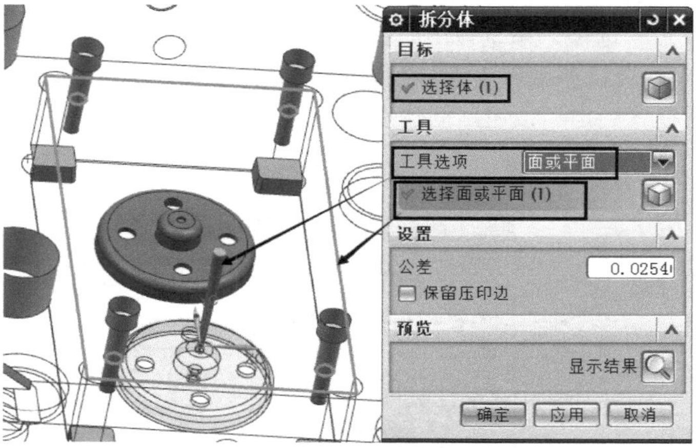

图 6-42　“拆分体”对话框 2

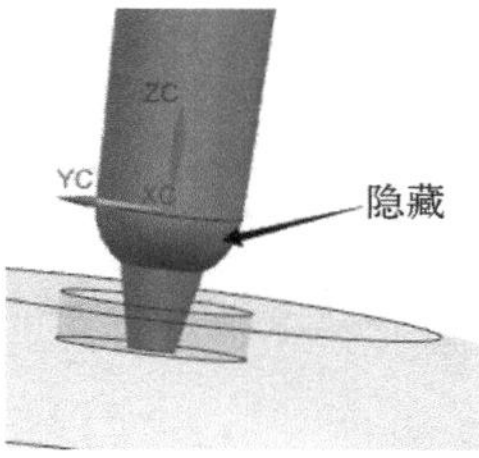

图 6-43　隐藏实体

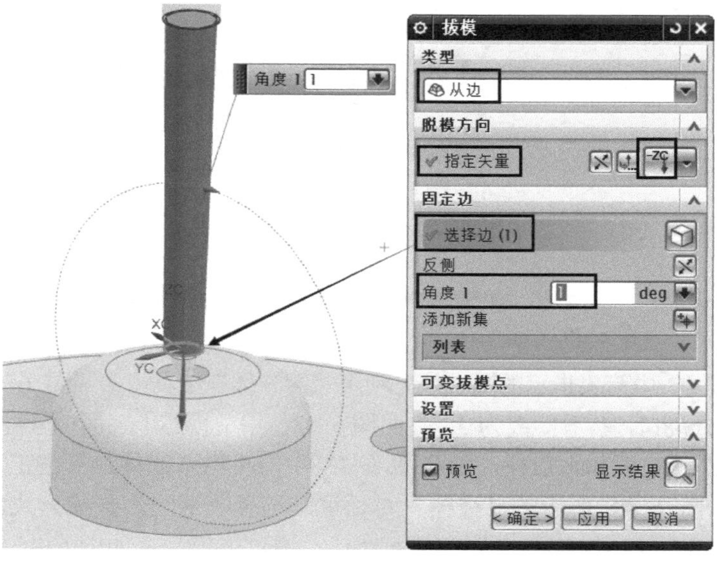

图 6-44　“拔模”对话框 1

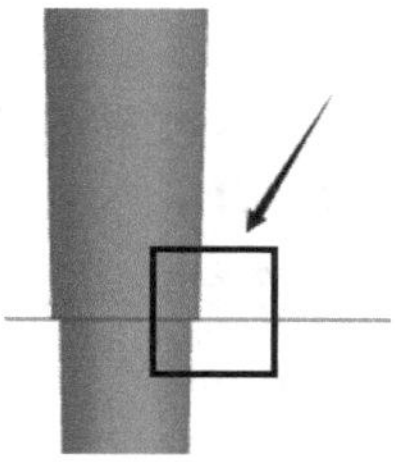

图 6-45　小台阶

4）参照图 6-46，将拆分的浇口进行合并。

5）单击工具栏的“移动对象”按钮，系统弹出如图 6-47 所示的“移动对象”对话框，参照对话框中的设置，将浇口移动复制创建另一模腔的浇口。

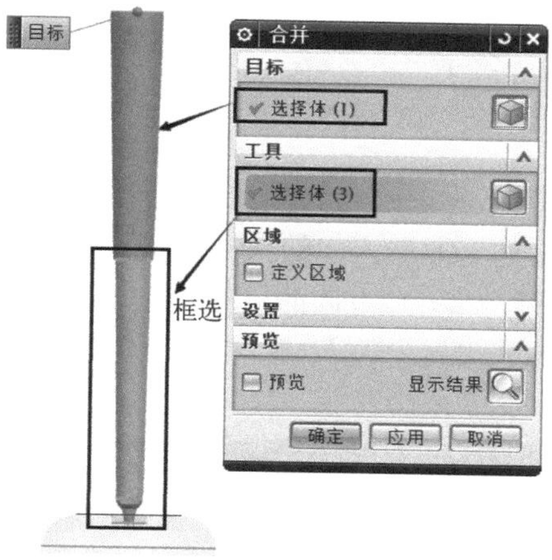

图 6-46 “合并”对话框

图 6-47 “移动对象”对话框

6）显示 A 板。将动态坐标系放置于图 6-48 中箭头指示的 A 板顶面边线端点处。

7）单击工具栏的“拆分体”按钮，系统弹出如图 6-49 所示的“拆分体”对话框，“目标”体选择两个浇口，“工具”选择“XY”平面，拆分距离为-5。

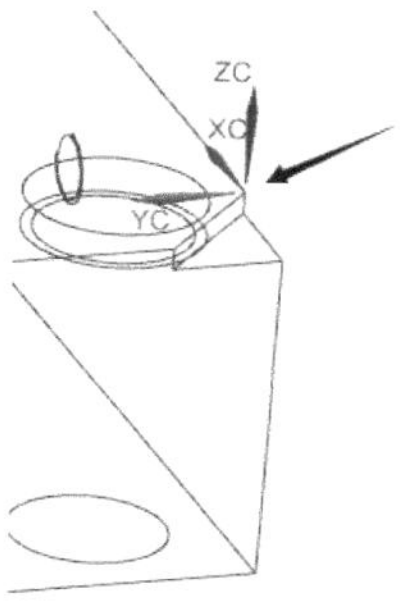

图 6-48　放置坐标系

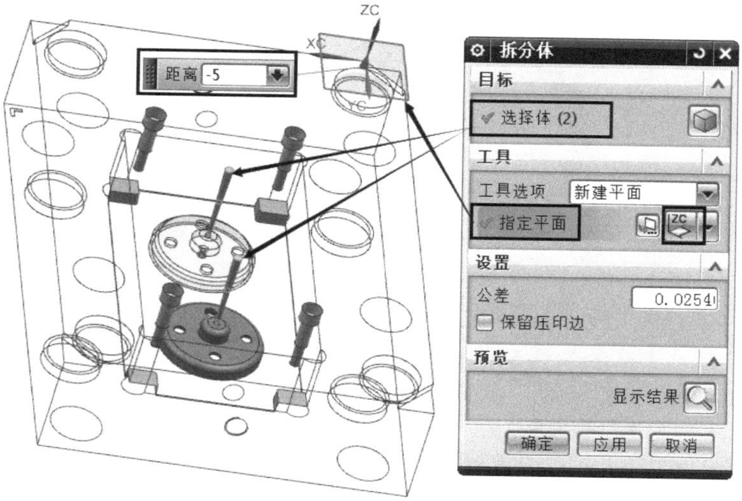

图 6-49 “拆分体”对话框 3

8）移除参数。参照图 6-50，将图中箭头指示的体删除（浇口拆分后的上部分）。

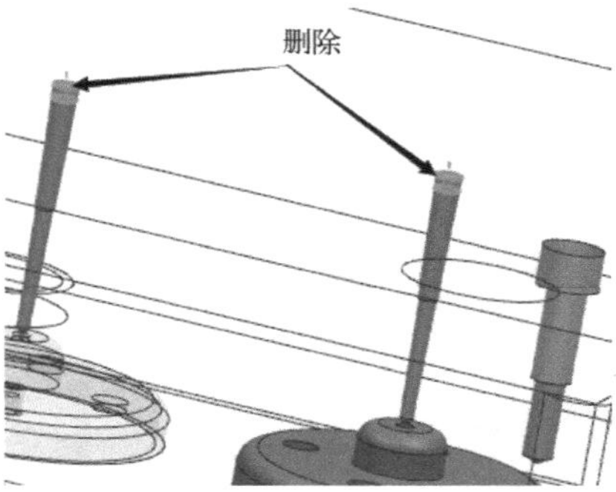

图 6-50　删除实体

9）单击燕秀外挂工具栏的“包容体”按钮，系统弹出如图 6-51 所示的“包容体”对话框，选择图中箭头指示的两个浇口顶面。单击“XC”和“-ZC”方向的尺寸箭头，在弹出的文本框中输入 3.5，并按〈Enter〉键确认；单击“YC”和“-YC”方向的尺寸箭头，在弹出的文本框中输入 8；单击“ZC”方向的尺寸箭头，在弹出的文本框中输入 5，并按〈Enter〉键确认。单击对话框中的“确定”按钮，创建方块。

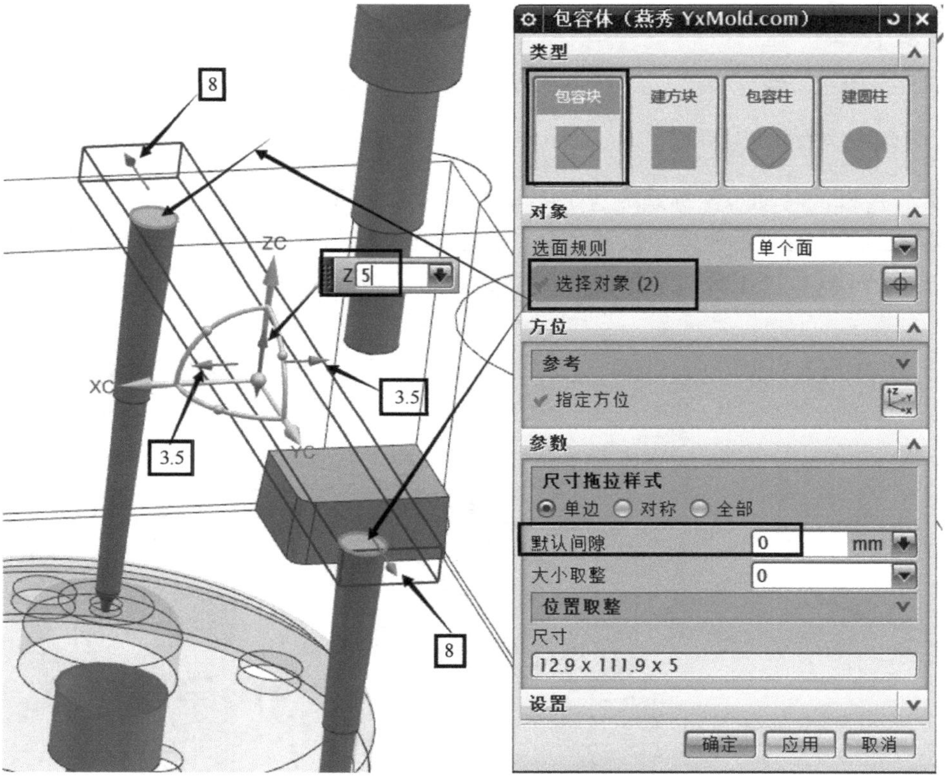

图 6-51　“包容体”对话框

10）单击“WCS 设置为绝对”按钮。单击工具栏的“修剪体”按钮，系统弹出如图 6-52 所示的“修剪体”对话框，“目标”选择上一步创建的分流道，“工具”选择“YZ”平面，在“距离”文本框中输入 4，注意修剪方向。参照图 6-53，修剪流道的另一侧。分流道修剪后宽度为 8，深度为 5。

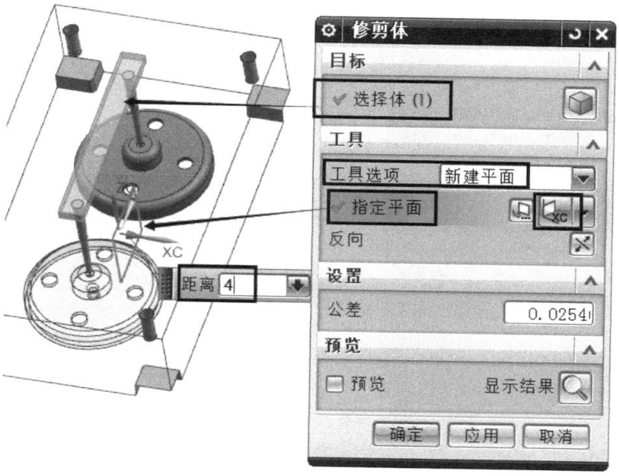

图 6-52 “修剪体”对话框

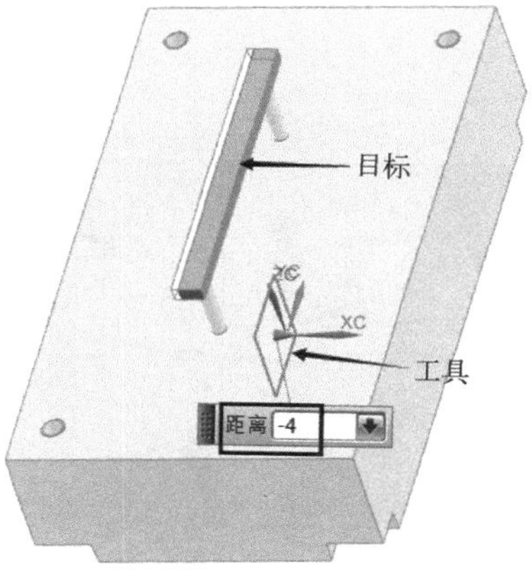

图 6-53　修剪分流道

11）单击工具栏的“拔模”按钮，系统弹出如图 6-54 所示的“拔模”对话框，选择“从平面或曲面”拔模方式，脱模方向矢量（拔模矢量）为“-ZC”方向，拔模角度为 10°；“拔模参考”选择流道顶面，“要拔模的面”选择流道 4 个侧面。单击对话框中的“确定”按钮，对流道侧面进行拔模。

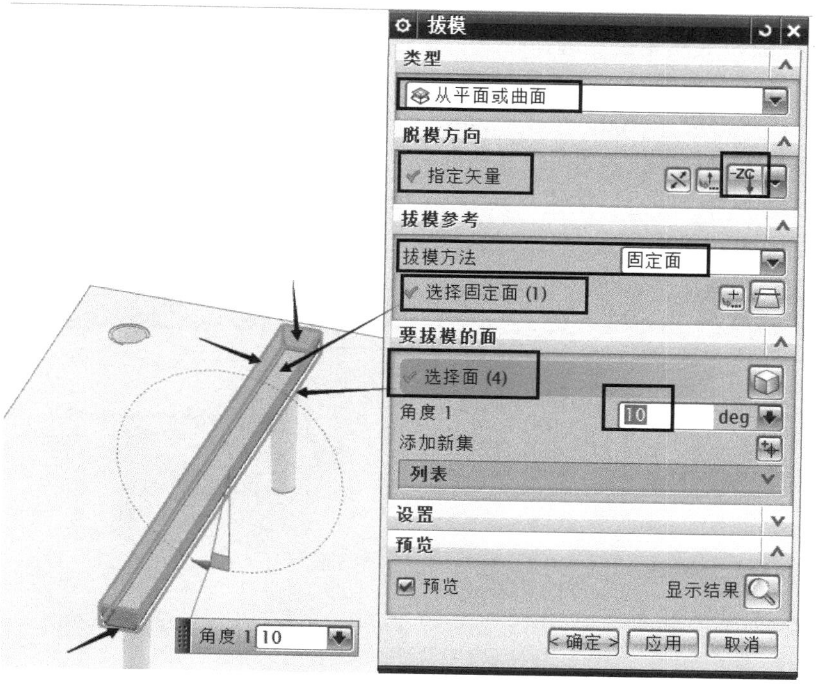

图 6-54 “拔模”对话框 2

12）单击工具栏的“减去”按钮，系统弹出如图 6-55 所示的“求差”对话框，选择 A 板为“目标”，选择流道和两个浇口作为“工具体”，进行求差操作。

13）利用工具栏的“边倒圆”工具，参照图 6-56，对 A 板上分流道底部 4 条边进行倒圆角，倒圆半径 1。

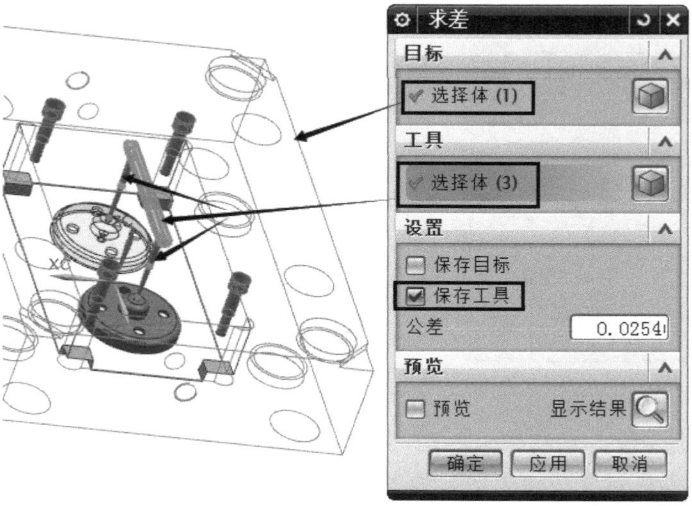

图 6-55 “求差”对话框 1

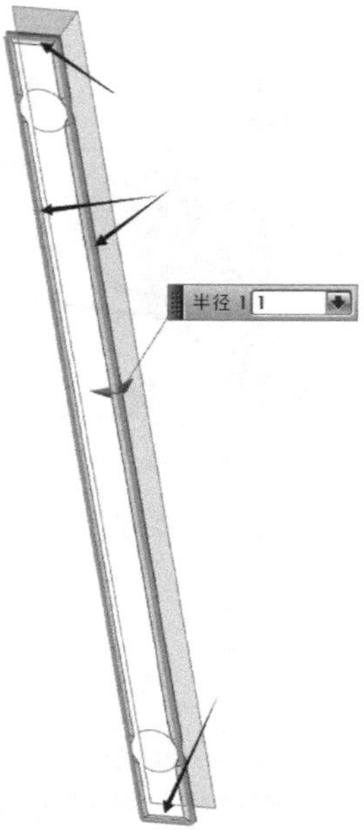

图 6-56 倒圆角

2．唧嘴及水口钩针设计

唧嘴及水口钩针设计

1）显示水口板和定模座板。选择菜单“燕秀 UG 模具 7.05”→“进胶系统”→“唧嘴定位环”选项，系统弹出如图 6-57 所示的对话框。选择“细水口唧嘴”选项卡，规格选择 100，单击“动态”按钮，系统弹出如图 6-58 所示对话框。将唧嘴大端直径修改为 6，其他参数默认，系统自动定位唧嘴。单击“唧嘴”对话框中的“确定”按钮，系统返回如图 6-57 所示对话框，并在右下角出现“生成 3D”按钮，单击对话框中的“生成 3D”按钮，创建细水口唧嘴。

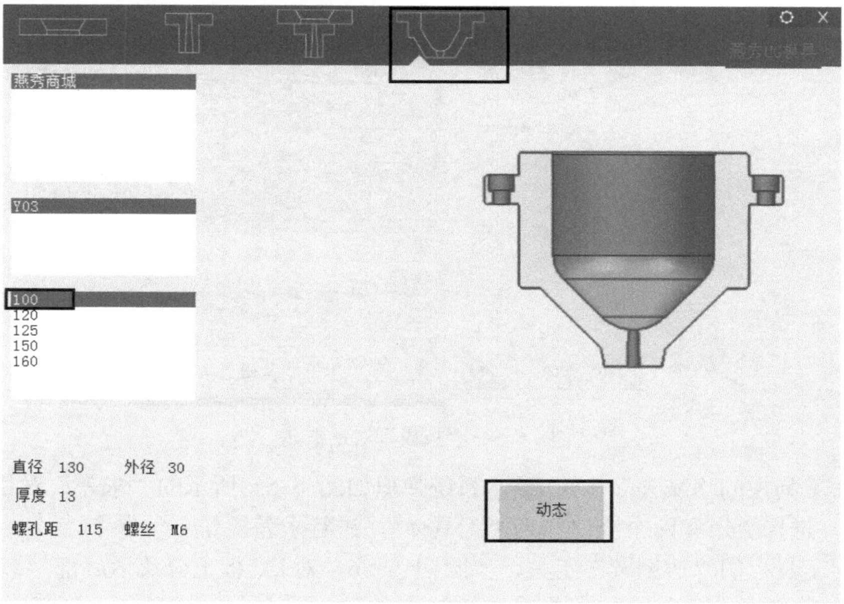

图 6-57 “细水口唧嘴”选项卡

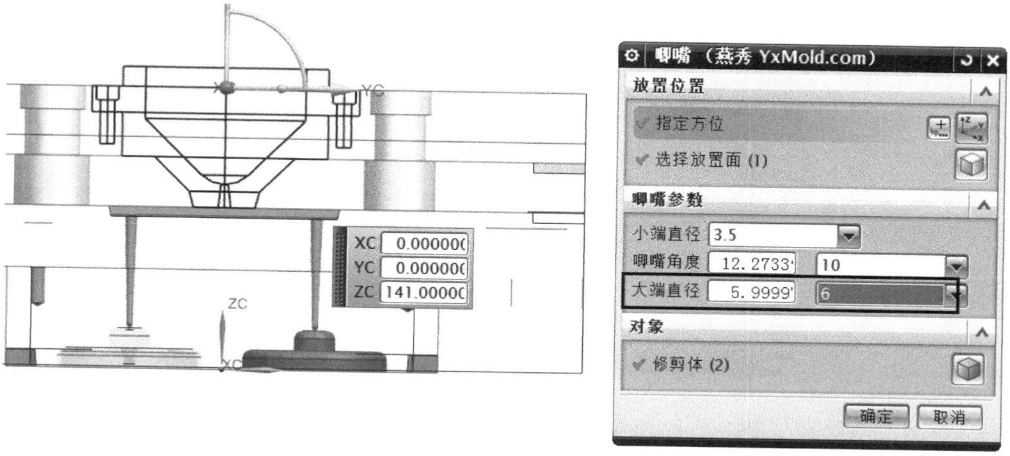

图 6-58 “唧嘴”对话框

2）选择菜单“燕秀 UG 模具 7.05”→“进胶系统”→“钩针”选项，系统弹出如图 6-59 所示的“钩针”对话框，按照图中所示步骤和参数进行设置。

单击对话框“选择放置点”右侧的“点对话框”按钮，系统弹出如图 6-60 所示的“点”对话框，在“坐标”分组输入坐标（0, -45, 81），单击对话框中的“确定”按钮，系统返回到如图 6-59 所示的对话框，单击该对话框中的“确定”按钮，创建钩针。

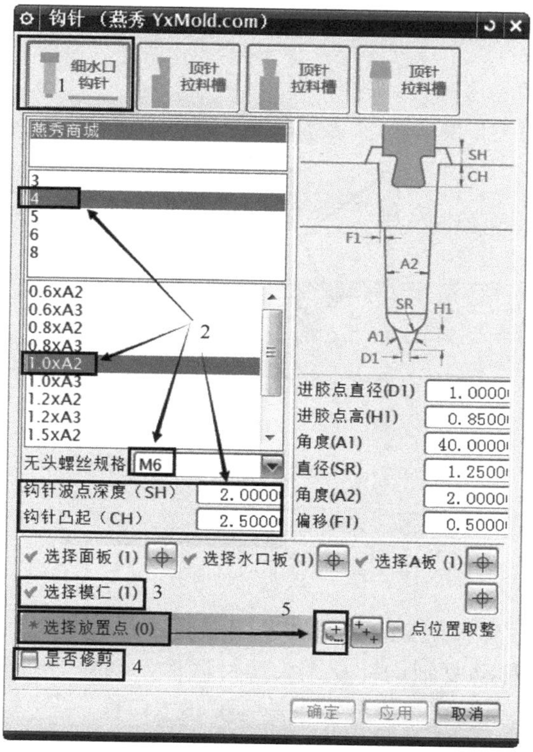

图 6-59 “钩针”对话框

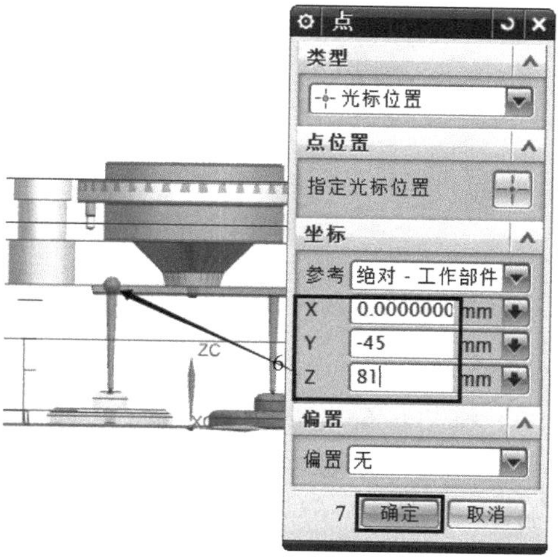

图 6-60 “点”对话框

3）隐藏唧嘴、水口板和 A 板。创建的钩针、无头螺钉及其假体和电极如图 6-61 所示，在创建钩针时，同时也创建了点进胶。因此，上述步骤可同时创建钩针和点进胶系统，由于在前面步骤中点进胶系统已经创建，此处创建的点进胶可删除。

利用“偏置面”工具，参照图 6-62，选择无头螺钉假体的上表面，将其偏置 20。

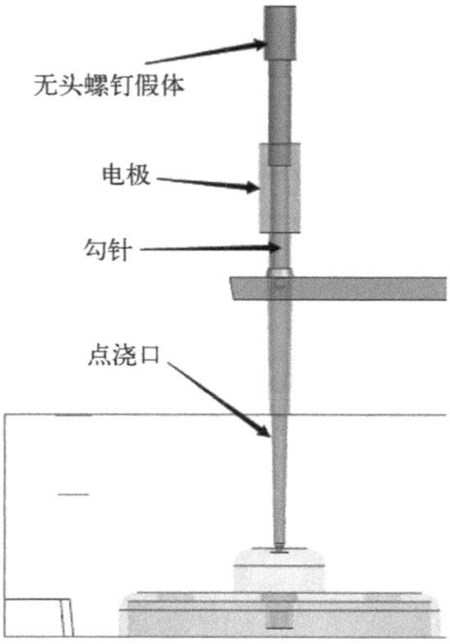

图 6-61　创建的钩针

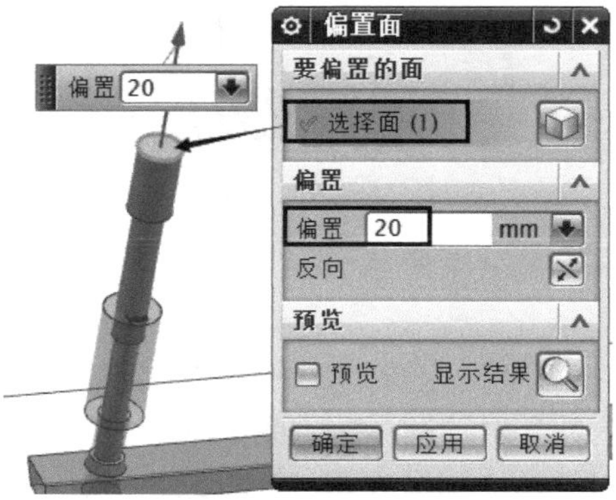

图 6-62　“偏置面”对话框

4）显示唧嘴、面板和水口板。单击工具栏的“减去”按钮，系统弹出如图 6-63 所示的“求差”对话框，选择唧嘴为“目标”，选择无头螺钉假体作为“工具体”，进行求差操作。

参照图 6-64，用无头螺钉假体求差水口板。

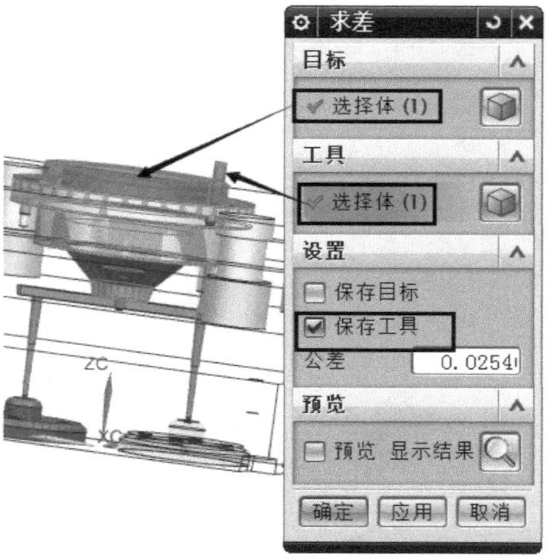

图 6-63　“求差”对话框 2

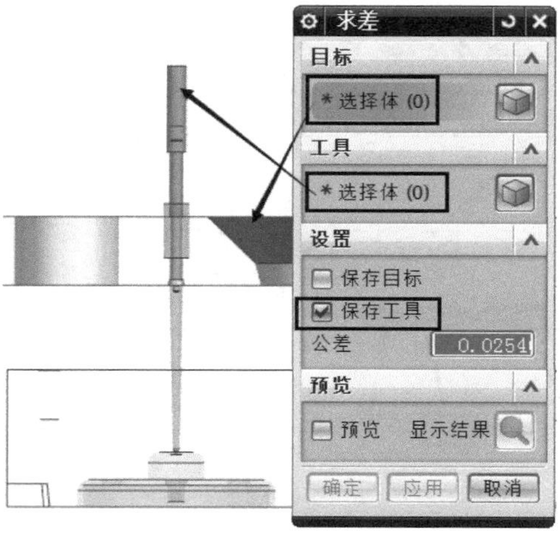

图 6-64　“求差”对话框 3

5）将图 6-65 图中箭头指示的电极和点进胶假体移至 210 层，并关闭图层。

6）利用“移动对象”工具，参照图 6-66，移动复制钩针及无头螺钉假体，创建另一模腔的钩针。参照图 6-63 和图 6-64，用复制得到的无头螺钉假体分别求差唧嘴和水口板。

7）将图 6-67 所示的无头螺钉假体移至 210 层；将图 6-68 图中所示的点浇口移至 40 层，分流道移至 41 层，水口钩针及其无头螺钉移至 42 层。将唧嘴及其固定螺钉移至 103 层。

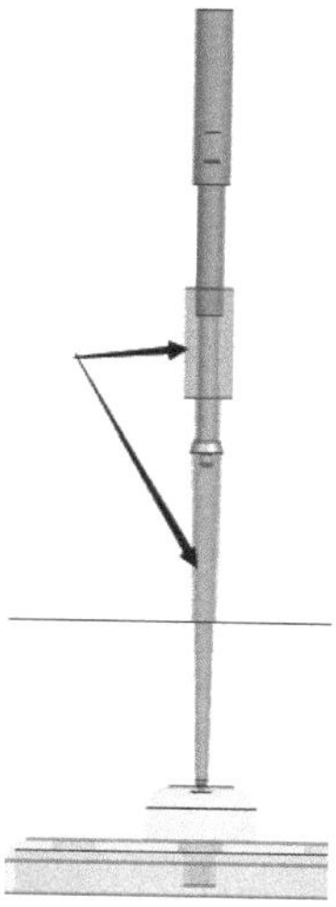

图 6-65　电极和点浇口假体

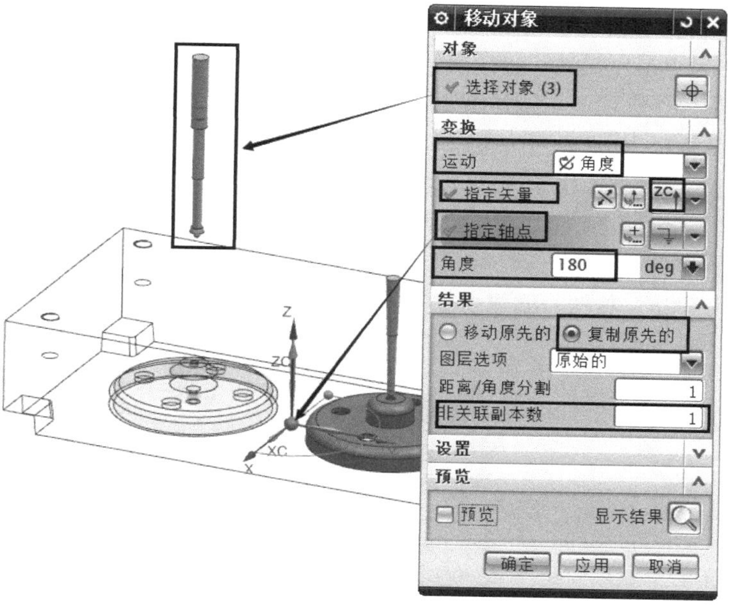

图 6-66　“移动对象”对话框

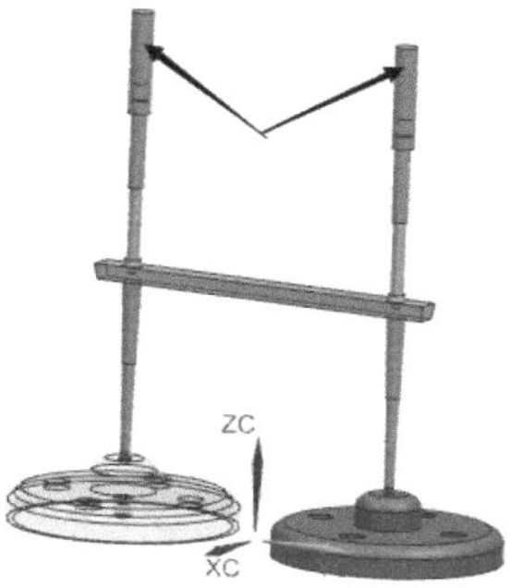

图 6-67　无头螺钉假体

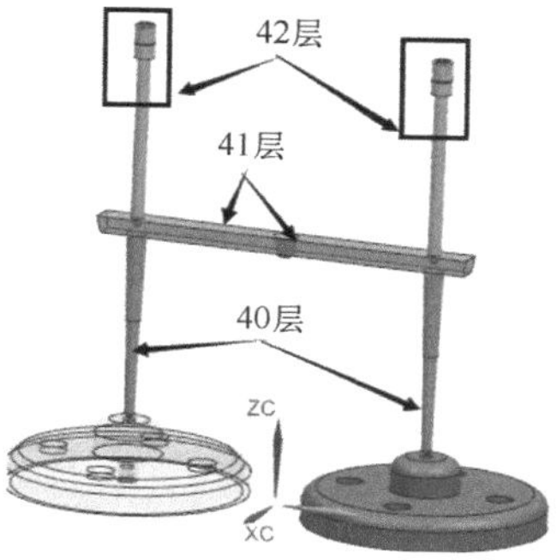

图 6-68　图层管理

8）显示点浇口及前模芯，其余隐藏。利用“减去”工具，参照图 6-69，用点浇口求差后模芯。

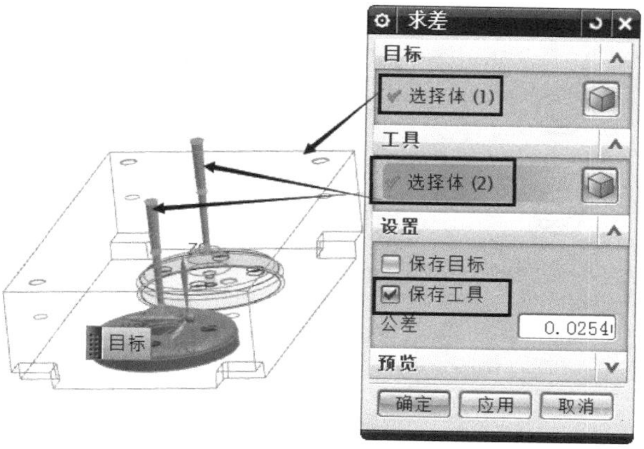

图 6-69　“求差”对话框 4

3．小拉杆和胶塞设计

小拉杆和胶塞设计

1）显示模架。选择菜单“燕秀 UG 模具 7.05”→“进胶系统”→“开模控制零件”选项，系统弹出如图 6–70 所示的“开模控制零件”对话框，开模控制零件选择“小拉杆”，选择“小拉杆+小拉杆螺丝”组件，规格选择“16”；“螺丝杆长”“螺丝行程”“拉杆行程”和“拉杆长”参照对话框中的参数进行设置。放置方式选择“4 角”，然后将视图切换到如图 6–71 所示的俯视图方位，鼠标动态放置零件，在（x, y）坐标显示（126, –27）处单击放置组件。最后单击“开模控制零件”对话框中的“确定”按钮，创建小拉杆和螺钉。创建的小拉杆和螺钉如图 6–72 所示。

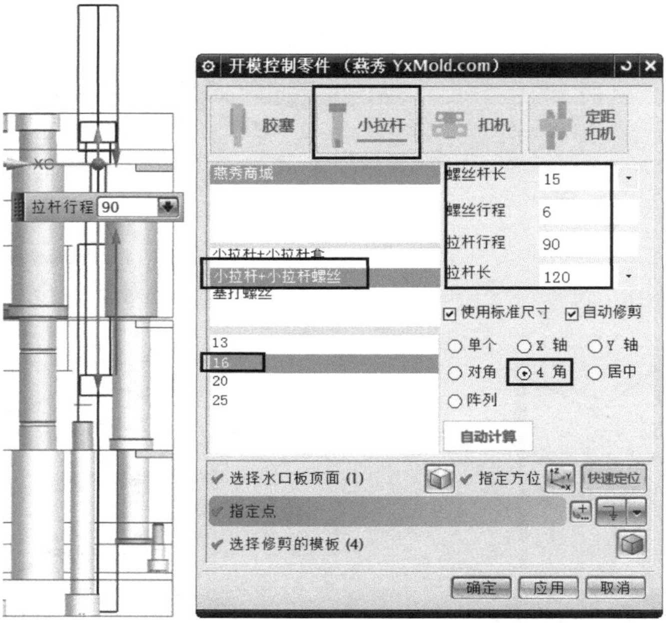

图 6–70 “开模控制零件”对话框

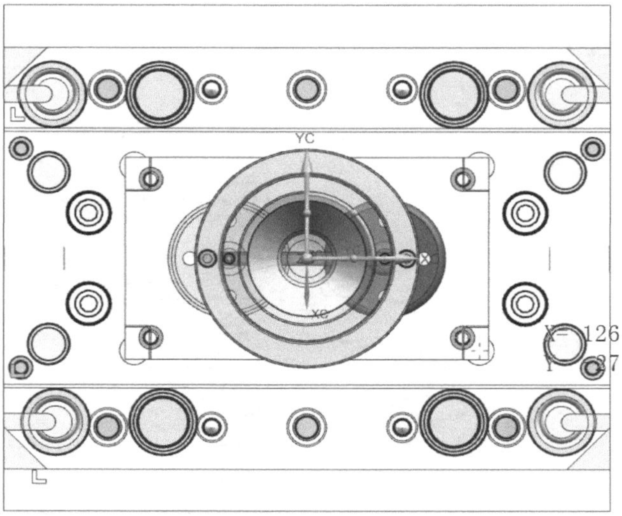

图 6–71 放置“小拉杆+小拉杆螺丝”组件

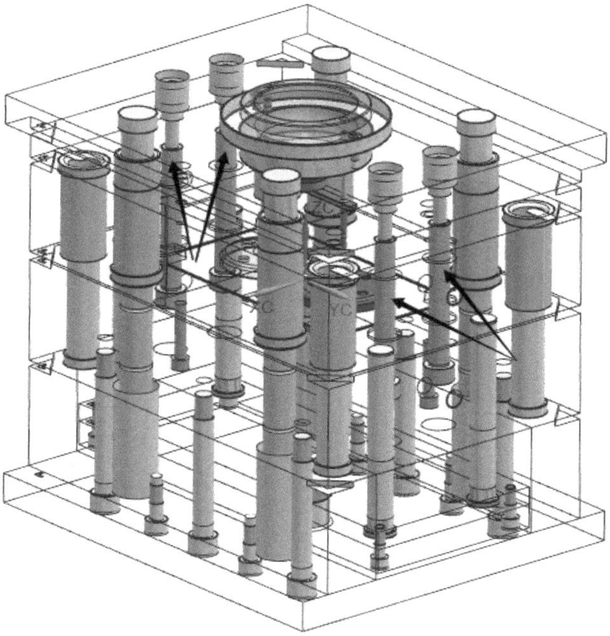

图 6-72　创建的小拉杆和小拉杆螺钉

2）在图 6-70 所示“开模控制零件”对话框中单击选择“胶塞”零件，系统切换到如图 6-73 所示的“胶塞”界面，选择胶塞的规格为“16”，放置方式选择“4 角”，然后将视图切换到如图 6-74 所示的俯视图方位，在（x, y）坐标显示（125, 61）处单击放置胶塞，最后单击如图 6-73 所示对话框中的“确定”按钮，创建 4 个胶塞。将创建的小拉杆和胶塞移至 104 层。

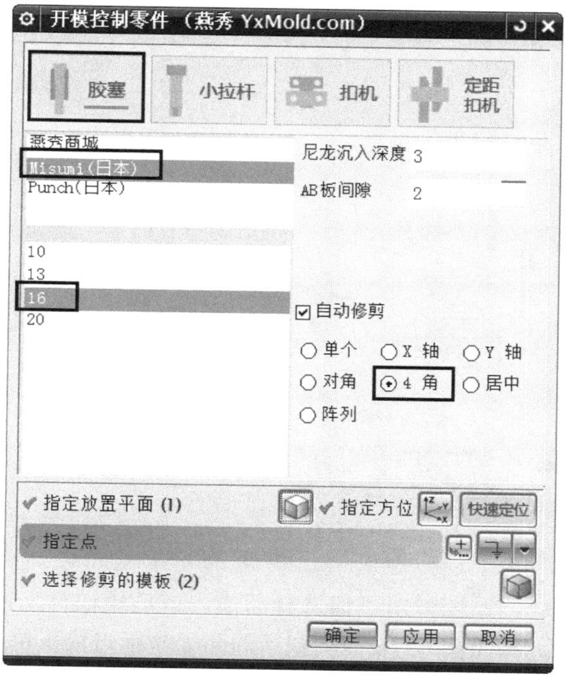

图 6-73　“开模控制零件”对话框

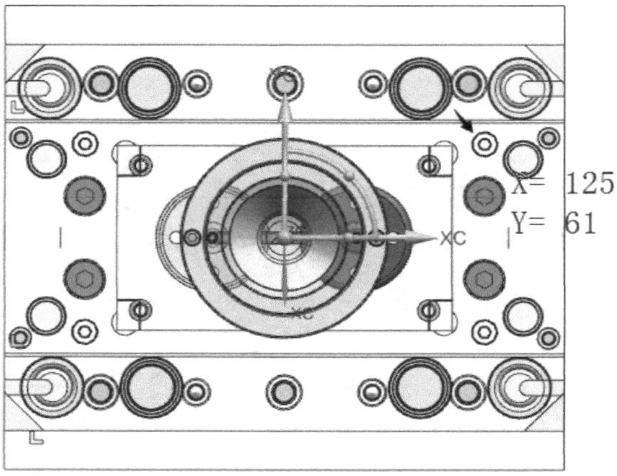

图 6-74　放置胶塞

6.1.4　顶出系统设计

顶针设计

1．顶针设计

1）显示产品、后模芯和镶件，其余隐藏。

2）选择菜单“燕秀 UG 模具 7.05”→“顶出系统”→“顶针”选项，系统弹出 6-75 所示的对话框。选择“圆顶针”选项卡，顶针直径选择“8”，放置方式选择“4 角镜像”，其余参数默认。

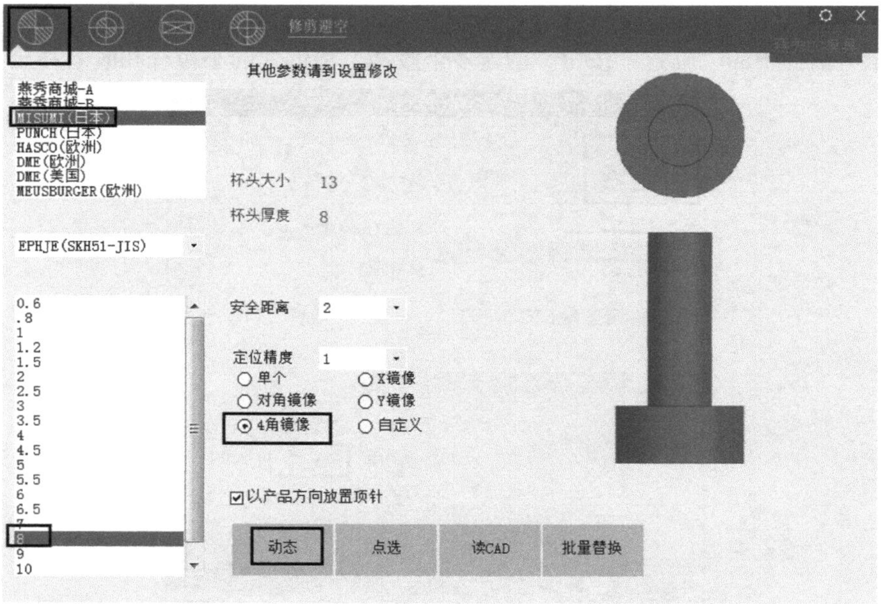

图 6-75 “顶针”选项卡

单击“动态”按钮，系统弹出“请选择后模，或后模镶件”对话框，选择后模芯，系统自动以“俯视图”显示。按照图 6-76 箭头指示的两处坐标点依次单击放置顶针。然后单击对话框中的“取消”按钮，系统返回到如图 6-75 所示的对话框，且在对话框右下角增添了“生成 3D”按钮。单击“生成 3D”按钮，则创建 8 根顶针。

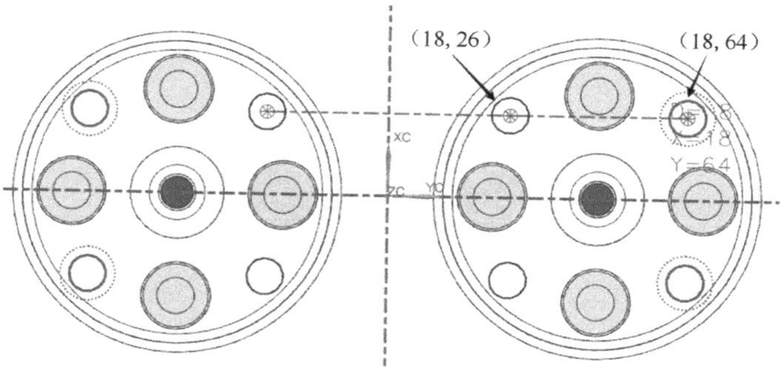

图 6-76　放置顶针

参照上述步骤，在如图 6-75 对话框中选择顶针直径为“4”，单击选择“Y 镜像”，然后单击“动态”按钮 动态，在如图 6-77 箭头指示的两处坐标位置依次单击放置顶针。

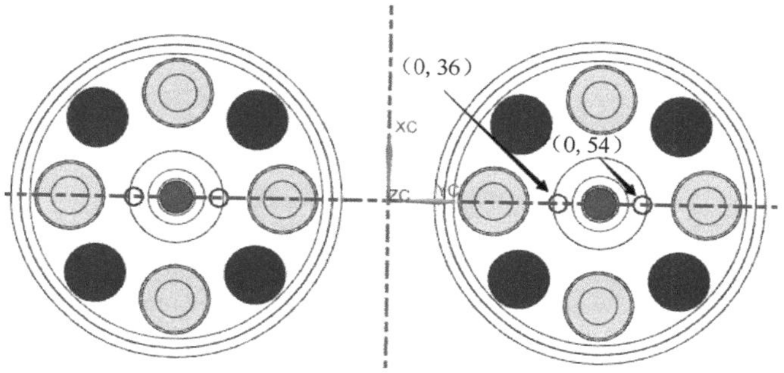

图 6-77　放置顶针

3）选择如图 6-75 所示对话框中的“修剪避空”选项卡，系统切换到如图 6-78 所示界面。单击“修剪”按钮 修剪，系统弹出“请选择后模，或后模镶件”对话框，单击选择后模芯。此时系统弹出“选择限位块（无限位柱请选择顶针面板）”对话框，单击选择顶针面板，此时系统自动完成顶针的修剪及避空。创建的顶针如图 6-79 所示。

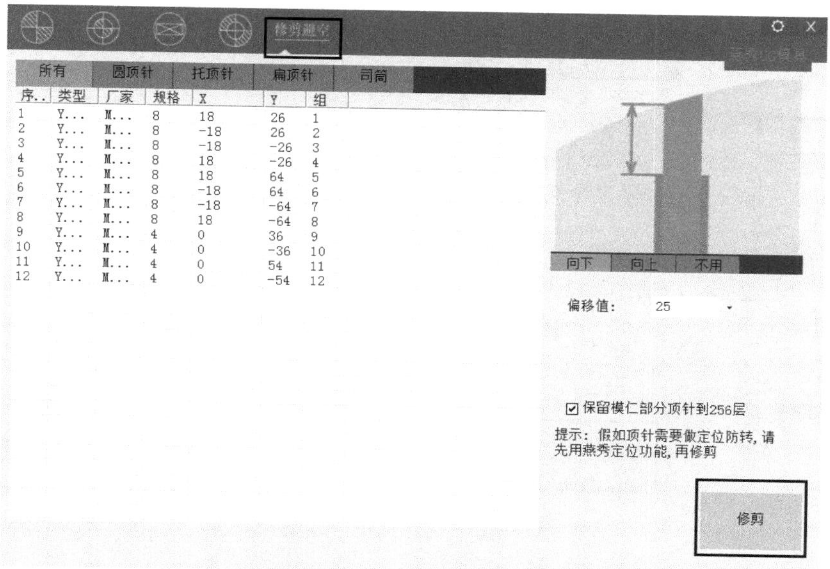

图 6-78　“修剪避空”选项卡

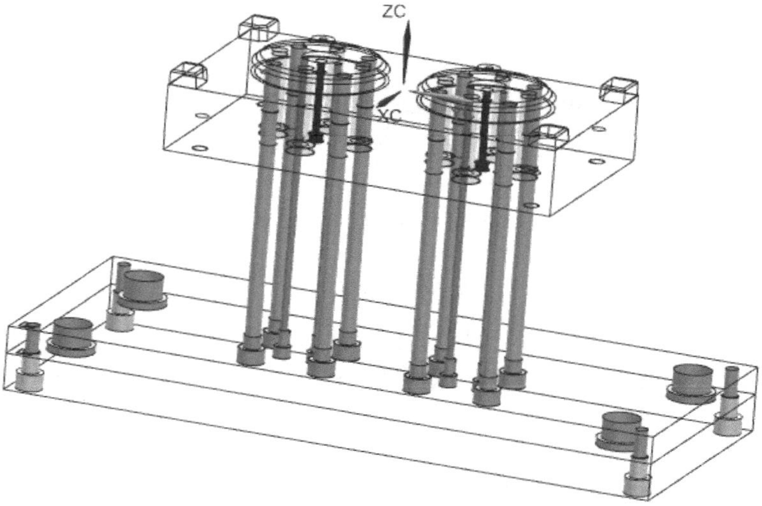

图 6-79　创建的顶针

2．回针弹簧设计

显示 B 板、顶针面板、模具底板及回针，其余隐藏。选择菜单“燕秀 UG 模具 7.05”→“模胚及相关”→“弹簧”选项，系统弹出如图 6-80 所示的对话框。选择对话框中的“回针”类型。选择“SWF 轻小型”，规格为 40×22×70。单击“预览”按钮，可预览弹簧位置，同时在对话框右下角出现“生成 3D”按钮，单击该按钮，则创建如图 6-81 所示的四个回针弹簧。

顶针板零件设计

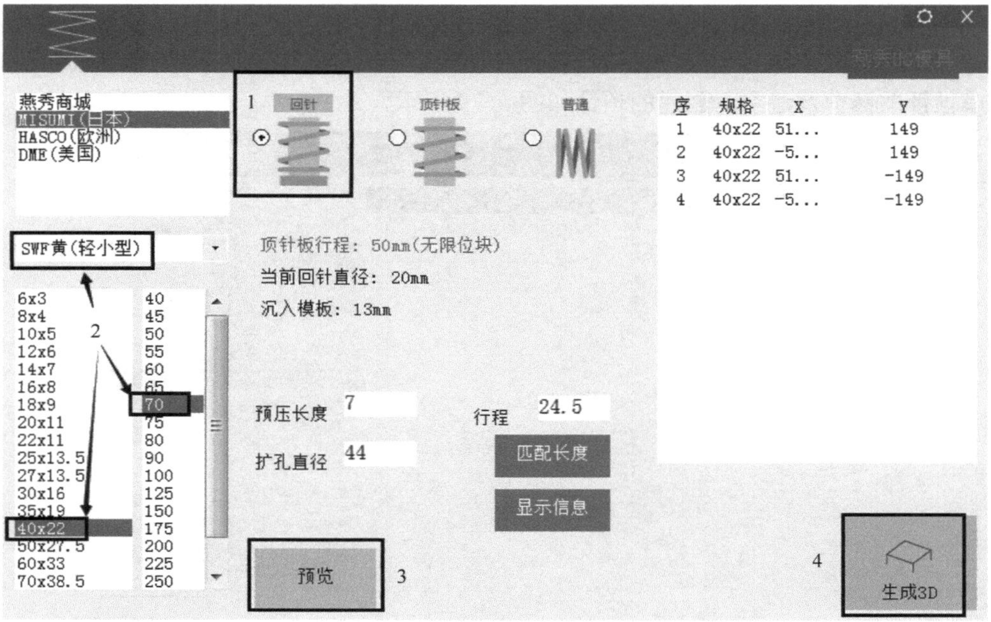

图 6-80　“回针弹簧”选项卡

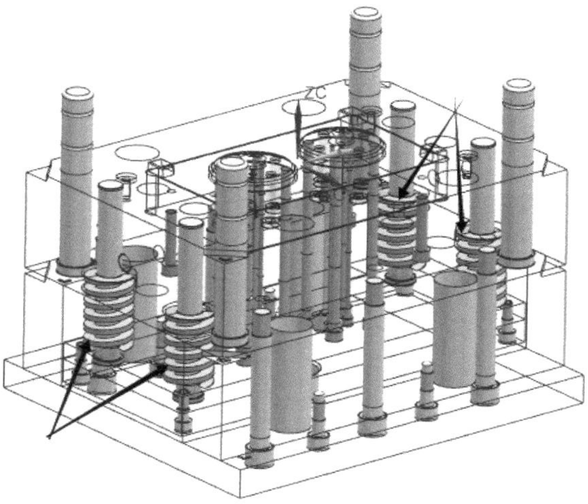

图 6-81　创建回针弹簧

3．撑头\限位柱\垃圾钉设计

1）选择菜单“燕秀 UG 模具 7.05”→“模胚及相关”→“顶针板零件”选项，系统弹出如图 6-82 所示的对话框。选择“撑头”选项卡，直径选择 20，单击选择“X 镜像”。单击对话框中的“动态”按钮，系统转换到如图 6-83 所示的俯视图，参照图中箭头指示的 3 处坐标位置放置撑头，系统返回如图 6-82 所示对话框后，单击右下角出现的“生成 3D”按钮，则创建 6 个撑头。

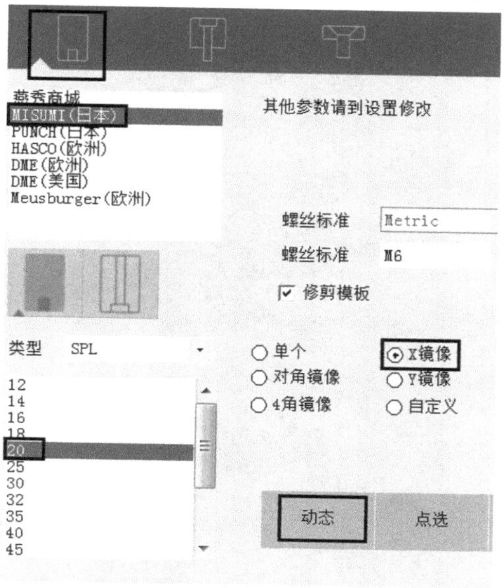

图 6-82　“撑头”选项卡

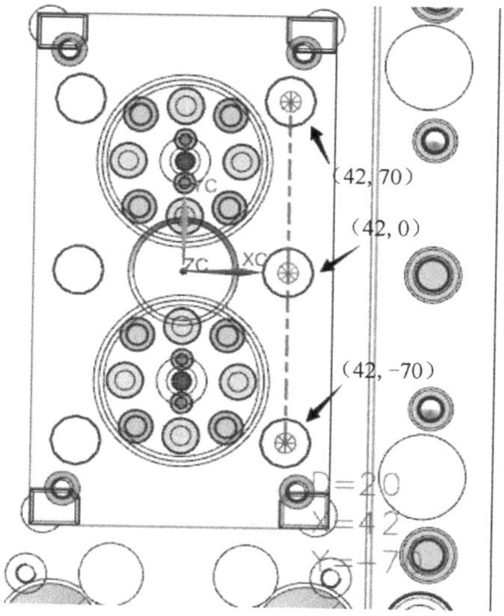

图 6-83　放置撑头

2）选择如图 6-82 所示对话框中的“限位柱”选项卡，系统切换到如图 6-84 所示的“限位柱”界面，设置直径为 23，其余参数默认，单击选择“Y 镜像”单选按钮。单击对话框中的“动态”按钮，系统切换到如图 6-85 所示的俯视图，按照图中箭头指示的坐标放置限位柱。系统返回到图 6-84 所示对话框后，单击对话框右下角出现的“生成 3D”按钮，则创建 2 个限位柱。

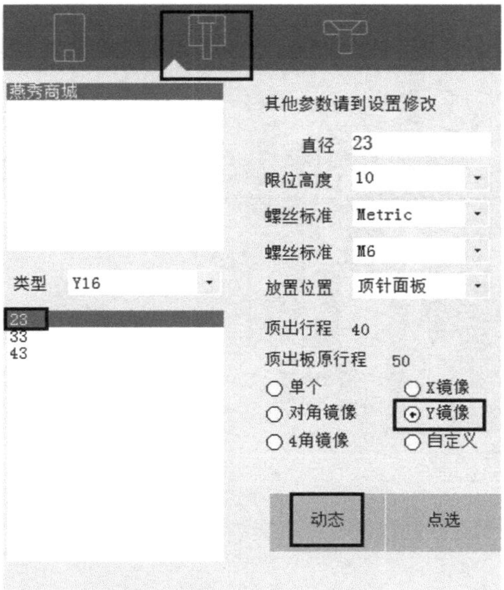

图 6-84 “限位柱” 选项卡

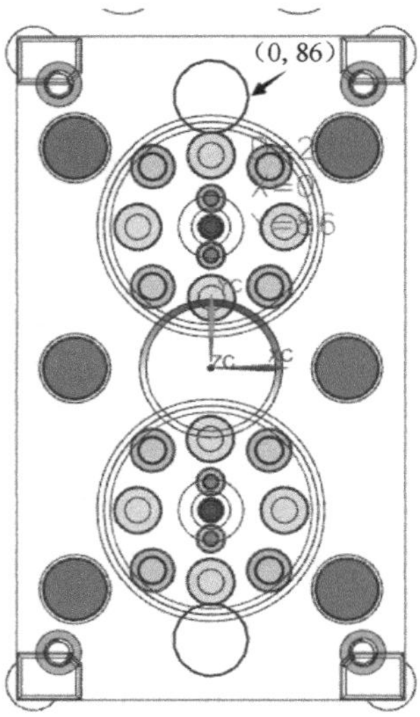

图 6-85 放置限位柱

3）选择如图 6-82 所示对话框中的“垃圾钉”选项卡，系统切换到如图 6-86 所示的“垃圾钉”界面，垃圾钉直径选择 20，“放置位置”选择“顶针底板”，其余参数默认，单击选择“4角镜像”单选按钮。单击对话框中的“动态”按钮，系统切换到如图 6-87 所示的俯视图，参照图中箭头指示的两处坐标位置，依次单击放置垃圾钉。系统返回到如图 6-86 所示对话框后，单击对话框右下角出现的“生成 3D”按钮，则创建 8 颗垃圾钉。

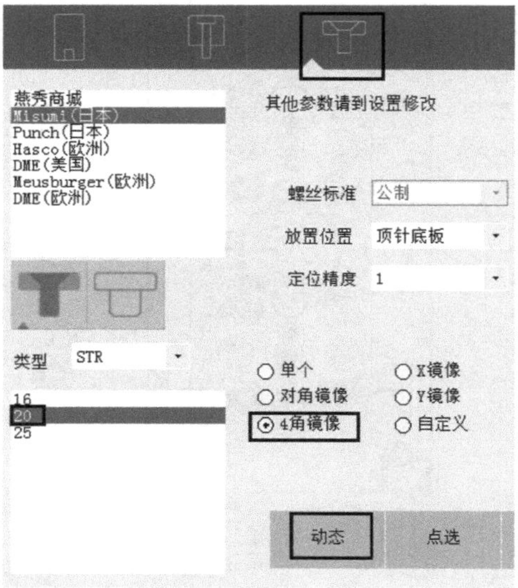

图 6-86 “垃圾钉”选项卡

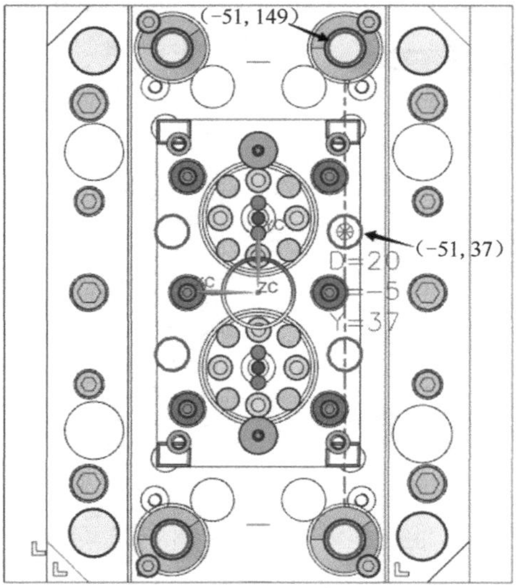

图 6-87 放置垃圾钉

6.1.5 冷却系统设计

冷却水路设计

1. 冷却水路设计

1）显示前模芯、A 板和产品。选择菜单“燕秀 UG 模具 7.05”→

“冷却系统”→“模板水路”选项，系统弹出如图 6-88 所示的“模板水路”对话框，选择“回型一半上”选项，设置运水直径为 8。选择图中箭头指示的前模芯顶面，然后单击“指定方位”，使其高亮显示。

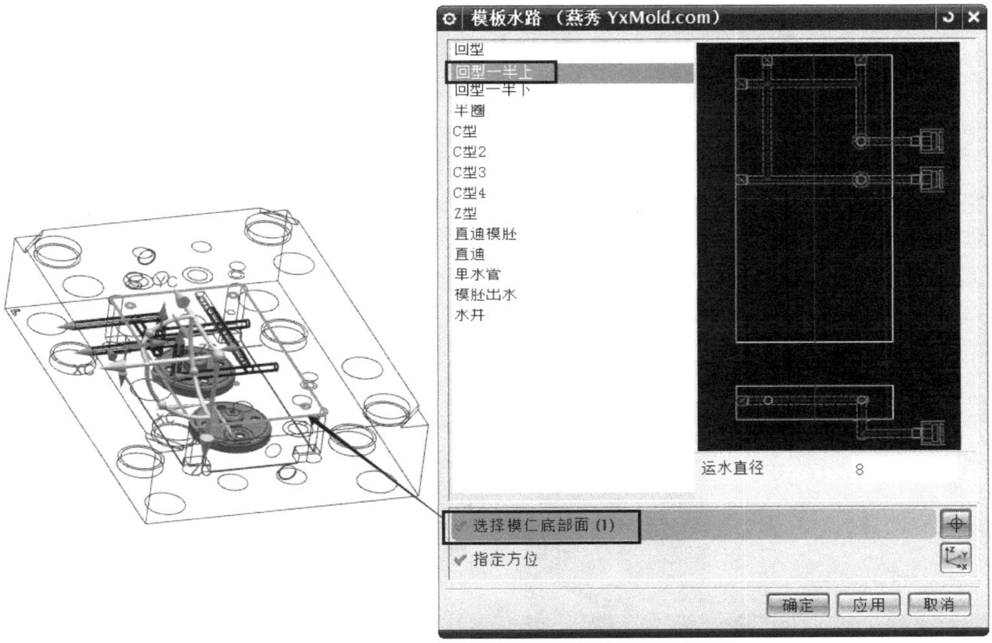

图 6-88　“模板水路”选项卡

将视图切换到如图 6-89 所示的俯视图，观察水路预览，通过动态坐标旋转水路，调整水路出水口和入水口的方位；按照图中给出的尺寸调整各条水路的位置。将视图切换到如图 6-90 所示的前视图，参照图中尺寸，调整水路距离产品的距离和出水口、入水口在 A 板中的高度。

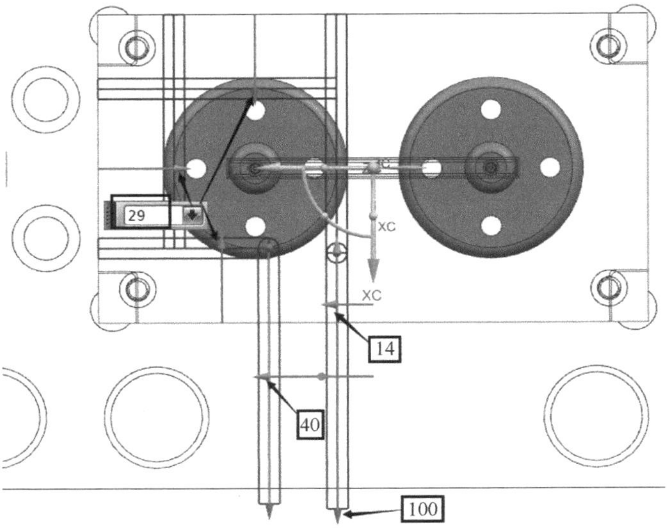

图 6-89　调整水路尺寸 1

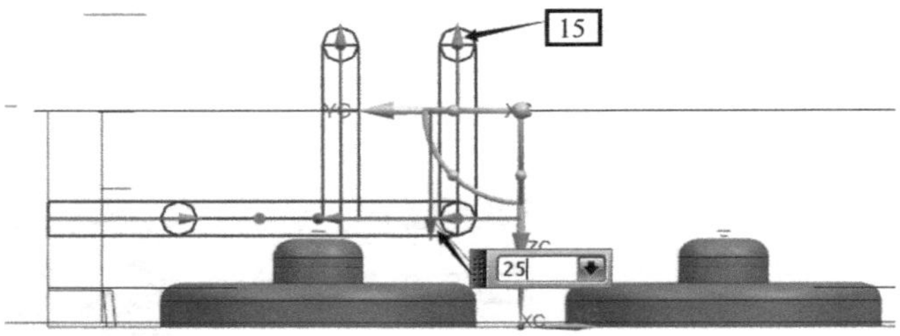

图 6-90　调整水路尺寸 2

水路位置调整好后，单击如图 6-88 所示“模板水路”对话框中的“应用”按钮，创建前模芯一个模腔的冷却水路。

在图 6-88 所示“模板水路”对话框中选择“回型一半下”选项，参照上述步骤和图 6-91、图 6-92，创建另一模腔的水路。创建的前模水路如图 6-93 所示。

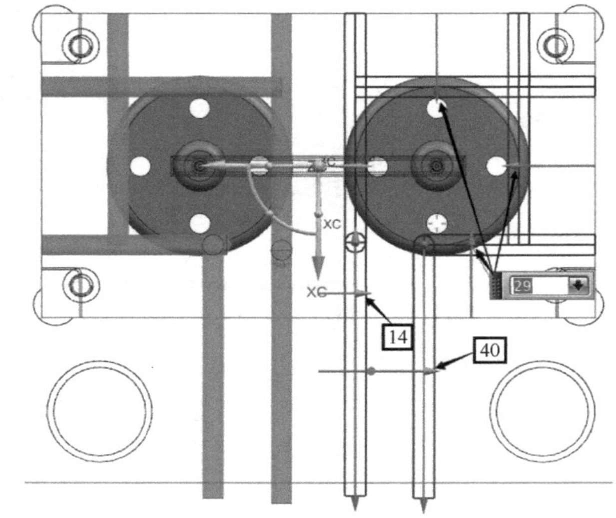

图 6-91　调整水路尺寸 3

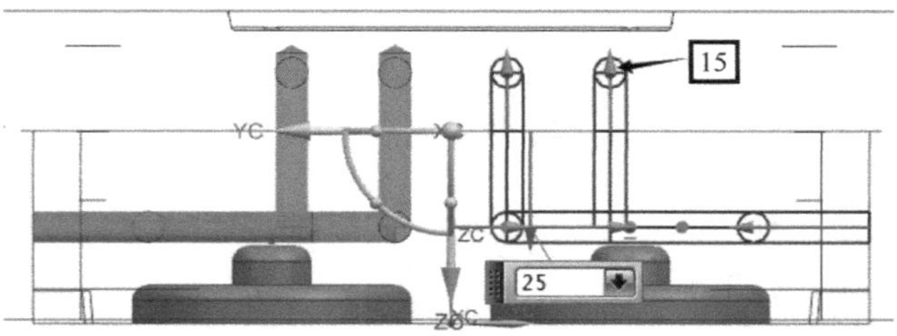

图 6-92　调整水路尺寸 4

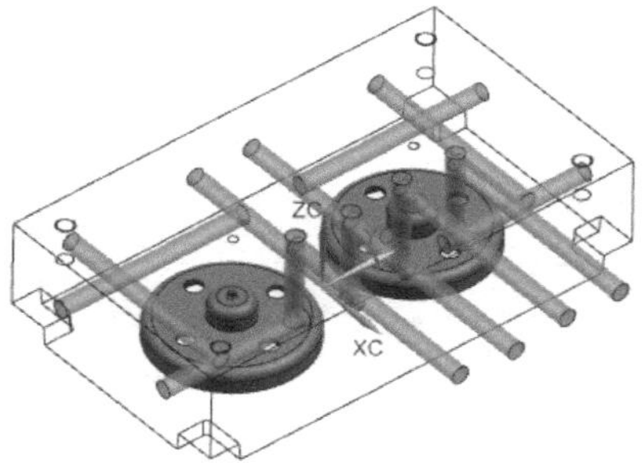

图 6-93　创建的水路 1

2）显示后模芯、后模镶件、B 板和产品，其余隐藏。选择菜单“燕秀 UG 模具 7.05”→“冷却系统”→“模板水路”选项，系统弹出如图 6-94 所示的“模板水路”对话框，选择“回型一半上”选项，设置运水直径为 8。选择图中箭头指示的后模芯底面。

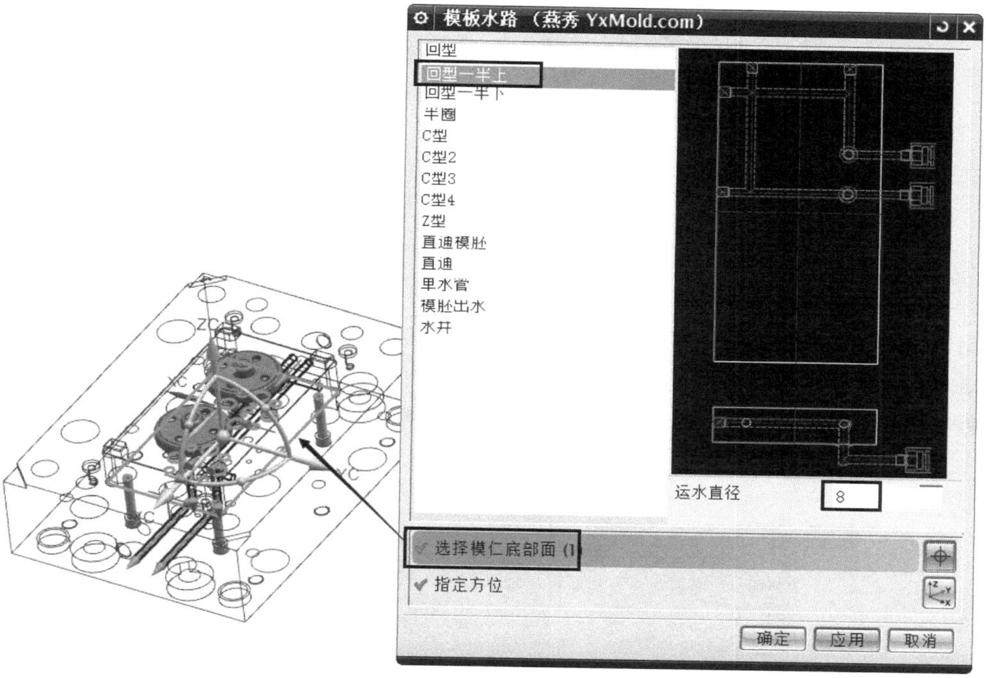

图 6-94 “模板水路”对话框

将视图切换到如图 6-95 所示的俯视图，观察水路预览，通过动态坐标旋转水路，调整水路出水口和入水口的方位；按照图中给出的尺寸调整各条水路的位置。

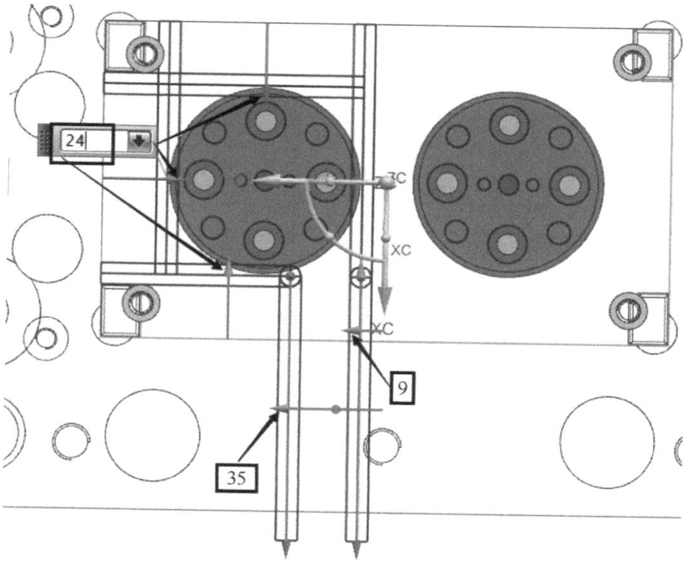

图 6-95　调整水路 1

将视图切换到图 6-96 所示的前视图，参照图中尺寸，调整水路距离产品的距离和出水口、入水口在 B 板中的高度。

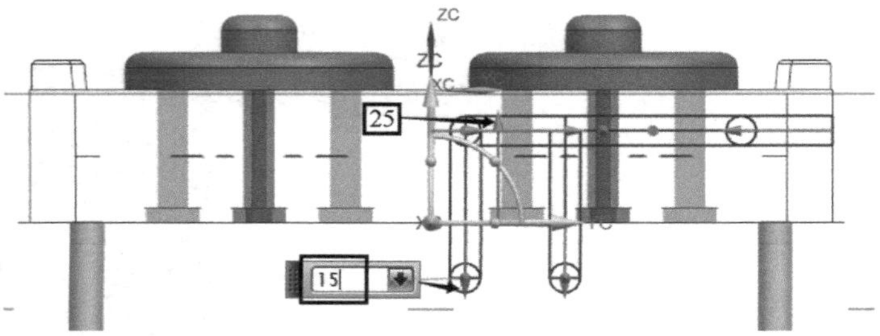

图 6–96　调整水路 2

水路位置调整好后，单击图 6–94“模板水路”对话框中的“应用”按钮，创建后模芯一个模腔的冷却水路。

参照上述步骤和图 6–97、图 6–98，创建模芯另一模腔的水路，如图 6–99 所示。

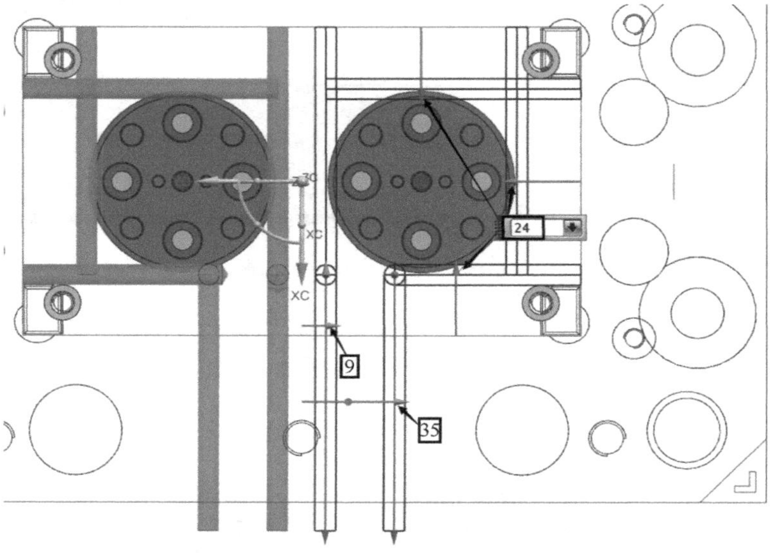

图 6–97　调整水路 3

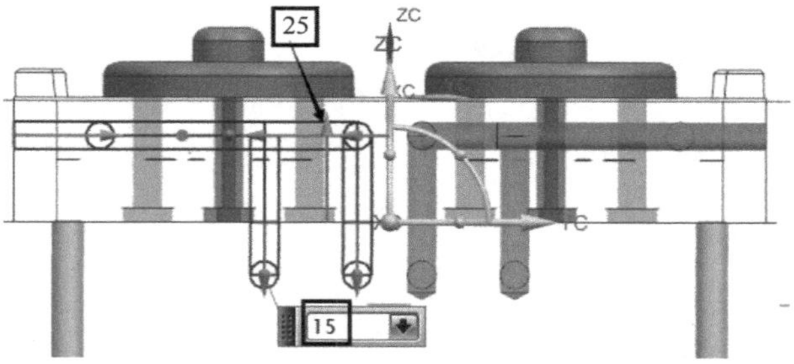

图 6–98　调整水路 4

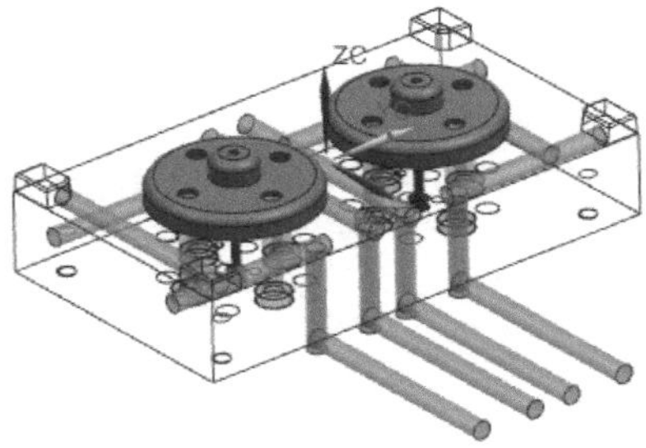

图 6–99　创建的水路 2

3）只显示后模水路，其余部件隐藏。删除图 6–100 中箭头指示的 2 个圆柱和 2 个圆锥体。

4）利用“偏置面”工具，参照图 6–101，将图中箭头指示的水路端面偏置 21。参照图 6–102，将图中箭头指示的水路端面偏置 39。

5）利用“移动对象”工具，参照图 6–103，将图中箭头指示的水路沿“ZC”方向移动 8；参照图 6–104，将图中箭头指示的水路沿“YC”方向移动 13；参照图 6–105，将图中箭头指示的水路沿“-YC”方向移动 13。

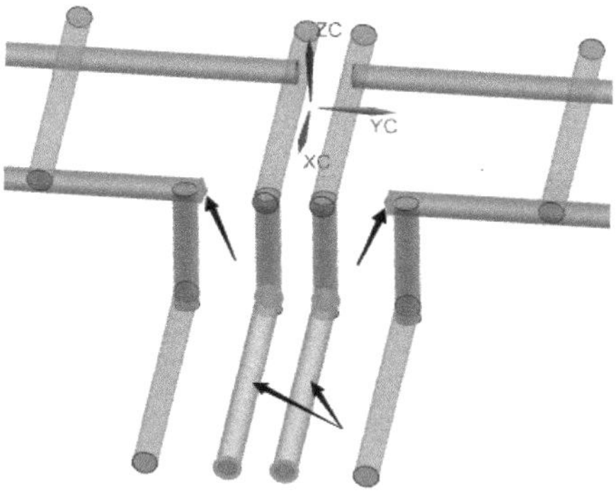

图 6-100　删除实体

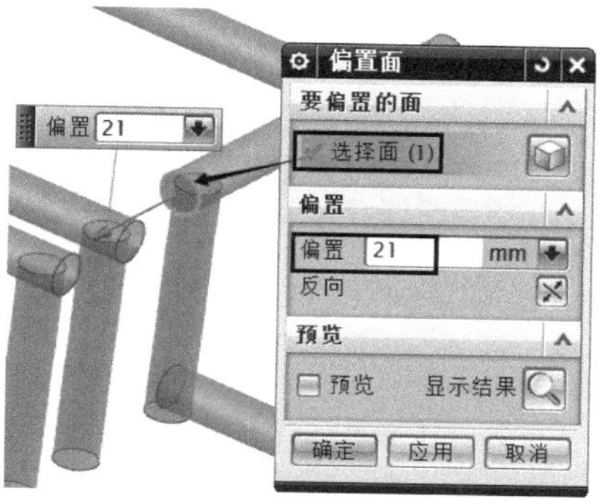

图 6-101　“偏置面”对话框

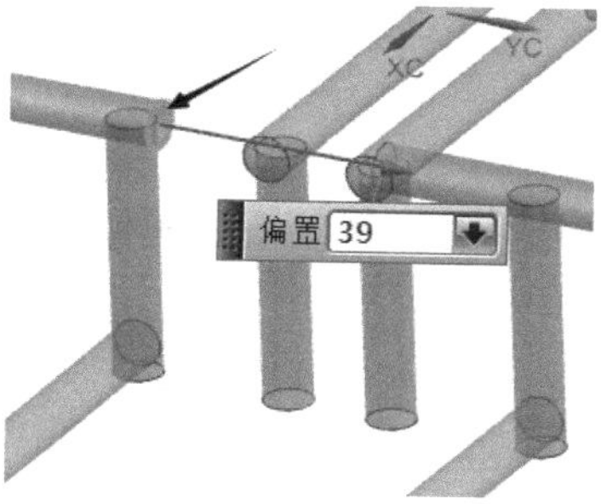

图 6-102　偏置面

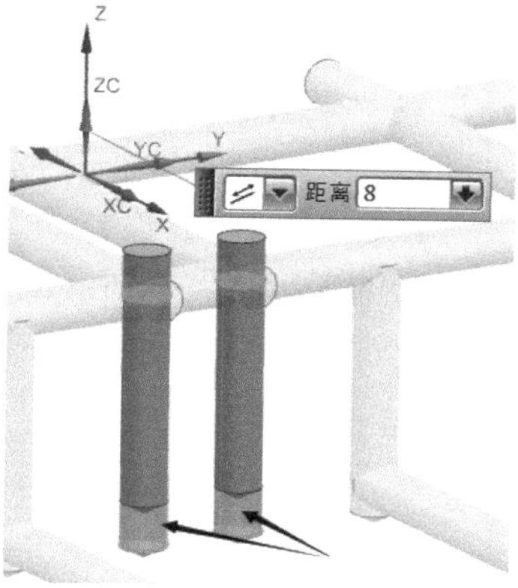

图 6-103　移动水路 1

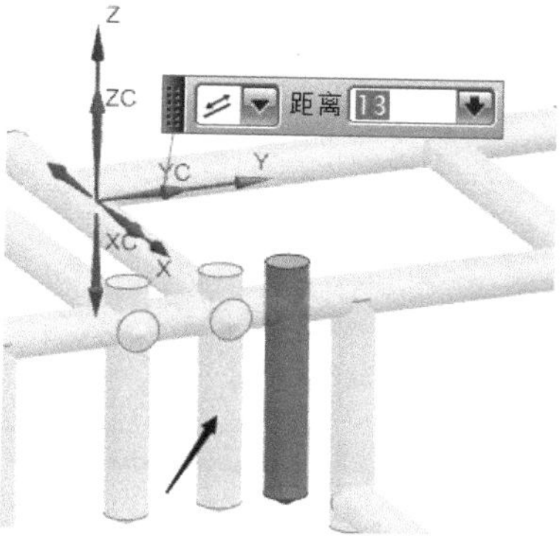

图 6-104　移动水路 2

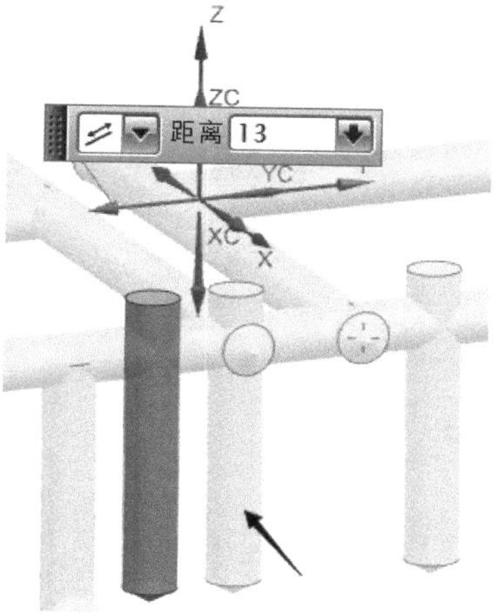

图 6-105　移动水路 3

6）利用“替换面”工具，参照图 6-106，将图中箭头指示的水路端面替换后模芯底面。

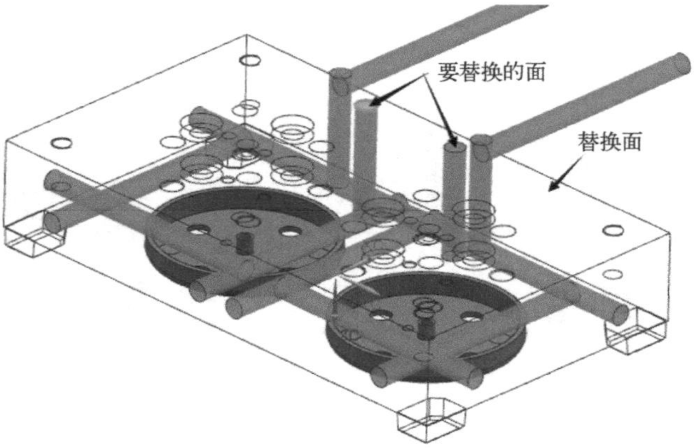

图 6-106　替换面 1

水路零件设计

2．水路零件设计

1）显示前、后模水路，其余部件隐藏。选择菜单“燕秀 UG 模具 7.05”→“冷却系统”→“水路零件”选项，系统弹出如图 6-107 所示的“水路零件库”对话框，选择“铜堵”选项，勾选“自动修剪”“自动判断大小”和“移除参数”三个复选框，“放置方式”选择“平面”。然后依次选择水路端面，单击对话框中的“应用”按钮，创建水堵。

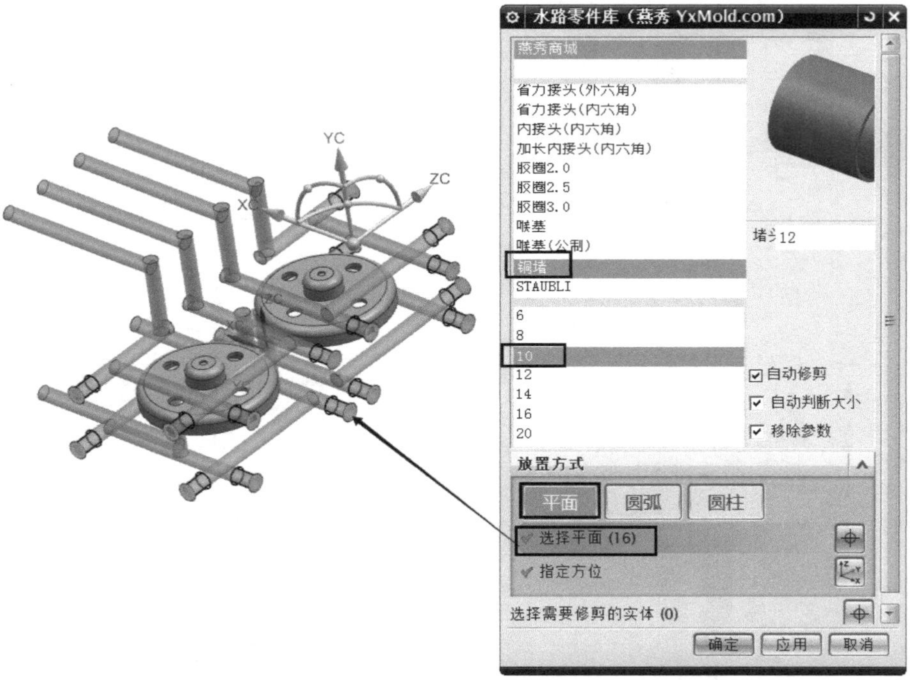

图 6-107　“水路零件库”对话框 1

参照图 6-108，水堵深度设置为 32，选择图中箭头指示的 2 个水路端面圆，创建水堵。

2）利用“拆分体”工具，参照图 6-109，用前模芯顶面拆分图中所选的 4 根水路，参照图 6-110，用后模芯底面拆分图中所选的 2 根水路。

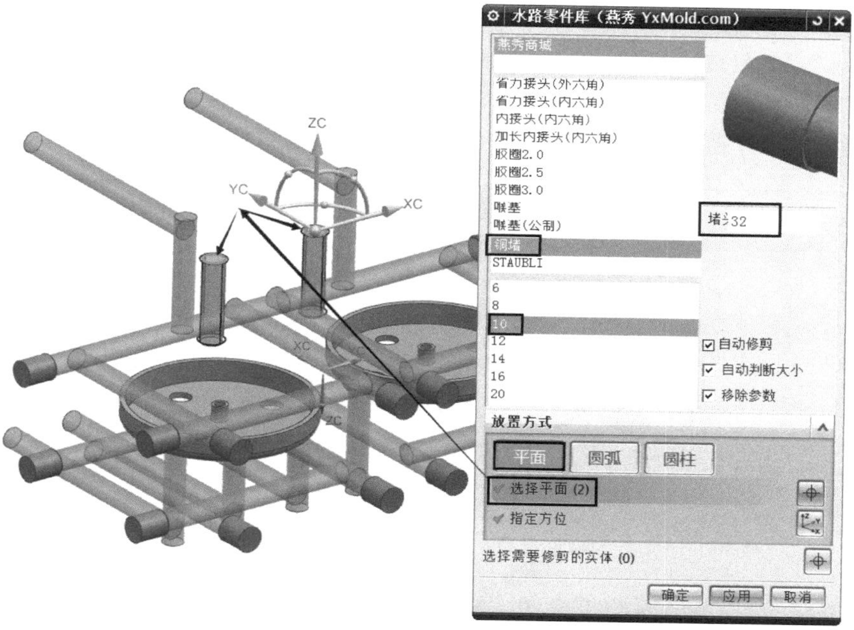

图 6-108　“水路零件库”对话框 2

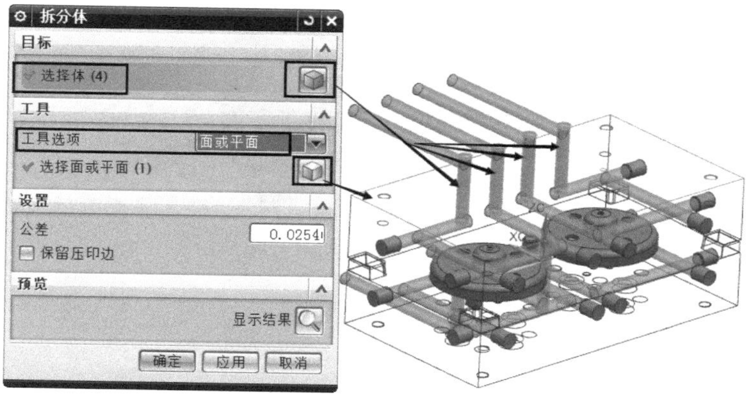

图 6-109　“拆分体”对话框 1

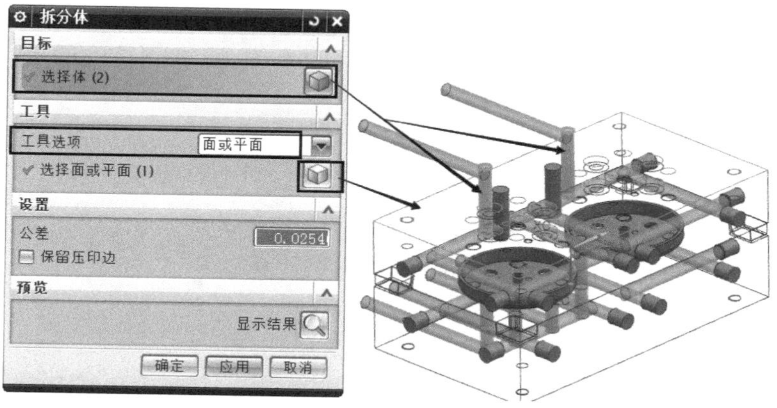

图 6-110　“拆分体”对话框 2

3）在如图 6-107 所示“水路零件库”对话框中选择“胶圈 2.5”标准件，勾选“自动修剪”“自动判断大小”和“移除参数”三个复选框，在“放置方式”分组中选择“圆弧”方式。参照图 6-111，选择图中箭头指示的 4 个圆，在前模芯与 A 板之间创建 4 个胶圈。参照图 6-112，选择图中箭头指示的 2 个圆，在后模芯与 B 板之间创建 2 个胶圈。

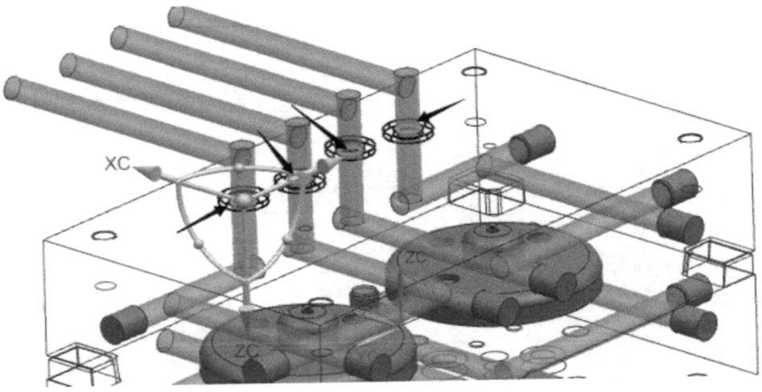

图 6-111　创建胶圈

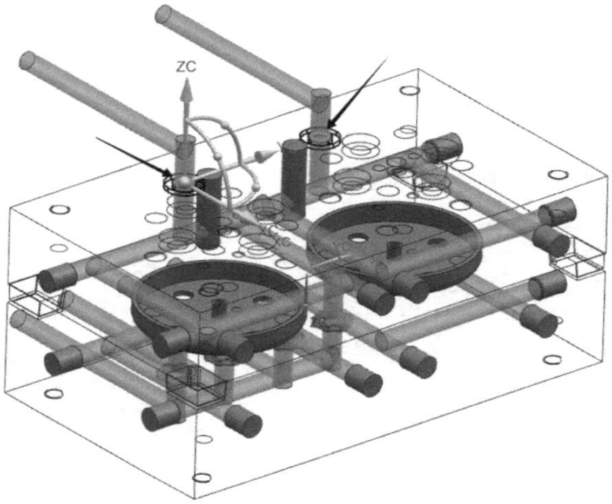

图 6-112　创建胶圈

4）利用“替换面”工具，参照图 6-113，将图中箭头指示的 6 个水路端面替换模胚侧面。

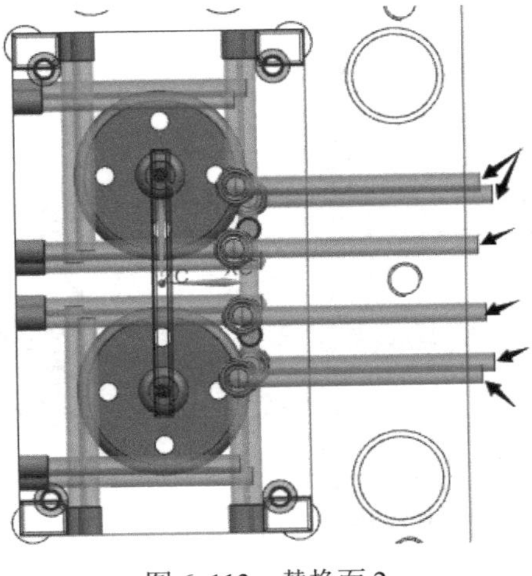

图 6-113　替换面 2

5）在如图 6-107 所示“水路零件库”对话框中选择“省力接头（内六角）”标准件，勾选“自动修剪”“自动判断大小”和“移除参数”三个复选框，在“放置方式”分组中选择“圆弧”方式。参照图 6-114，选择图中箭头指示的 6 个出口、入口水路圆弧，创建水路接头零件。在创建接头零件时，可选择要修剪的模胚，系统自动修剪。

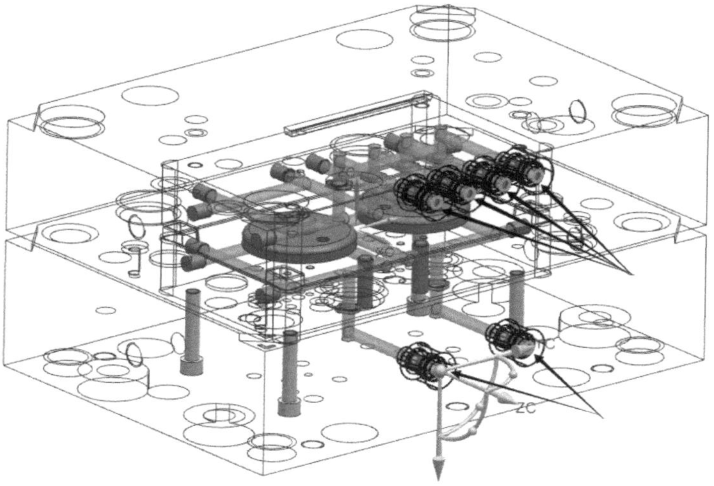

图 6-114　创建水路接头

6）用前模水路分别求差前模芯和 A 板，用后模水路分别求差后模芯和 B 板。

7）将前模水路移至 105 层，接头移至 106 层，水堵移至 107 层，胶圈移至 109 层。将后模水路移至 112 层，接头移至 113 层，水堵移至 114 层，胶圈移至 120 层。

6.2　利用 MoldWizard 模块进行电器外壳模具设计

【例 6-2】　完成如图 6-115 所示电器盒盖产品的模具设计，材料：ABS。

图 6-115　产品模型

【分析】模具设计方案：采用一模两腔布局；采用潜进胶方式；产品侧孔的成型拟采用前模滑块机构，故模架采用简化型细水口 GCI 型模架；顶出机构采用顶针顶出；冷却系统采用“回型”水路进行冷却。

6.2.1　模具分型设计

分型准备

单击启动→“所有应用模块”→“注塑模向导”，系统弹出如图 6-116 所示的“注塑模向导”工具栏。后续模具设计主要应用此工具栏中的工具进行设计。

图 6-116 “注塑模向导”工具栏

1. 加载产品

1）打开配套资源中的 ch06/ch06_02/ex-6.2.prt 文件。将产品模型复制到第 3 层，并关闭第 3 层。

2）单击“注塑模向导”工具栏中的“初始化项目”按钮，系统弹出如图 6-117 所示的“初始化项目”对话框，同时产品模型自动被选择且高亮显示。选择部件“材料”为 ABS，材料收缩率自动默认为 1.006，其他参数默认。单击对话框中的“确定”按钮，完成产品模型的加载。产品加载后，在资源条的“装配导航器”下出现了如图 6-118 所示的顶层装配文件（后缀.top）及其下层的链接文件。

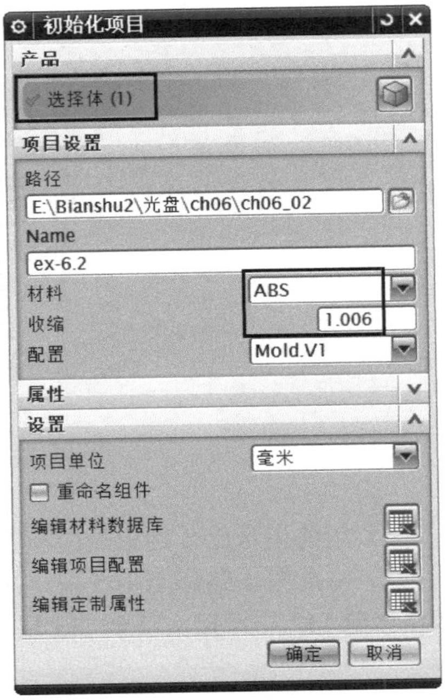

图 6-117 “初始化项目”对话框

注意：应用 MoldWizard 模块进行模具设计时，须将产品模型放到一个文件夹中，后续设计产生的许多文档都会保存在此文件夹中。

2. 定义模具坐标系

单击“注塑模向导”工具栏中的“模具 CSYS”按钮，系统弹出如图 6-119 所示“模具 CSYS”对话框，选择“当前 WCS”选项，单击“确定”按钮，模具坐标系即定义到当前“WCS”坐标系位置。

图 6-118 装配导航器

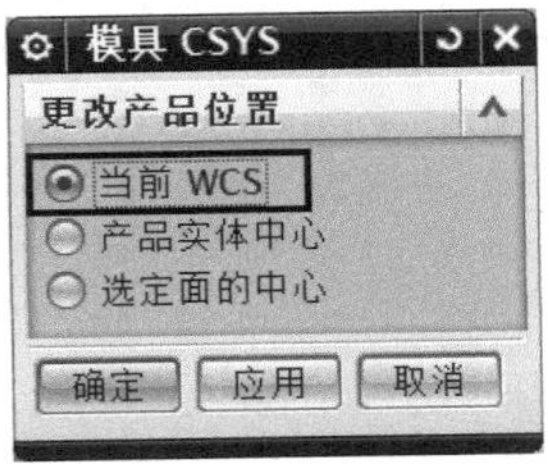

图 6-119 “模具 CSYS”对话框

注意：在应用“注塑模向导”工具栏中的“模具 CSYS”工具时，最好在建模环境中将产品的坐标系调整好，即将“WCS”坐标系置于系统的绝对坐标原点处。

3. 定义模仁（前、后模芯）

单击“注塑模向导”工具栏的“工件”按钮，系统弹出如图 6-120 所示的“工件”对话框，工件“类型”选择“产品工件”，“工件方法”为“用户定义的块”。在对话框的“尺寸”分组中设置“开始距离”为-30（后模芯厚度），“结束距离”为 55（前模芯厚度）。将工件“-YC”方向的预览尺寸“25.433”修改为“20.433”。单击对话框中的“应用”按钮，再单击“确定”按钮创建工件。

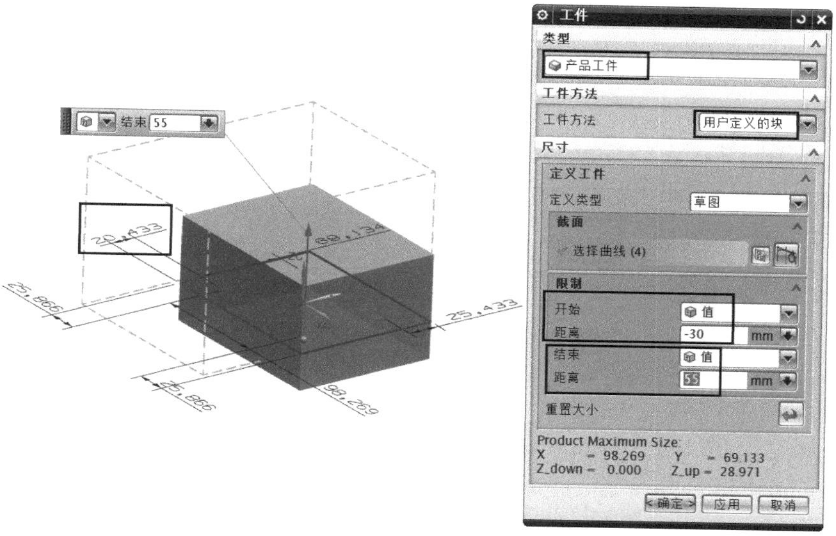

图 6-120　创建工件

注意：创建的工件在长、宽、厚方向尺寸应为整数。“注塑模向导”工具栏的“工件”工具，在创建模仁时系统默认向四周扩大 25。图 6-120 中的尺寸 25.433、25.866、20.433 为产品距模仁边的距离。修改这些尺寸时勿将数字后的小数点去掉，因为 69.134+25.433+20.433=115。

4. 型腔布局

单击“注塑模向导”工具栏的“型腔布局”按钮，系统弹出如图 6-121 所示的“型腔布局”对话框，参照图中所示步骤进行操作，单击“开始布局”按钮，则创建一模两腔的布局。单击“自动对准中心”按钮，使两个模腔对准模具坐标系。

单击对话框中的“编辑布局”分组中的“编辑插入腔”按钮，系统弹出如图 6-122 所示的“刀槽”对话框，定义插入圆角类型为 2，尺寸 $R5$，单击“确定”按钮插入腔体。

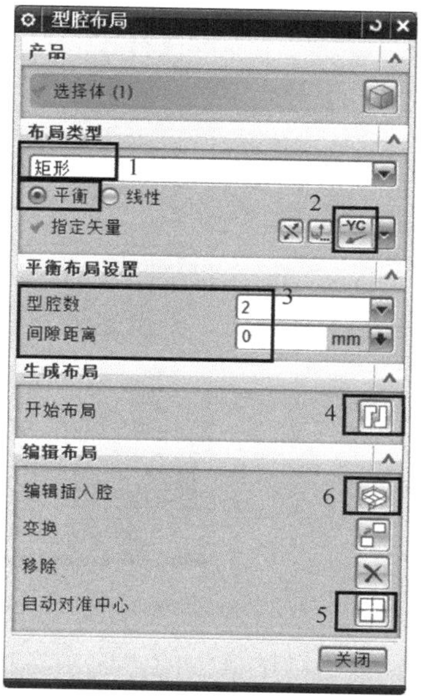

图 6-121　“型腔布局”对话框

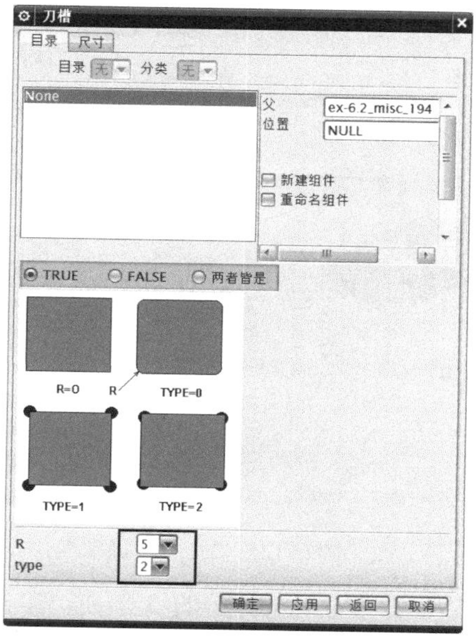

图 6-122　“刀槽”对话框

在资源条的“装配导航器”中取消勾选“misc”节点下的“pocket”节点，则可隐藏插入的腔体。创建的一模两腔布局如图 6-123 所示。

分型

5. 分型设计

单击“注塑模向导”工具栏的“模具分型工具”按钮，系统弹出如图 6-124 所示的“Mold Parting Tools”工具条。

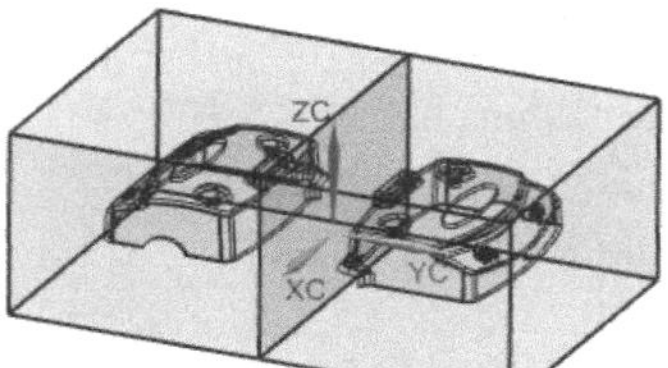

图 6-123 一模两腔布局

图 6-124 “模具分型工具”工具条

（1）检查区域 单击“Mold Parting Tools”工具条中的“检查区域”按钮，系统弹出图 6-125 所示的“检查区域”对话框，同时模型高亮显示，并显示开模方向。单击“计算”按钮，系统对产品模型进行分析计算。

设置区域颜色：在图 6-125“检查区域”对话框中单击“区域”选项卡，系统切换到如图 6-126 所示的“区域”界面。按图示步骤进行操作，在对话框的“设置”分组中取消勾选“内环”“分型边”和“不完整的环”三个复选按钮，然后单击“设置区域颜色”按钮。模型表面以不同的颜色显示，且有 3 个未定义区域。

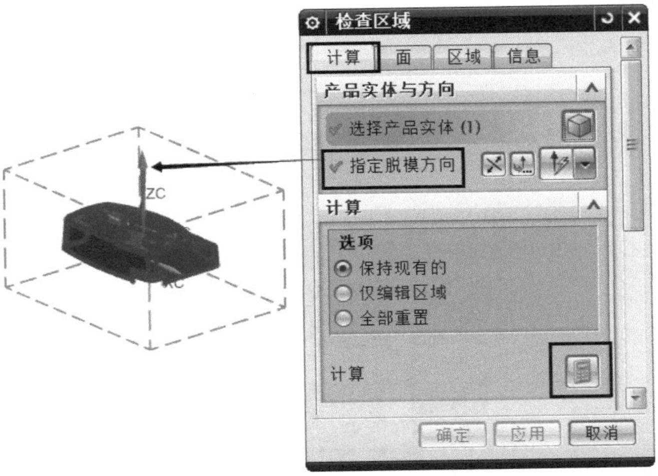

图 6-125 “计算”选项卡

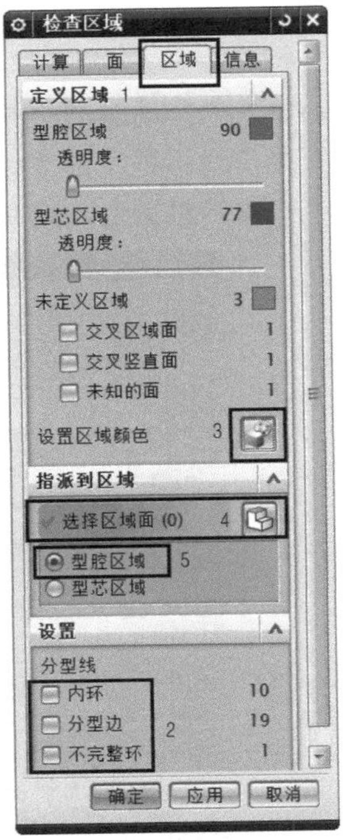

图 6-126 “区域”选项卡

选择图 6-127 中箭头指示的 3 个面，单击如图 6-126 所示对话框中的“应用”按钮，则将这 3 个面指定给型腔区域（前模面），此时可看到对话框中的“未定义区域”为 0。

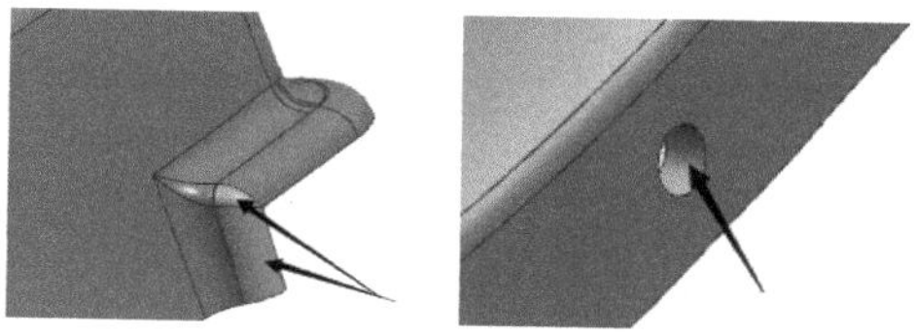

图 6-127　选择面 1

（2）产品破孔修补　单击“Mold Parting Tools”工具条中的“曲面补片”按钮，系统弹出如图 6-128 所示的“边修补”对话框，选择“环选择”类型为“移刀”，然后选择图 6-129 中箭头指示的边线圆（前模面和后模面的交界处，此处为前、后模的碰穿面），单击对话框中的“应用”按钮创建补片。同样操作，将图 6-130 中箭头指示的破孔进行修补。

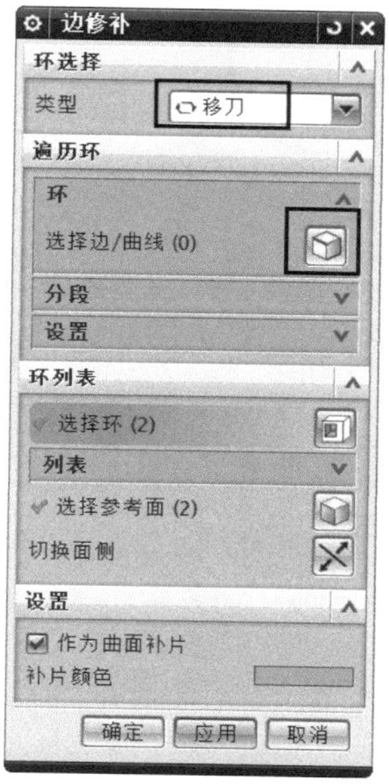

图 6-128　“边修补”对话框

图 6-129　选择边线 1

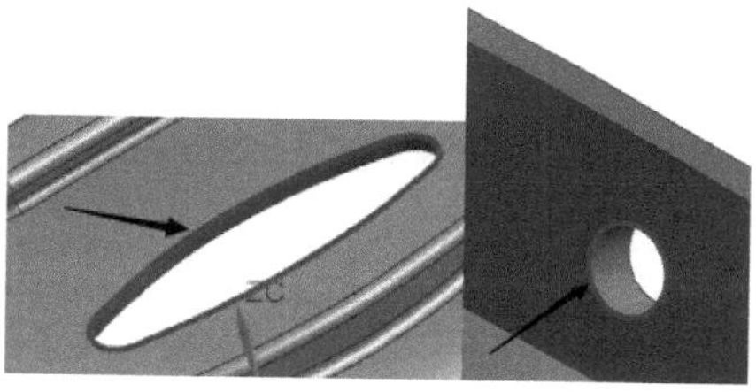

图 6-130　选择边线 2

将“边修补”对话框中的“环选择”类型改为“面”，选择图 6-131 中箭头指示的面，单击对话框中的“应用”按钮，则系统一次修补该面上的 6 个破孔。创建的补片如图 6-132 所示。

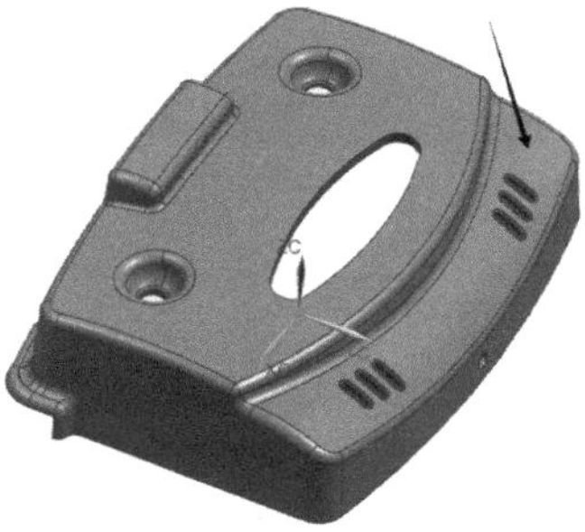

图 6-131　选择面 2

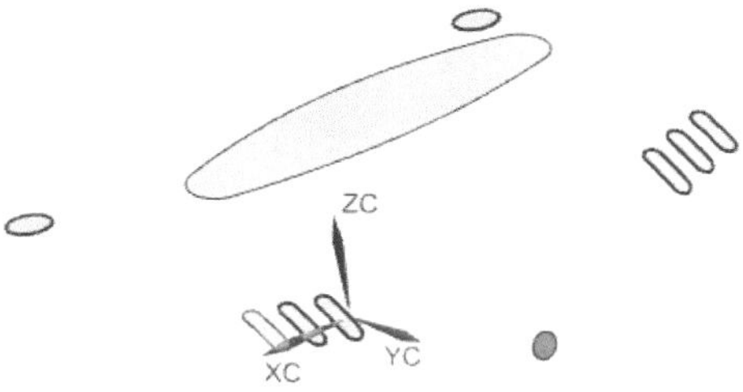

图 6-132　补片

（3）定义区域并创建分型线　单击“Mold Parting Tools”工具条中的“定义区域”按钮，系统弹出如图 6-133 所示的“定义区域”对话框。在“设置”分组中勾选“创建区域”和“创建分型线”两个复选框，单击对话框中的“确定”按钮，完成型腔区域、型芯区域及分型线的创建。

单击“Mold Parting Tools”工具条中的“分型导航器”按钮，在“分型对象”选项卡中，取消勾选“产品实体”“工件线框”和“曲面补片”，可观察如图 6-135 所示的分型线。

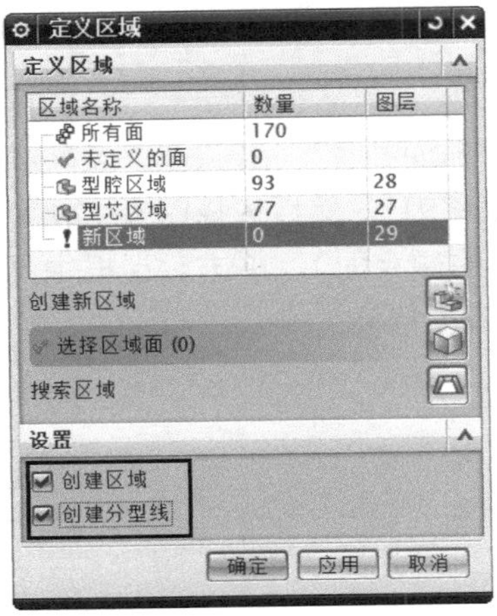

图 6-133 “定义区域”对话框

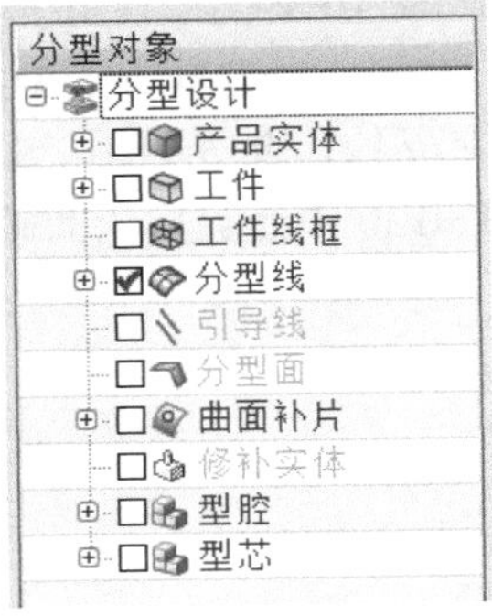

图 6-134 分型对象

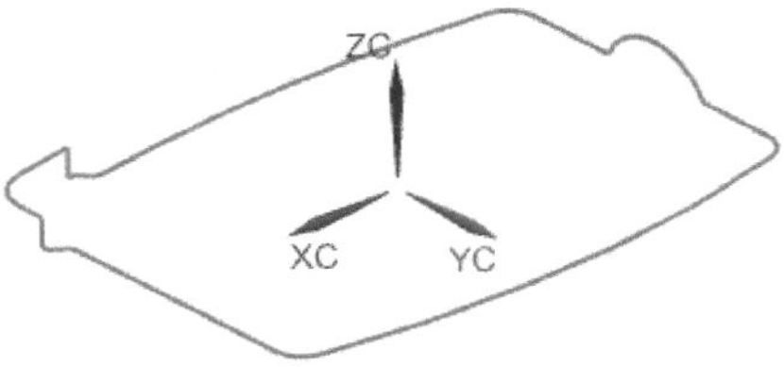

图 6-135 分型线

（4）创建分型面　单击“Mold Parting Tools”工具条中的“设计分型面”按钮，系统弹出如图 6-136 所示的“设计分型面”对话框，在“编辑分型段”分组中单击“选择分型或引导线”按钮，然后在图 6-137 中箭头指示的线段端点处单击，则创建第 1 条引导线。

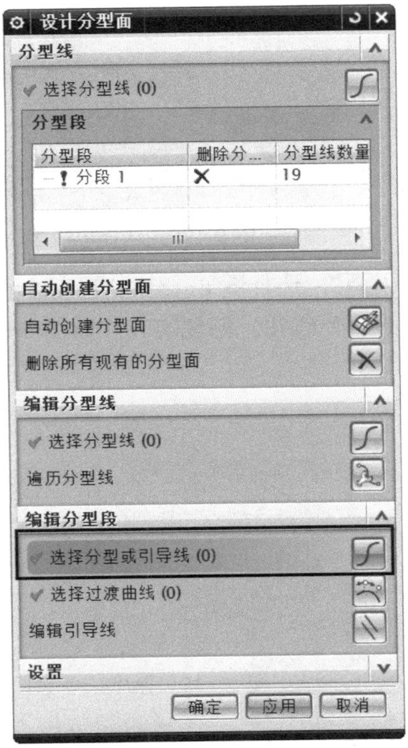

图 6-136 “设计分型面”对话框 1

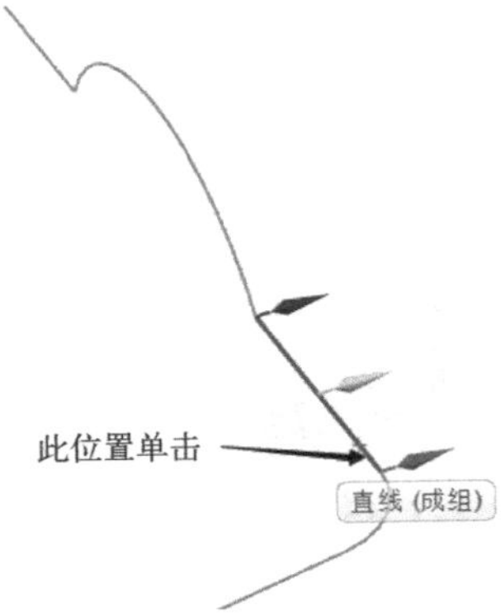

图 6-137 放置引导线

参照图 6-138，在图中所标示的 2～12 点处单击，则创建其余 11 条引导线。此时在图 6-136

所示对话框的“分型段”分组中列出了 12 段分型段。

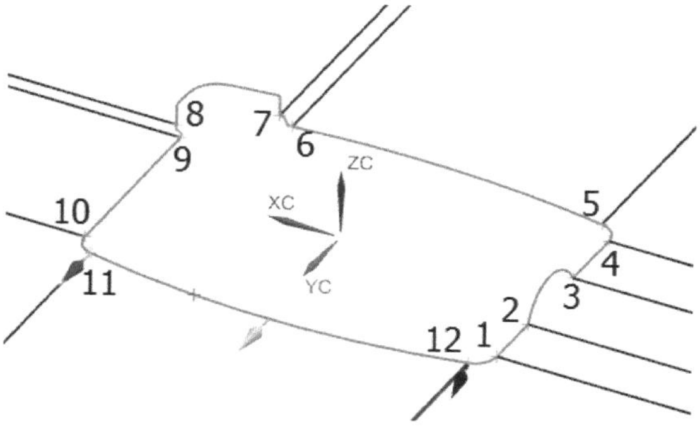

图 6-138　创建的引导线

参照图 6-139，单击“分型段”分组中的“分段 1”，则对话框出现“创建分型面”分组，单击“扫掠”按钮，并将“延伸距离”设置为 100。单击对话框中的“应用”按钮，则创建第 1 个分型片体。同样操作，依次选择分段 2～分段 12，用“扫掠”方法，创建其余分型片体。

创建的分型面如图 6-140 所示。

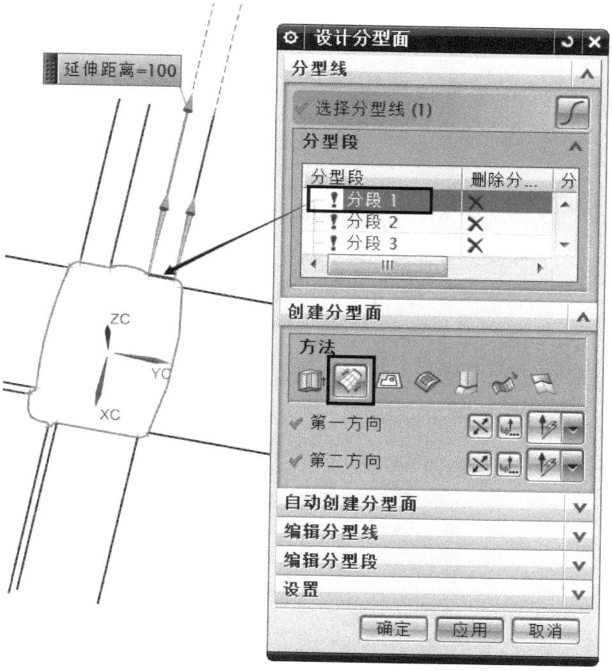

图 6-139 “设计分型面”对话框 2

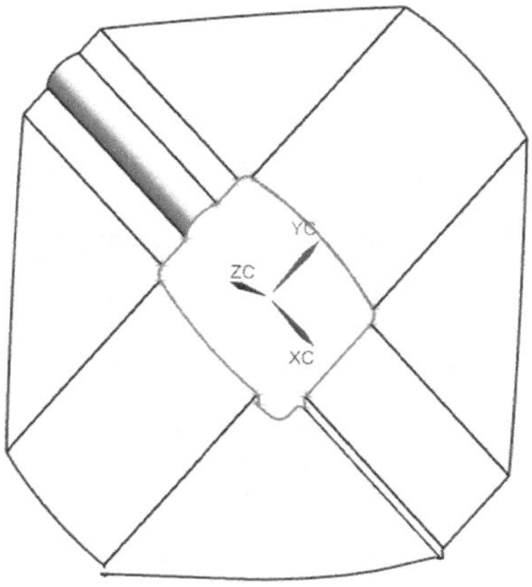

图 6-140　创建的分型面

（5）创建型芯、型腔　单击“Mold Parting Tools”工具条中的“定义型腔和型芯”按钮，系统弹出如图 6-141 所示的“定义型腔和型芯”对话框，系统自动选择“型腔区域”。单击对话框中的“应用”按钮，系统自动创建型腔，并弹出图 6-142 所示的“查看分型结果”对话框，接受系统默认方向即可。创建的型腔如图 6-143 所示。

在“定义型腔和型芯”对话框的“选择片体”分组中选中“型芯区域”，单击“应用”按钮，接受默认方向，创建型芯零件。创建的型芯部件如图 6-144 所示。

图 6-141 “定义型腔和型芯”对话框

图 6-142 “查看分型结果”对话框

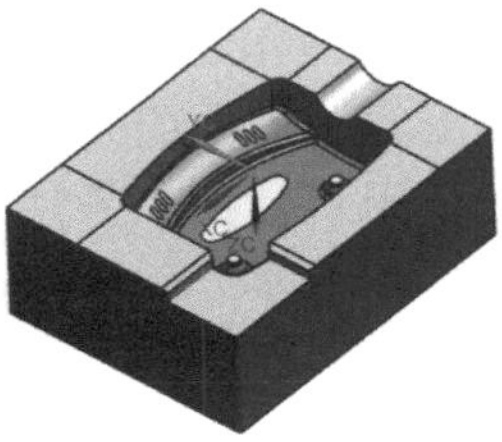

图 6-143 型腔

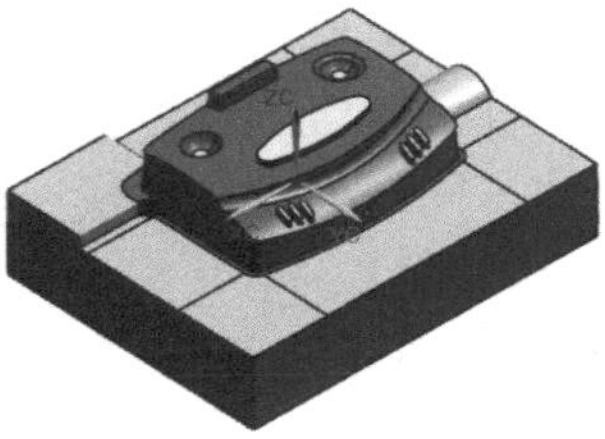

图 6-144 型芯

6.2.2 镶件设计

1．镶针设计

镶针设计

1）在装配导航器的“Prod”节点下选择“ex-6.2_core”节点，单击右键，在弹出的快捷菜单中选择“设为显示部件”选项，将模具型芯转换为显示部件。

2）单击“注塑模向导”工具条中的“子镶块库”按钮，系统弹出如图 6-145 所示的“子镶块设计”对话框，同时装配导航器切换到如图 6-146 所示的“重用库”选项卡。参照图中框出的参数进行设置，其他参数默认。

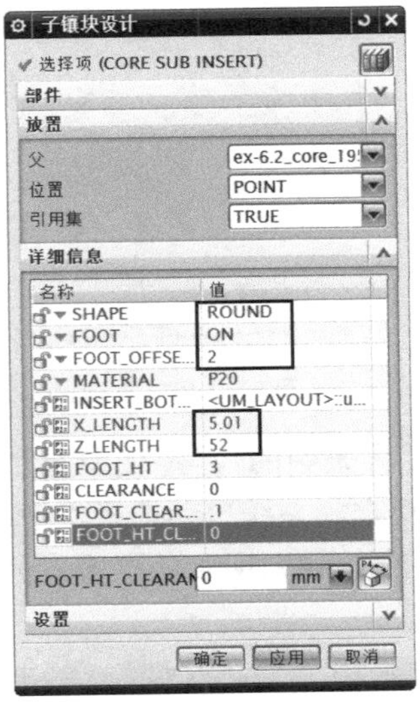

图 6-145 “子镶块设计”对话框 1

图 6-146 “重用库”选项卡

3）单击“子镶块设计”对话框中的“应用”按钮，弹出如图 6-147“点”对话框，依次捕捉图中箭头指示的两处圆弧圆心，单击“点”对话框中的“取消”按钮，完成镶针的创建。

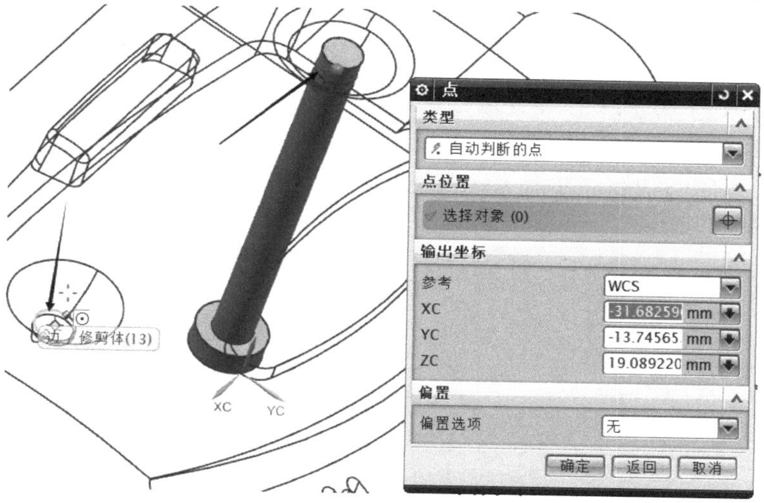

图 6-147　“点”对话框 1

4）单击“注塑模向导”工具栏的“修边模具组件”按钮，系统弹出如图 6-148 所示的“顶杆后处理”对话框，单击“是”按钮，系统弹出图 6-149 所示的“修边模具组件”对话框，同时系统返回到上一层节点。选择高亮显示型芯中的 2 个镶针为“目标体”，选择型芯的修剪片体“Core_TRIM_SHEET”为“工具体”，并注意修剪方向。单击对话框中的“确定”按钮，完成镶针的修剪。创建的镶针如图 6-150 所示。

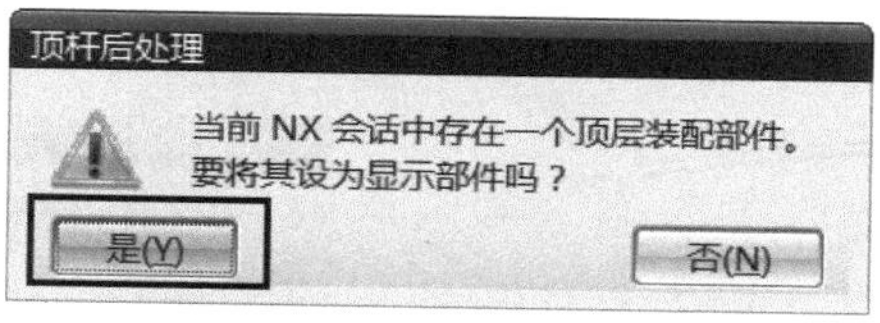

图 6-148　“顶杆后处理”对话框

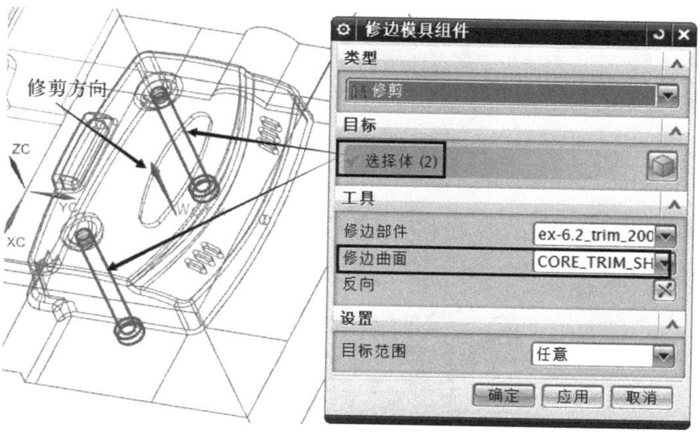

图 6-149　“修边模具组件”对话框

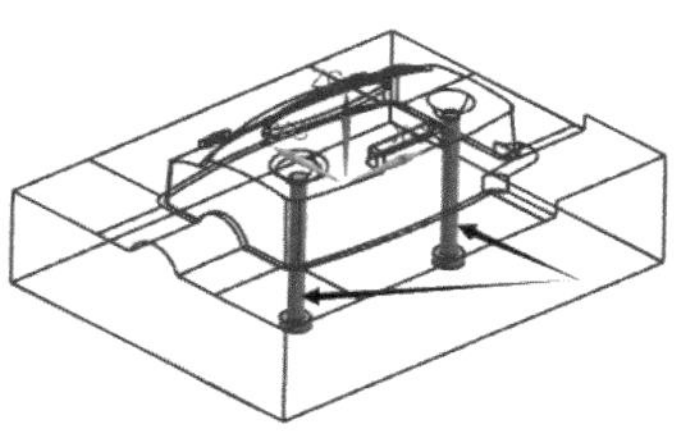

图 6-150　创建的镶针

2．镶件设计

1）单击“子镶块库”按钮，系统弹出如图 6-151 所示的“子镶块设计”对话框。参照图中框出的参数进行设置，单击“应用”按钮，系统弹出如图 6-152 所示的“点”对话框，选择图 6-152 中箭头指示的两个线段端点，在两点之间创建镶件的放置点，单击“点”对话框中的“确定”按钮，创建第 1 个镶件。同样操作，依次创建其余 5 个镶件。创建的 6 个小镶件如图 6-153 所示。

2）对如图 6-153 所示的 6 个镶件进行重定位。单击如图 6-154 所示“子镶块设计”对话框中的“重定位”按钮，系统弹出如图 6-155 所示的“移动组件”对话框，一次选中 6 个镶件，单击“XC”方向的动态尺寸箭头，在其文本框中输入 1，单击“移动组件”对话框中的“应用”按钮对镶件重定位。

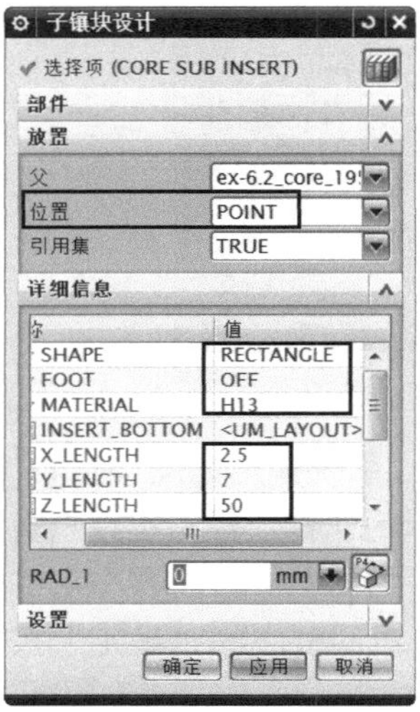

图 6-151 “子镶块设计”对话框 2

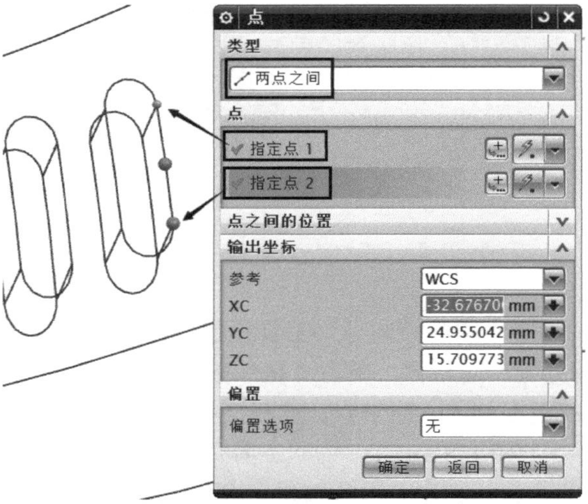

图 6-152 “点”对话框 2

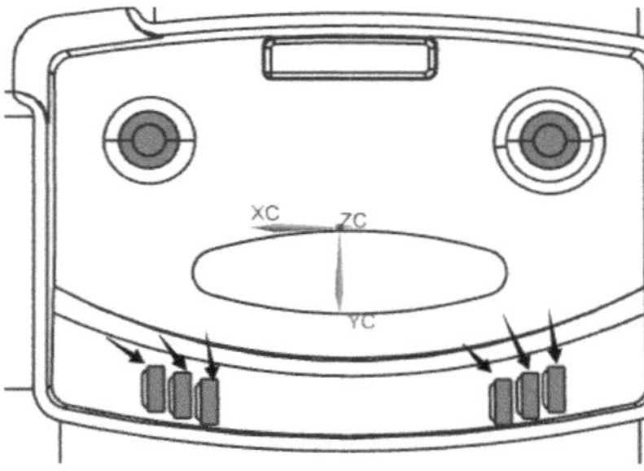

图 6-153 创建镶块

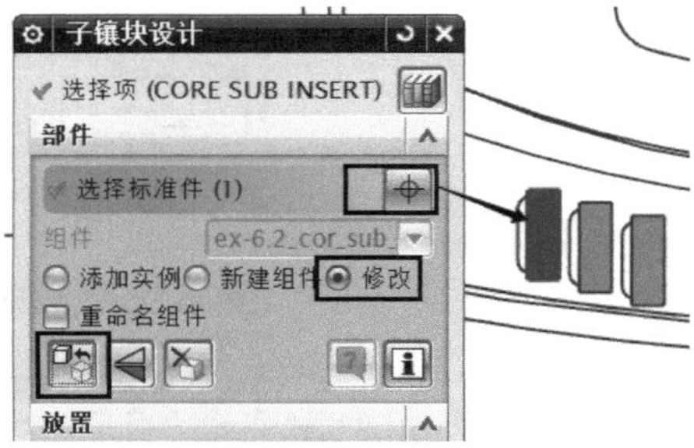

图 6-154 “子镶块设计”对话框 3

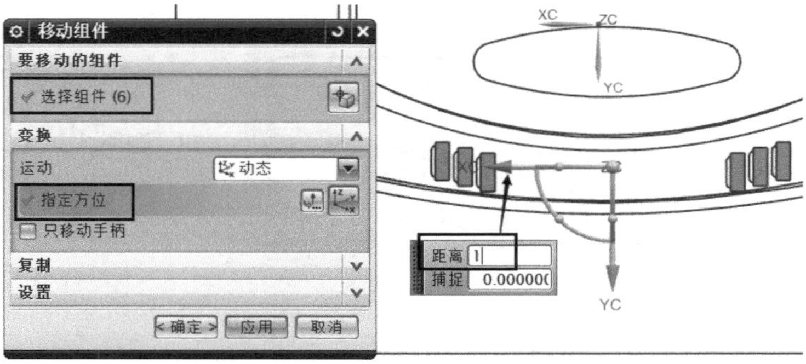

图 6-155 “移动组件”对话框

3）在如图 6-151 所示“子镶块设计”对话框中修改镶件参数。“X_LENGTH”=50，“Y_LENGTH”=15，“Z_LENGTH”=56，其余参数不变。单击对话框中的“应用”按钮，系统弹出如图 6-156 所示的“点”对话框，抓取图中箭头指示的圆弧端点放置镶件，并单击“点”对话框中的“取消”按钮。

4）利用“子镶块设计”对话框中的“重定位”按钮，参照图 6-157 对大镶件进行重定位。

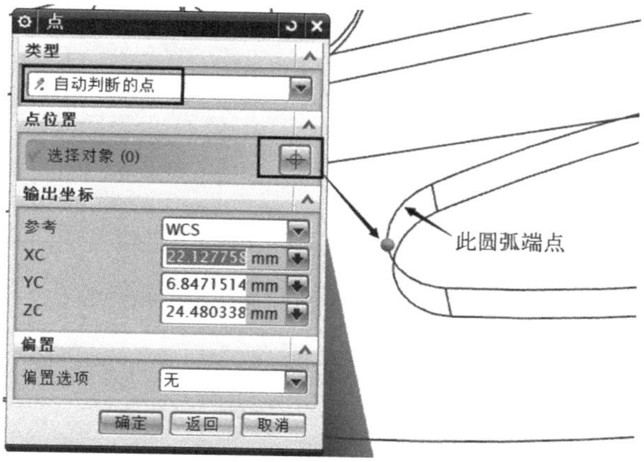

图 6-156　“点”对话框 3

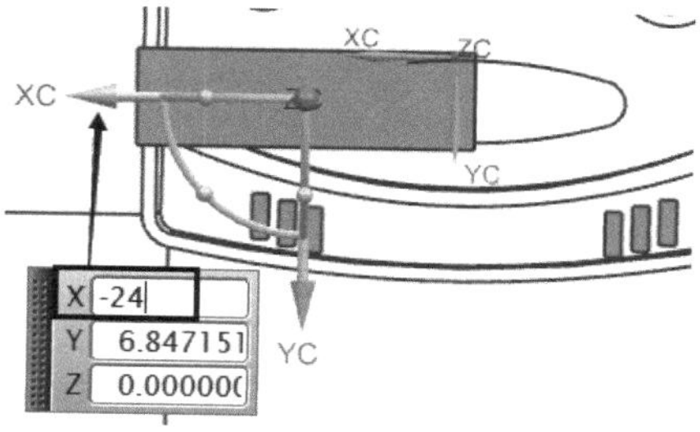

图 6-157　移动镶件

5）参照图 6-158，利用“修边模具组件”工具，对镶件进行修剪。“目标”选择高亮显示型芯中的 7 个镶件，“工具”选择型芯的修剪片体。

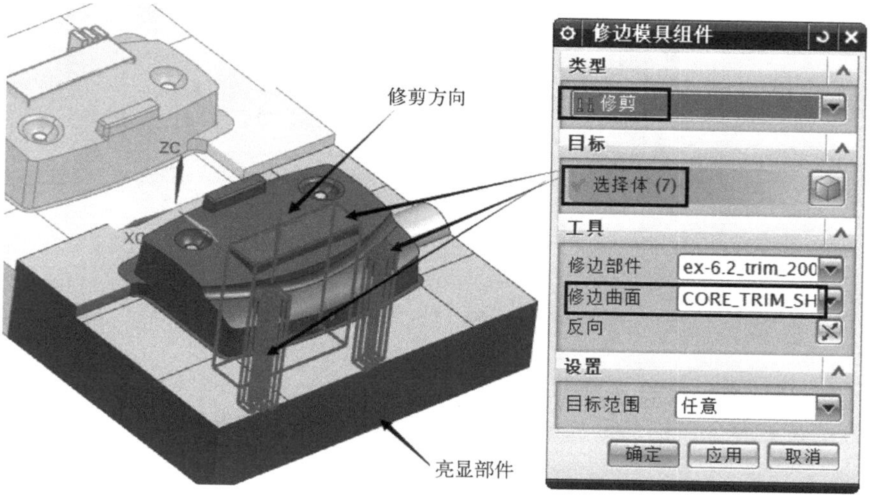

图 6-158　“修边模具组件”对话框

6）参照图 6-159，右击大镶件将其设为工作部件。利用建模环境的“替换面”工具，将图中箭头指示的大镶件的台阶曲面替换镶件底面。

7）参照图 6-160，利用“替换面”工具，将图中箭头指示的小镶件台阶曲面替换镶件底面。

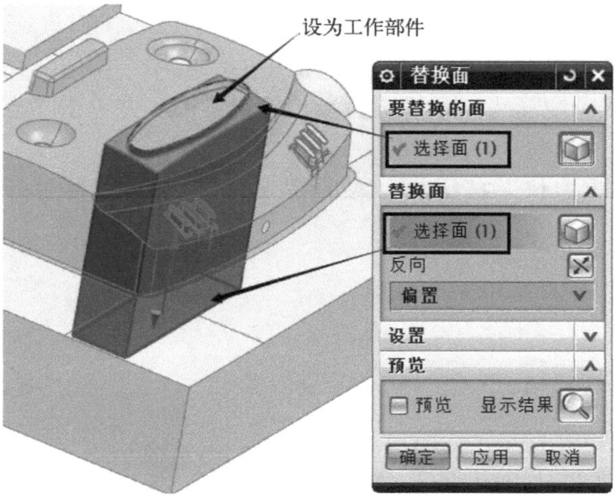

图 6-159 “替换面”对话框 1

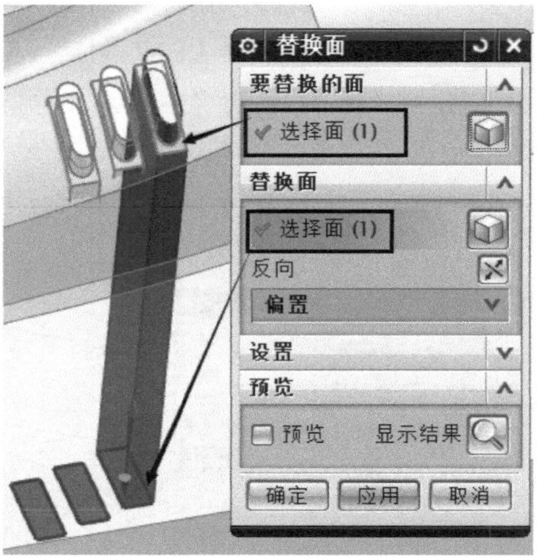

图 6-160 “替换面”对话框 2

8）单击“注塑模向导”工具栏中的“腔”按钮，系统弹出如图 6-161 所示的“腔”对话框，选择 9 个镶件对型芯开腔。

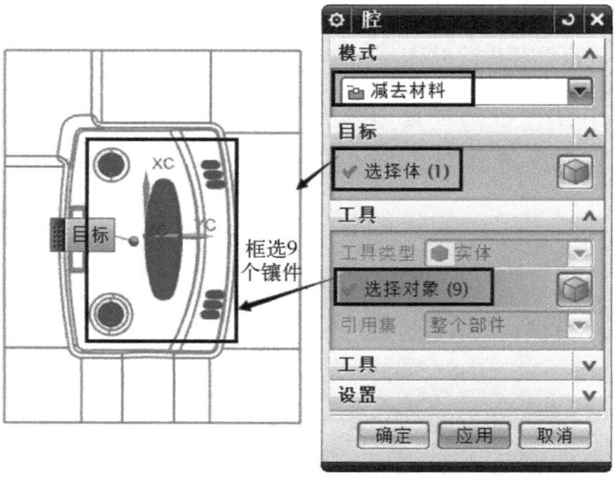

图 6-161 “腔”对话框

注意：图 6-160 中创建的 7 个镶件是随形镶件，镶件在型芯中的定位是靠斜度定位。也可使镶件在型芯中是直身位，则其定位可以在型芯底面用销进行定位。

6.2.3 滑块设计

滑块头和滑块座设计

1. 滑块头设计

1）在装配导航器的“Prod”节点下选择“ex-ch06-2_Cavity”节点，单击右键，在弹出的快捷菜单中选择“设为显示部件”选项，将模具型腔转换为显示部件。

2）单击“注塑模向导”工具栏中的“注塑模工具”按钮，在弹出的“注塑模工具”工具条中单击“创建方块”按钮，系统弹出如图 6-162 所示的“创建方块”对话框。选择图中箭头指示的圆柱体外圆面，单击图中箭头指示的尺寸箭头，在弹出的文本框中输入 30 并按〈Enter〉键。单击对话框中的“确定”按钮创建圆柱体。

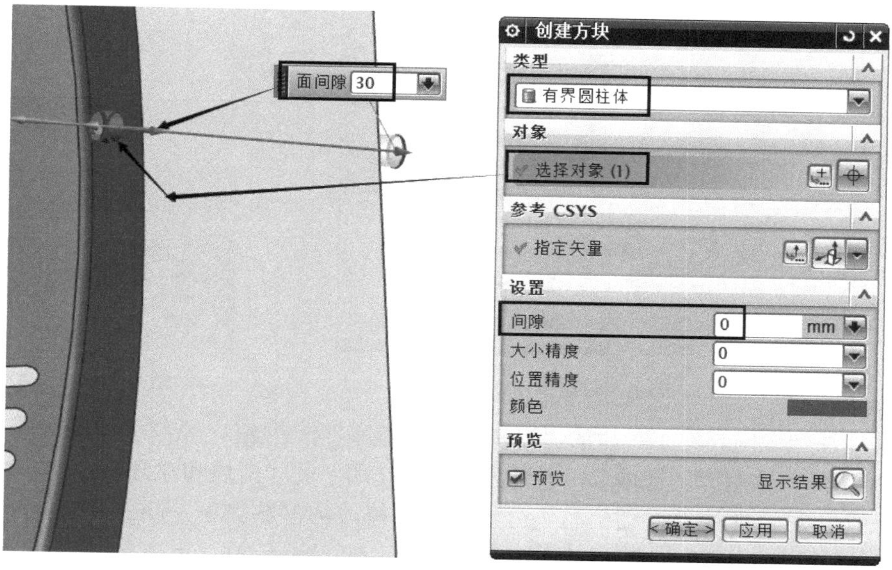

图 6-162 “创建方块”对话框

3）单击建模环境中的“相交”工具按钮，系统弹出图 6-163 所示的“求交”对话框，“目标”选择型腔，“工具”选择步骤 1 创建的圆柱体。通过“相交”工具分割出滑块头（侧型芯）。

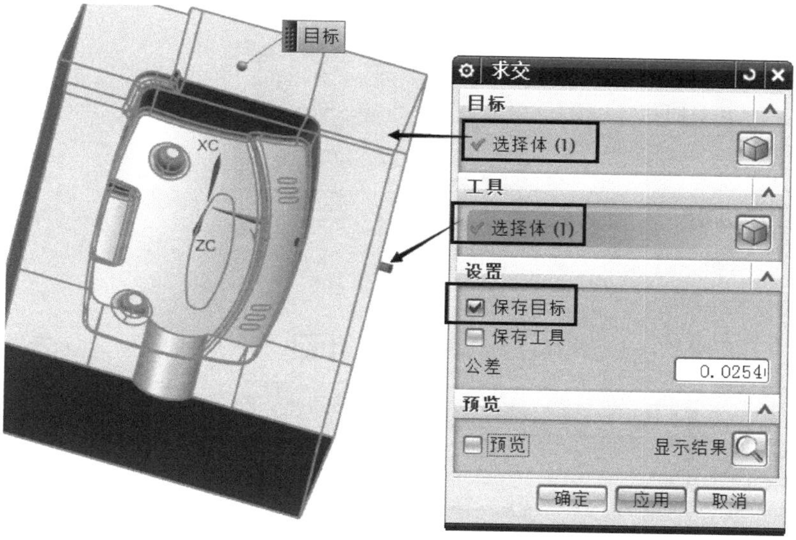

图 6-163 “求交”对话框

4）参照图 6-164，利用建模环境的“减去”工具，用滑块头求差型腔。

2．滑块座设计

1）双击“WCS”坐标系，使其成为动态模式，抓取图 6-165 中箭头指示的滑块头端面圆心放置动态坐标，并使“YC”方向指向滑块合模的方向。

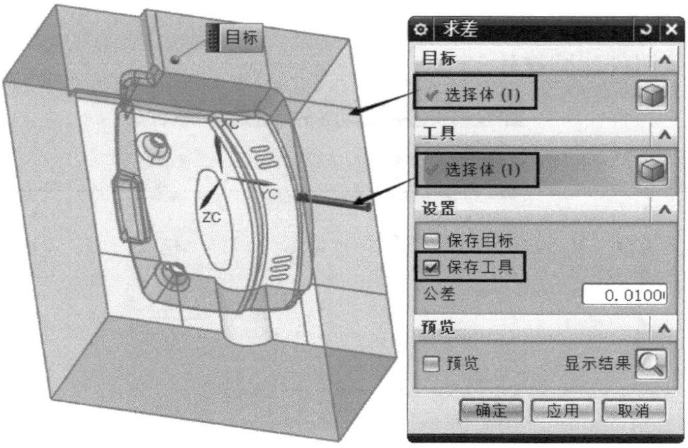

图 6-164 “求差”对话框 1

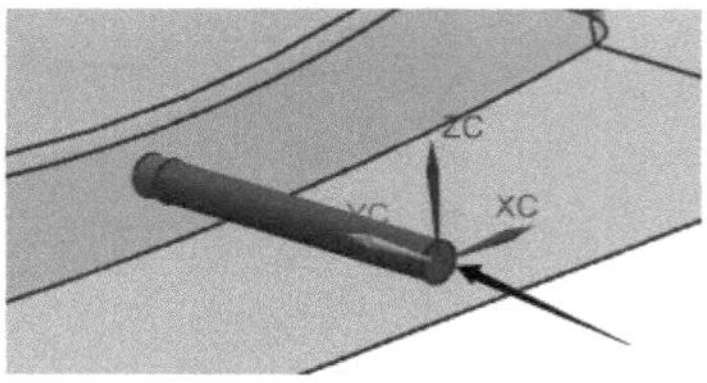

图 6-165 放置坐标系

2）单击“注塑模向导”工具栏的“滑块和浮升销库”按钮，系统“资源导航器”切换到如图 6-166 所示的“重用库”选项卡，并弹出图 6-167 所示的“滑块和浮升销设计”对话框。

在图 6-167 对话框的“详细信息”分组中需要修改的参数如下：angle=10, angle_start=15, cam_back=25, cam_ poc=20, ear_thk =5, ear_wide=5, gib_long=60, gib_top= −2.5, gib_wide=16, slide_bottom= −15, slide_long=60, slide_top =16, wear_thk =0, wide=20，其他参数默认。单击对话框中的“确定”按钮，则创建如图 6-168 所示的滑块机构。

图 6-166 “重用库”选项卡 1

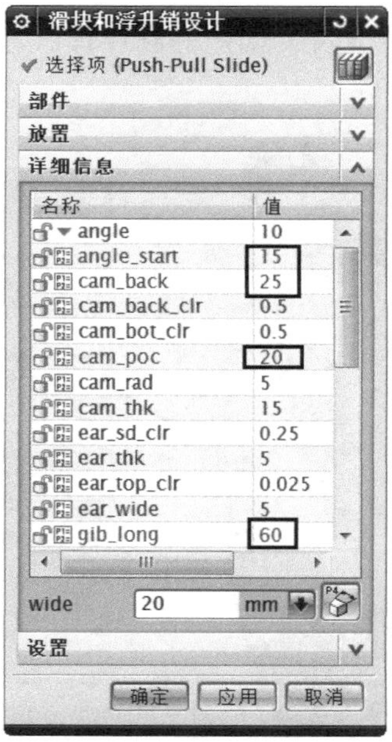

图 6-167 “滑块和浮升销设计”对话框

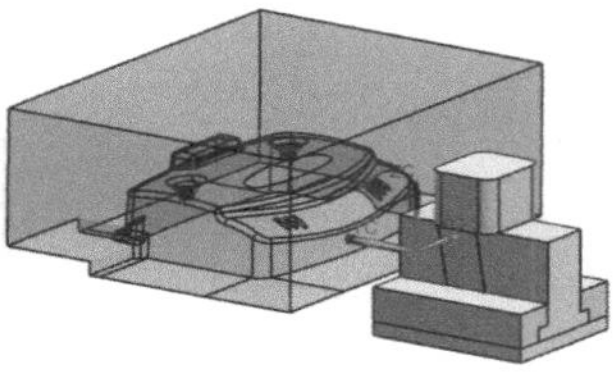

图 6-168 创建滑块

3．滑块头与滑块座的连接

1）取消勾选“ex-6.2_cavity”节点下的“ex-6.2_sld”节点，隐藏滑块机构。利用建模环境的“偏置面”工具，选择图 6-169 中箭头指示的滑块头圆柱端面，设置偏置距离为 5。

滑块头与滑块座的连接

2）选择工具栏的“圆柱”工具，参照图 6-170 中的设置，创建一段直径为 6，高度为 4 的圆柱体，并和滑块头求和。创建的滑块头如图 6-171 所示。

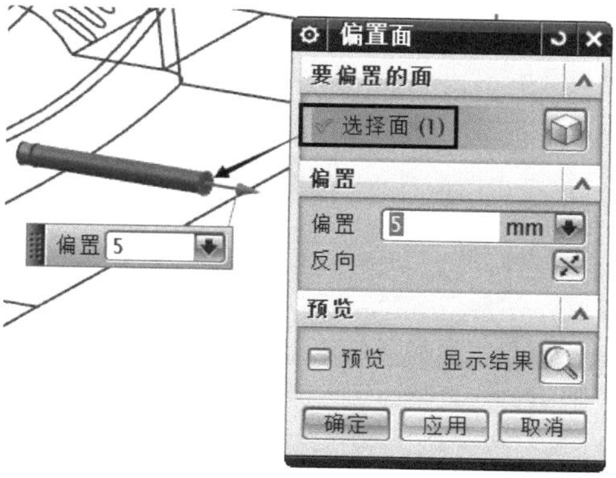

图 6-169　“偏置面”对话框

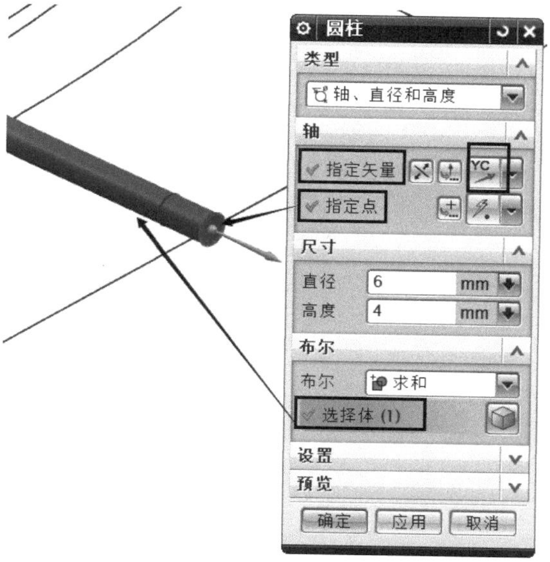

图 6-170　“圆柱”对话框 1

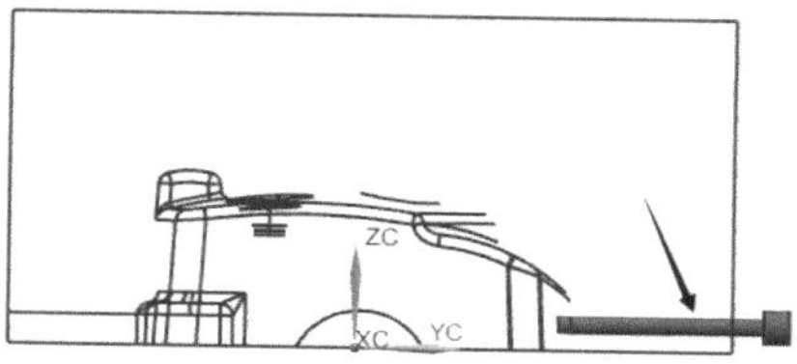

图 6-171　滑块头

3）在装配导航器中将“Prod”节点下的“Cavity”节点设为显示部件。

4）将滑块体（bdy 节点）设为工作部件。单击“装配”工具栏中的“WAVE 几何链接器”按钮，系统弹出如图 6-172 所示的“WAVE 几何链接器”对话框，“类型”选择“体”，然后选择图中箭头指示的滑块头，单击“确定”按钮，将滑块头链接到滑块体，如图 6-173 所示。

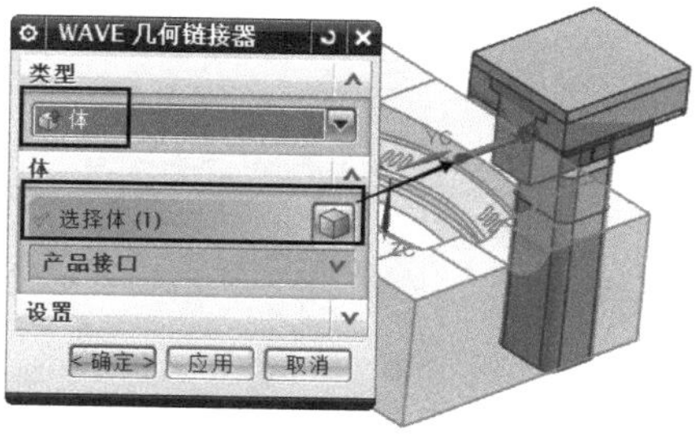

图 6-172　“WAVE 几何链接器”对话框

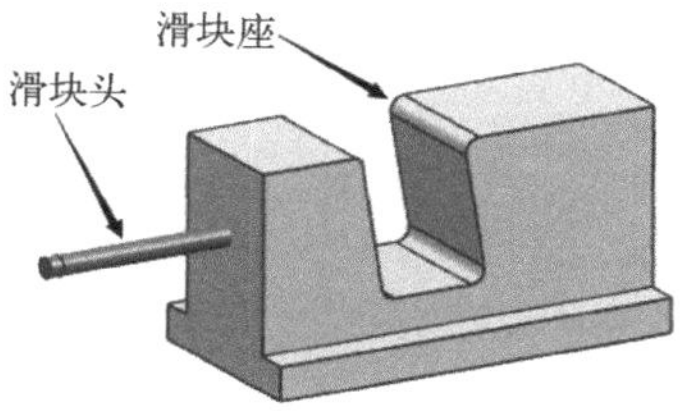

图 6-173　滑块头和滑块座

5）调整装配结构中型腔部件引用集。将型腔设为显示部件，选择建模环境菜单“格式”→“引用集”选项，系统弹出如图 6-174 所示的“引用集”对话框，单击“添加新的引用集”按钮，“引用集名称”输入“CAVITY_1”，选择型腔零件实体，然后单击对话框中的

“关闭”按钮。

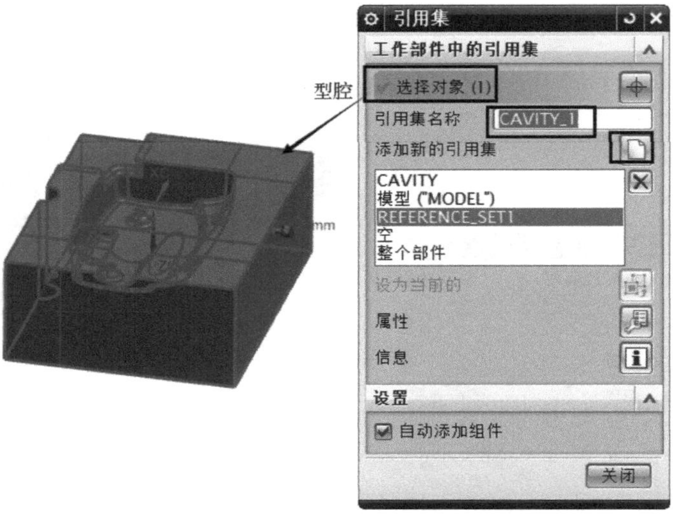

图 6-174 “引用集”对话框

在装配导航器中双击“top”顶层节点，然后右击“CAVITY”节点→“替换引用集”→“CAVITY_1”，这样装配结构中型腔部件不再显示滑块头零件。

6）将滑块体设为显示部件。将动态坐标放置于图 6-175 所示的滑块头端面圆心处，并调整“ZC”方向如图中所示。

7）单击“注塑模向导”工具栏的“标准件库”按钮，系统弹出如图 6-176 所示的“重用库”选项卡，选择“LKM_MM”节点下的“Screws”选项，在其“成员选择”分组中双击“SSS[Grub]”类型，系统弹出如图 6-177 所示的“标准件管理”对话框，参照对话框中的参数进行设置。

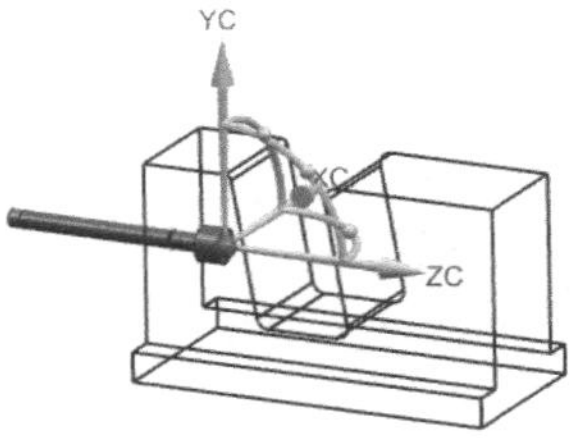

图 6-175 放置坐标系

图 6-176 “重用库”选项卡 2

图 6-177 “标准件管理”对话框 1

8）单击“标准件管理”对话框中的“应用”按钮，系统在当前“WCS”坐标处加载无头螺钉。单击图 6-178 所示“标准件管理”对话框中的“选择标准件”按钮，选择创建的无头螺钉，然后单击“重定位”按钮，参照图 6-179 将螺钉右移 8。

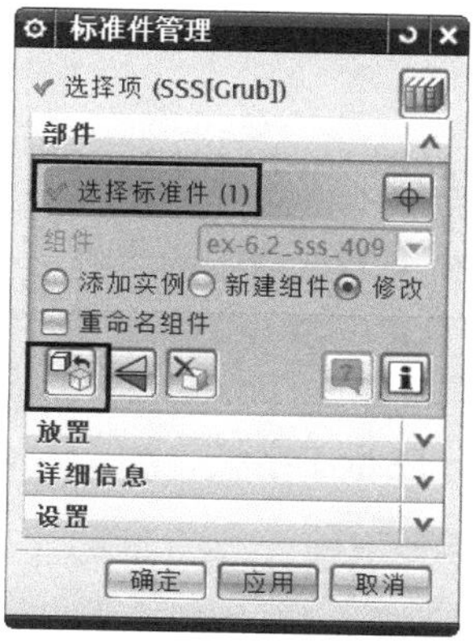

图 6-178　“标准件管理”对话框 2

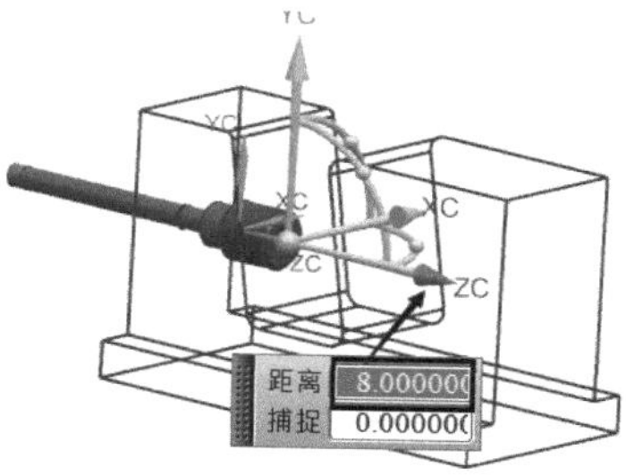

图 6-179　移动螺钉

9）在装配导航器中取消勾选“ex-6.2_SSS”节点，隐藏无头螺钉。利用“减去”工具，参照图 6-180，用滑块头求差滑块座。

10）选择工具栏的“圆柱”工具，参照图 6-181 中的设置，创建一段直径为 6.5，高度为 60 的圆柱体。

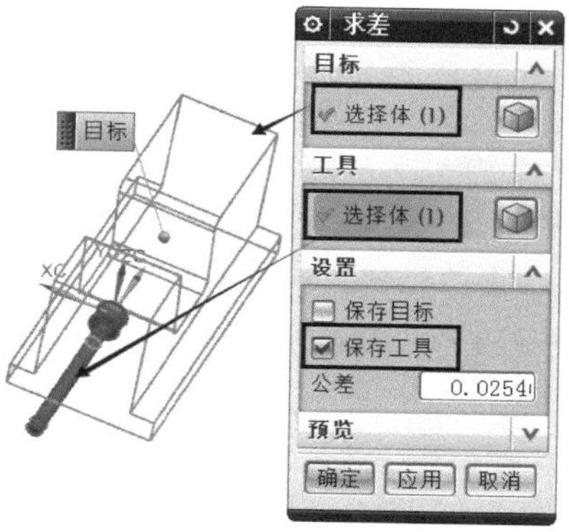

图 6-180　“求差”对话框

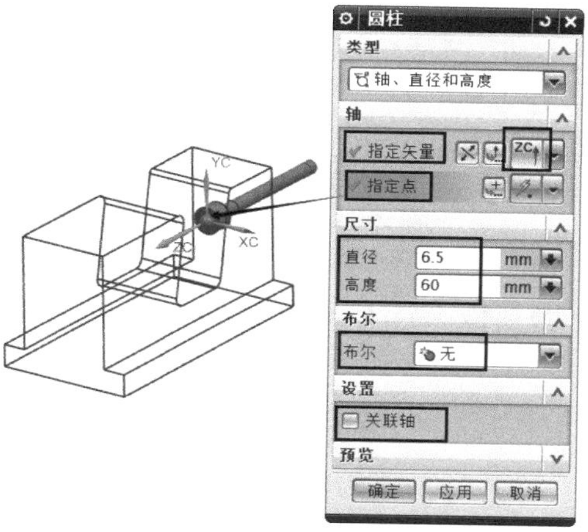

图 6-181　“圆柱”对话框 2

11）单击“注塑模向导”工具栏中的“腔”按钮，系统弹出如图 6-182 所示的“腔”对话框，选择上一步创建的圆柱体对滑块座开腔。

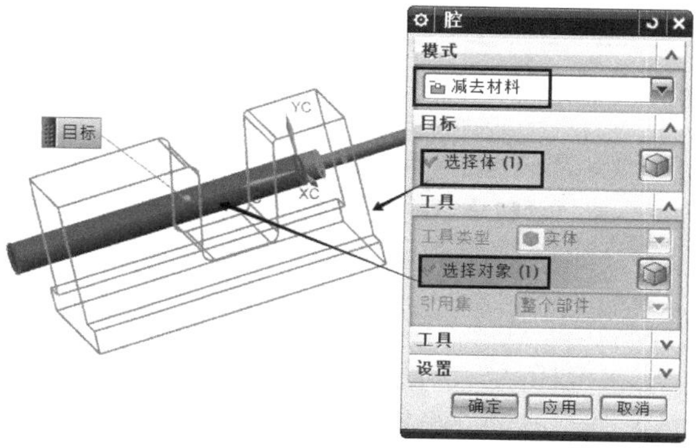

图 6-182　“腔”对话框

6.2.4 模架和标准件设计

模架设计

1．模架设计

单击“注塑模向导”工具栏的“模架库”按钮，系统“资源导航器”切换到如图 6-183 所示的“重用库”选项卡，并弹出如图 6-184 所示的“模架库”对话框。在图 6-183 中选择龙记“LKM_TP”的“GC”型号模架，在“模架库”对话框中设置模架参数如下：模架规格 3035，A 板厚度 90，B 板厚度 80，C 板厚度 110，EG_Guide =1:on（加载中托司），Mold_type =350:I（I 表示工字模，如图 6-185 所示）。

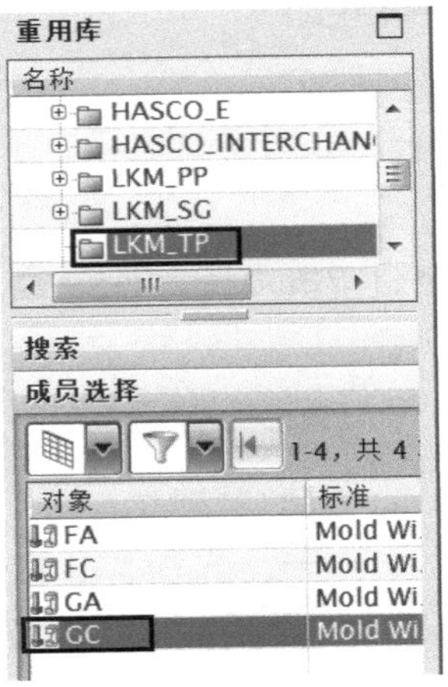

图 6-183 “重用库”选项卡 1

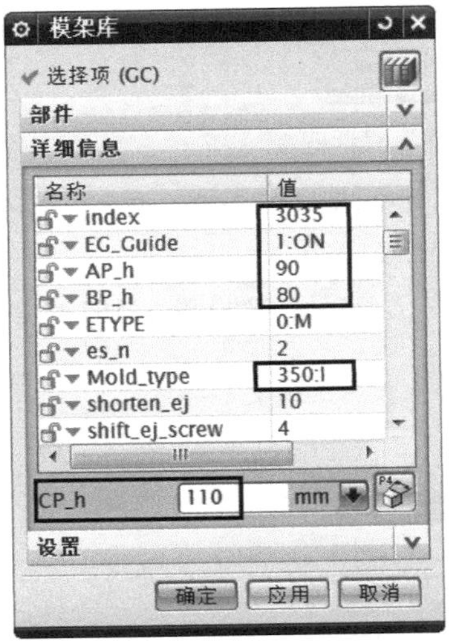

图 6-184 “模架库”对话框

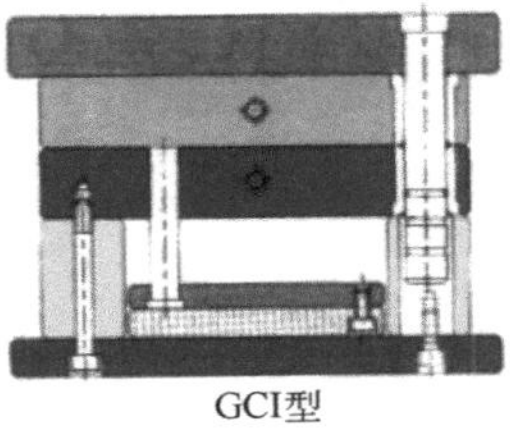

图 6-185 “GCI”型模架

加载的模架如图 6-186 所示，模架类型是 GCI 简化型细水口模架。

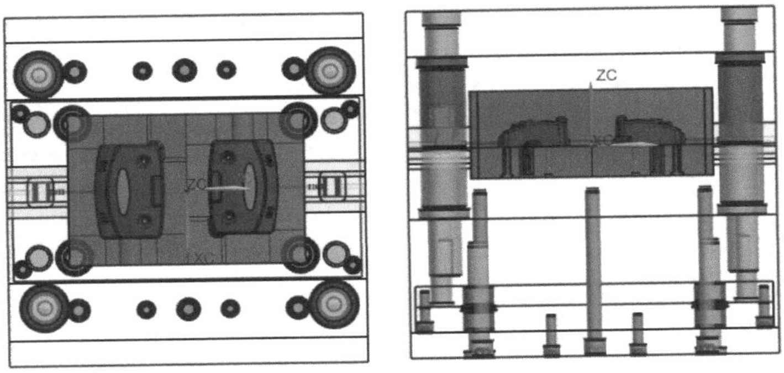

图 6-186 创建模架

注意：加载模架时，如需在顶针底板和动模座板之间留出垃圾钉（垫钉）的空间，可在模架参数中设置：EJB_ open = -5，即留有 5mm 的高度。该参数默认为 0。

分型拉钉设计

2．分型拉钉设计

1）双击“WCS”坐标系使其为动态模式，然后抓取如图 6-187 箭头指示的圆孔端面圆心，放置动态坐标系，参照图 6-188，将动态坐标沿“ZC”方向移动 90，参照图 6-189，旋转动态坐标，使“ZC”方向旋转 180°。调整后的坐标系位置如图 6-190 所示。

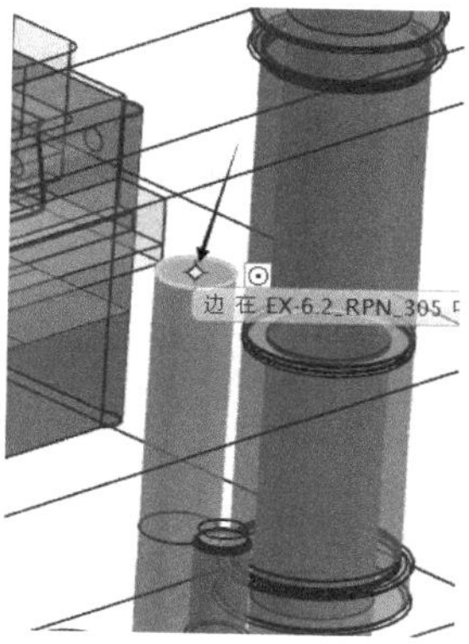

图 6-187　选择点

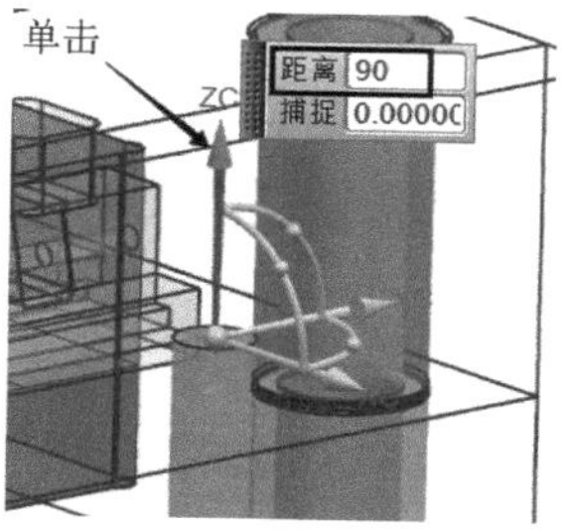

图 6-188　移动坐标系

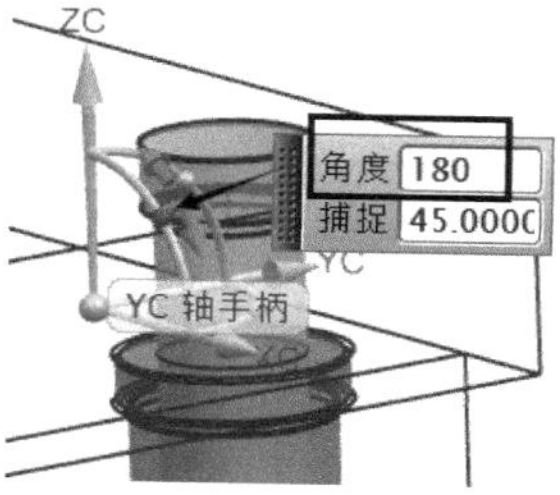

图 6-189　旋转坐标系

2）单击资源条的“重用库”按钮，系统切换到如图 6-191 所示的“重用库”选项卡，选择“LKM_MM”节点下的“Screws”选项，在下面“成员选择”分组中双击“SHSB[Shoulder]”类型，系统弹出如图 6-192 所示的“标准件管理”对话框，参照对话框中的参数进行设置。单击对话框中的“确定”按钮，在如图 6-190 所示坐标位置创建分型拉钉。

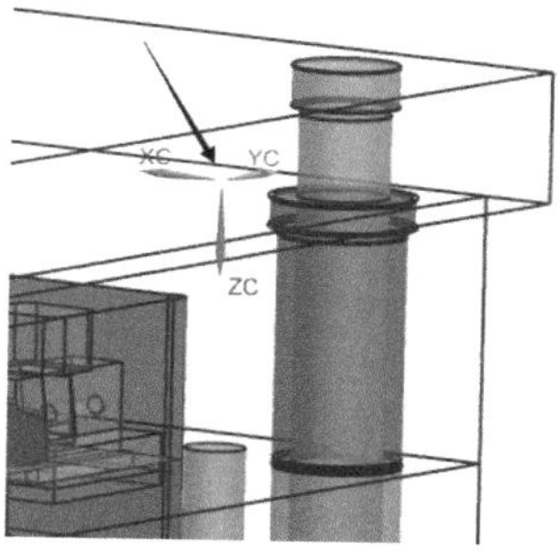

图 6-190　放置坐标系

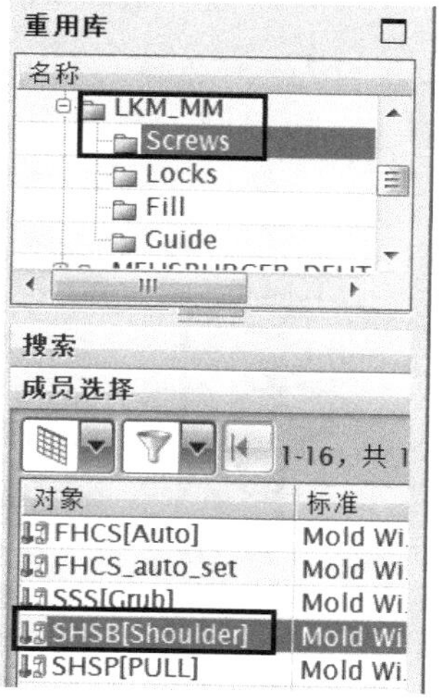

图 6-191　“重用库”选项卡 2

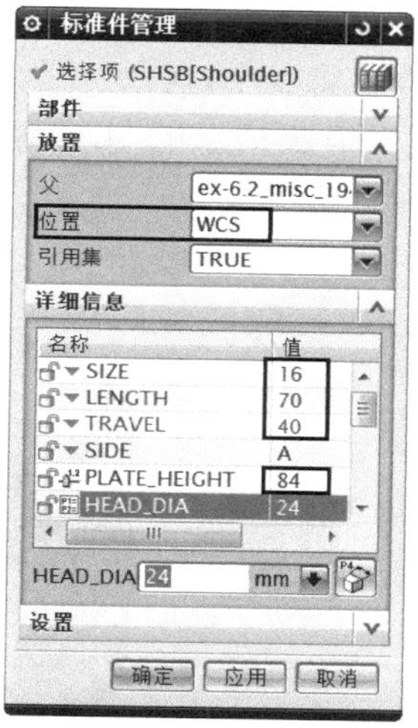

图 6-192　“标准件管理”对话框 1

参照上述步骤，在如图 6-193 所示的其余三个位置创建拉钉。创建完成的拉钉如图 6-194 所示。

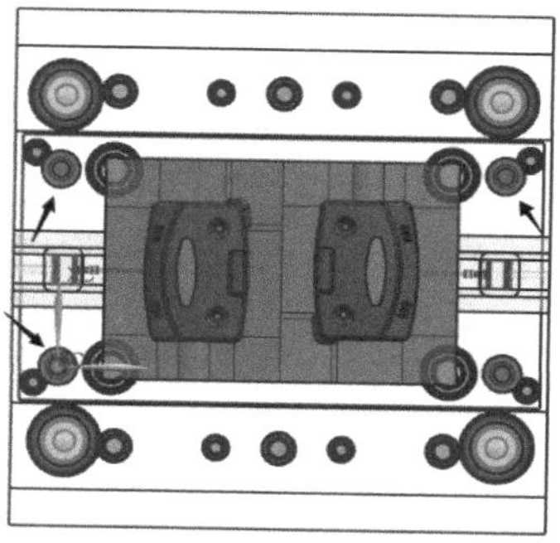

图 6-193　放置拉钉

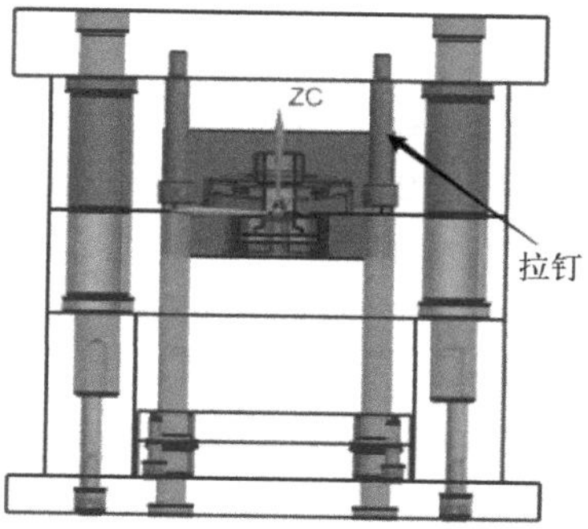

图 6-194　创建的拉钉

3）在装配导航器中右击“misc”节点下的分型拉钉“SHSB”节点→“替换引用集”→“FALSE”。单击“注塑模向导”工具栏中的“腔”按钮，系统弹出如图 6-195 所示的“腔”对话框，用图中箭头指示的 4 个拉钉假体对 A 板开腔。同样操作，用 4 个拉钉假体对 T 板（定模座板）开腔。

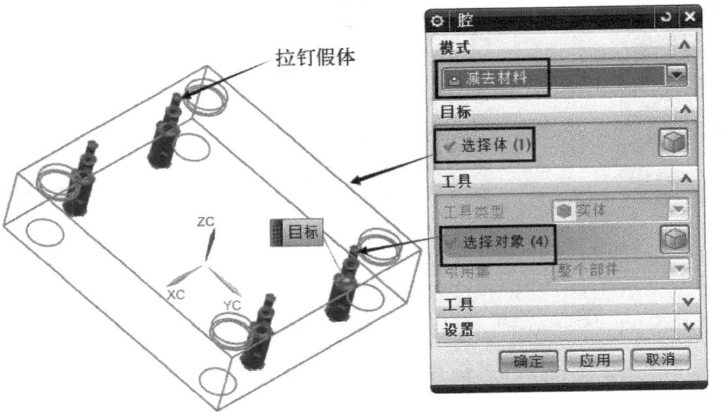

图 6-195 “腔”对话框 1

4）将 4 个拉钉假体隐藏，将 A 板设为工作部件。利用“替换面”工具，参照图 6-196，选择图中箭头指示的 4 个端面，替换 A 板底面。开腔完成后，将 4 个拉钉假体替换为实体（True）。

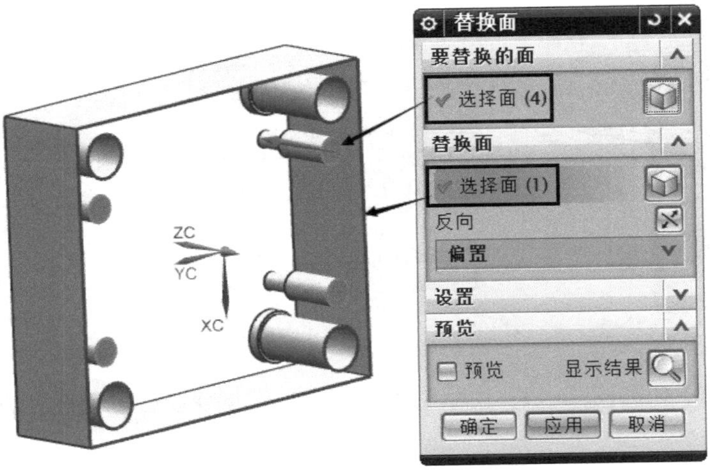

图 6-196 “替换面”对话框

3．模胚开框及滑块机构的修改

1）显示 A 板、B 板和模仁腔体（misc 节点下的 pocket 节点）。单击“注塑模向导”工具栏中的“腔”按钮，系统弹出如图 6-197 所示的“腔”对话框，用模仁腔体对 A 板和 B 板开腔，创建模仁在模胚上的安装槽。

模仁腔体对模胚开框完成后，可右击“misc”节点下的“pocket”，在弹出的下拉列表中选择“抑制”，在弹出的“抑制”对话框中选择“始终抑制”，这样后续不再显示。

模胚开框及滑块修改

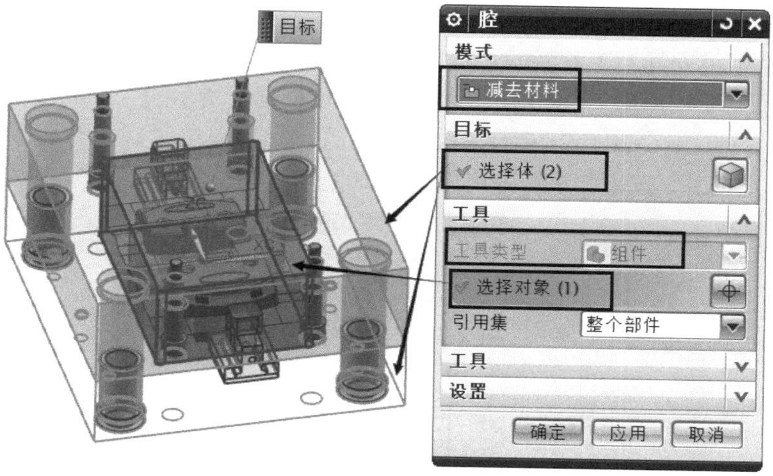

图 6-197　“腔”对话框 2

2）显示滑块机构、A 板和定模座板，其余隐藏。把如图 6-198 所示的拨块零件设为工作部件。单击“Mold Tools”工具条的“延伸实体”按钮，系统弹出如图 6-199 所示的“延伸实体”对话框，选择拨块顶面，偏置距离 65。

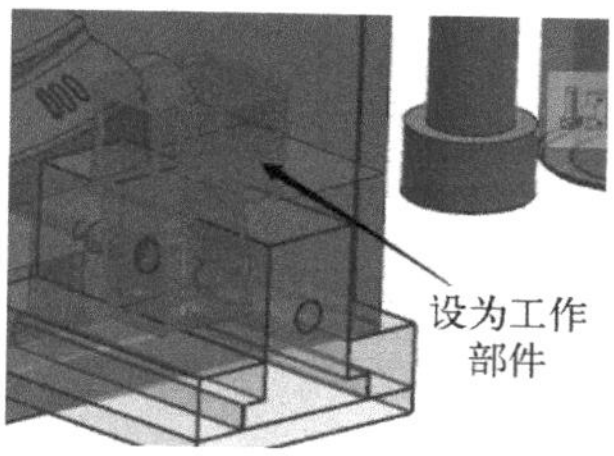

图 6-198　将拨块设为工作部件

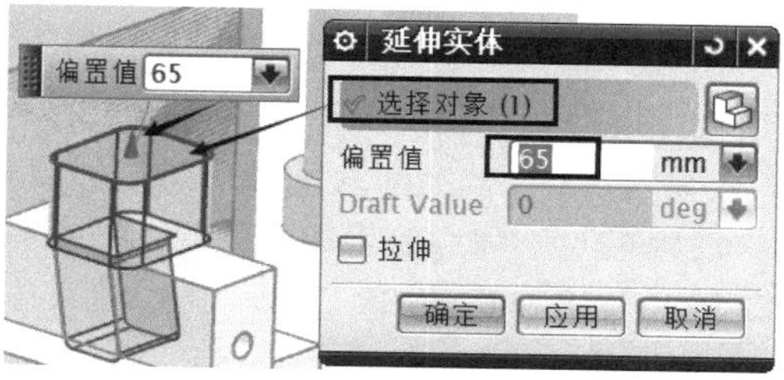

图 6-199　“延伸实体”对话框

3）单击“注塑模工具”工具栏中的“腔”按钮，系统弹出如图 6-200 所示的“腔”对话框，用滑块组件求差 A 板和定模座板，创建拨块在定模座板上的安装槽及滑块机构在 A 板的避让槽。同样操作，用滑块组件求差 B 板，创建安装槽，如图 6-201 所示。

模胚开框及滑块
修改 2

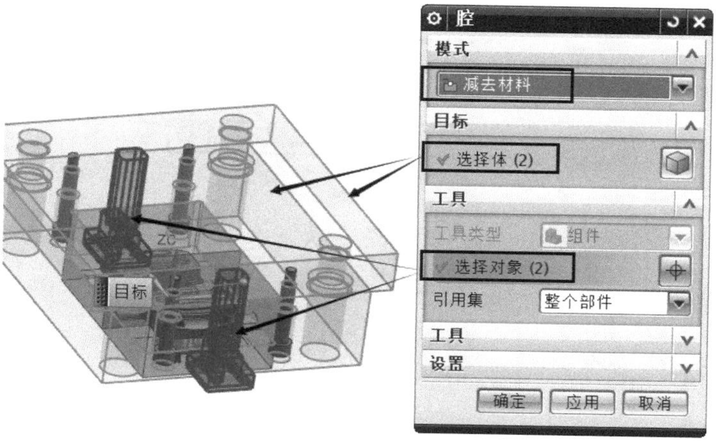

图 6-200　“腔”对话框 3

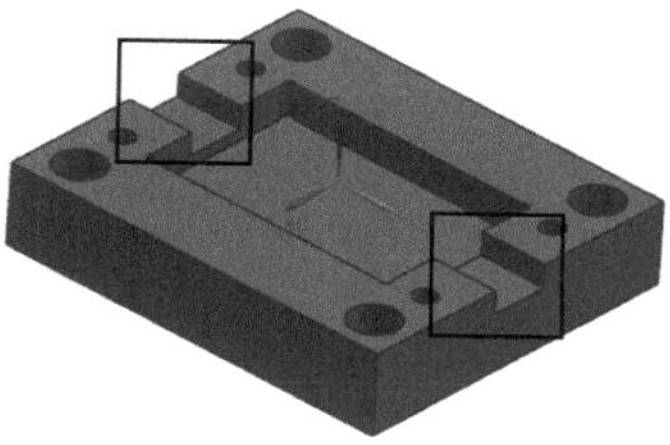

图 6-201　创建的槽

顶针设计

4．顶针设计

1）单击“注塑模向导”工具栏的“标准件库”按钮，系统资源条切换到如图 6-202 所示的“重用库”选项卡，并弹出如图 6-203 所示的“标准件管理”对话框。参照图 6-203 中所示参数进行设置，然后单击“标准件管理”对话框中的“应用”按钮，系统弹出如图 6-204 所示的“点”对话框。

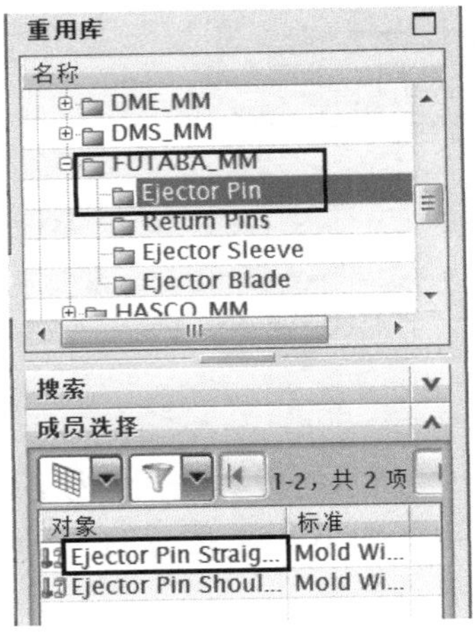

图 6-202 “重用库”选项卡 3

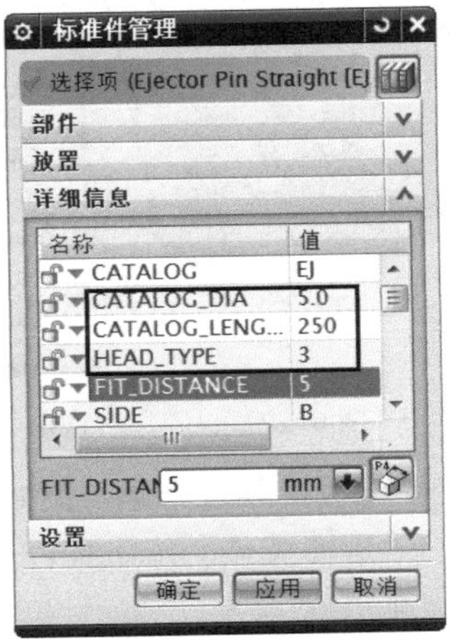

图 6-203 “标准件管理”对话框 2

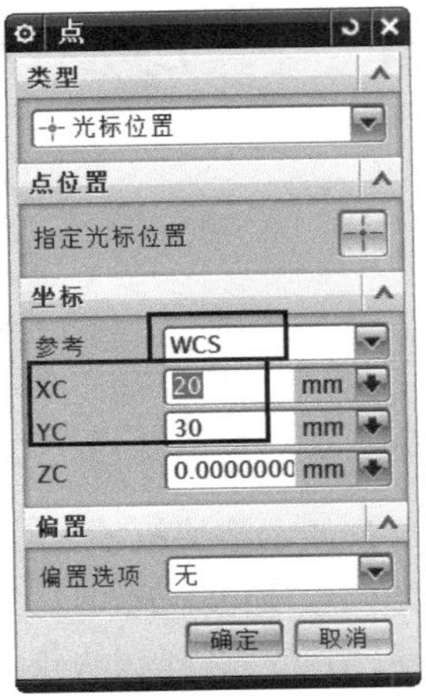

图 6-204 “点”对话框

将视窗视图切换到仰视图，在如图 6-204 所示“点”对话框的“坐标”分组中，“参考”选择“WCS”，输入（x, y）坐标为（20, 30），然后单击对话框中的“确定”按钮，则系统创建第 1 根顶杆。后续按照下列点的坐标依次输入，并依次单击“点”对话框中的“确定”按钮加载顶针：（38, 32），（38, 54），（38, 77），（10, 83），（−10, 83），（−40, 77），（−40, 60），（−23, 30），（−42, 32），（16, 42），（−17, 42），（0, 48）。最后单击“点”对话框中的“取消”按钮即可，创建的顶针排布如图 6-205 所示。

2）单击“注塑模向导”工具栏的“顶杆后处理”按钮，系统弹出如图 6-206 所示的“顶杆后处理”对话框，参照对话框中的设置进行操作，单击“应用”按钮，系统自动将顶杆修剪到型芯片体。

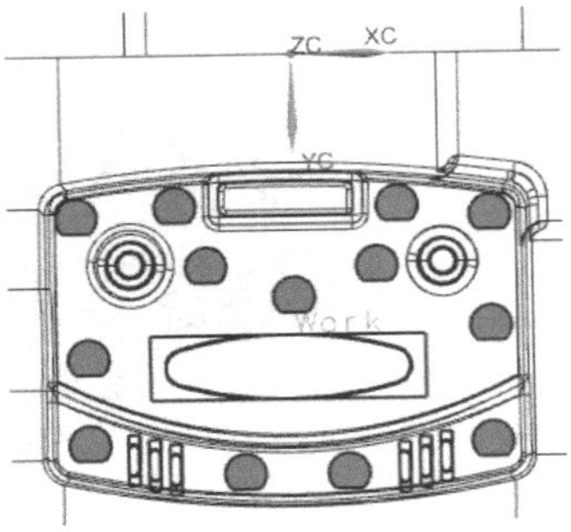

图 6-205 创建顶针

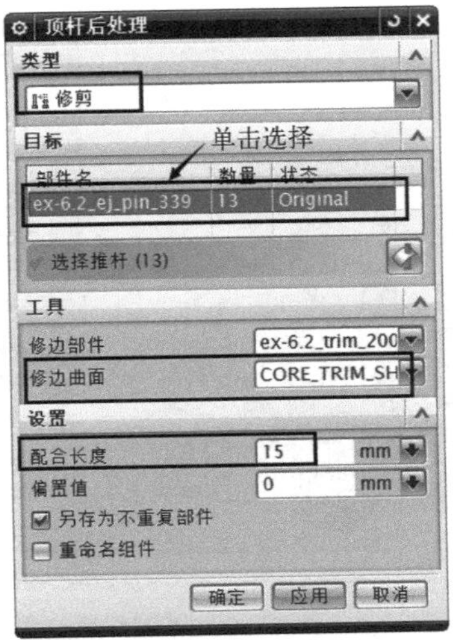

图 6-206 “顶杆后处理”对话框

注意：由于本例中顶针顶出的产品内表面是曲面，实际加工中顶针头部需要处理，在放电加工时放出 2 个杠。也可在图 6-206 “顶杆后处理”对话框的设置分组中，将“偏置值”设定为 0.01～0.02，使顶针伸入胶位。同时顶针需要防转，如图 6-205 所示，顶针杯头已作防转设计（HEAD_TYPE＝3）。

3）在装配导航器中右击顶针“ej_pin”节点→“替换引用集”→“FALSE”。单击“注塑模向导”工具栏中的“腔”按钮，系统弹出如图 6-207 所示的“腔”对话框，用顶针假体对 B 板、型芯和顶针面板开腔。

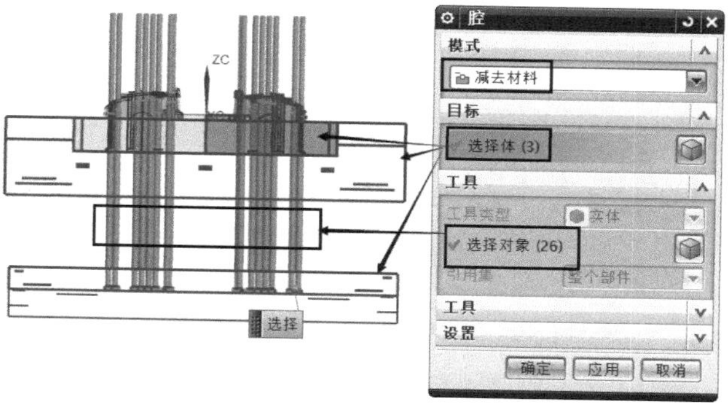

图 6-207 “腔”对话框 4

5. 回针弹簧设计

1）单击“注塑模向导”工具栏的“标准件库”按钮，系统资源条切换到如图 6-208 所示的“重用库”选项卡，并弹出如图 6-209 所示的“标准件管理”对话框。弹簧类型选择“FUTABA_ MM”节点下的“Spring_[M-FSB]”选项，弹簧参数参照图 6-209 中给出的参数进行设置。

单击“标准件管理”对话框中的“选择面或平面”按钮，然后选择图 6-210 中箭头指示的顶针固定板的顶面。

回针弹簧和 KO 孔设计

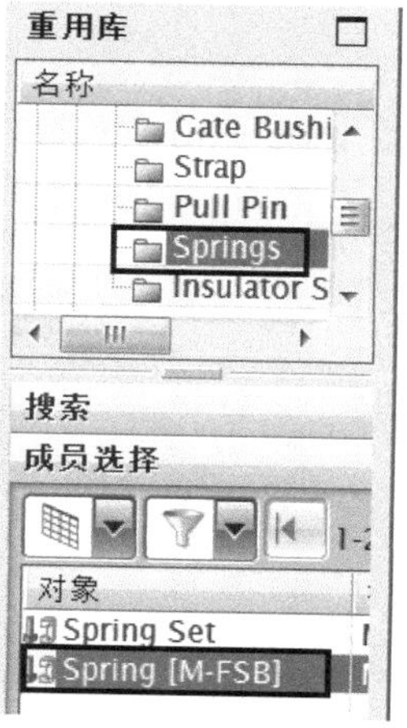

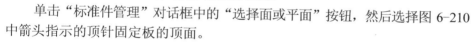

图 6-208 “重用库”选项卡 4

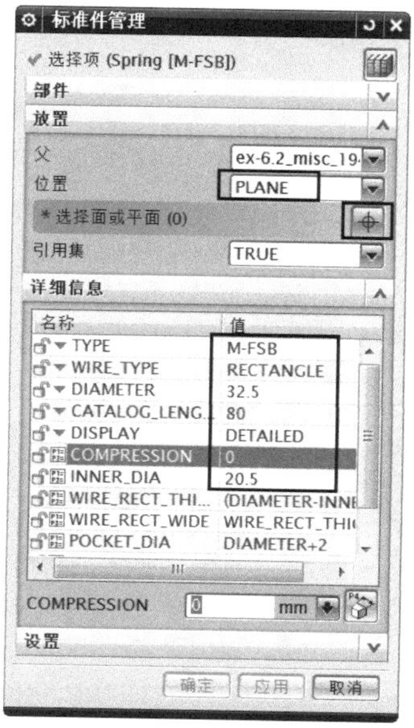

图 6-209 “标准件管理”对话框 3

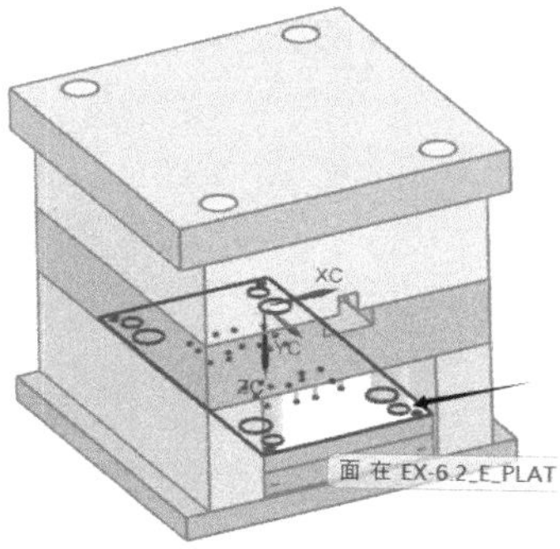

图 6-210 选择面

单击“标准件管理”对话框中的“应用”按钮，系统弹出如图 6-211 所示的“标准件位置”对话框，在对话框的“参考点”分组中单击“指定点”，使其高亮显示，然后抓取图 6-211 中箭头指示的回针端面圆心，在对话框“偏置”分组的“X 偏置”和“Y 偏置”文本框中均输入 0，单击对话框中的“应用”按钮，创建第 1 个回针弹簧。后续依次抓取其余 3 根回针端面圆心，并依次单击“标准件位置”对话框中的“应用”按钮，创建其余 3 个弹簧，最后单击“标准件位置”对话框中的“取消”按钮。创建的回针弹簧如图 6-212 所示。

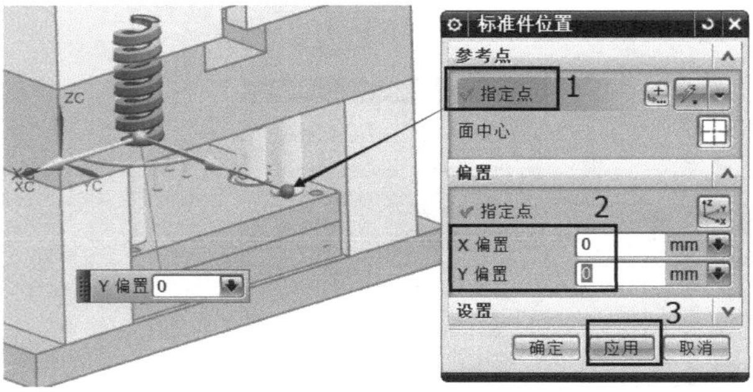

图 6-211 “标准件位置”对话框 1

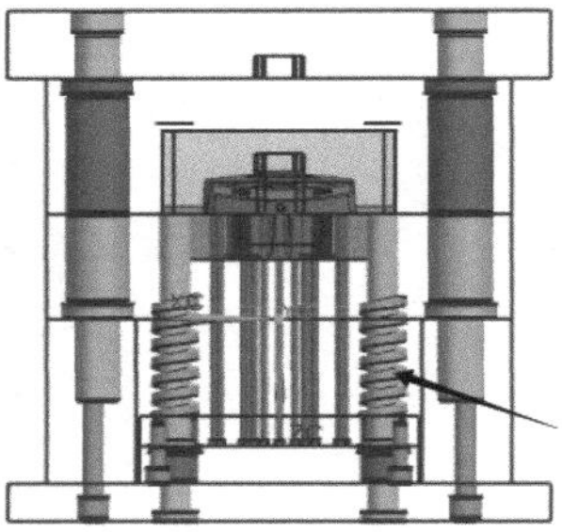

图 6-212 创建弹簧

2）参照图 6-213，利用“注塑模向导”工具栏的“腔”工具，用回针弹簧（“Spring”节点）对 B 板开腔。

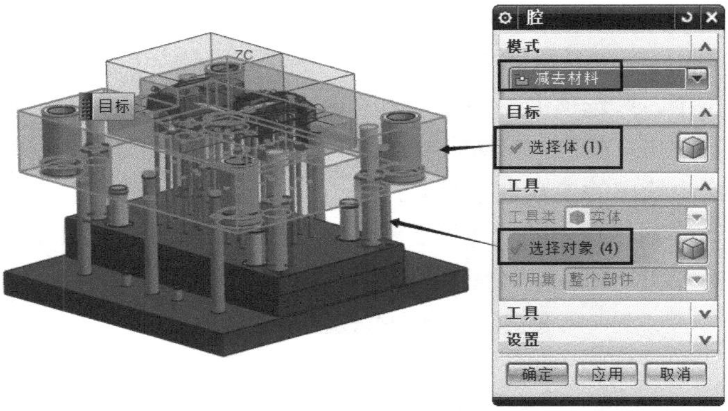

图 6-213 “腔”对话框 5

6．KO 孔设计

将动模座板设为显示部件，利用建模环境“孔”工具，参照图 6-214 抓取座板中心点，创建直径为 30 的孔（KO 孔大小视所选注塑机来定）。

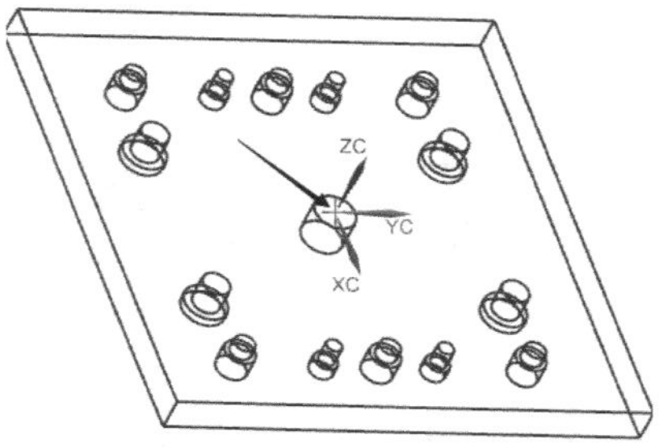

图 6-214 创建 KO 孔

7. 撑头设计

撑头和胶塞设计

在“重用库”选项卡中选择“FUTABA_MM”节点下的“SUPPORT”选项，在其“成员信息”中选择 Support Pillar (M-SRB,M-SRD,M-SRC) 选项并双击，系统弹出如图 6-215 所示的“标准件管理”对话框，设置撑头直径 40，长度 110。单击对话框中的“应用”按钮，系统弹出“点”对话框，抓取图 6-216 中箭头所示的 B 板底面侧边中点及其对面侧边中点，创建 2 个撑头。

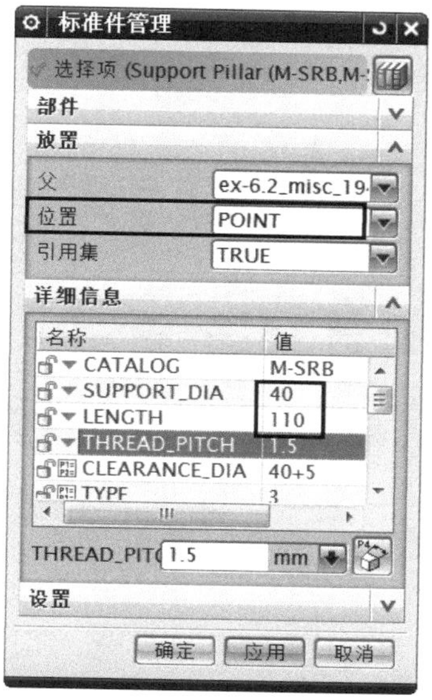

图 6-215 “标准件管理”对话框 4

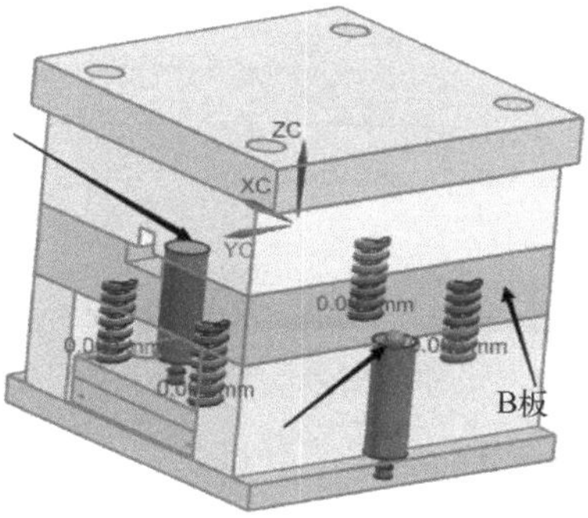

图 6-216 选择点

参考图 6-217，利用“标准件管理”对话框中的“重定位”工具，将撑头向内侧偏移 100，重定位后撑头位置如图 6-218 所示。

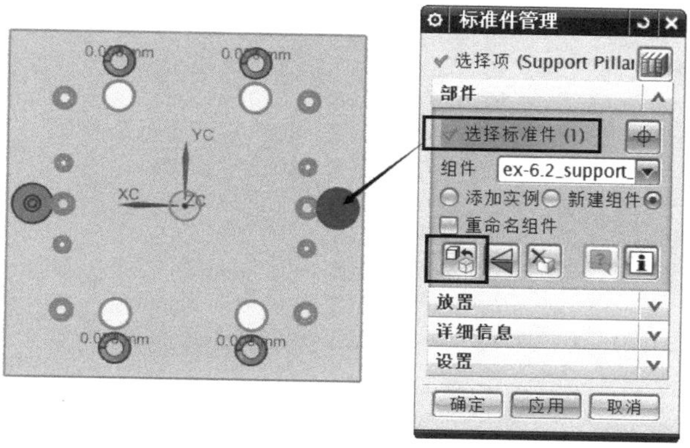

图 6-217 放置撑头

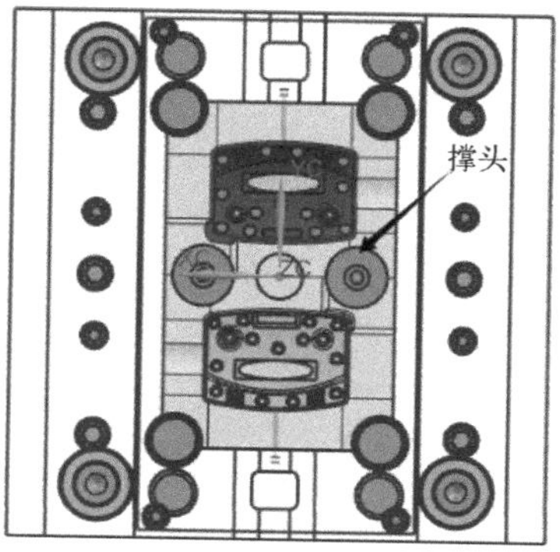

图 6-218 创建的撑头

使用“腔”工具，将撑头假体（“support”节点）对顶针面板和固定板开腔。

8. 胶塞设计（树脂开闭器）

在“重用库”选项卡中选择“FUTABA_MM”节点下的“Pull Pin”选项，在其“成员信息”中双击“M-PLL”选项，系统弹出如图 6-219 所示的“标准件管理”对话框，设置胶塞直径 16，其余参数默认。单击对话框中的“应用”按钮，系统弹出“点”对话框，抓取图 6-220

中箭头所示的 B 板顶面侧边中点及其对面侧边中点，然后单击“点”对话框中的“取消”按钮，创建 2 个胶塞。

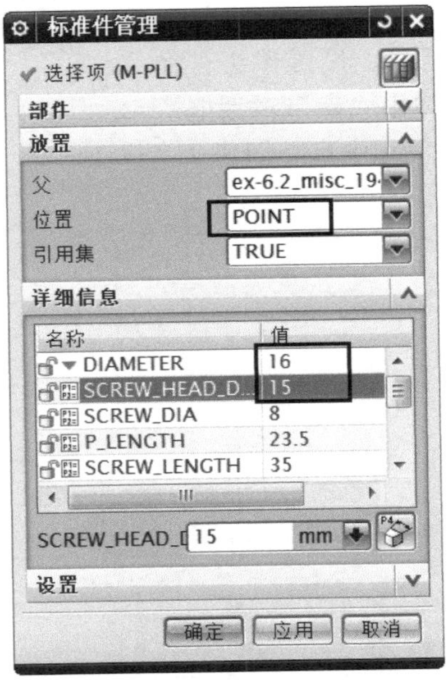

图 6-219 “标准件管理”对话框 5

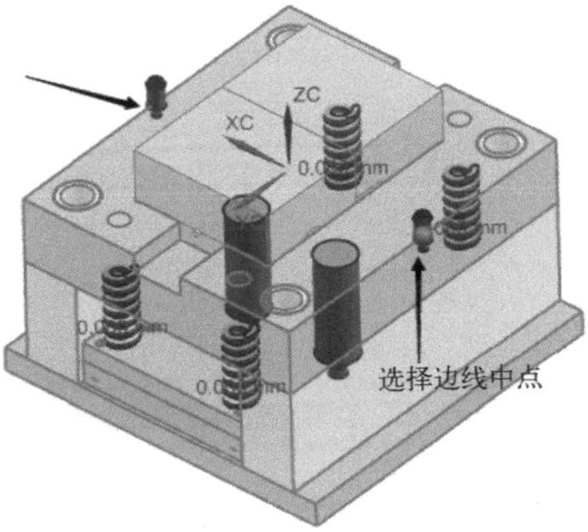

图 6-220 选择点

参考图 6-221，利用“标准件管理”对话框中的“重定位”工具按钮，将胶塞向内侧偏移 40 进行重定位。

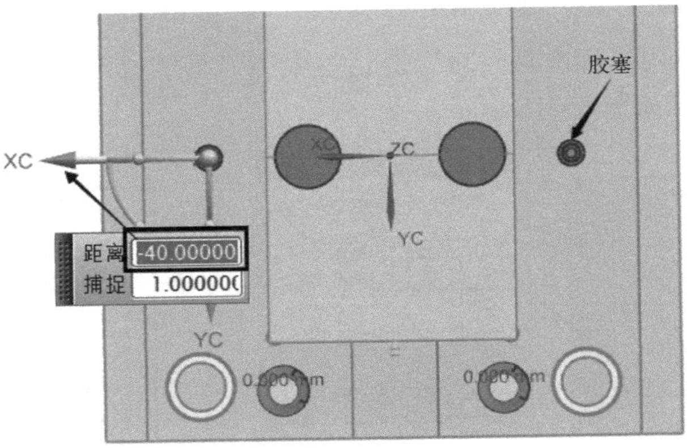

图 6-221 移动胶塞

利用“注塑模向导”工具栏的“腔”工具，用胶塞（Puller 节点）假体对 A 板和 B 板开腔。

9．定位环和浇口套设计

1）在如图 6-222 所示的“重用库”选项卡中选择“FUTABA_MM”节点下的“Locating Ring Interchangeable”选项，在其“成员信息”中双击“Locating Ring”选项，系统弹出如图 6-223 所示的“标准件管理”对话框，参照图中框出的参数进行设置，其余参数默认。单击对话框的“应用”按钮创建定位环。

定位环和浇口套设计

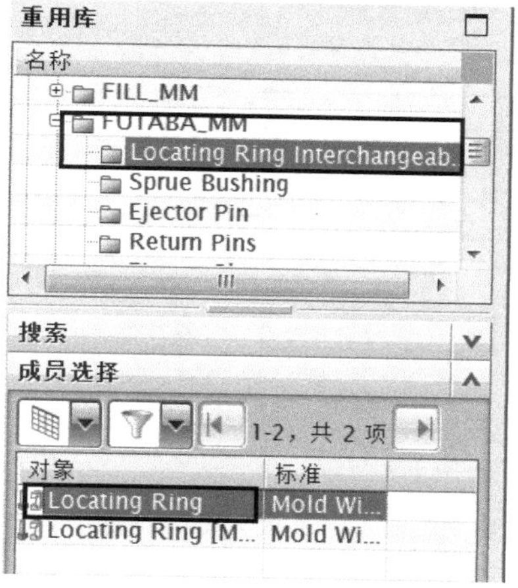

图 6-222　“重用库”选项卡 5

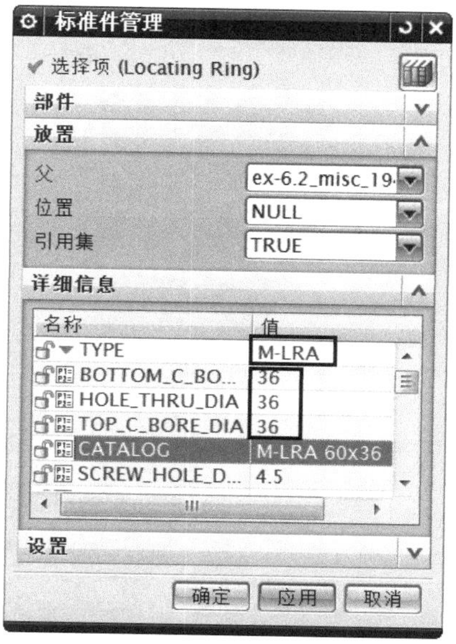

图 6-223　“标准件管理”对话框 6

2）在“重用库”选项卡中选择“FUTABA_MM”节点下的“Sprue Bushing”选项，在其“成员信息”中双击“Sprue Bushing”选项，系统弹出如图 6-224 所示的“标准件管理”对话框，参照图中框出的参数进行设置，其余参数默认。单击对话框中的“应用”按钮创建浇口套。

3）参照图 6-225，利用“标准件管理”对话框中的“重定位”工具按钮，将浇口套向下移动 45 进行重定位。

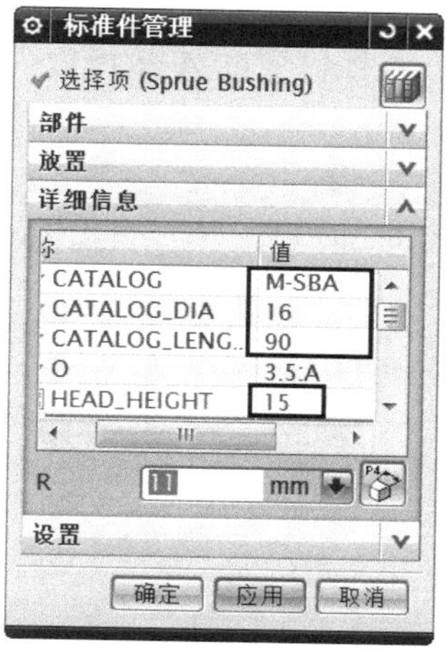

图 6-224　“标准件管理”对话框 7

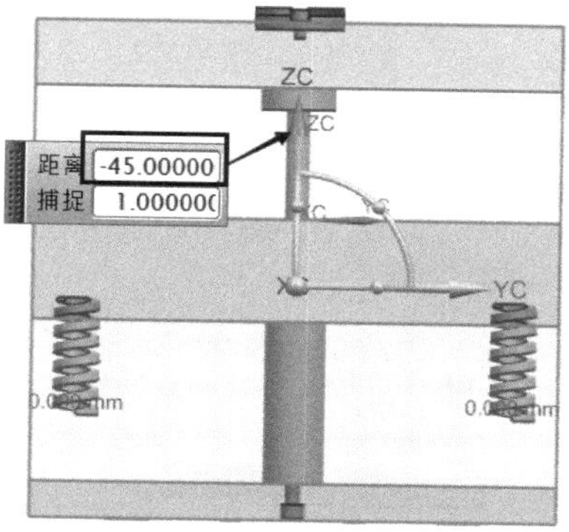

图 6-225　移动浇口套

4）将定位环（Locating Ring 节点）、浇口套（Sprue 节点）替换为假体，利用“注塑模向导”工具栏的“腔”工具，将定位环假体对定模座板开腔，将浇口套假体对 A 板和型腔开腔。

5）将定模座板设为显示部件，参照图 6-226，在座板中心位置创建直径为 36 的通孔。

上述步骤开腔用的标准件假体，在建腔完成后可将其替换为实体（True）。

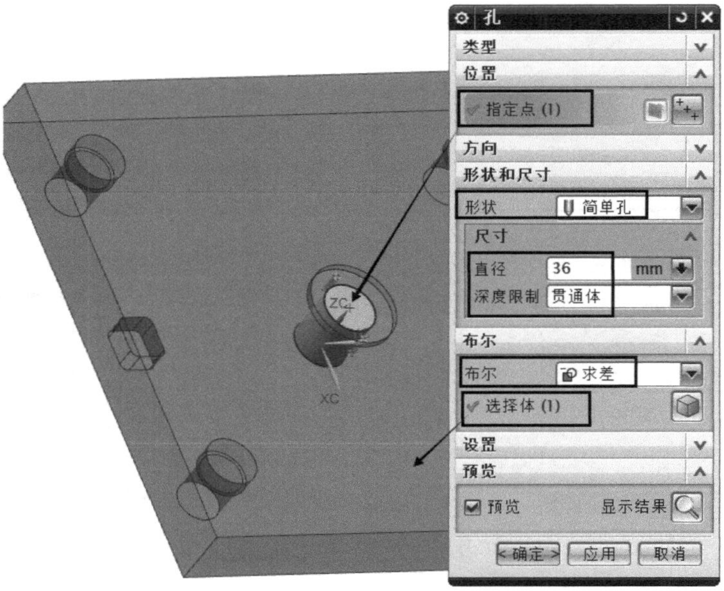

图 6-226 创建孔

10．固定螺钉设计

（1）模仁固定螺钉

1）显示 A 板和型腔，其余隐藏（先取消勾选 top 顶层节点，然后再勾选 cavity 节点和 a_plate 节点）。

固定螺钉设计

在图 6-227 所示的“重用库”选项卡中选择“LKM_MM”节点下的“Screws”选项，在其“成员信息”中双击“SHCS[Auto]”选项，系统弹出如图 6-228 所示的“标准件管理”对话框，螺钉规格选择 M8，螺钉穿过 A 板厚度为 35。单击对话框“放置”分组的“选择面或平面”使其高亮显示。

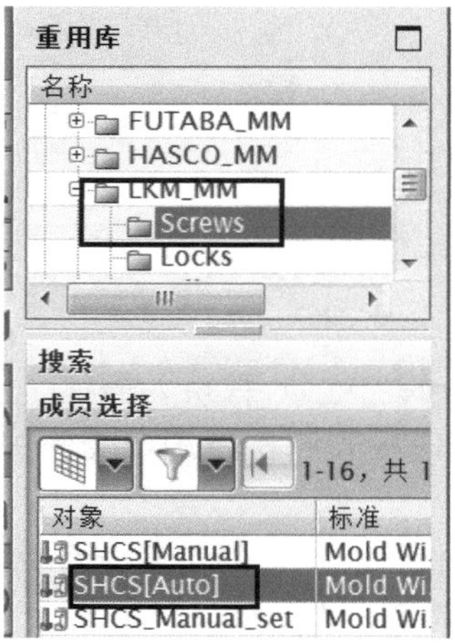

图 6-227 “重用库”选项卡 6

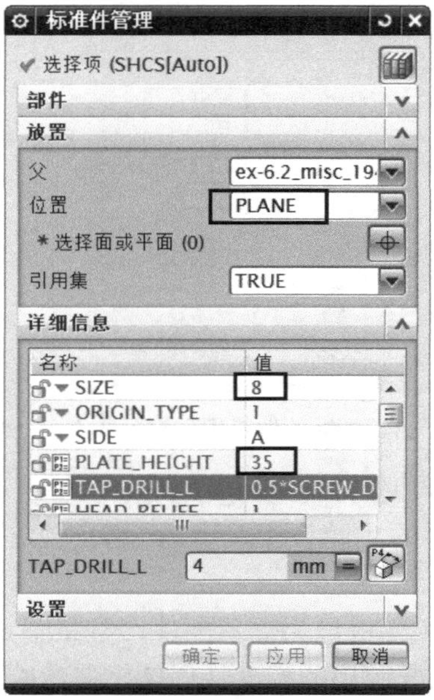

图 6-228 “标准件管理”对话框 8

选择 A 板顶面，单击“标准件管理”对话框中的“应用”按钮，则系统显示如图 6-229 所示的螺钉位置预览和“标准件位置”对话框，单击“指定点”，则螺钉的“参考点”为当前“WCS”坐标原点，然后在“偏置”分组中输入偏置坐标（62, 102），单击“标准件位置”对话框中的“应用”按钮，创建第 1 颗螺钉。后续依次在“偏置”分组中输入坐标（62, -102）、（-62, 102）、（62, -102），每次输入完后单击对话框中的“应用”按钮，则创建其余 3 颗螺钉。创建的型腔固定螺钉如图 6-230 所示。

2）显示 B 板和型芯，其余隐藏。参照上述型腔固定螺钉的加载步骤，加载型芯固定螺钉。在图 6-228“标准件管理”对话框设置“PLATE_HEIGHT”为 40，其他参数不变，型芯固定螺钉的位置坐标同型腔。创建的型芯固定螺钉如图 6-231 所示。

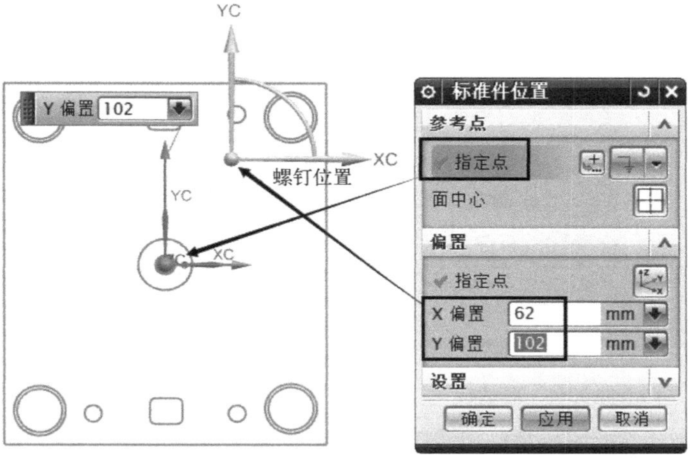

图 6-229　“标准件位置”对话框 2

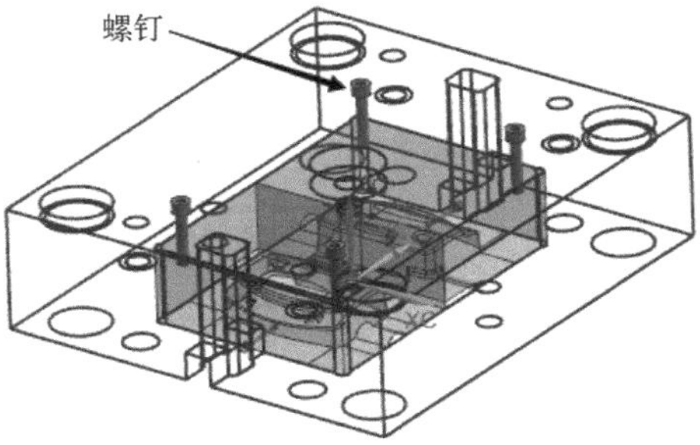

图 6-230　型腔固定螺钉

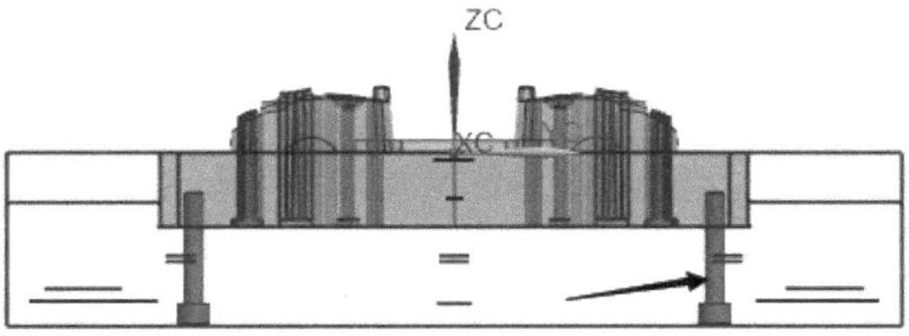

图 6-231　型芯固定螺钉

（2）滑块压条的固定螺钉　显示 B 板、型腔和滑块组件。在图 6-228“标准件管理”对话框设置“size”为 5，“PLATE_HEIGHT”为 17.5，其他参数不变。选择如图 6-232 所示的压条顶面，单击对话框中的“应用”按钮，系统弹出图 6-233 所示的“标准件位置”对话框。指定“参考点”后，设置偏置坐标为（20, 125），单击“标准件位置”对话框中的“应用”按钮，创建螺钉。后续依次设置偏置坐标（20, 164）、（-20, 164）、（20, 125）、（20, -125）、（20, 164）、（-20, 164）、（20, 125），并依次单击“标准件管理”对话框的“应用”按钮创建其余螺钉。完成放置的 8 颗螺钉，如图 6-234 所示。

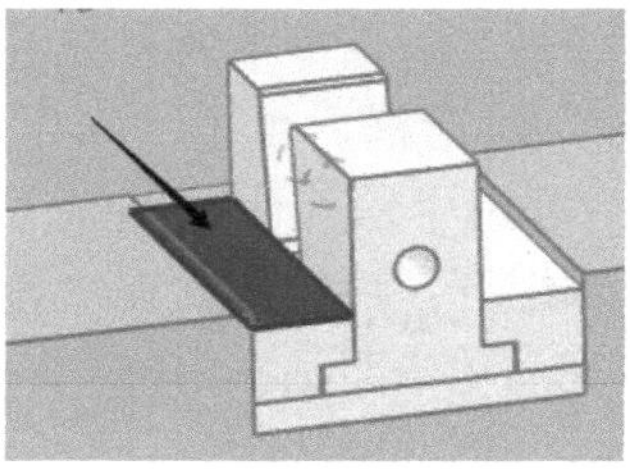

图 6-232　选择面

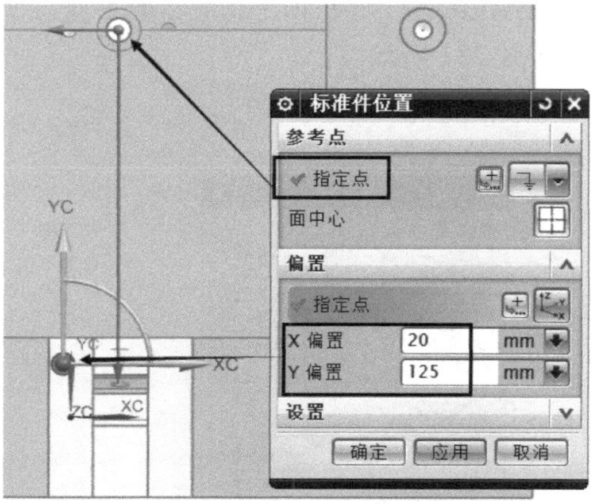

图 6-233　“标准件位置”对话框 3

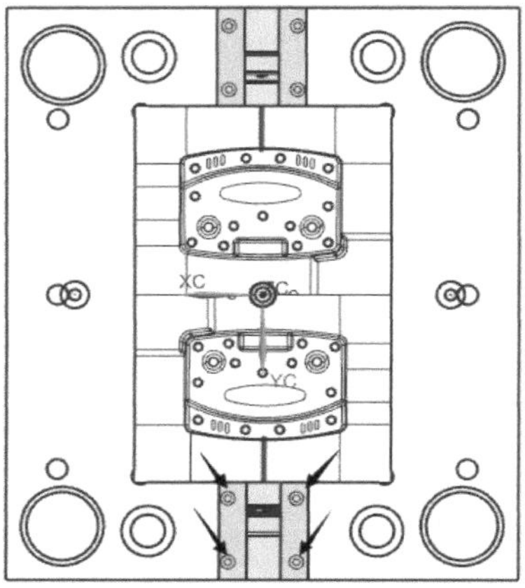

图 6-234　压条固定螺钉

（3）滑块机构拨块的固定螺钉　显示定模座板和滑块组件。在图 6-228“标准件管理”对话框设置“size”为 10，“PLATE_HEIGHT”为 35，其他参数不变。选择定模座板顶面，单击对话框中的“应用”按钮，系统弹出如图 6-235 所示的“标准件位置”对话框。“参考点”设定为“WCS”坐标系（0，0），2 颗螺钉放置点坐标为（1，-143）和（-1，-143）。加载的 2 颗拨块锁紧螺钉如图 6-236 所示。

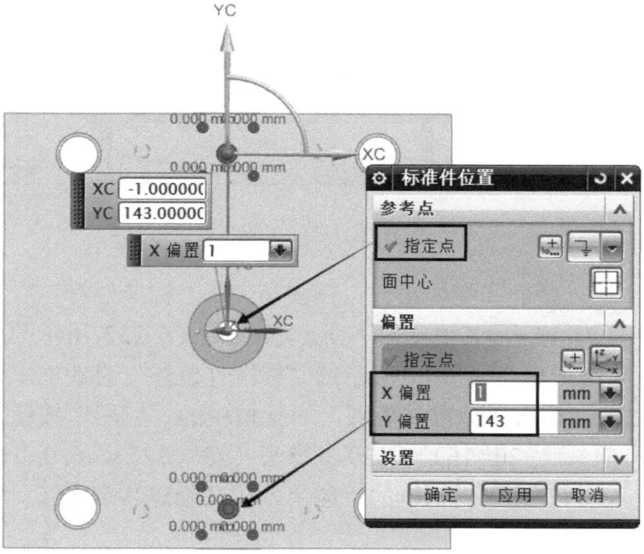

图 6-235　“标准件位置”对话框 4

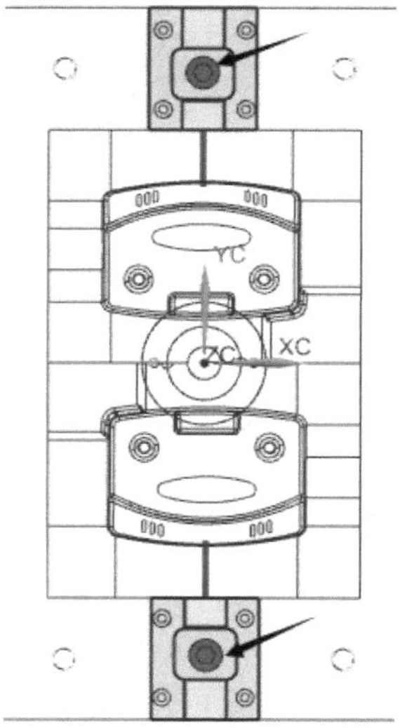

图 6-236　拨块固定螺钉

（4）螺钉开腔　将上述创建的螺钉替换为假体。利用“注塑模向导”工具栏的“腔”工具，用型腔固定螺钉假体对 A 板和型腔开腔，用型芯固定螺钉假体对 B 板和型芯开腔，用压条固定螺钉对压条、耐磨板和 B 板开腔，用拨块固定螺钉对 T 板开腔。

6.2.5　浇注系统设计

浇口和分流道设计

1．浇口设计

1）在装配导航器取消勾选“top”节点的顶层装配文件隐藏所有部件，然后勾选“core”节点和“parting”节点，显示型芯和产品体。

2）单击“注塑模向导”工具栏的“浇口库”按钮，系统弹出如图 6-237 所示的“浇口设计”对话框，浇口类型选择“tunnel”（潜浇口），其余参数按照图中框出的参数进行设置。

3）单击“浇口设计”对话框中的“应用”按钮，系统弹出如图 6-238 所示的“点”对话框，设置浇口定位点（-23, 28, -12）。单击“点”对话框中的“确定”按钮，系统弹出如图 6-239 所示的“矢量”对话框，选择“YC 轴”，单击“矢量”对话框中的“确定”按钮，则创建如图 6-240 所示的潜浇口。

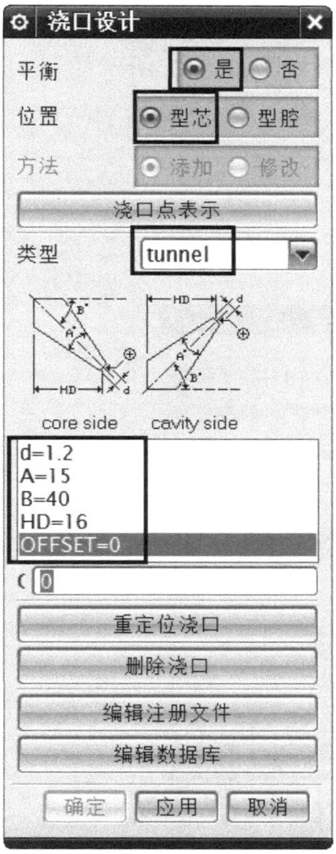

图 6-237　“浇口设计”对话框

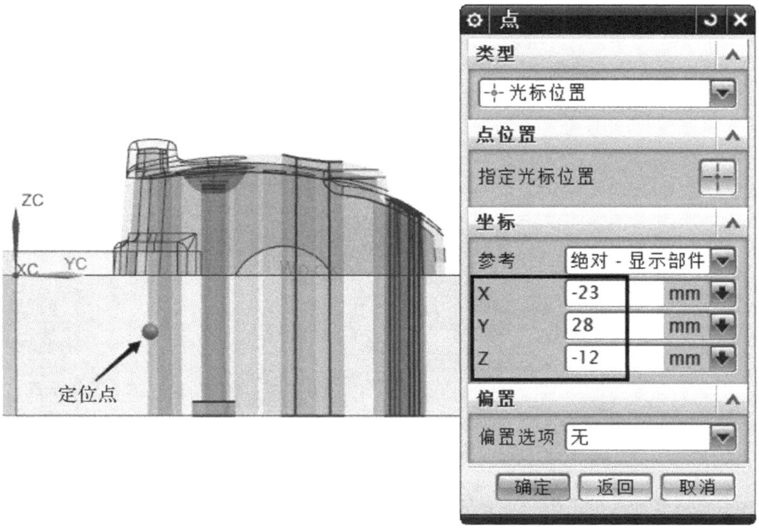

图 6-238　“点”对话框

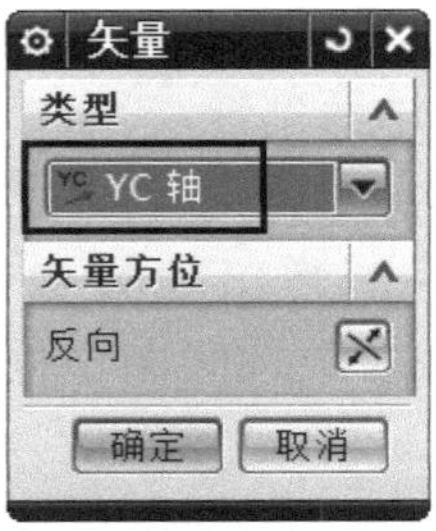

图 6-239 “矢量”对话框

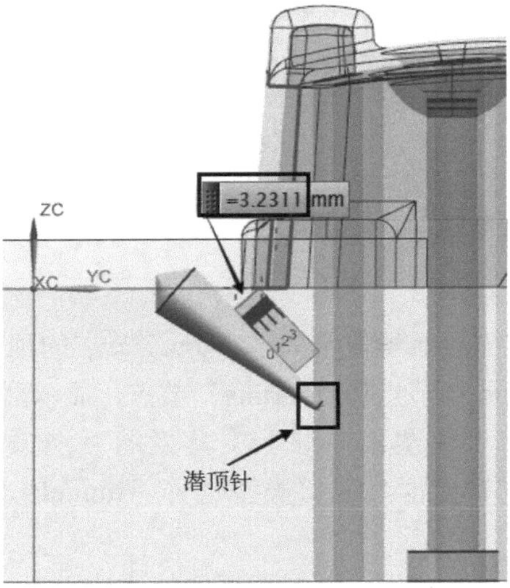

图 6-240 创建浇口

浇口加载完成后，注意观察浇口距产品体的距离及浇口潜顶针的位置，如位置不合适，可用“浇口设计”对话框中的“重定位浇口”功能进行调整。

2．分流道设计

单击“注塑模向导”工具栏的“流道”按钮，系统弹出如图 6-241 所示的“流道”对话框。选择直径为 6 的圆形流道，单击“绘制截面”按钮，系统弹出如图 6-242 所示的“创建草图”对话框，采用系统默认平面（XY 平面），单击“确定”按钮，进入草绘环境。

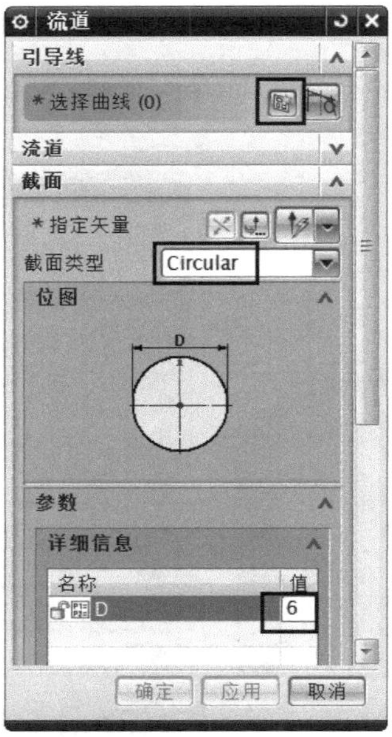

图 6-241 “流道”对话框

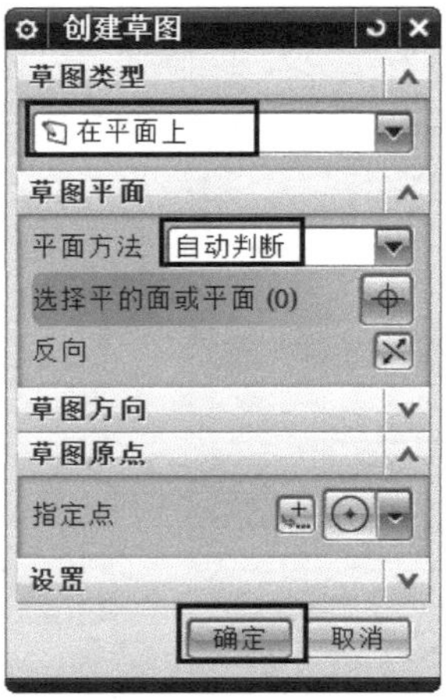

图 6-242 “创建草图”对话框

绘制如图 6-243 所示的截面草图，单击“完成草图”按钮，退出草绘环境，系统自动创建如图 6-244 所示的分流道。

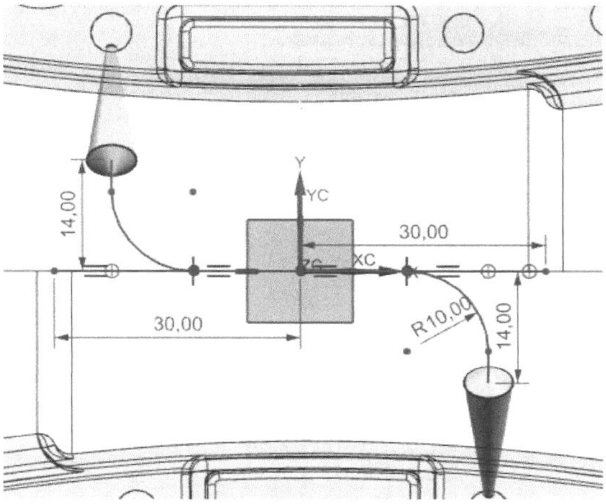

图 6-243　创建草图

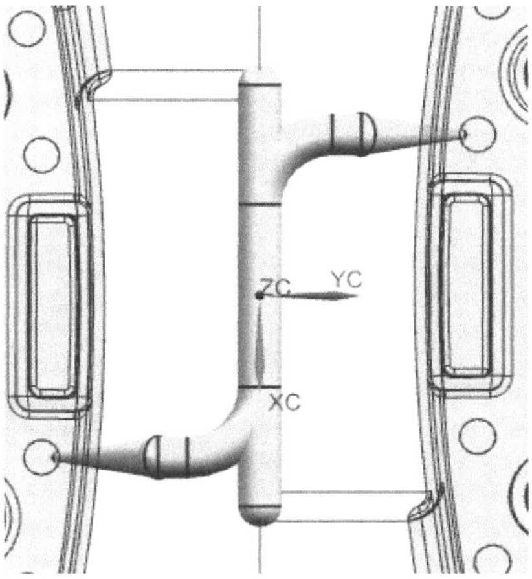

图 6-244　创建分流道

3．流道顶针及拉料针设计

1）在装配导航器“movehalf”节点下勾选“f-plate”（顶针底板）。

2）在资源条“重用库”中选择“FUTABA_MM”→“Ejector Pin”→“Ejector Pin Straight”选项并双击，系统弹出如图 6-245 所示的“标准件管理”对话框，参照如图 6-245 中所示参数进行设置，然后单击对话框中的“应用”按钮，系统弹出“点”对话框，输入顶针放置点的坐标为（23, -9），单击“点”对话框中的“确定”按钮创建顶针。

流道顶针及拉料针设计

参照图 6-246，在资源条“重用库”中选择“DME_MM”→“Ejection”→“Core Pin”选项并双击，系统弹出如图 6-247 所示的“标准件管理”对话框，按照图 6-247 中参数设置，然后单击选择图中箭头指示的顶针底板顶面，系统自动创建中心流道顶针。

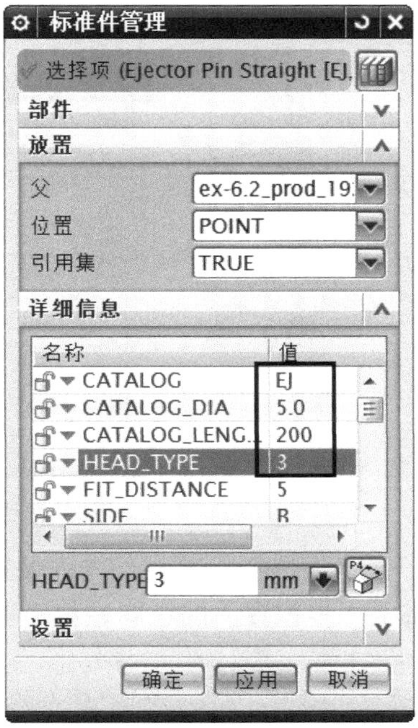

图 6-245　“标准件管理”对话框 1

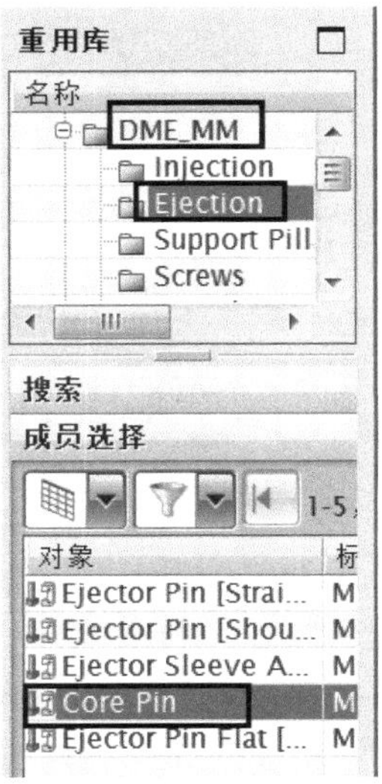

图 6-246　“重用库”选项卡

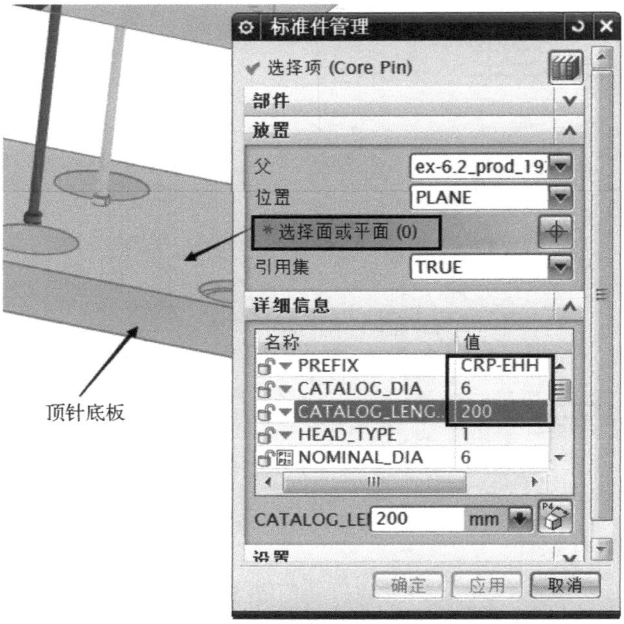

图 6-247 “标准件管理”对话框 2

3）利用“注塑模向导”工具栏的“修编模具组件”工具，对创建的 3 根顶针进行修剪，修剪曲面选择型芯的分型片体。

4）利用“注塑模向导”工具栏中的“腔”工具，将潜浇口、分流道对型芯和型腔进行开腔，将 3 根流道顶针对顶针面板、型芯和 B 板开腔。

5）参照图 6-248，将分流道顶针设为工作部件，利用“偏置面”工具将顶针顶面往下偏置 3。

6）参照图 6-249，将中心流道顶针设为工作部件，利用“拆分体”工具，用“XY”面拆分顶针，拆分距离为-8。利用“移除参数”工具，选择拆分的顶针移除参数。

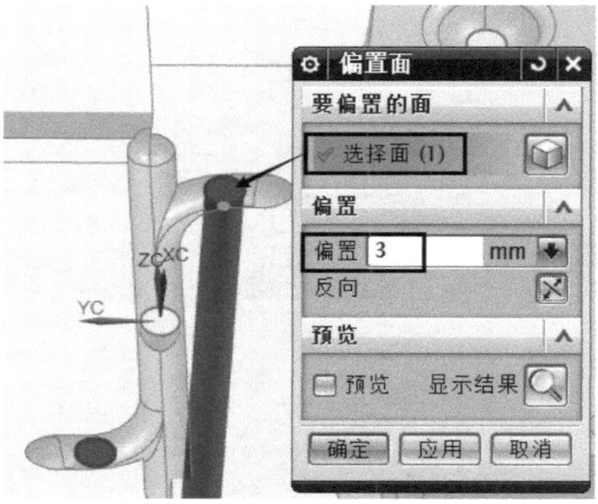

图 6-248 “偏置面”对话框

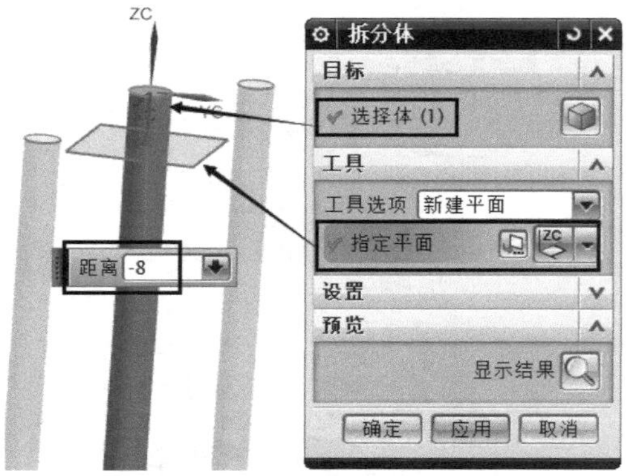

图 6-249 “拆分体”对话框

7）参照图 6-250，利用“偏置面”工具，将上一步拆分得到的圆柱体向内偏置单边 1.5。

8）参照图 6-251，利用“移动对象”工具，将上一步偏置后的小圆柱体沿“YC”方向移动 4，然后将其旋转复制得到如图 6-252 所示的 3 个圆柱体。

9）利用“注塑模向导”工具栏中的“腔”工具，用上一步创建的 4 个小圆柱体对型芯开腔。4 个小圆柱体形成的梅花瓣结构起到拉水口的作用。

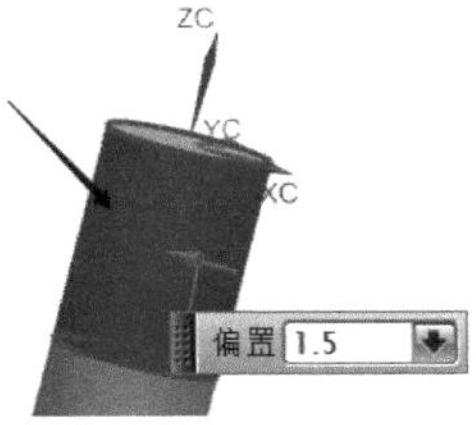

图 6-250　偏置面

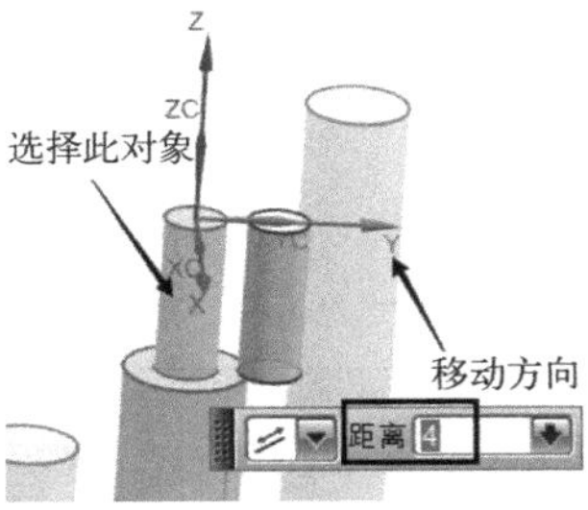

图 6-251　移动对象

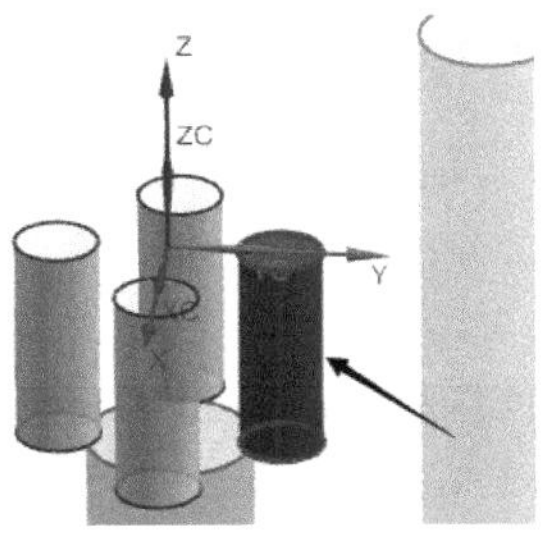

图 6-252　复制圆柱体

创建的分流道如图 6-253 所示，冷料穴的大小可根据实际情况从中心顶针截取即可。

10）显示如图 6-254 所示的潜伏式流道浇口和流道顶针。将浇口顶针设为工作部件，参照图 6-255，将动态坐标放置于浇口顶针端面圆心处。

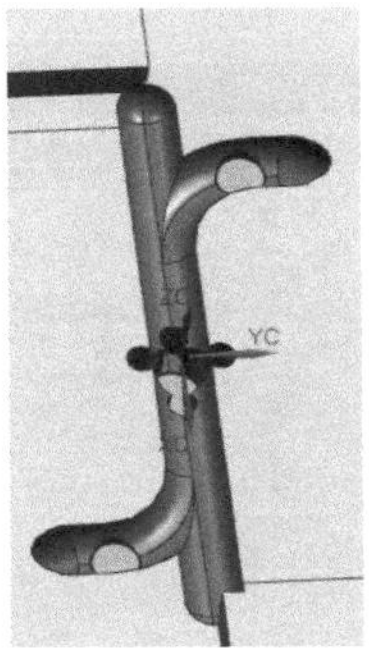

图 6-253　分流道

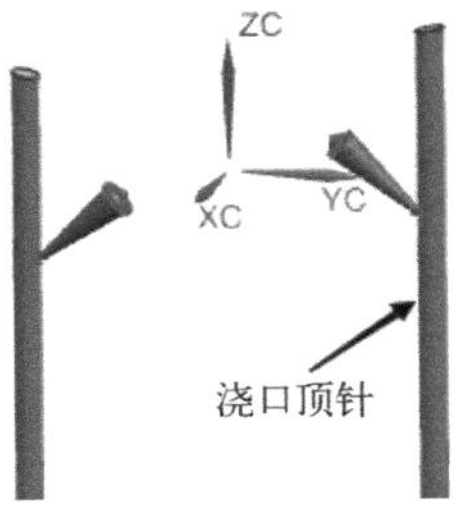

图 6-254　显示顶针

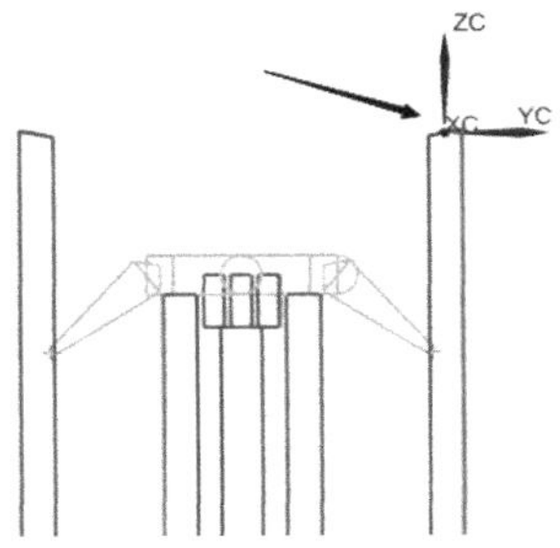

图 6-255　放置坐标系

11）参照图 6-256，利用“拆分体”工具，用“XY”平面拆分流道顶针，拆分距离为-35；用“XZ”平面拆分流道顶针，拆分距离为-1.5。

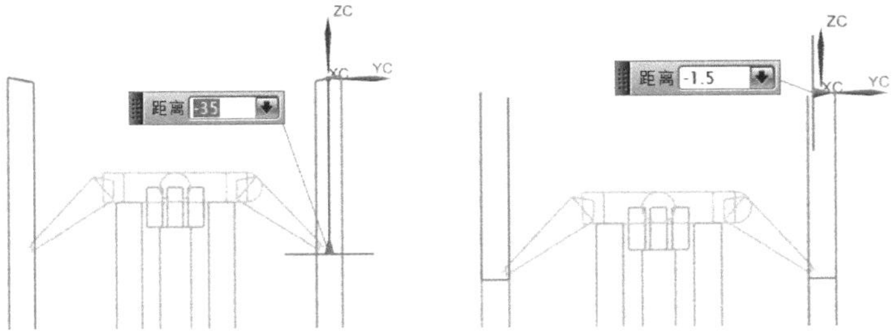

图 6-256　拆分浇口顶针

12）参照图 6-257，将图中箭头指示的两段顶针求和。

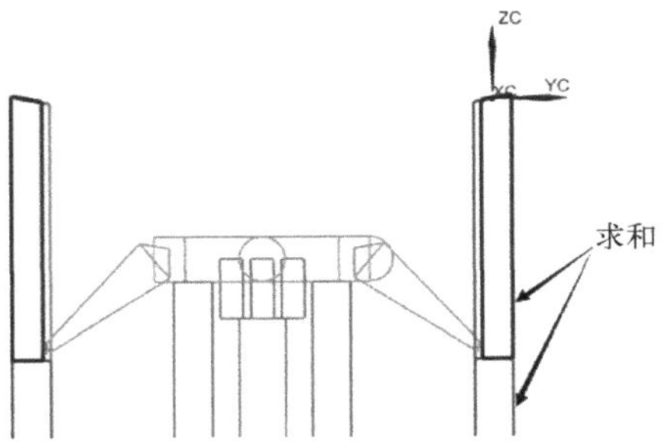

图 6-257　求和

6.2.6 冷却系统设计

动模水路设计

1. 动模冷却系统

（1）冷却水路设计

1）取消勾选“top”顶层节点后，勾选“core”节点、“parting”节点，显示型芯和产品。将“cool_side_a”节点设为工作部件。

2）单击“注塑模向导”工具栏的“模具冷却工具”按钮，系统弹出如图 6-258 所示的“Mold Cooling Tools”工具条，单击该工具条中的“水路图样”按钮，系统弹出如图 6-259 所示的“图样通道”对话框，设置水路直径为 8。

单击“图样通道”对话框中的“绘制截面”按钮，系统弹出如图 6-260 所示的“创建草图”对话框，参照图中设置，草图平面位于分型面以下 15，单击“确定”按钮，系统进入草图环境。参照如图 6-261 所示尺寸绘制草图。

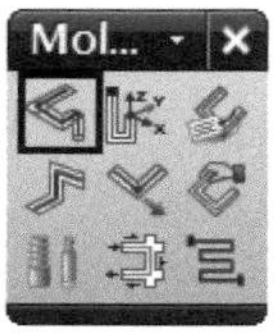

图 6-258　冷却工具

图 6-259　“图样通道”对话框

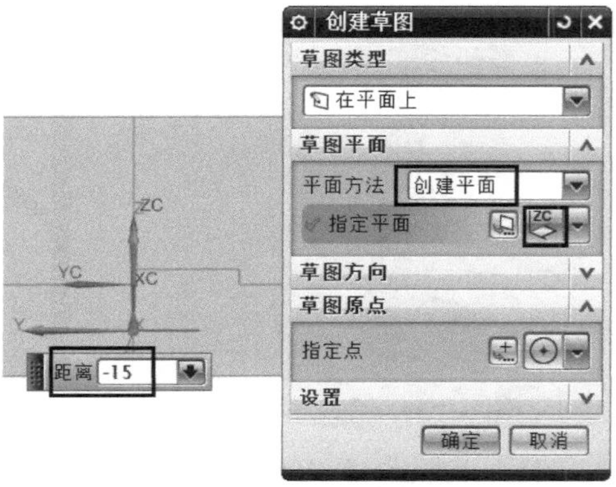

图 6-260　“创建草图”对话框

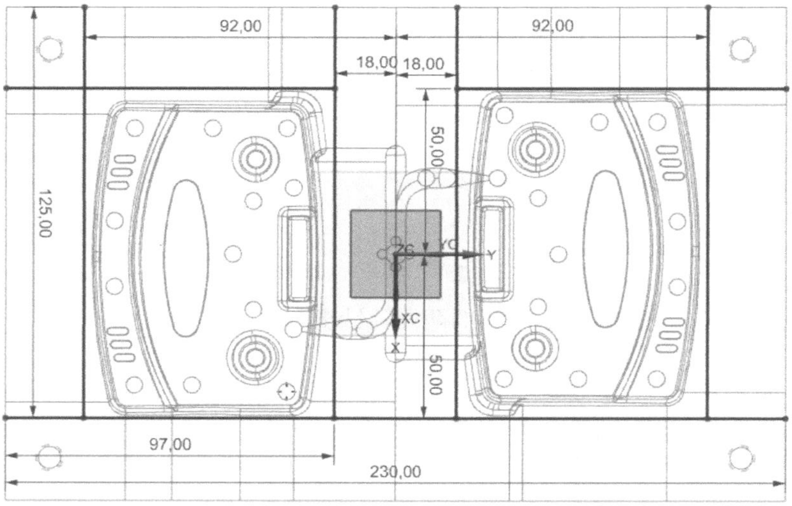

图 6-261　绘制草图 1

退出草绘环境后，系统出现水路预览，观察无误后单击“图样通道”对话框中的“确定”按钮创建水路。

3）参照上述步骤 2 和图 6-260，指定绘图平面为“YZ”平面，并沿“XC”方向偏置 50。绘制如图 6-262 所示的草图（箭头指示的 4 条线段），单击“图样通道”对话框中的“确定”按钮创建水路。

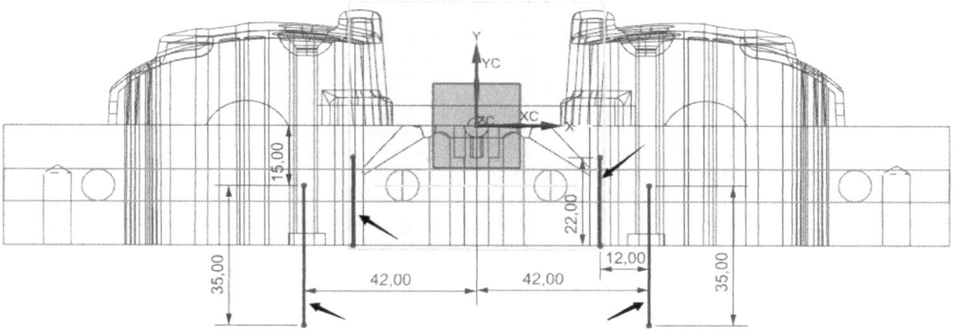

图 6-262　绘制草图 2

4）参照上述步骤 2 和图 6-260，指定绘图平面为“XY”平面，并沿“ZC”方向偏置-45。绘制如图 6-263 所示的草图（箭头指示的 2 条线段），单击“图样通道”对话框中的“确定”按钮创建水路。

创建完成的动模冷却水路如图 6-264 所示。

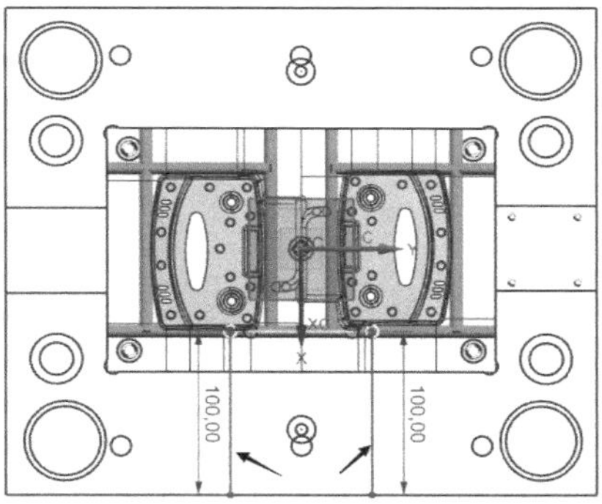

图 6-263　绘制草图 3

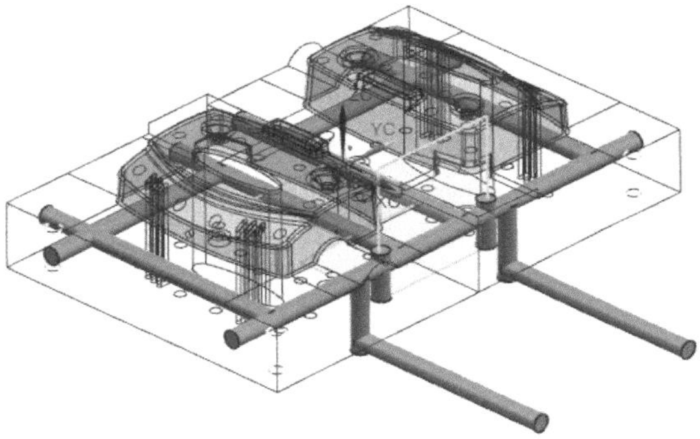

图 6-264　创建水路

5）利用“拆分体”工具，参照图 6-265，选择图中箭头指示的 2 条水路，选择拆分平面为“XY”平面，拆分距离为-30。

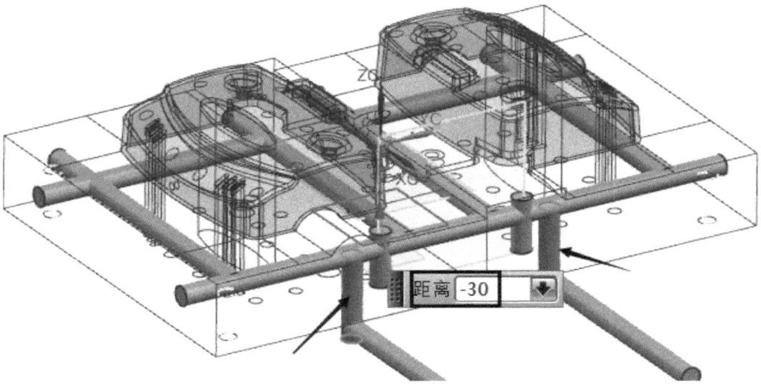

图 6-265　拆分水路

（2）加载密封圈　单击图 6-258 工具条中的“冷却标准件库”按钮，系统资源条切换到如图 6-266 所示的“重用库”选项卡，并弹出如图 6-267 所示的“冷却组件设计”对话框。

动模水路标准件设计

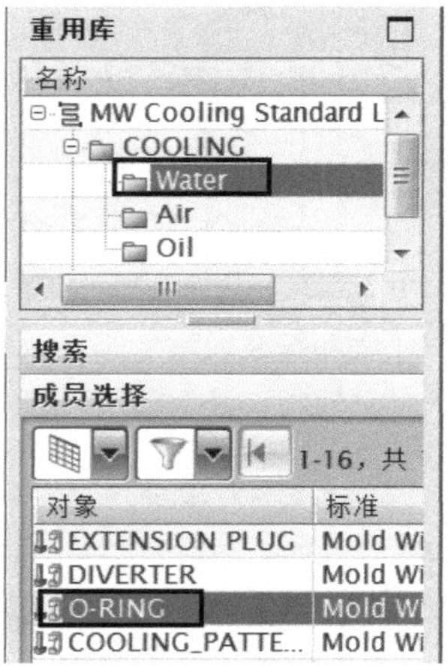

图 6-266 “重用库”选项卡

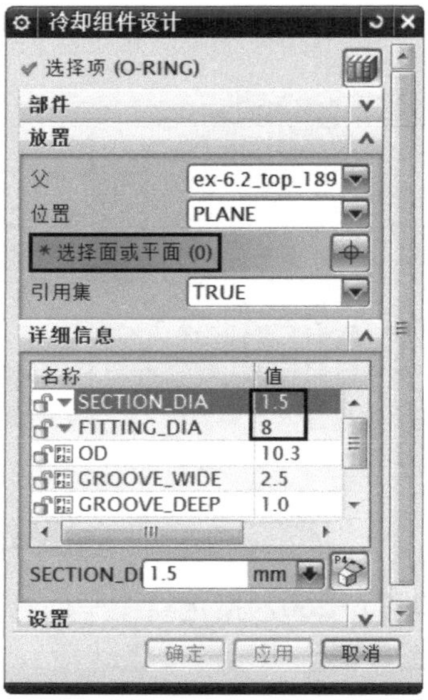

图 6-267 “冷却组件设计”对话框

参照图中设置，单击选择型芯底面作为密封圈的放置面，单击“冷却组件设计”对话框中的“应用”按钮，系统弹出如图 6-268 所示的“标准件位置”对话框。设置“参考点”为当前“WCS”坐标原点，然后抓取图中箭头指示的水路端面圆心（型芯和 B 板界面处），单击“标准件位置”对话框中的“应用”按钮创建密封圈，再次抓取另一对称位置的水路端面圆心，单击“标准件位置”对话框中的“确定”按钮即可创建密封圈。

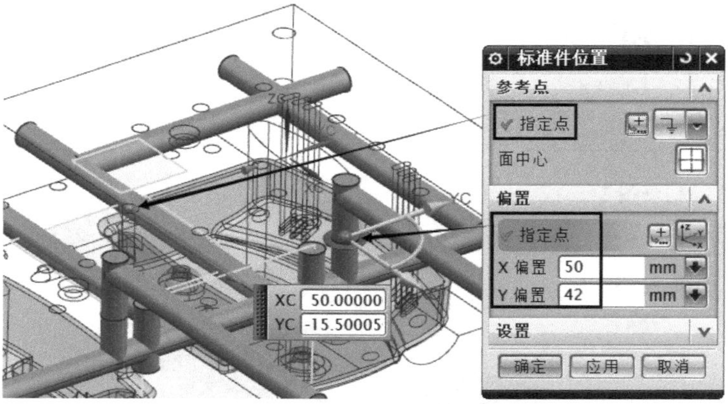

图 6-268 “标准件位置”对话框 1

（3）加载水堵　在如图 6-266 所示“重用库”的“成员选择”分组中选择“PIPE　PLUG”选项并双击，系统弹出如图 6-269 所示的“冷却组件设计”对话框，选择水堵规格为“1/8”，单击选择图 6-269 中箭头指示的型芯侧面，单击对话框中的“应用”按钮，系统弹出如图 6-270 所示的“标准件位置”对话框，依次选择型芯侧面上的 4 个水路端面圆心，每次选择圆心后单击“标准件位置”对话框中的“应用”按钮加载。

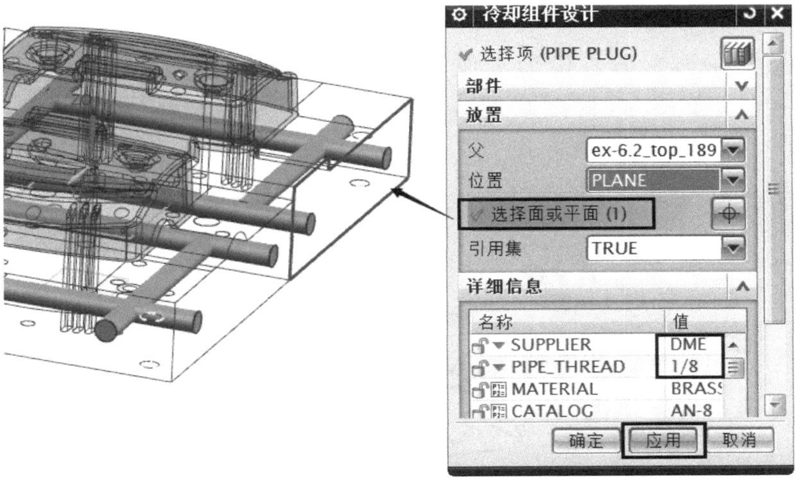

图 6-269　“冷却组件设计”对话框

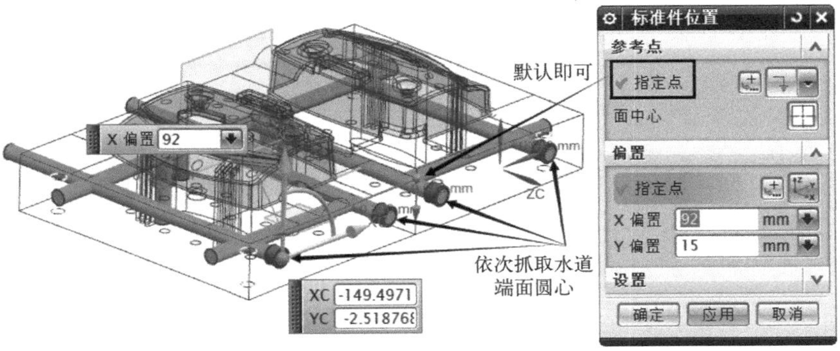

图 6-270　“标准件位置”对话框 2

同样操作，加载其余水路水堵。

（4）加载管接头　在如图 6-266 所示“重用库”的“成员选择”分组中选择“CONNECTOR PLUG”选项，参照加载水堵的操作步骤加载水管接头。管接头规格选择“1/8”，其余参数默认。

创建完成的水堵、密封圈和管接头如图 6-271 所示，图中箭头指示的 2 个水堵在加载时将其长度修改为 20，该水堵起到阻断水路的作用。

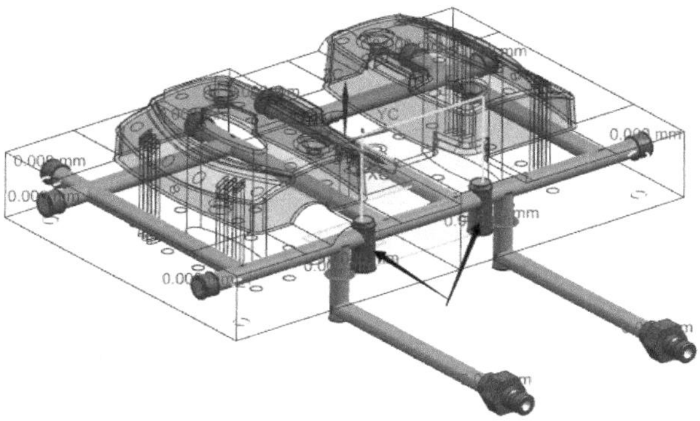

图 6-271　创建的水路标准件

定模冷却系统设计

2．定模冷却系统

1）将“cool_side_a”节点设为工作部件，利用“装配”工具栏的“WAVE 几何链接器”工具，参照图 6-272，将图中箭头指示的 8 条水路链接到“cool_side_a”节点（动模水路）。

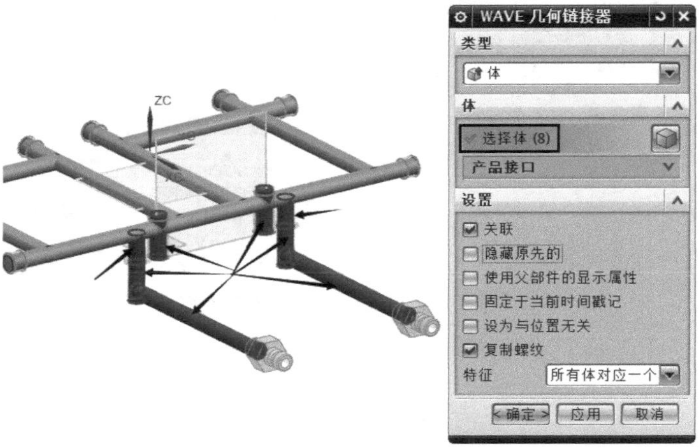

图 6-272 “WAVE 几何链接器”对话框

2）单击“装配”→“组件”→“镜像装配 ”，系统弹出“镜像装配向导”对话框，单击对话框的“下一步”按钮，框选动模冷却系统所有组件，单击“下一步”按钮，参照图 6-273 创建镜像平面，然后连续单击三个“下一步”按钮，最后单击“完成”按钮，则创建定模冷却系统。创建的冷却系统如图 6-274 所示。

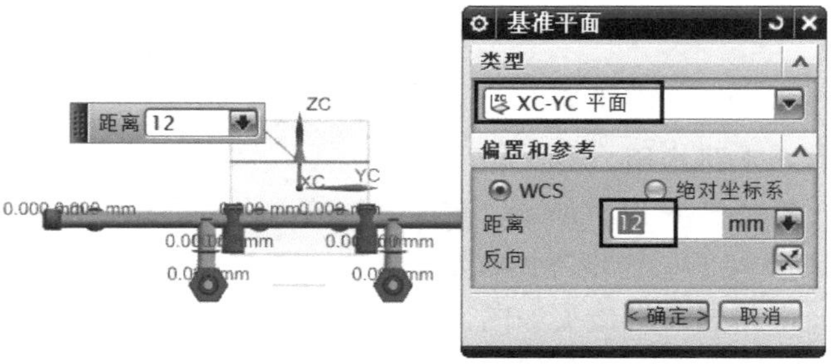

图 6-273 “基准平面”对话框

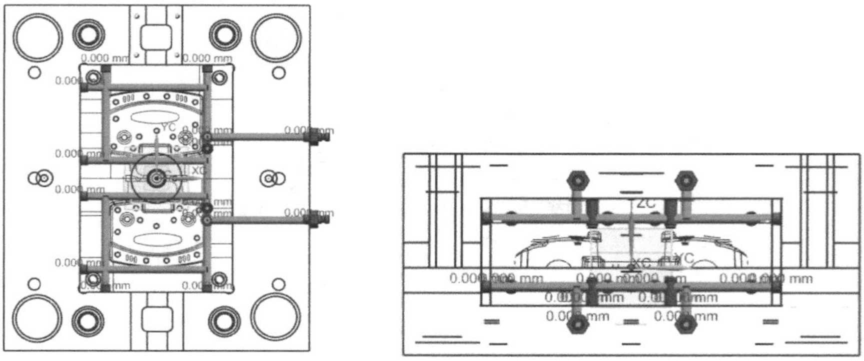

图 6-274 镜像水路

3．建腔

利用“注塑模向导”工具栏中的“腔”工具，将定模冷却系统所有组件对型腔、A 板开腔，将动模冷却系统所有组件对型芯、B 板开腔。

6.2.7　创建整体型腔、型芯

本例中两个模腔的型腔和型芯，由于尺寸较小，可将 2 个模腔的型腔、型芯分别合并为一个整体（下述步骤读者可自行完成）。

1）如图 6-275 所示，在装配导航器中取消勾选“top”顶层节点，然后勾选“cavity”节点和“comb-cavity”节点，并将“combined”节点下的“comb-cavity”节点设为工作部件。

2）利用“装配”工具栏的“WAVE 几何链接器”工具，参照图 6-276，将图中箭头指示的 2 个型腔链接到“comb-cavity”节点。

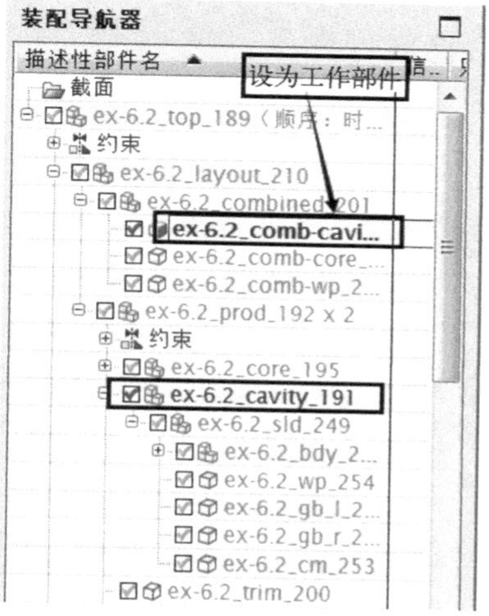

图 6-275　装配导航器

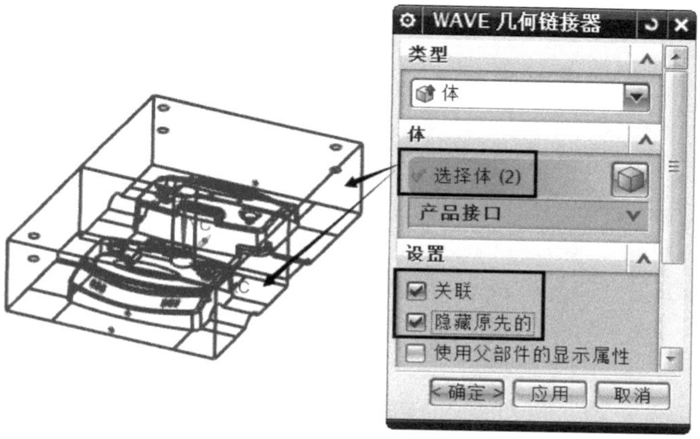

图 6-276　“WAVE 几何链接器”对话框

3）利用“合并”工具，将“comb-cavity”节点链接的 2 个型腔进行求和操作。

4）参照上述步骤将两个型芯合并。

6.3　本章小结

1．本章【例 6-1】介绍了点浇口模具的设计过程，采用了细水口 DCI 型模架三板模结构。三板模结构模具注射压力大，结构较为复杂，且细水口三板模开模时有三次分型动作，因此点进胶系统设计和分型控制部件的设计是此类模具的设计重点。本例中没有前模行位，水口板与 A 板间的辅助开模组件（弹簧）可以不用。由于点浇口模具浇口可自动拉断，易于实现自动化生产，实际生产中应用越来越多。

2．本章【例 6-2】利用 UG 自带 MoldWizard 模块，介绍了前模滑块机构模具的设计过程。本例模具采用了简化型细水口 GCI 型模架，开模时有两次分型动作，设计重点是滑块机构和分型拉钉的设计。

MoldWizard 模块做模具设计是一种装配结构，在顶层装配文件“top”节点下有模具各个部分的子链接（装配），结构关系较复杂，对于复杂模具设计修改不方便，但对较简单的产品设计效率较高。

6.4 思考与练习

1．简述利用 MoldWizard 模块进行模具设计的一般流程。
2．简述本章【例 6-1】点进胶细水口模具的开模动作顺序。
3．简述本章【例 6-2】前模滑块机构简化型细水口模具的开模动作顺序。

参 考 文 献

[1] 朱光力, 周建安, 洪建明，等. UG NX 10.0 注塑模具设计实例教程[M]. 北京：机械工业出版社, 2018.
[2] 高玉新, 李丽华, 方淳. UG NX 10.0 模具设计教程[M]. 北京：机械工业出版社, 2016.
[3] 彭智晶, 宋小春, 吴柳机, 等. 模具设计技能培训——UG 中文版[M]. 北京：人民邮电出版社, 2010.
[4] 高玉新, 方志刚, 张光亮. UG NX 8.0 基础与实例教程[M]. 北京：机械工业出版社, 2014.